伏安法教程

（原书第三版）

Understanding Voltammetry

(Third Edition)

〔英〕 理查德·G. 康普顿(Richard G. Compton)
克雷格·E. 班克斯(Craig E. Banks) 著

王 伟 周一歌 纪效波 译

科 学 出 版 社

北 京

图字：01-2021-0604 号

内 容 简 介

本书重点讲解了多种类型的伏安法，如循环伏安法、微电极上的伏安法、流体动力学电极等，包括实验设计、思路说明及数据解读。读者若从未接触过电化学或伏安法，需要具备与硕士研究生水平相当的物理化学知识，以理解本书前三章的基础性内容(分别为平衡电化学与 Nernst 方程、电极动力学和扩散)。本书的内容较为完备，同时给出了文中提到的重要研究论文的参考文献，以便读者由此跟进相关领域的发展。

本书为至今最新的电化学教材，包含了对电子转移理论、实验要求、扫描电化学显微技术、吸附现象、电分析和纳米电化学相关的最新研究成果的介绍与探讨。本书凝聚了作者近四十年的科研和教学成果，适合化学及相关学科的科研工作者、高校教师和研究生参考阅读。

图书在版编目（CIP）数据

伏安法教程：原书第三版 / (英) 理查德·G. 康普顿 (Richard G. Compton)，(英) 克雷格·E. 班克斯(Craig E. Banks)著；王伟，周一歌，纪效波译. —北京：科学出版社，2023.9

书名原文: Understanding Voltammetry(Third Edition)

ISBN 978-7-03-076232-0

Ⅰ. ①伏… Ⅱ. ①理… ②克… ③王… ④周… ⑤纪… Ⅲ. ①伏安法-教材 Ⅳ. ①O657.1

中国国家版本馆 CIP 数据核字（2023）第 156894 号

责任编辑：丁 里 / 责任校对：杨 赛
责任印制：张 倩 / 封面设计：陈 敬

科学出版社 出版
北京东黄城根北街 16 号
邮政编码：100717
http://www.sciencep.com

三河市骏杰印刷有限公司印刷
科学出版社发行 各地新华书店经销

*

2023 年 9 月第 一 版 开本：787×1092 1/16
2024 年 8 月第二次印刷 印张：19 1/4
字数：502 000

定价：168.00 元

（如有印装质量问题，我社负责调换）

译 者 的 话

2009 年 10 月 7 日，牛津大学秋色正浓，我来到博士导师 Richard Compton 教授办公室报到。他从书橱里拿出一本书给我，厚厚的镜片挡不住眼中的笑意。“Please read”，言简意赅，但每个音节中都能听得出欢喜和骄傲。我低头一看，书名叫 *Understanding Voltammetry*，是我面前的这位导师写的，第一版。

后来我了解到，我们同年进组的六个博士生并非每人获赠一本。这令我惶恐和兴奋，开始如饥似渴地阅读这本书。第一次读英文学术专著，我做足了心理建设，认为一定是有生以来最难啃的“骨头”。然而，事实上我的阅读体验远比预期要轻松，因为这本书的可读性很强。它以最基本的化学平衡开篇，流畅地过渡到电化学测量相关的热力学、动力学及电分析等重要理论，揭示了分子在纳米、微米及宏观尺度上的电化学行为及规律。该书没有以涵盖所有电化学内容为目的，而是对电化学研究的核心方法——伏安测量技术的基础理论、发展历程和前沿进展进行了深入系统的介绍，尤其注重理论与实验的融会贯通，对电化学初学者的实验设计及结果解读具有极强的指导性。书中的文字与导师平日的语言风格十分一致，简明直接又准确严谨，同时穿插了电化学发展历史中的重要人物及事件的介绍与回顾，给学术专著增添不少亮眼的人文花絮，读来令人或唏嘘、或莞尔。在还未从语言舒适圈中走出的博士第一年，我在实验中遇到的很多问题都是通过阅读 *Understanding Voltammetry* 自己解决的，我很感谢它。

在读博士的三年时间里，我对导师是又敬又怕的，因为他对学生、对科研太过严苛，严苛得甚至有些不近人情。可每次在实验室旁边的酒吧外面看到他与一块三明治、一杯啤酒相伴的孤独身影，体会到他在现实生活中的寂寞无依，再多的委屈都会立刻释然。导师把全部的精力都奉献给了电化学，他的生活单调而充实。“万卷古今消永日，一窗昏晓送流年”，电化学就是他的一生挚爱。

我读博士第二年的时候，*Understanding Voltammetry* 的第二版出版了。当时我自认为是个产出不俗的好学生，踌躇满志地跑到导师办公室向他要书，结果没要到。导师说，他手上暂时没有存货了，到第三版成书时，一定送我一本，不管我在哪里。

离开牛津大学，我辗转加拿大与美国从事博士后研究，几年后回国开始独立工作。当年导师赠我的 *Understanding Voltammetry* 第一版，仿佛离不开的亲密伴侣，陪我走过了大半个地球。它字字珠玑，具有指导意义，始终在我的科研生涯中熠熠生辉。不管我处于什么阶段，总有一些疑惑可以在字里行间找到思路和方法。

回国后不久，第三版终于面世了，导师也定于来年访问湖南，他依然记得当年的承诺，答应届时把书带给我。然而我已迫不及待，因为我开始给本科生上课了——一门叫“电化学原理”的选修课。我决定把这本书作为这门课的教材，于是托即将从美国回国探亲的朋友给我带了一本。

Understanding Voltammetry 在两次再版的过程中不断吸收和呈现最新的研究成果，第三版中还加入了我在博士期间主要研究的单纳米粒子碰撞电化学的内容，让人欣喜。当我把导师

的思想和心血一点一点输入课件中的时候，第一次深刻地体会到什么叫传承。

2019 年 9 月底，导师来到湖南，虔诚参观了毛主席故居。导师对共产主义事业和无产阶级革命家一直都充满敬意，家中还珍藏着毛主席的“红宝书”。什么原因我一直没有问过他，直到得知他最爱的音乐是马勒《第五交响曲》时，我才明白——导师崇尚的是一种从黑暗、绝望、失败中走向光明、希望和胜利的人生哲学。也正因为有了这样的人生哲学，他才会对科学研究投入得如此彻底。导师来访时，我带着我的学生们再次聆听了他的指导，当时正值庆祝中华人民共和国成立 70 周年，导师手执国旗和党旗与我们课题组合影，他的笑容温暖而真诚。

刚送走导师，南京大学的王伟教授联系我。他认为 *Understanding Voltammetry* 是一本非常好的电化学读本，希望能翻译成中文出版，问我是否可以联系导师商定此事，并参与翻译工作，我们一拍即合。导师对此表现出极大的兴奋与热情，在翻译过程中始终与我们保持积极有效的沟通，并以充满睿智和通情达理的方式帮助我们化解了一些令人挠头的文化及学派上的尴尬。

于是，在去年那个流金铄石的炎夏，我挺着八个月的孕肚每日伏案近十个小时，对我负责的章节一字一句地琢磨、校对，只是希望导师鞠躬尽瘁四十余载心血集成的这本名叫《伏安法教程》的书，能够帮助到世界上更多从事电化学研究的人；只是希望当这本书正式出版的时候，我也能欢喜而骄傲地亲手把它送给我的导师 Compton 教授，正如十几年前在牛津大学的那个秋天，他亲手把英文第一版赠给我一样。

周一歌

2022 年 7 月

前　　言

这本书既不是一部研究专著，也不是一本参考书。准确来讲，它针对的是那些想要理解并很有可能亲手去做伏安实验的人。电化学测量在热力学、动力学和分析领域有诸多优势，已被广泛认可，同时伴随着科学家在探索分子级、纳米级、微米级和宏观尺度之间联系的努力尝试，电化学方法也显得更加重要。然而，即使具备很好的物理和化学背景，初学者仍可能觉得电化学实验不可预测，特别是当他们想要进行定量检测的时候。这就导致了有些可能至关重要的实验难以开展，而文献中却又不幸充斥着不够严谨的伏安测量。

我们这本书的目的在于尽量完备地向读者提供多类伏安法(循环、阶跃、微电极、流体动力学等)的实验设计、思路说明和数据解读。我们预设读者已具备一定的物理化学知识；但对电化学总体知道得不多，尤其是伏安法。我们力求为真实实验的设计者提供相关认识与见解。我们希望你可以逐渐和我们一起感受这个领域的魅力！

Richard G. Compton(RGC)，Craig E. Banks(CEB)，2006 年 10 月

此书第二版包含了两个新章节、一些附加的小节以及对第一版的更正。我们感谢对本书内容的展开给予积极评价的所有同行们，特别是那些鼓励我们修订和扩展内容的朋友们。

RGC，CEB，2010 年 6 月

《伏安法教程》第三版包含了新的研究成果、一些内容的更新和进一步的修正。我们感谢所有提供了反馈意见的同行们，尤其是 Elza Zakharova 和 Alexander Kabakaev，他们在准备第二版的俄文译著时与我们进行了许多探讨，我们十分感谢他们的投入。

除了译著，我们要特别提到另外两本辅助用书——《伏安法教程》三部曲之计算机模拟《伏安法教程：电极过程的模拟》(帝国理工学院出版社，2014 年)，以及一本问答书《伏安法教程：问题和解答》(帝国理工学院出版社，2012 年)。

RGC，CEB，2017 年 10 月

关 于 作 者

Richard G. Compton 是英国牛津大学化学教授，Aldrichian Praelector，也是圣·约翰(St Johns)学院本科生的学业导师。Compton 是欧洲科学院院士，对基础和应用电化学以及纳米化学相关的电分析均有系统研究。他担任牛津化学系列丛书的物理化学编辑，该系列丛书包括约 100 篇短文，广泛涵盖了本科化学课程中各类基本概念。他至今已发表超过 1500 篇文章(h 指数 96；Web of Science，2018 年 2 月)，并拥有大量专利。他是中国科学院合肥物质科学研究院外国专家特聘研究员、四川大学终身荣誉教授。他是爱沙尼亚农业大学(现为爱沙尼亚生命科学大学)和哈尔科夫国立无线电电子大学(乌克兰)的名誉博士，英国皇家化学学会(RSC)、国际电化学学会(ISE)会士。他也是国际纯粹与应用化学联合会成员，以及 2014～2017 汤姆森路透(Thomson Reuters)高被引科学家(见 http://highlycited.com/)。他是期刊 *Electrochemistry Communications*（《电化学通讯》)的创刊编辑及主编，同时也是 *Current Opinion in Electrochemistry*（《电化学之当代观点》)的共同主编。这两本期刊均由 Elsevier 出版。

Craig E. Banks 是英国曼彻斯特城市大学的讲座教授，致力于电化学和纳米科技领域，尤其是二维材料(包括石墨和石墨烯)的电化学性质方面的研究。他曾开拓性地采用丝网印刷法制作电极，并将其用于化学分析。这一工作在电池、临床诊断等领域具有广泛的应用前景，迄今已发表超过 400 篇的相关论文。Craig 还是一位已经拥有 18 个专利族的著名发明家。他的研究成果已被高频引用，h 指数为 60，并已出版了 4 本专著和 20 篇书籍章节。Craig 是中南大学的终身荣誉教授。基于他的研究工作，Craig 创办了两家公司，并因其在研究碳材料，尤其是石墨烯及其作为电极材料方面的贡献，获得 2011 年皇家化学学会的 Harrison- Meldola Memorial Prize(哈里森-梅尔多拉纪念奖)。

目　录

1　平衡电化学和 Nernst 方程

本章对电化学过程提供了基础热力学见解。

1.1　化 学 平 衡

热力学可以预测化学变化的方向(而不是速率)。考虑以下化学反应：

$$aA + bB + \cdots \rightleftharpoons xX + yY + \cdots \tag{1.1}$$

其中反应物 A，B，…及产物 X，Y，…可能是固态、液态或气态。热力学告诉我们，当系统达到平衡时，系统的 Gibbs 能 G_{sys} 降到最小，如图 1.1 所示。

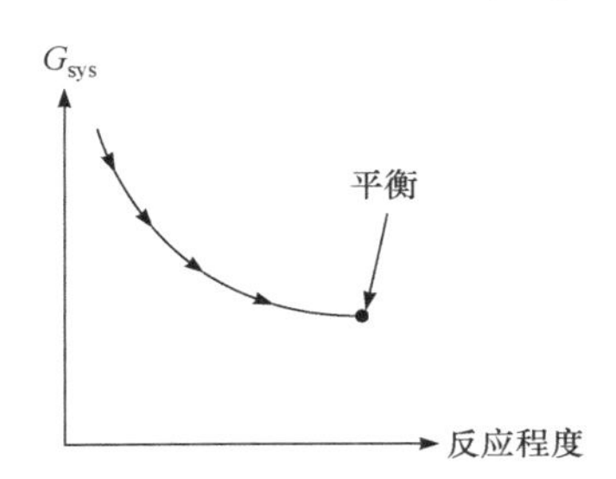

图 1.1　反应过程中 Gibbs 能的变化。

从数学角度而言，处于恒定温度和压力的平衡状态下，这种最小化由下式给出

$$dG_{sys} = 0 \tag{1.2}$$

考虑到 Gibbs 能变化与反应式(1.1)从左至右进行的 dn 摩尔量有关

$$\begin{aligned} dG &= \{\text{产物Gibbs能的增加量}\} + \{\text{反应物Gibbs能的减少量}\} \\ &= \{x\mu_X dn + y\mu_Y dn + \cdots\} - \{a\mu_A dn + b\mu_B dn + \cdots\} \\ &= \{x\mu_X + y\mu_Y + \cdots - a\mu_A - b\mu_B - \cdots\} dn \end{aligned} \tag{1.3}$$

式中

$$\mu_j = \left(\frac{\partial G}{\partial n_j}\right)_{T, n_i \neq n_j} \tag{1.4}$$

μ_j 是物种 j 的化学势(j = A，B，…，X，Y，…)，T 是热力学温度(K)，n_i 是 i 的摩尔量(i = A，B，…，X，Y，…)。因此，j 的化学势为每摩尔 j 的 Gibbs 能。在平衡状态下

$$a\mu_A + b\mu_B + \cdots = x\mu_X + y\mu_Y + \cdots \tag{1.5}$$

因此，在恒定温度和压力的条件下，反应物的化学势之和(由其化学计量系数 $a, b, \cdots, x, y, \cdots$ 加权)等于产物的化学势之和。如果不是这种情况，那么系统的 Gibbs 能就不是最小，因为 Gibbs 能可以通过把更多反应物转化成产物(或者相反的过程)而进一步降低。

对于理想气体

$$\mu_j = \mu_j^0 + RT \ln\left(\frac{P_j}{P^0}\right) \tag{1.6}$$

式中，μ_j^0 是 j 的标准化学势，R 是摩尔气体常量(8.314 J · K^{-1} · mol^{-1})，P_j 是气体 j 的压力，P^0 是标准大气压力，通常取值为 10^5 N · m^{-2}，近似于 1 个大气压(atm)，尽管严格来说 1 atm = 1.013 25×10^5 N · m^{-2}。那么，μ_j^0 是压力为 1.013 25×10^5 N · m^{-2} 时 1 mol j 的 Gibbs 能。则由式(1.5)和式(1.6)可以得出，在平衡状态下

$$x\mu_X^0 + y\mu_Y^0 + \cdots - a\mu_A^0 - b\mu_B^0 - \cdots = -xRT\ln\frac{P_X}{P^0} - yRT\ln\frac{P_Y}{P^0} - \cdots + aRT\ln\frac{P_A}{P^0} + bRT\ln\frac{P_B}{P^0} + \cdots \tag{1.7}$$

所以

$$\Delta G^0 = -RT\ln K_p \tag{1.8}$$

式中，$\Delta G^0 = x\mu_X^0 + y\mu_Y^0 + \cdots - a\mu_A^0 - b\mu_B^0 - \cdots$ 为反应伴随的标准 Gibbs 能的变化，且

$$K_p = \frac{\left(\frac{P_X}{P^0}\right)^x \left(\frac{P_Y}{P^0}\right)^y \cdots}{\left(\frac{P_A}{P^0}\right)^a \left(\frac{P_B}{P^0}\right)^b \cdots} \tag{1.9}$$

在任一特定温度下为常数，因为标准化学势 μ^0 仅取决于该参数(除非气体不是理想气体，在这种情况下 K_p 可能与压力有关)。因此，对于气相反应

$$2O_2(g) + N_2(g) \rightleftharpoons 2NO_2(g) \tag{1.10}$$

到达平衡时的平衡常数 K_p 表示为

$$K_p = \frac{\left(\frac{P_{NO_2}}{P^0}\right)^2}{\left(\frac{P_{O_2}}{P^0}\right)^2 \left(\frac{P_{N_2}}{P^0}\right)} \tag{1.11}$$

注意，如果反应式(1.10)中的某些反应物和/或产物是在溶液中，则其化学势恰当的理想表达式为

$$\mu_j = \mu_j^0 + RT\ln\frac{[j]}{[\ \ ]^0} \tag{1.12}$$

式中，$[\ \ ]^0$ 为标准浓度 1 mol · dm^{-3}(一摩尔每立方分米)。将其应用于式(1.1)，即可导出一个通用的平衡常数

$$K_c = \frac{\left(\frac{[X]}{[\ \ ]^0}\right)^x \left(\frac{[Y]}{[\ \ ]^0}\right)^y \cdots}{\left(\frac{[A]}{[\ \ ]^0}\right)^a \left(\frac{[B]}{[\ \ ]^0}\right)^b \cdots} \tag{1.13}$$

接下来，在以下平衡反应中

$$HA(aq) \rightleftharpoons H^+(aq) + A^-(aq) \tag{1.14}$$

式中，HA可能是一种羧酸，那么A^-就是一种羧酸根阴离子，平衡常数K_c可用浓度表示为

$$K_c = \frac{\left(\frac{[H^+]}{[\ ]^0}\right)\left(\frac{[A^-]}{[\ ]^0}\right)}{\left(\frac{[HA]}{[\ ]^0}\right)} \tag{1.15}$$

在常见用法中，式(1.11)和式(1.13)采用更为熟知的表达形式

$$K_p = \frac{P_X^x P_Y^y \cdots}{P_A^a P_B^b \cdots} \quad 和 \quad K_c = \frac{[X]^x[Y]^y \cdots}{[A]^a[B]^b \cdots}$$

此处隐含的理解是压力的测量单位为$10^5\ N \cdot m^{-2}$(或严格地讲$1.013\ 25\times10^5\ N \cdot m^{-2}$)，浓度的单位为$mol \cdot dm^{-3}$。

当式(1.1)中的反应物为纯固体或纯液体时

$$\mu_j \approx \mu_j^0 \tag{1.16}$$

也就是说，它们的化学势(很好地)近似等于标准化学势。注意，与气体或溶液不同，单位摩尔Gibbs能仅取决于温度和压力；改变物质的量会改变总的Gibbs能，但不会改变单位摩尔Gibbs能。

由式(1.16)可知，因为纯液体和固体的化学势与物质的量无关，所以在此类物种参与的平衡常数的表达式中不会出现相应的项。因此普适情况

$$aA(g) + bB(aq) + cC(s) + dD(l) \rightleftharpoons wW(g) + xX(aq) + yY(s) + zZ(l) \tag{1.17}$$

的平衡常数将会是

$$K = \frac{P_W^w [X]^x}{P_A^a [B]^b} \tag{1.18}$$

其中压力以$10^5\ N \cdot m^{-2}$为单位，浓度以$mol \cdot dm^{-3}$为单位。纯固体C和Y，以及纯液体D和Z没有出现。下面有一些说明性的真实反应例子：

首先，对于反应

$$AgCl(s) \rightleftharpoons Ag^+(aq) + Cl^-(aq)$$

$$K = [Ag^+][Cl^-] \tag{1.19}$$

其次，对于反应

$$CaCO_3(s) \rightleftharpoons CaO(s) + CO_2(g)$$

$$K = P_{CO_2} \tag{1.20}$$

最后

$$Fe^{2+}(aq) + \frac{1}{2}Cl_2(g) \rightleftharpoons Fe^{3+}(aq) + Cl^-(aq) \tag{1.21}$$

可以得到

$$K = \frac{[Fe^{3+}][Cl^-]}{[Fe^{2+}]P_{Cl_2}^{1/2}}$$

1.2 电化学平衡：简介

在上一节中，我们讨论了包括气相、液相、溶液相和固相物质的各种不同形式的化学平衡。接下来我们将以如下反应过程为范例研究电化学平衡。

$$Fe(CN)_6^{3-}(aq) + e^- \rightleftharpoons Fe(CN)_6^{4-}(aq) \tag{1.22}$$

制备含有亚铁氰化钾 $K_4Fe(CN)_6$ 和铁氰化钾 $K_3Fe(CN)_6$ 的水溶液，并在此溶液中插入一根以铂或其他惰性金属材料制作的金属丝（"电极"），上述电化学平衡即可建立(图 1.2)。

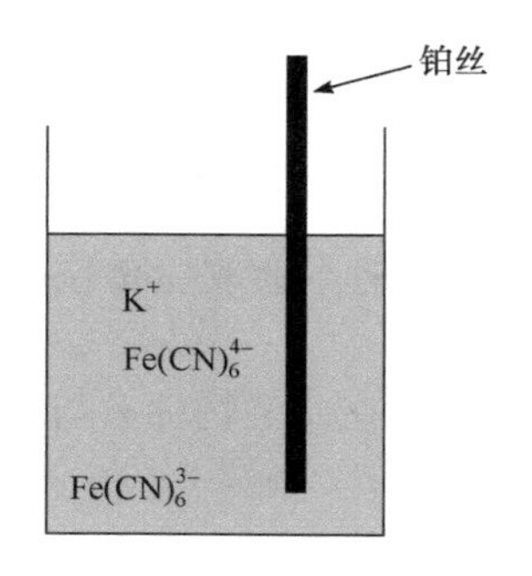

图 1.2 一根铂丝浸入同时含有亚铁氰化钾和铁氰化钾的水溶液。

式(1.22)的平衡建立在电极表面，并牵涉到两种溶解的阴离子和金属电极中的电子。这种平衡的建立意味着 $Fe(CN)_6^{4-}$ 将电子贡献给金属丝或"电极"的速率正好与金属丝将电子释放给 $Fe(CN)_6^{3-}$ 的速率(称为"还原")完全相等。相应地，$Fe(CN)_6^{4-}$ 失电子称为"氧化"。这种动态平衡一旦建立，即意味着溶液中的物种与电极状态都不会再有任何进一步的变化了。此外，在一个方向或其相反方向的净电子转移数无限小，以致于 $Fe(CN)_6^{4-}$ 和 $Fe(CN)_6^{3-}$ 的浓度相较于未引入电极时的变化量小到无法测量。

反应式(1.22)与 1.1 节所讨论的化学平衡存在显著差异，尤其是这种(电化学)反应涉及金属相与溶液相之间带电粒子，即电子，的转移。因此，当平衡建立时，这两相都很可能带有净电荷。如果在达到平衡时，反应式(1.22)位于更倾向于左侧的 $Fe(CN)_6^{3-}$ 和电子这边，那么电极和溶液将分别带负电荷和等量的正电荷。相反，若平衡更趋向 $Fe(CN)_6^{4-}$ 而偏向右边，那么电极将带正电荷而溶液带负电荷。

可以看出，不论反应式(1.22)中平衡的位置，电极相和溶液相之间将很可能存在电荷分离。那么，在金属和溶液之间将存在一个电势差(电势的差别)。换言之，相对于溶液相的电极电势已在金属丝上形成。式(1.22)中给出的(电)化学反应是电极电势的基础，并且将这个化学过程称为"势决平衡"更有利于理解。

可以建立溶液中电极电势的其他电化学过程包括如下几个实例：

(1) 氢电极，如图 1.3 所示，由一个浸入盐酸溶液中的铂黑电极构成。

此电极可由一根光亮的"旗形"铂电极在含有可溶性铂化合物(通常为 K_2PtCl_6)的溶液中通过电沉积形成精细的铂黑结构。氢气以气泡的形式通入溶液中并扩散至电极表面，则下面的势决平衡随之建立：

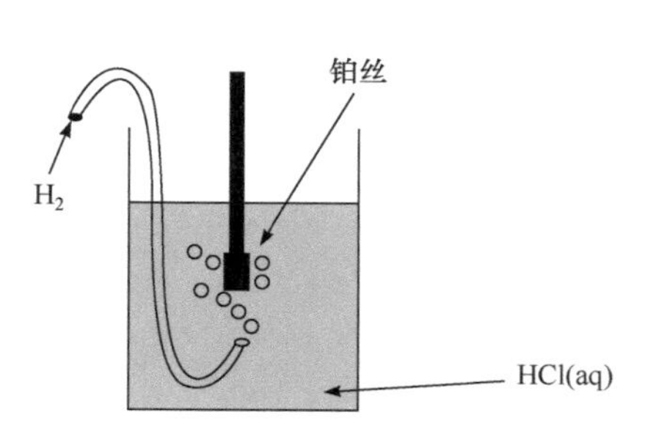

图 1.3 氢电极。

$$H^+(aq) + e^-(m) \rightleftharpoons \frac{1}{2}H_2(g) \tag{1.23}$$

其中(m)强调电子来源于金属电极。

(2) 银/氯化银电极由一根涂覆了氯化银多孔层的银丝构成。氯化银几乎不溶于水，可在包含氯离子的介质(如 KCl 水溶液)中通过电化学氧化在银丝表面形成。涂覆后的银丝浸入新制 KCl 溶液中，如图 1.4 所示。

以下势决平衡即快速建立：

$$AgCl(s) + e^-(m) \rightleftharpoons Ag(s) + Cl^-(aq) \tag{1.24}$$

该平衡在 Ag/AgCl 界面建立。此处的一个关键点是氯化银层是多孔结构，这样浸润电极的水溶液可渗入此层中，使平衡得以在银金属、固体氯化银及水溶液的三相界面建立。

(3) 甘汞电极，如图 1.5 所示。甘汞电极由一段液体汞柱与不溶解的氯化亚汞(俗称“甘汞”)接触构成。两者与含有氯离子的水溶液(通常为 KCl 水溶液)相接触。

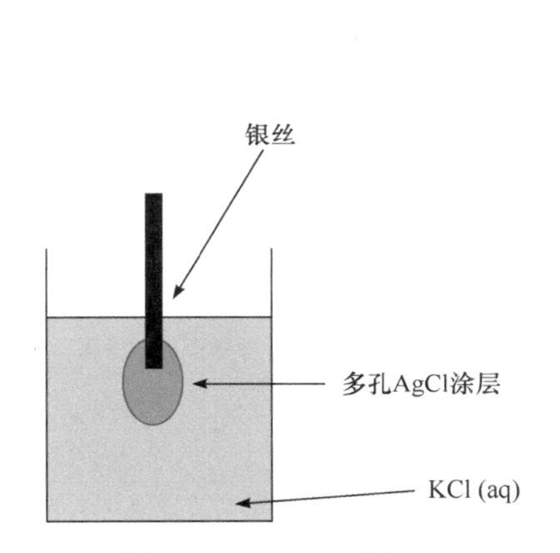

图 1.4 Ag/AgCl 电极。

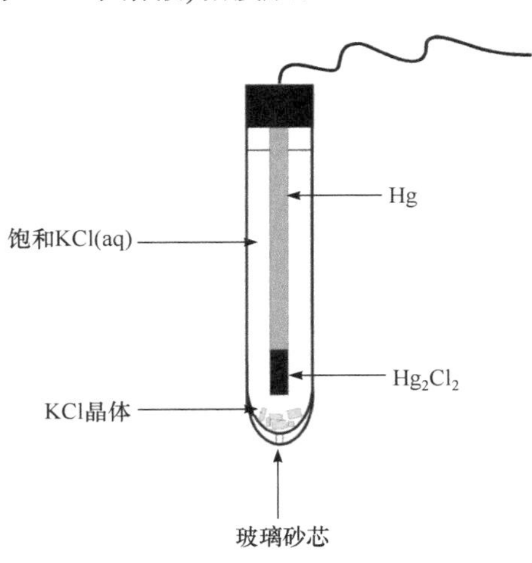

图 1.5 饱和甘汞参比电极(SCE)。

此势决平衡建立在三相界面上：

$$\frac{1}{2}Hg_2Cl_2(s) + e^-(m) \rightleftharpoons Hg(l) + Cl^-(aq) \tag{1.25}$$

(4) 最后，我们详细了解一种基于非质子溶剂乙腈而非水溶液的势决平衡实例。此平衡涉及含有二茂铁分子(Cp_2Fe)以及二茂铁盐(Cp_2Fe^+，如 $Cp_2Fe^+PF_6^-$)的乙腈溶液：

$$Cp_2Fe^+ + e^-(m) \rightleftharpoons Cp_2Fe \tag{1.26}$$

图 1.6 展示了二茂铁(Cp_2Fe)的结构。

在所有上述讨论的例子中，动态平衡在势决平衡所涉及的化学物种之间快速建立，溶液和金属丝之间将形成电荷分离，从而在后者上建立电极电势。我们现在讨论另一个范例，即把铂丝浸入含有硝酸根离子(NO_3^-)和亚硝酸根离子(NO_2^-)的溶液中。乍一看，很容易设想到下述势决平衡将成立：

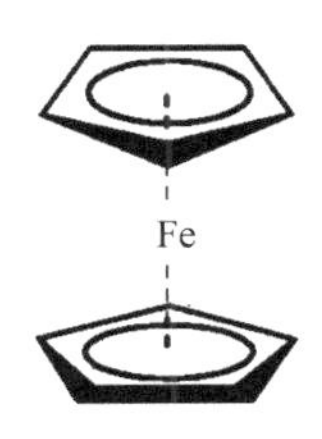

图 1.6 二茂铁的结构。

$$\frac{1}{2}NO_3^-(aq)+H^+(aq)+e^-(m)\rightleftharpoons\frac{1}{2}NO_2^-(aq)+\frac{1}{2}H_2O \tag{1.27}$$

然而，其正向(还原)和反向(氧化)电子转移速率都很慢，以至于此平衡并不能建立。相应地，溶液-金属丝界面上也没有电荷分离，电极电势也无法建立。

由上述讨论可知，溶液相物种和电极之间的快速电子转移是电极电势建立的必要条件。当“快速电极动力学”缺失时，则不会产生固定的电势，并且任何电势测量的尝试都只会让我们发现一个波动变化的数值，从而反映出电极电势未能建立。上面讨论的氢电极的情况很好地说明了快速电极动力学的重要性。我们已经注意到其使用的电极由镀铂(铂黑)制成，而非光亮的铂金属。这个差别是确保快速电极动力学的关键。在表面沉积一层精细铂黑的目的就是提供催化位点，以确保势决平衡

$$H^+(aq)+e^-(m)\rightleftharpoons\frac{1}{2}H_2(g) \tag{1.28}$$

可以快速建立。在无催化活性的光亮铂电极表面，电极动力学非常缓慢，无法保证形成一个预期的电极电势。图 1.7 说明了铂黑降低反应活化能从而加速反应式(1.28)的作用。这种催化剂与中间体 $H^{\cdot}$原子结合形成能量更低的反应过渡态。

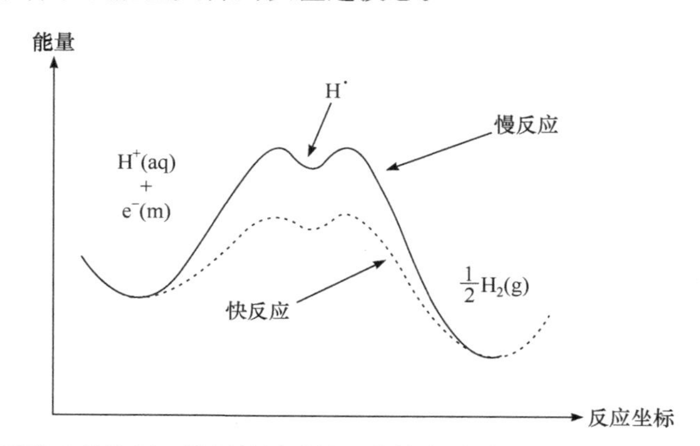

图 1.7　铂黑在 H^+/H_2 平衡中的作用。使用铂黑时的反应能垒(虚线)低于光亮铂电极上对应的能垒(实线)。

1.3　电化学平衡：溶液-电极界面的电子转移

考虑到势决平衡中所涉及的相关物种的能级，我们可以重新审视溶液-电极界面处电极电势建立背后的构想。回到我们的反应范例

$$Fe(CN)_6^{3-}(aq)+e^-(m)\rightleftharpoons Fe(CN)_6^{4-}(aq) \tag{1.29}$$

相关的能级如图 1.8 所示。

金属的电子结构包括电子传导“带”，其中电子在整个固体中自由移动，从而使(金属)阳离子结合在一起。这些能带中的能级形成了一个有效的能级连续区，其所填充的能量最高值称为 Fermi 能级。相反，溶液相中的 $Fe(CN)_6^{3-}$ 和 $Fe(CN)_6^{4-}$ 的相关电子能级是不连续的，并涉及 $Fe(CN)_6^{3-}$ 中的未填充分子轨道，其获得一个电子形成 $Fe(CN)_6^{4-}$。注意，尽管未在图 1.8 中明示，但 $Fe(CN)_6^{3-}$ 得到电子会改变离子的溶剂化状态，导致即使拥有相同的分子轨道，$Fe(CN)_6^{3-}$

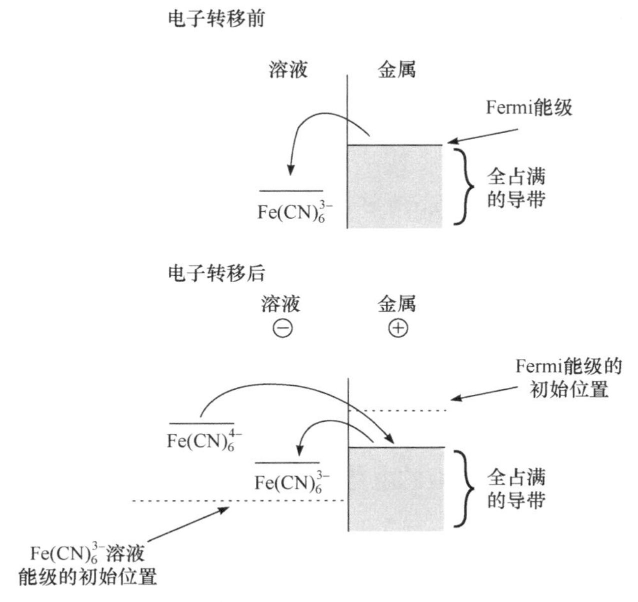

图 1.8 溶液中离子的电子与金属丝中电子的能量。

与 $Fe(CN)_6^{4-}$ 两种配合物中的电子能量也不同。如图 1.8 所示，在电极与溶液之间发生电子转移之前，其 Fermi 能级高于 $Fe(CN)_6^{3-}$ 中的空轨道。因此，从能量的角度，电子更倾向于离开 Fermi 能级进入 $Fe(CN)_6^{3-}$ 中，将其转变为 $Fe(CN)_6^{4-}$ 。这种能量差便是上一节中讨论的电子转移的驱动力。随着电子转移的进行，正电荷必然会在电极(金属)上积累，而相应的负电荷则进入溶液相中。于是，因为图 1.8 中的能量标度测量的是电子能量，那么金属中的电子能量必然降低，所以图 1.8 中的 Fermi 能级也逐渐降低。相应地，溶液中负电荷的产生必然提高溶液相中物种的(电子)能级。最终的情形是，当 Fermi 能级介于两种离子的能级之间时，电子离开电极还原 $Fe(CN)_6^{3-}$ 的速率与 $Fe(CN)_6^{4-}$ 将电子转移到金属中导致其被氧化的速率恰好匹配。如前所述，这种情况对应动态平衡，并且一旦达到动态平衡，就不可能再进一步产生任何净电荷。然而，在平衡点，电极与溶液之间存在电荷分离，这正是电极电势能在金属上建立的根源。

1.4 电化学平衡：Nernst 方程

我们在 1.1 节中看到，化学平衡的位置由反应物和产物的化学势决定。对于电化学平衡，如反应式(1.29)，平衡位置代表了化学能(由化学势量化得到)和电子能量之间的平衡。其原因在于电化学平衡涉及带电粒子、电子在溶液和电极两相之间的转移，这两相很可能处于两种不同的电势。因此，电子在两相中的电子能量(电能)也是不同的。

为了同时阐明化学能和电能，我们引入物种 j 的电化学势 $\overline{\mu}_j$

$$\overline{\mu}_j = \mu_j + Z_j F\phi \tag{1.30}$$

式中，Z_j 是分子 j 上的电荷，F 是 Faraday 常量，对应 1 mol 电子所携带的电荷(96 485 C)，而 ϕ 是物种 j 在特定相(电极或溶液)中的电势。因此，j 的电化学势由两项组成。第一项是化学势 μ_j，第二项 $Z_jF\phi$ 描述了物种 j 的电子能量。后者的形式为电荷(Z_j)乘以电势 ϕ，而 F 则意味着电子能量以“每摩尔”为单位计量，这与化学势为每摩尔的 Gibbs 能是一致的。

利用式(1.30)，我们能够分析电化学平衡，并意识到在恒定的温度和压力下达到平衡时，整个系统将存在一个反应物与产物的电化学势之间的平衡(两者相等)。回到本章中我们一直讨论的例子

$$Fe(CN)_6^{3-}(aq) + e^-(m) \rightleftharpoons Fe(CN)_6^{4-}(aq)$$

我们注意到，这意味着在平衡状态下

$$\bar{\mu}_{Fe(Ⅲ)} + \bar{\mu}_{e^-} = \bar{\mu}_{Fe(Ⅱ)}$$

其中，Fe(Ⅲ)表示 $Fe(CN)_6^{3-}$，而 Fe(Ⅱ)表示 $Fe(CN)_6^{4-}$。应用式(1.30)，我们得到

$$[\mu_{Fe(Ⅲ)} - 3F\phi_S] + (\mu_{e^-} - F\phi_M) = [\mu_{Fe(Ⅱ)} - 4F\phi_S]$$

式中，ϕ_M 和 ϕ_S 分别是金属电极和溶液的电势。公式重排后可得

$$F(\phi_M - \phi_S) = \mu_{Fe(Ⅲ)} + \mu_{e^-} - \mu_{Fe(Ⅱ)}$$

但是

$$\mu_{Fe(Ⅲ)} = \mu^0_{Fe(Ⅲ)} + RT\ln\frac{[Fe(CN)_6^{3-}]}{[\quad]^0}$$

$$\mu_{Fe(Ⅱ)} = \mu^0_{Fe(Ⅱ)} + RT\ln\frac{[Fe(CN)_6^{4-}]}{[\quad]^0}$$

因此

$$\phi_M - \phi_S = \frac{\Delta\mu^0}{F} + \frac{RT}{F}\ln\frac{[Fe(CN)_6^{3-}]}{[Fe(CN)_6^{4-}]} \tag{1.31}$$

其中

$$\Delta\mu^0 = \mu^0_{Fe(Ⅲ)} + \mu_{e^-} - \mu^0_{Fe(Ⅱ)}$$

在给定的温度和压力下是一个常数。式(1.31)就是著名的 Nernst 方程，此形式描述的是单一电极-溶液界面。回顾电化学平衡式(1.29)可帮助我们检验式(1.31)。首先，离子 $Fe(CN)_6^{4-}$ 和 $Fe(CN)_6^{3-}$ 在式(1.29)和式(1.31)给出的势决平衡中起到重要作用。因此，它们决定了如图 1.2 所示的铂丝上建立的电极电势的大小和正负，这不足为奇。其次，为了解释这种依赖性，可以考虑向图 1.2 所示的溶液中加入更多的 $Fe(CN)_6^{3-}$ 并维持 $Fe(CN)_6^{4-}$(aq)的浓度不变，即扰动了下述平衡后会发生什么。

$$Fe(CN)_6^{3-}(aq) + e^-(m) \rightleftharpoons Fe(CN)_6^{4-}(aq)$$

这种向平衡体系内添加反应物或产物所造成的影响可认为是 Le Chatelier(勒夏特列)原理的结果。Henri Louis Le Chatelier(亨利 · 路易斯 · 勒夏特列，1850—1936)是一名工业化学家，以其在平衡原理上的成就而闻名。Le Chatelier 就读于巴黎综合理工学院，随后在巴黎高等矿业学院学习，后期入选法兰西科学院[a]。

---

a 完整的传记请查阅：www.annales.org/archives/x/lc.html。

Le Chatelier 最初将平衡原理描述为：

“任何一个稳定的化学平衡体系，当受到一种促使其改变温度或凝聚态的外因(压力、浓度、单位体积内的分子数)影响时，或者是它的整体，或者是某些部分，能够进行某种内部调节：如果这些调节是出于体系自身的话，它所引起温度或凝聚态的变化将与外因所施加的变化相反。”[1]

Henri Louis Le Chatelier

Le Chatelier 随后将以上这个比较晦涩的表述更改为：

“平衡因素中任意一个因素的变化都会引起系统的重整，重整的方向是该因素将经历与最初变化相反方向的改变。”[2] Le Chatelier 原理可以概括为，“如果一个变化(温度、压力、浓度等)被施加在一个之前处于化学平衡的体系上，那么该体系将以一种对抗或抵消所施加的扰动的方式响应。”

将上述原理应用于我们所关心的电化学平衡式(1.29)中，如果向溶液中加入更多的$Fe(CN)_6^{3-}$，该平衡将向右移动，同时电极失去电子。因此，金属电极相对于溶液将带更多正电荷，电势差$\phi_M - \phi_S$也会相应地变得更正。相反，增加$Fe(CN)_6^{4-}$的浓度将促使平衡向左移动，电极将获得电子，因而比溶液带更多负电荷，使得$\phi_M - \phi_S$更负(更不正)。从定性角度，这两种平衡移动都与式(1.31)预测的一致。

为了进一步说明电化学势概念在描述电化学平衡方面的应用，我们考虑上一节中讨论的几个范例。

(1) 对于基于如下平衡的氢电极

$$H^+(aq) + e^-(m) \rightleftharpoons \frac{1}{2}H_2(g)$$

处于平衡时

$$\bar{\mu}_{H^+} + \bar{\mu}_{e^-} = \frac{1}{2}\bar{\mu}_{H_2}$$

因此

$$(\mu_{H^+} + F\phi_S) + (\mu_{e^-} - F\phi_M) = \frac{1}{2}\mu_{H_2}$$

接下来，利用以下两式将化学势的项扩展

$$\mu_{H^+} = \mu^0_{H^+} + RT\ln\left(\frac{[H^+]}{[\ \ ]^0}\right)$$

及

$$\mu_{H_2} = \mu^0_{H_2} + RT\ln\left(\frac{P_{H_2}}{P^0}\right)$$

我们得到 Nernst 方程

$$\phi_M - \phi_S = \frac{\Delta\mu^0}{F} + \frac{RT}{F}\ln\frac{[H^+]}{P_{H_2}^{1/2}} \tag{1.32}$$

其中，我们已经假定[H$^+$]的测量单位为 mol · dm^{-3}， P_{H_2} 以 10^5 N · m^{-2} 为单位。

注意，这里的常数项

$$\Delta\mu^0 = \mu^0_{H^+} + \mu_{e^-} - \frac{1}{2}\mu^0_{H_2}$$

还需注意式(1.32)预测了当 H$^+$浓度增加同时/或者 H_2 的压力减小时，$\phi_M - \phi_S$ 将变得更正：对这些情况的预测符合 Le Chatelier 原理在势决平衡上的应用。

$$H^+(aq) + e^-(m) \rightleftharpoons \frac{1}{2}H_2(g)$$

(2) Ag/AgCl 电极基于以下平衡

$$AgCl(s) + e^-(m) \rightleftharpoons Ag(s) + Cl^-(aq)$$

反应物和产物的电化学势相等

$$\bar{\mu}_{AgCl} + \bar{\mu}_{e^-} = \bar{\mu}_{Ag} + \bar{\mu}_{Cl^-}$$

因此

$$(\mu_{AgCl}) + (\mu_{e^-} - F\phi_M) = (\mu_{Ag}) + (\mu_{Cl^-} - F\phi_S)$$

注意

$$\mu_{Cl^-} = \mu^0_{Cl^-} + RT\ln\left(\frac{[Cl^-]}{[\ \ ]^0}\right)$$

但对于纯固体 AgCl 与 Ag

$$\mu_{AgCl} = \mu^0_{AgCl}$$

及

$$\mu_{Ag} = \mu^0_{Ag}$$

我们得到 Nernst 方程：

$$\phi_M - \phi_S = \frac{\Delta\mu^0}{F} + \frac{RT}{F}\ln\left(\frac{1}{[Cl^-]}\right) = \frac{\Delta\mu^0}{F} - \frac{RT}{F}\ln[Cl^-]$$

其中，我们假定[Cl$^-$]的测量单位为 mol · dm^{-3}，且常数项为

$$\Delta\mu^0 = \mu^0_{Ag} + \mu^0_{Cl^-} - \mu_{e^-} - \mu^0_{AgCl}$$

(3) 甘汞电极基于以下平衡

$$\frac{1}{2}Hg_2Cl_2(s) + e^-(m) \rightleftharpoons Hg(l) + Cl^-(aq)$$

应用纯固体与纯液体的电化学势的概念，再加上它们的化学势

$$\mu_{Hg_2Cl_2} = \mu^0_{Hg_2Cl_2}$$

和

$$\mu_{Hg} = \mu^0_{Hg}$$

得到

$$\phi_M - \phi_S = \frac{\Delta\mu^0}{F} - \frac{RT}{F}\ln[\mathrm{Cl}^-]$$

为该电极对应的Nernst方程，其中

$$\Delta\mu^0 = \mu^0_{\mathrm{Hg}} + \mu^0_{\mathrm{Cl}^-} - \mu_{\mathrm{e}^-} - \frac{1}{2}\mu^0_{\mathrm{Hg_2Cl_2}}$$

(4) 对于乙腈中的二茂铁/二茂铁盐电对

$$\mathrm{Cp_2Fe^+} + \mathrm{e^-(m)} \rightleftharpoons \mathrm{Cp_2Fe}$$

与上文充分讨论过的 $Fe(CN)_6^{4-}$ / $Fe(CN)_6^{3-}$ 平衡的相似性表明

$$\phi_M - \phi_S = \frac{\Delta\mu^0}{F} + \frac{RT}{F}\ln\frac{[\mathrm{Cp_2Fe^+}]}{[\mathrm{Cp_2Fe}]}$$

其中，$[Cp_2Fe^+]$以 mol · dm^{-3} 为测量单位，且

$$\Delta\mu^0 = \mu^0_{\mathrm{Cp_2Fe}} - \mu^0_{\mathrm{e}^-} - \mu^0_{\mathrm{Cp_2Fe^+}}$$

在建立了几个特定范例的Nernst方程后，我们来考虑一般情况并专注于下面的电化学平衡

$$\nu_A \mathrm{A} + \nu_B \mathrm{B} + \cdots + \mathrm{e^-(m)} \rightleftharpoons \nu_X \mathrm{X} + \nu_Y \mathrm{Y} + \cdots$$

ν_j (j=A，B，…，X，Y，…)为化学计量系数。假设该反应处于平衡状态，所以

$$\nu_A\bar{\mu}_A + \nu_B\bar{\mu}_B + \cdots + \bar{\mu}_{\mathrm{e}^-} = \nu_X\bar{\mu}_X + \nu_Y\bar{\mu}_Y + \cdots$$

或者

$$\begin{aligned}&\nu_A(\mu_A + Z_A F\phi_S) + \nu_B(\mu_B + Z_B F\phi_S) + \cdots + (\mu_{\mathrm{e}^-} - F\phi_M)\\ &= \nu_X(\mu_X + Z_X F\phi_S) + \nu_Y(\mu_Y + Z_Y F\phi_S) + \cdots\end{aligned}$$

式中，Z_j是物种 j 的电荷数。电荷守恒规定

$$\nu_A Z_A + \nu_B Z_B + \cdots - 1 = \nu_X Z_X + \nu_Y Z_Y + \cdots$$

因此

$$F(\phi_M - \phi_S) = \nu_A\mu_A + \nu_B\mu_B + \cdots + \mu_{\mathrm{e}^-} - \nu_X\mu_X - \nu_Y\mu_Y - \cdots$$

我们现在写出

$$\mu_j = \mu_j^0 + RT\ln a_j$$

其中，如果 j 为液相物质

$$a_j = \frac{[j]}{[\ ]^0}$$

如果 j 为气相物质

$$a_j = \frac{P_j}{P^0}$$

如果 j 为纯固体或纯液体，则

$$a_j = 1$$

那么我们得到

$$\phi_M - \phi_S = \frac{\Delta\mu^0}{F} + \frac{RT}{F}\ln\frac{a_A^{\nu_A} a_B^{\nu_B}\cdots}{a_X^{\nu_X} a_Y^{\nu_Y}\cdots} \tag{1.33}$$

作为 Nernst 方程的普适表述，其中

$$\Delta\mu^0 = \nu_A\mu_A^0 + \nu_B\mu_B^0 + \cdots + \mu_{e^-} - \nu_X\mu_X^0 - \nu_Y\mu_Y^0 - \cdots$$

1.5 Walther Hermann Nernst

Walther Hermann Nernst
1920 年 Nobel 化学奖获得者

Copyright ©
The Nobel Foundation 1920

Walther Hermann Nernst(沃尔瑟 · 赫尔曼 · 能斯特)1864 年 6 月 25 日出生于西普鲁士的贝利森(今波兰的瓦柏吉兹诺)。Nernst 曾在苏黎世大学、柏林大学和格拉茨大学[跟随 Ludwig Boltzmann(路德维希 · 玻尔兹曼)和 Albert von Ettingshausen(艾伯特 · 冯 · 埃廷斯豪森)]学习物理和数学。在格拉茨大学时期，他与 von Ettingshausen 共事，并于 1886 年发表论文，奠定了金属的现代电子理论的部分实验基础，即 Nernst-Ettingshausen 效应。

他在维尔茨堡跟随 Friedrich Kohlrausch(弗里德里希 · 科尔劳施)攻读博士学位，于 1887 年毕业，其毕业论文是关于加热金属板的磁性产生的电动势。之后，Nernst 在莱比锡大学加入了 Ostwald(奥斯特瓦尔德)的研究[Van't Hoff(范托夫)定律和 Arrhenius(阿伦尼乌斯)公式都在莱比锡大学被发现]。1888 年，Nernst 发展了伏打电池的电动势理论。他设计了测量介电常数的方法,并首次证明了介电常数高的溶剂能促进物质的电离。Nernst 还提出了溶度积理论，将分配定律广义化，并提出了非均相反应的一种理论。1889 年，他通过假设一种“溶解的电解压力”解释了原电池理论，这种溶解的电解压力与溶解离子的渗透压相对，并迫使离子从电极进入溶液。

1894 年，Nernst 收到了任职慕尼黑和柏林的物理学主席，以及哥廷根物理化学主席的邀请。他接受了后者，并在哥廷根建立了物理技术帝国机构(现在的物理化学和电化学研究所)，而后于 1922 年担任主任，并在这个职位上一直工作到 1933 年退休。他的研究由物理过渡到化学实际上是从莱比锡开始的，但其化学上的造诣是在他后来担任哥廷根的物理学副教授时才得到了充分发展。

1900 年之前，Nernst 意识到不同相之间的界面电势差不能够单独测量，将其总结为电化学势只能相对于另一个电势来测量，并提出将氢电极作为标准电极。这使得 Nernst 可用方程来描述常规电化学池的电势。

1906 年，Nernst 发展了他的热定理，被公认为热力学第三定律。除了其理论意义之外，该定理很快被应用于工业问题，包括合成氨的计算。1918 年，对光化学的研究使他发现了原子连锁反应理论。Nernst 由于其 1906 年在热定理方面的工作获得了 1920 年 Nobel 化学奖。

Nernst 在物理科学上也做出了大量贡献，发明了一种改良的电灯——Nernst 灯，并由George Westinghouse(乔治·威斯汀豪斯)将其商业化。1901年，“Nernst 灯公司”在美国匹兹堡成立，并于1904年实现了13万Nernst灯的销售量。然而，Nernst灯含有氧化钇(Y_2O_3)等氧化物，当更方便的含金属(钨)丝的白炽灯上市后便失去了竞争力。Nernst 还在 1930 年与 Bechstein(贝克斯坦)和Siemens(西门子)公司联合设计开发了一种电子钢琴，名为“Neo-Bechstein-Flügel”，用无线电放大器取代了发声板。该电子钢琴使用了电磁拾音器以产生电子调节及放大的声音。

在获得了科学上可能获取的最高奖项后，Nernst 还于1928年获得了 Benjamin Franklin(本杰明·富兰克林)化学奖章，并于 1932 年当选为英国皇家学会(伦敦)会士。Nernst 于 1933 年退休后开始养鱼和狩猎。Nernst 于 1941 年去世，被安葬于哥廷根的一处墓地。他死后，人们将月球远端(坐标：北纬 35.3°/西经 94.8°，直径 116 km)的一个陨石坑以及几条道路以 Nernst 命名[3]。

1.6 参比电极和电极电势的测量

式(1.33)是对应一根电极和反应组分 A，B，…，X，Y，…的任意电化学平衡的 Nernst 方程。它将$\phi_M-\phi_S$的数值与物种的浓度和(或)压力联系起来。然而，尽管这个量可以在概念上进行讨论，但我们不可能测量出有关单一电极-溶液界面的$\phi_M-\phi_S$的绝对数值。

电势的测量通常用到数字电压表(DVM)，它是一种可测量两根测试导线之间电势的设备，如图 1.9 所示。

它施加微小电流(约 pA 级别，10^{-12} A)使其通过待测外电路。测量单一电极-溶液界面的电势差$\phi_M-\phi_S$，如在浸入$Fe(CN)_6^{3-}$与$Fe(CN)_6^{4-}$溶液中的一根铂丝上建立的电势差，显然不可能，因为如果要尝试电势测量，必须构建两个金属-溶液界面(图 1.9)。然而，如果第二根电极，如饱和甘汞电极(SCE)被引入溶液中[图 1.9(c)]，其测量就可行了，DVM 上的读数为两个电极界面上建立的电势差($\phi_M-\phi_S$)的数值：

$$\text{所测电势差}=(\phi_M-\phi_S)_{\text{铂丝}}-(\phi_M-\phi_S)_{\text{甘汞}}$$

基于前两节的讨论可知，在固定的温度和压力下

$$(\phi_M-\phi_S)_{\text{铂丝}}=A+\frac{RT}{F}\ln\frac{[Fe(CN)_6^{3-}]}{[Fe(CN)_6^{4-}]}$$

式中，A是常数。

同样

$$(\phi_M-\phi_S)_{\text{甘汞}}=B-\frac{RT}{F}\ln[Cl^-]$$

式中，B是另一常数。则测得的电势差值为

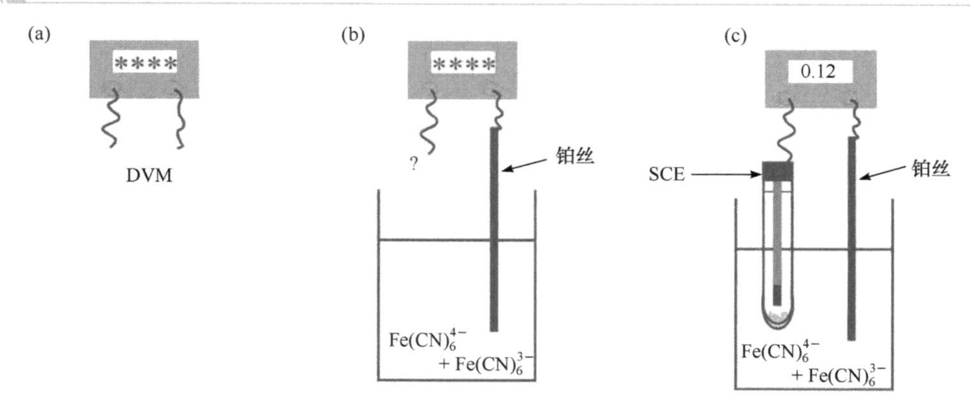

图 1.9　电极电势的测量。

$$(\phi_M - \phi_S)_{铂丝} - (\phi_M - \phi_S)_{甘汞} = C + \frac{RT}{F}\ln\frac{[Fe(CN)_6^{3-}][Cl^-]}{[Fe(CN)_6^{4-}]}$$

式中，C 又是另一常数，等于$(A-B)$。

因此，测得的电势差取决于$[Cl^-]$、$[Fe(CN)_6^{3-}]$和$[Fe(CN)_6^{4-}]$。可见，第二个电极甘汞电极的引入成功地促成了图 1.9(b)中原本毫无希望的电势测量。

在上述测量中，甘汞电极可视为发挥了参比电极的作用。如果甘汞电极中的氯离子浓度(图 1.9)保持不变，那么$(\phi_M - \phi_S)_{甘汞}$也将保持不变，所以

$$(\phi_M - \phi_S)_{铂丝} = D + \frac{RT}{F}\ln\frac{[Fe(CN)_6^{3-}]}{[Fe(CN)_6^{4-}]}$$

式中，D 仍然是另一个常数，等于$C + (\phi_M - \phi_S)_{甘汞} + \frac{RT}{F}\ln[Cl^-]$。

因此，参比电极使我们可以研究铂丝上电极电势的变化，如由$Fe(CN)_6^{3-}$和$Fe(CN)_6^{4-}$浓度变化引起的改变。因为我们可以写出

$$(\phi_M - \phi_S)_{铂丝} = D + \frac{2.3RT}{F}\log_{10}\frac{[Fe(CN)_6^{3-}]}{[Fe(CN)_6^{4-}]} \tag{1.34}$$

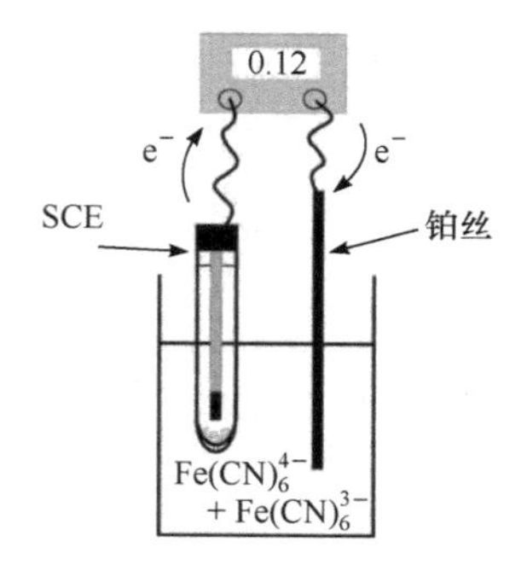

图 1.10　测量两个电极之间的电势差需要微弱电子流(电流)通过 DVM。

并且室温下 $2.3RT/F$ 的值约为 59 mV，则当$Fe(CN)_6^{3-}$的浓度改变 10 倍且$Fe(CN)_6^{4-}$的浓度保持不变时，DVM 测得的电势将改变 59 mV。但是注意因为式(1.34)中常数项 D 的存在，我们只能测得电极电势的变化量，而不是绝对值。

思考当 DVM 测量图 1.10 中铂丝与甘汞电极之间的电势差值时到底发生了什么，会使我们受到一些启发。

之前讨论过，这需要一个微小的电流通过仪表，因此是通过包含甘汞和铂丝两个电极的外电路。这个微小的电流意味着外电路中只有几乎无限少的电子流动。假设其流动方向如图 1.10 所示，则电荷通向两个电极-溶液界面的方式就是通过以下两个反应极微量地进行：

在铂丝上

$$Fe(CN)_6^{3-} + e^- \rightleftharpoons Fe(CN)_6^{4-}$$

而在甘汞电极上

$$Hg + Cl^- - e^- \rightleftharpoons \frac{1}{2}Hg_2Cl_2$$

在实践中，因为通过的电流非常小，以至于可以有效避免电池中的物种浓度发生变化，使其数值保持与测试之前基本一致，但该电流也足以确保测试的进行。已知上述反应使得电流通过了两个溶液界面，那么所测量电流穿过本体溶液的过程是通过离子物种[K^+、Cl^-、$Fe(CN)_6^{3-}$、$Fe(CN)_6^{4-}$]在溶液相——甘汞电极内部和浸有铂丝的溶液内部——中的迁移(或传导)实现的。

“传导”一词表明溶液相中存在“驱动”离子移动的电场(电压降)。然而，因为所通电流 I 是如此微小，所以这个电场几乎可以忽略不计。用代数法表示为

$$\begin{aligned}\text{所测电势差} &= \lim_{I\to 0}[(\phi_M - \phi_S)_{\text{铂丝}} + IR - (\phi_M - \phi_S)_{\text{甘汞}}] \\ &= (\phi_M - \phi_S)_{\text{铂丝}} - (\phi_M - \phi_S)_{\text{甘汞}}\end{aligned}$$

式中，R 是电解液的电阻。

最后，思考甘汞电极的玻璃砂芯上形成的液-液界面也将受到启发；这种情况下电极内液会进入浸有铂丝电极的溶液中。界面一侧是高浓度的 KCl 水溶液(图 1.5)，另一侧是含有 $Fe(CN)_6^{3-}$ 和 $Fe(CN)_6^{4-}$ 的溶液。在我们充分地解析这种相当复杂的情况之前，先考虑一个相对简单的情况：将化学成分相同但浓度不同的两种溶液相接触。考虑 KCl 和 HCl 溶液，它们都是完全解离的电解质。无论是由电场还是由浓度差引起的离子移动，它们的相对移动速率都差不多。水相离子电导率的测量表明，在 25 ℃下它们的相对迁移速率为

$$H^+ : Cl^- : K^+ \sim 370 : 76 : 74$$

质子在水中移动得比其他两个离子快得多。这一实验事实通常可根据图 1.11 所示的质子(和氢氧根离子)传导的 Grotthuss(格鲁苏斯)机理来解释。该机理中，H^+和 OH^-比 K^+和 Cl^-等物种的运动更快，而后者肯定会导致溶剂分子从其路径中被置换出来。

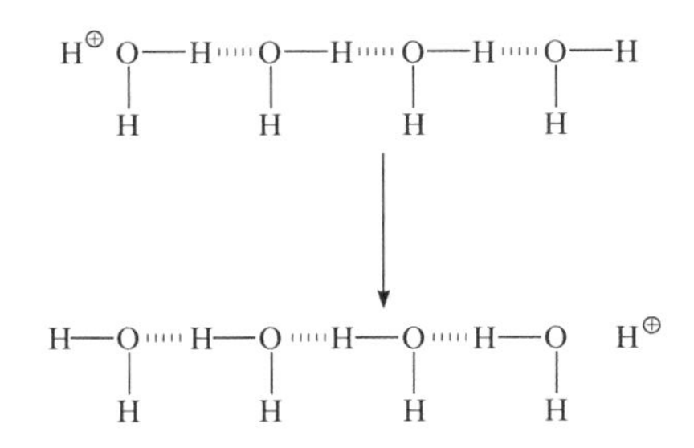

图 1.11 水相介质中质子的同步运动：⋯⋯符号表示一个氢键。

首先考虑将两种不同浓度(C_1 和 C_2)的 HCl 溶液相互接触，其初始状态如图 1.12(a)所示。H^+和 Cl^-均从高浓度向低浓度扩散。但是我们从上述讨论中知道 H^+比 Cl^-移动得更快。因此，在两个溶液的界面产生电荷差，从而建立起电势差。低浓度溶液“获得”质子并带正电荷，同时高浓度溶液失去比氯离子更多的质子而带负电荷。这种电荷分离产生了一种局部电场，使得氯离子运动速度加快，同时质子运动速度减慢。最终，一种稳态快速达成，如图 1.12(a)

所示。在稳态下，两种离子通过液-液界面以稳定状态移动，稳态电荷分离即在液-液界面产生电势差，称为液接电势。一般情况下，液接电势不超过几十毫伏。

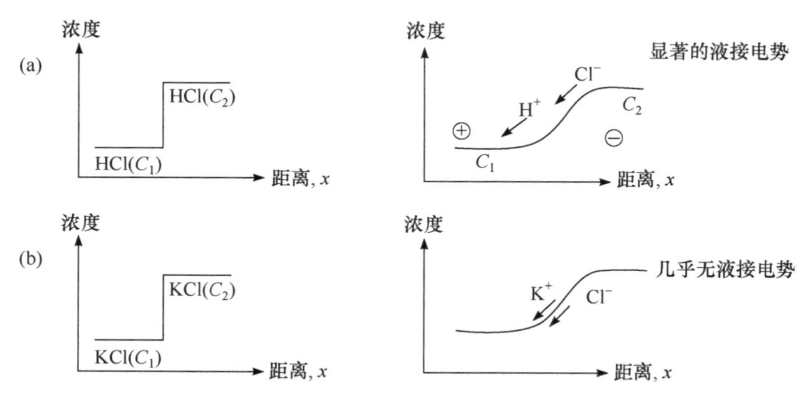

图 1.12 两相之间的界面扩散可以产生液接电势。

接下来考虑图 1.12(b)，将两种不同浓度的 KCl 溶液相接触。同样，K^+和 Cl^-也从高浓度向低浓度扩散。然而，如我们前文提到的，这两种离子以几乎完全相同的速度移动，所以扩散没有导致电荷分离，也没有建立起液接电势。

由上可知，如果电荷由迁移率相近的离子携带并穿过液-液界面，则不会产生液接电势。相反，如果离子具有不同的迁移率，则可能会产生明显的液接电势。表 1.1 列出了 25 ℃下各种阳离子和阴离子的单离子电导率。这些代表了在相同的电势梯度(电场)下离子移动的相对速度。

表 1.1 水中单离子的电导率(25 ℃)/($cm^2 \cdot \Omega^{-1} \cdot mol^{-1}$)。

离子	Λ_+	离子	Λ_-
H^+	350	$Fe(CN)_6^{4-}$	442
Ba^{2+}	127	OH^-	199
Ca^{2+}	119	SO_4^{2-}	158
Mg^{2+}	106	Br^-	78
NH_4^+	74	I^-	77
K^+	74	Cl^-	76
Ag^+	62	NO_3^-	71
Na^+	50	F^-	55
Li^+	39	CH_3COO^-	41

显然，不同浓度的 HCl、Li_2SO_4 或 NaOH 溶液之间的液-液界面上会产生显著的液接电势，而 NH_4NO_3 或 KCl 等电解质则基本没有液接电势。

下面我们回到图 1.10 所示的铂丝与甘汞电极之间电势差的测量，并重点研究穿过甘汞电极的玻璃砂芯处形成的液-液界面上的电流传输(图 1.13)。

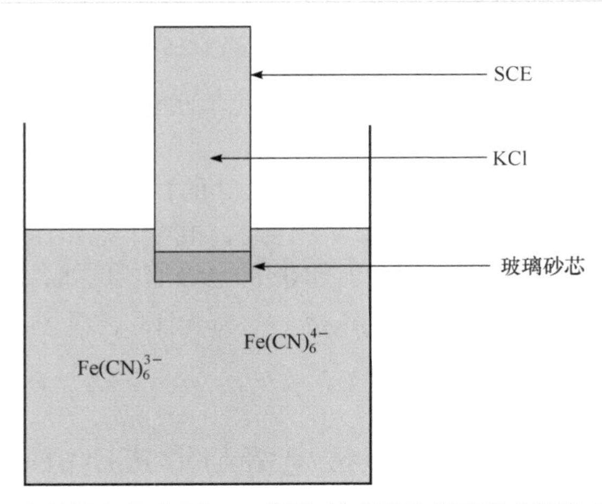

图 1.13　在甘汞电极(如图 1.10 所示)的玻璃砂芯处形成的液-液界面。

该界面如图 1.13 所示。甘汞电极内侧玻璃砂芯上方的溶液浓度非常高(>1 mol · dm^{-3})，因为 KCl 已饱和。玻璃砂芯外侧的浓度通常小得多。因此，穿过液-液界面的扩散通量主要来自 K^+和 Cl^-，而不是来自 $Fe(CN)_6^{4-}$ 或 $Fe(CN)_6^{3-}$ 。因此，除非所研究的 $Fe(CN)_6^{4-}$ 或 $Fe(CN)_6^{3-}$ 浓度异常大(～mol · dm^{-3})，否则不会有明显的液接电势出现。

综上所述，测量图 1.10 中铂丝电极与作为参比电极的甘汞电极之间的电势差可得到如下结果：

$$所测电势差 = A' + \frac{RT}{F}\ln\frac{[Fe(CN)_6^{3-}]}{[Fe(CN)_6^{4-}]}$$

式中，A'是常数。

图 1.9(c)所示实验的主要特点如下：

(1) 外电路中通过 DVM 的微小电流意味着在本体溶液中的“IR”项可以忽略不计。

(2) 电极中固体 KCl 的存在保证了甘汞电极内的 KCl 溶液始终是饱和的，再加上通过的电流非常小，导致$(\phi_M-\phi_S)_{甘汞}$保持为一个定值，因为氯离子浓度不变。在这些条件下，甘汞电极可作为合适的参比电极。

(3) 在甘汞电极内部使用 KCl 可以确保在玻璃砂芯尖端的液-液界面上只存在小到可以忽略不计的液接电势，除非使用了极高浓度的 $Fe(CN)_6^{4-}$ 和/或 $Fe(CN)_6^{3-}$ 。

1.7　氢电极作为参比电极

上一节中的讨论确定了“参比”电极所必备的关键特征，并展示了甘汞电极在这方面的优势。事实上，甘汞电极是一种广泛使用的参比电极。然而，能够方便呈报数据相对值的主要参比电极是标准氢电极。如图 1.3 所示，为了使电极“标准”，氢气压力 P_{H_2} 必须接近 10^5 N · m^{-2}，质子浓度[H^+]必须接近 1 mol · dm^{-3}。在实践中，由于溶液不是理想溶液，式(1.32)不能完全成立，所以质子浓度在 25 ℃下需要 1.18 mol · dm^{-3} 才能表现得像 1 mol · dm^{-3} 的理想溶液。这种偏差来源于 Debye-Hückel(德拜-休克尔)理论及其在高浓度溶液的应用拓展[4, 5]。

然而，就我们目前的需求而言，在 25 ℃，P_{H_2} =1.013 25×10^5 N · m^{-2} 和$[H^+]$=1.18 mol · dm^{-3}的情况下，氢电极足够“标准”。国际纯粹与应用化学联合会(IUPAC)正式要求以该电极作为衡量其他电极电势的参比电极[6]。

若采用图 1.10 所示的测量方法，即含有饱和 KCl 的甘汞电极的电势要相对于标准氢电极(SHE)进行测量，将发现它比 SHE 正 0.242 V。因此，相对于饱和甘汞电极进行的测量可通过将这个值与测量值相加而快速换算成相对于 SHE 的电势值。例如，回顾图 1.10，实验发现当$[Fe(CN)_6^{4-}]=[Fe(CN)_6^{3-}]$时，DVM 测量的电势差值为 0.118 V(在 25 ℃下)。在 SHE 尺度上，该测量值就变为 0.118 V+0.242 V= 0.360 V。

1.8 标准电极电势与形式电势

在上一节末尾得到的 0.360 V 电势是以下势决平衡的标准电极电势：

$$Fe(CN)_6^{3-}(aq) + e^-(m) \rightleftharpoons Fe(CN)_6^{4-}(aq)$$

为了更加全面地理解这个量，有必要简要地讨论一下溶液的非理想性问题。在建立式(1.31)～式(1.33)的单一电极-溶液界面的 Nernst 方程的过程中，我们借助了以下化学势与浓度之间的关系，它直接适用于理想溶液：

$$\mu_j = \mu_j^0 + RT\ln\left(\frac{[j]}{[\ ]^0}\right) \tag{1.35}$$

然而，浓的电解质溶液显著偏离了理想溶液，因此有必要引入“活度系数”。为了修改式(1.34)以使其适用于非理想状态，我们写成

$$\mu_j = \mu_j^0 + RT\ln\left(\frac{\gamma_j[j]}{[\ ]^0}\right)$$

式中，γ_j是物种j 的活度系数。对于电解质溶液，当溶质被高度稀释时，即$[j]\to 0$

$$\gamma_j \to 1$$

在这些条件下，溶液为理想溶液。对于较浓的溶液，γ_j将偏离 1，而偏离的程度可用于衡量非理想程度，以反映电解质中离子-离子和离子-溶剂间相互作用的程度。我们在 1.7 节中学到，要使氢电极成为标准电极，必须满足

$$[H^+]=1.18\ mol \cdot dm^{-3}$$

在这些条件下

$$\gamma_{H^+} = \frac{1}{1.18} = 0.85$$

测量$[Fe(CN)_6^{4-}]/[Fe(CN)_6^{3-}]$电对的标准电极电势采用与图 1.10 类似的方法，除了在那种情况下参比电极必须是标准氢电极，还必须仔细选择两种阴离子的浓度，使得

$$\mu_{Fe(III)} = \mu_{Fe(III)}^0$$

和

$$\mu_{Fe(II)} = \mu^{0}_{Fe(II)}$$

也就是说，这些项

$$\frac{\gamma_{Fe(II)}[Fe(II)]}{[\ ]^0} = \frac{\gamma_{Fe(III)}[Fe(III)]}{[\ ]^0} = 1$$

在该条件下，离子的“活度”被认为是 1，化学势表达式中的对数项也就消失了[式(1.33)]。标准电极电势表有很多；表 1.2 提供了一部分可获取的数据。

表 1.2 水溶液条件下的标准电极电势(25 ℃)。

半反应	E^0/V
$Li^+ + e^- \longrightarrow Li$	−3.04
$K^+ + e^- \longrightarrow K$	−2.92
$1/2Ca^{2+} + e^- \longrightarrow 1/2Ca$	−2.76
$Na^+ + e^- \longrightarrow Na$	−2.71
$1/2Mg^{2+} + e^- \longrightarrow 1/2Mg$	−2.37
$1/3Al^{3+} + e^- \longrightarrow 1/3Al(0.1\ mol \cdot dm^{-3}\ NaOH)$	−1.71
$1/2Mn^{2+} + e^- \longrightarrow 1/2Mn$	−1.18
$H_2O + e^- \longrightarrow 1/2H_2 + OH^-$	−0.83
$1/2Zn^{2+} + e^- \longrightarrow 1/2Zn$	−0.76
$1/2Fe^{2+} + e^- \longrightarrow 1/2Fe$	−0.44
$1/3Cr^{3+} + e^- \longrightarrow 1/3Cr$	−0.41
$1/2Cd^{2+} + e^- \longrightarrow 1/2Cd$	−0.40
$1/2Co^{2+} + e^- \longrightarrow 1/2Co$	−0.28
$1/2Ni^{2+} + e^- \longrightarrow 1/2Ni$	−0.23
$1/2Sn^{2+} + e^- \longrightarrow 1/2Sn$	−0.14
$1/2Pb^{2+} + e^- \longrightarrow 1/2Pb$	−0.13
$1/3Fe^{3+} + e^- \longrightarrow 1/3Fe$	−0.04
$H^+ + e^- \longrightarrow 1/2H_2$	0.00
$1/2Sn^{4+} + e^- \longrightarrow 1/2Sn^{2+}$	+0.15

续表

半反应	E^0/V
$Cu^{2+}+e^- \longrightarrow Cu^+$	+0.16
$1/2Cu^{2+}+e^- \longrightarrow 1/2Cu$	+0.34
$1/2H_2O+1/4O_2+e^- \longrightarrow OH^-$	+0.40
$Cu^++e^- \longrightarrow Cu$	+0.52
$1/2I_2+e^- \longrightarrow I^-$	+0.54
$1/2O_2+H^++e^- \longrightarrow 1/2H_2O_2$	+0.68
$Fe^{3+}+e^- \longrightarrow Fe^{2+}$	+0.77
$1/2Hg^{2+}+e^- \longrightarrow 1/2Hg$	+0.79
$Ag^++e^- \longrightarrow Ag$	+0.80
$1/3NO_3^-+4/3H^++e^- \longrightarrow 1/3NO+2/3H_2O$	+0.96
$1/2Br_2(l)+e^- \longrightarrow Br^-$	+1.06
$1/4O_2+H^++e^- \longrightarrow 1/2H_2O$	+1.23
$1/2MnO_2+2H^++e^- \longrightarrow 1/2Mn^{2+}+H_2O$	+1.21
$1/2Cl_2+e^- \longrightarrow Cl^-$	+1.36
$1/3Au^{3+}+e^- \longrightarrow 1/3Au$	+1.52
$Co^{3+}+e^- \longrightarrow Co^{2+}(3\ mol\cdot dm^{-3}HNO_3)$	+1.84

表 1.2 中的条目对应氧化还原电对相对于标准氢电极测得的标准电极电势，且标准氢电极中势决平衡涉及的所有物种均处于单位活度条件下。这些电势的符号为 E^0。对于一般的电化学平衡

$$\nu_A A+\nu_B B+\cdots+e^-(m) \rightleftharpoons \nu_X X+\nu_Y Y+\cdots$$

那么对于任意浓度的 A，B，…，X，Y，…，我们有

$$E=E^0(A, B, \cdots/X, Y, \cdots)+\frac{RT}{F}\ln\left(\frac{\gamma_A^{\nu_A}\gamma_B^{\nu_B}\cdots[A]^{\nu_A}[B]^{\nu_B}\cdots}{\gamma_X^{\nu_X}\gamma_Y^{\nu_Y}\cdots[X]^{\nu_X}[Y]^{\nu_Y}\cdots}\right)$$

其中 E 同样是相对标准氢电极测得的，而 E^0(A，B，…/X，Y，…)是 A，B，…/X，Y，…电对的标准电极电势。显然，当对数(ln)项消失，对应每种离子为单位活度时，$E=E^0$(A，B，…/X，Y，…)。但是，毋庸置疑，由于对相关活度系数 γ_j 及其对浓度依赖性的了解通

常不完善，从经验上解决含活度系数的情况会相当困难。因此，提出了形式电势E_f^0的概念，此时

$$E_f^0(A, B, \cdots/X, Y, \cdots) = E^0(A, B, \cdots/X, Y, \cdots) + \frac{RT}{F}\ln\left(\frac{\gamma_A^{\nu_A}\gamma_B^{\nu_B}\cdots}{\gamma_X^{\nu_X}\gamma_Y^{\nu_Y}\cdots}\right)$$

因此

$$E = E_f^0(A, B, \cdots/X, Y, \cdots) + \frac{RT}{F}\ln\left(\frac{[A]^{\nu_A}[B]^{\nu_A}\cdots}{[X]^{\nu_X}[Y]^{\nu_Y}\cdots}\right)$$

形式电势取决于温度和压力，与标准电势相同，但是同时形式电势还依赖于电解质浓度，不仅受限于势决平衡所涉及的物种，还取决于建立电极电势的溶液中存在的其他电解质，因为它们都会影响离子活度。

形式电势失去了标准电势的热力学通用性，只能用于非常具体的条件下，但可以使实验人员进行有意义的伏安测量。

1.9 形式电势与实验伏安法

针对实际用途，如伏安实验，Nernst方程可以写成适用于1.4节中一般电化学平衡的形式：

$$E = E_f^0(A, B, \cdots/X, Y, \cdots) + \frac{RT}{F}\ln\left(\frac{[A]^{\nu_A}[B]^{\nu_B}\cdots}{[X]^{\nu_X}[Y]^{\nu_Y}\cdots}\right)$$

或者

$$\left(\frac{[A]^{\nu_A}[B]^{\nu_B}\cdots}{[X]^{\nu_X}[Y]^{\nu_Y}\cdots}\right) = e^{\Theta}$$

其中

$$\Theta = \frac{F}{RT}[E - E_f^0(A, B, \cdots/X, Y, \cdots)]$$

形式电势E_f^0比较接近表1.2所给的标准电势，但通常会有差异，其反映了溶液中的精细组分所引起的与溶液理想性的偏离。

在使用表1.2作为形式电势近似值的参考时，应当注意的是，如果质子(或氢氧根离子)参与了势决平衡，那么这些值只有在pH=0，相当于质子为单位活度的情况下才有借鉴意义。因此，如果所研究的溶液偏离这个pH，那么对于形式电势的估算需要相应地进行调整。对于一般反应

$$A + mH^+ + e^- \rightleftharpoons B \qquad E^0(A/B)$$

则

$$E = E^0(\text{A/B}) + \frac{RT}{F}\ln\left[\frac{\gamma_\text{A}}{\gamma_\text{B}}(\gamma_{\text{H}^+})^m \frac{[\text{A}][\text{H}^+]^m}{[\text{B}]}\right]$$

可变成

$$E = E^0(\text{A/B}) + \frac{RT}{F}\ln\frac{\gamma_\text{A}}{\gamma_\text{B}} + m\frac{RT}{F}\ln(\gamma_{\text{H}^+})[\text{H}^+] + \frac{RT}{F}\ln\frac{[\text{A}]}{[\text{B}]}$$

$$E = E_\text{f}^0(\text{A/B}) + \frac{RT}{F}\ln\frac{[\text{A}]}{[\text{B}]} - 2.303m\frac{RT}{F}\text{pH}$$

因为

$$E_\text{f}^0(\text{A/B}) = E^0(\text{A/B}) + \frac{RT}{F}\ln\frac{\gamma_\text{A}}{\gamma_\text{B}}$$

$$\log_{10} N = \frac{\ln N}{\ln 10} = \frac{\ln N}{2.303}$$

以及

$$\text{pH} = -\log_{10}\gamma_{\text{H}^+}[\text{H}^+]$$

IUPAC 根据 H^+的单个离子活度定义了 pH。

从实验角度看，特别是在缓冲介质中，电化学平衡可以重写为

$$\text{A} + \text{e}^- \rightleftharpoons \text{B}$$

其有效形式电势为

$$E_{\text{f,eff}}^0(\text{A/B}) = E_\text{f}^0(\text{A/B}) - 2.303m\frac{RT}{F}\text{pH}$$

因此

$$E = E_{\text{f,eff}}^0(\text{A/B}) + \frac{RT}{F}\ln\frac{[\text{A}]}{[\text{B}]}$$

由上式可知，在 25 ℃时，每单位 pH 的变化将引起 m 倍 59 mV 形式电势的改变。相应地，如果在此电化学平衡中每个电子转移中只有一个质子参与，当 pH 从 0(对应于标准条件)改变到 7(中性条件)时，形式电势将改变超过 400 mV。相对于在伏安测量中常被探究的电位窗口宽度，这是一个非常大的变化。

小结：

(1) 对于 $\text{A} + \text{e}^- \rightleftharpoons \text{B}$ 反应过程，Nernst 方程在伏安法中最有用的形式是

$$\frac{[\text{A}]}{[\text{B}]} = \text{e}^{\Theta}$$

式中，$\Theta = \frac{F}{RT}(E - E_\text{f}^0)$，且 E_f^0 是电对 A/B 的形式电势。

(2) 标准电极电势为形式电势提供了近似值。反应式较全的标准电极电势表都可以查阅到，最权威的是《水溶液中的标准电势》[7]。后者的数据是在标准氢电极标度上得到的。如

果实验中选用饱和甘汞电极或银/氯化银电极作为参比电极，则需要减去 0.242 V 或 0.197 V，将表中的估值置于正确的标度上。

(3) 如果在 pH 不同于“标准”条件 pH=0 的水溶液中工作，则形式电势的估算需要以每单位 pH 每个质子 59 mV 校正。

最后，必须强调的是，形式电势是热力学量，所以对它的估算需要假定已经达到电化学平衡，因此需要快速电极动力学。这经常不是一个正确的假设，我们将在下一节中讨论这个问题。

1.10 电极过程：动力学 *vs.* 热力学

通常，人们使用电势差计测量电极电势，电势差计示意图如图 1.14 所示。

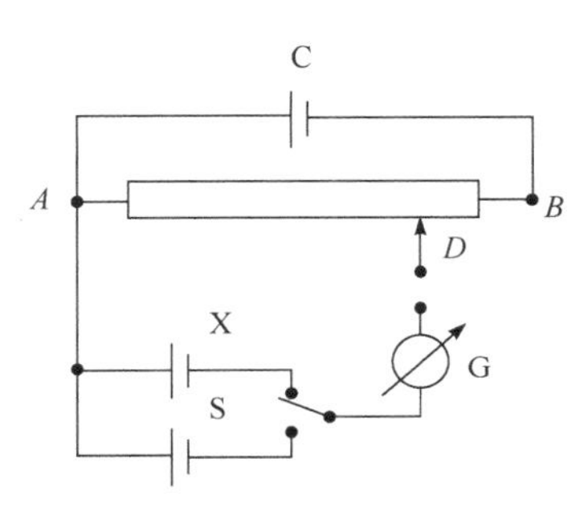

图 1.14 Poggendorff(波根多夫)电势差计示意图。

测量原理如下：一个具有恒定电压(比任何要测量的电压值都大)的电池 C 连接在高电阻的导线 *AB* 之间，构成一个回路。所研究的电解池 X 与 *A* 点相连，又经过电流测量装置 G 与一个可在 *AB* 电阻线上滑动的接触点 *D* 连接。调节 *D* 点的位置使 G 上没有电流通过。此时，由电池 C 产生的 *AD* 间的电压降正好与 X 的电势 E_x 相抵消。使用开关，将电解池 X 替换成具有已知电压 E_s 的标准电解池 S。将接触点 *D* 的位置重新调到一个新的点 *D*′，直到电流测量装置 G 上无电流通过。此时跨过 *AD*′ 的电压降就等于 E_s。由此可知，未知电势为

$$E_x = \frac{AD}{AD'} E_s$$

电势差计测量法的一个优点是能很快测出所研究的电化学平衡的电极动力学。例如，考虑以下两个电极过程：

$$Fe(CN)_6^{3-}(aq) + e^-(m) \rightleftharpoons Fe(CN)_6^{4-}(aq)$$

和

$$\frac{1}{2}C_2H_6(g) + CO_2(g) + e^-(m) \rightleftharpoons CH_3COO^-(aq)$$

图 1.15 展示了用甘汞电极作为参比电极，针对上述反应进行研究的实验设计。图中还描绘了如图 1.14 所示的电势差计上测得的电流。在 $Fe(CN)_6^{4-}/Fe(CN)_6^{3-}$ 反应过程中，真正的电化学平衡在铂丝电极上迅速建立。

如果滑动接触点在平衡点的任意一侧移动，将产生显著的电流流动，因为施加的电势不再与所研究的电解池的电势平衡，$Fe(CN)_6^{4-}$ 会被氧化或者 $Fe(CN)_6^{3-}$ 被还原，取决于接触点移动的方向。当电势差计上只有轻微失衡时便发生了大量的电流流动，包括氧化性和还原性的，这一事实说明此电极动力学很快，并且在铂丝上已经建立了真正的电化学平衡。相反，在乙酸根/CO_2/C_2H_6 的情况中，将电势差计的接触点置于任何位置都没有电流流过。这说明该例中的电极动力学非常缓慢，以至于无法在铂丝上建立电化学平衡，并且即使给电解池施加非常

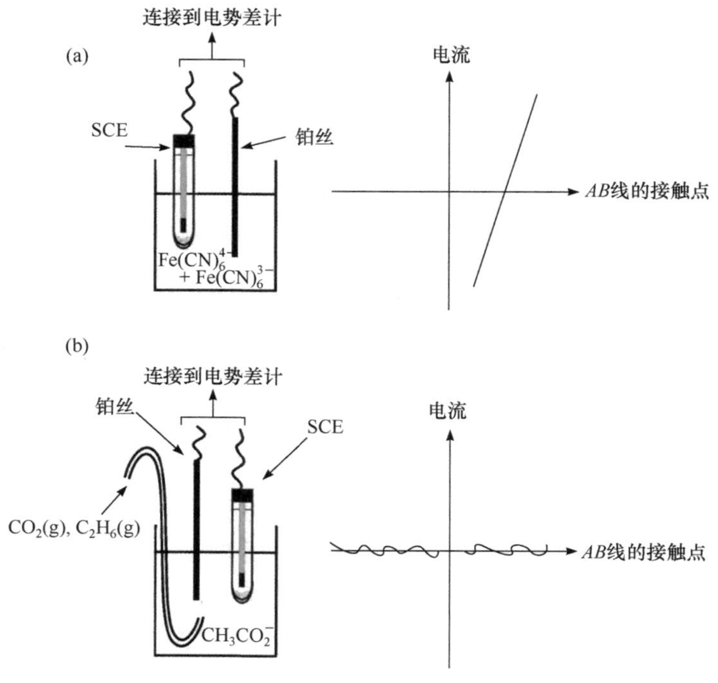

图 1.15 快速电极动力学(a)与慢速电极动力学(b)体系的电势测量。

正或非常负的电势(通过改变接触点的位置)，也没有电流流过。

总之，只有在电极上真正建立起电化学平衡时，电极电势才会建立，而这需要快速电极动力学。下一章首先介绍一个可以解释电极动力学的模型，然后分析为什么有些电极过程快而有些电极过程慢。

参考文献

[1] H. L. Le Chatelier, *Comptes Rendus* **99** (1884) 786.

[2] H. L. Le Chatelier, *Annales des Mines* **13** (1888) 157.

[3] Text adapted from: *Nobel Lectures*, *Chemistry 1901-1921*, Elsevier Publishing Company, Amsterdam, 1966. The text and picture of Nernst are © The Nobel Foundation. See also: www.nernst.de (accessed Dec 2006).

[4] P. W. Atkins, J. de Paula, *Atkins*, *Physical Chemistry*, 10th edn, Oxford University Press, 2014.

[5] R. G. Compton, G. H. W. Sanders, *Electrode Potentials*, Oxford University Press, 1996.

[6] IUPAC Compendium of Chemical Terminology 2nd edn (1997); see also: http://www.iupac.org/publications/compendium/index.html.

[7] A. J. Bard, R. Parsons, J. Jordan, *Standard Potentials in Aqueous Solutions*, Marcel Dekker, New York, 1985.

2　电极动力学

本章涉及电子转移反应的唯象模型和分子模型，尤其是它们对电极电势的依赖性。我们先将电流与反应通量联系起来。

2.1　电流和反应通量

考虑在水溶液中对一个面积为A(单位为cm^2)的电极施加适当的负电势，可以将铁氰化钾电还原为亚铁氰化钾：

$$Fe(CN)_6^{3-}(aq) + e^-(m) \rightleftharpoons Fe(CN)_6^{4-}(aq) \tag{2.1}$$

注意，在溶液中的某处至少需要第二个电极，以形成回路促使所需电流通过溶液。下一节中将详细考虑此反应所需的必要实验条件，目前我们先关注如图 2.1 所示的界面。

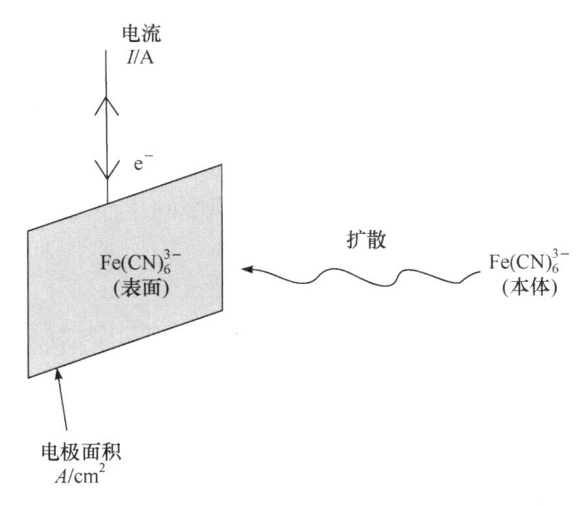

图 2.1　电活性物质通过向电极表面扩散而进行的电解反应。

电极和$Fe(CN)_6^{3-}$之间的电子转移过程通过两者所处位点之间的量子力学隧穿效应进行。由于这种隧穿效应取决于供体(电极)和受体[$Fe(CN)_6^{3-}$]中电子的量子力学波函数的相互重叠，且隧穿速率随二者距离的增大急剧下降，所以经历电还原过程的$Fe(CN)_6^{3-}$必须位于电极表面通常 10～20 Å 的空间范围内。因此，$Fe(CN)_6^{3-}$必须首先从本体溶液扩散到电子隧穿可以发生的临界距离内，再进行电子转移，从而在电极上发生还原。

电子转移导致电流 I(单位为安培)通过电极。其大小与进行电解的反应物的通量$j/(mol \cdot cm^{-2} \cdot s^{-1})$相关，见下式：

$$I = FAj \tag{2.2}$$

式中，F 是 Faraday 常量，A 是电极面积。这里可将通量视为(异相)界面电化学反应速率的量度。这与利用 d [反应物]/dt 衡量均相化学反应速率的方式相同。

界面反应的速率定律的表达形式与均相化学过程基本相同:

$$j = k(n)[\text{反应物}]_0^n \tag{2.3}$$

式中，n 是反应物的级数，$k(n)$是 n 级速率常数，浓度项的下标“0”表示这是反应物的表面浓度，即在临界电子隧穿距离内的相关浓度。

式(2.3)包含三个要点。第一，非常常见的是 $n = 1$ 的情况，它对应一级异相反应。注意在这种情况下，$k(1)$的单位为 $cm \cdot s^{-1}$，即速度的单位。对读者来说，熟悉一级异相反应速率常数的量纲会很有帮助，显然这不同于单位为 s^{-1} 的一级均相反应速率常数的情况。

第二，式(2.3)中浓度项用下标来强调反应物的相关浓度是贴近电极表面处的浓度，而不是本体溶液中的浓度，这暗示着

$$[\text{反应物}]_0 \neq [\text{反应物}]_{\text{本体}}$$

这一点比较容易理解，因为电流流过电极-溶液界面将导致电极表面附近反应物的消耗。随后物质将在所产生的浓度梯度的作用下从本体溶液扩散而来。相应地，在电极表面附近的电解反应物(和产物)的浓度应该与本体溶液中的浓度不太相同。正如即将在本书第 3 章和第 4 章中详细论证的，电解的特征之一就是浓度会在反应过程中随空间和时间发生变化。追踪浓度随电极距离及时间的演变规律是理解伏安法的关键。

第三，异相速率常数 $k(n)$同样取决于温度和压力，正如熟悉的均相速率常数对这些参数敏感一样。不过异相(电化学)速率常数对电势极为敏感。具体来讲，我们将在 2.3 节中看到，通常 $k(n)$与电极电势ϕ_M 和溶液电势ϕ_S 之间的电势差呈指数关系。而且在许多情况下，如果$\phi_M - \phi_S$仅改变 1 V，则相应 $k(n)$的变化将高达 10^9 数量级，多么巨大的数字!

在详尽阐述电化学速率常数对$\phi_M - \phi_S$ 的指数依赖性的本质之前，我们将首先考虑如何在实验中对单个电极-溶液界面上的$\phi_M - \phi_S$施加变化。

2.2 研究电极动力学需要三个电极

电极动力学的定量研究需要用到如下三种电极:

(1) 工作电极提供感兴趣、待研究的界面。

(2) 参比电极(如饱和甘汞电极)的作用在 1.6 节中已有描述。

(3) 对电极(辅助电极)为第三个电极。

所有电极由恒电势仪控制，其运作方式如图 2.2 所示。

首先，该设备在工作电极和参比电极之间施加一个恒定电势 E。由于恒电势仪产生的通过参比电极的电流可忽略不计，

$$E = (\phi_M - \phi_S)_{\text{工作}} - (\phi_M - \phi_S)_{\text{参比}} \tag{2.4}$$

则由于参比电极就是为了提供一个恒定的$(\phi_M - \phi_S)_{\text{参比}}$值(详见 1.7 节)，所以上式中 E 的任何变化都反映了$(\phi_M - \phi_S)_{\text{工作}}$值的变化；$E$ 改变 1 V，$(\phi_M - \phi_S)_{\text{工作}}$的值也变化 1 V。

其次，施加在工作电极-溶液界面上的电势降$(\phi_M - \phi_S)_{\text{工作}}$通常会导致电流流动；这正是实验的目的，即研究通过工作电极-溶液界面的电流与施加电势之间的函数关系。对电极上流经的电流与工作电极上流经的电流相等。因此，恒电势仪驱使对电极上产生任意能够导致此电

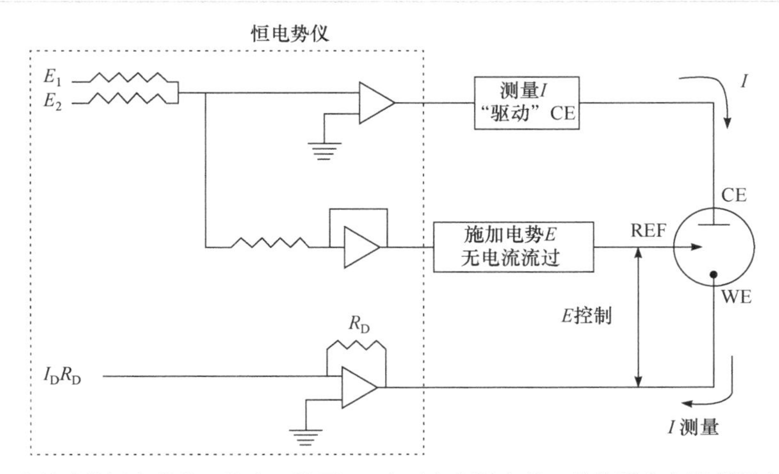

图 2.2 电化学实验所需的恒电势仪。注意，除了 R_D 为可变电阻之外，其他所有电阻都具有恒定的阻值。CE 为对电极，WE 为工作电极，REF 为参比电极。

流的电势。注意所引入的第三个电极——对电极以这种方式工作——是为什么能够在工作电极上施加一个可控电势[如式(2.4)所示]的唯一原因。如果体系中只有两个电极，其中一个电极准备同时充当对电极和参比电极，则式(2.4)不得不从以下两方面进行调整。第一，大量的电流或许会通过参比电极使其内部发生化学变化，从而按照 Nernst 方程(1.8 节)所示规律改变 $(\phi_M-\phi_S)_{参比}$ 的值。第二，式(2.4)将多出第三项：

$$E=(\phi_M-\phi_S)_{工作}+IR-(\phi_M-\phi_S)_{参比} \tag{2.5}$$

式中，IR 项反映的是工作电极和参比电极之间本体溶液的电阻。在上述情况下，E 发生变化的同时会产生一个未知的 IR 变化，同时也改变了 $(\phi_M-\phi_S)_{工作}$，因此后者不再是一个可控的值。

用微电极作为工作电极是无需使用三电极体系的一个例外情况。这类电极的尺寸通常为微米级甚至更小，因此通过的电流非常低(约 10^{-9} A)。那么，工作电极和参比/对电极组成的两电极体系或许已经能够满足研究需求。原因有二：第一，微小电流所引起的参比电极内部的电解变化极小；第二，式(2.5)中的 IR 项变得小到可以忽略不计。

最后，需要讲两个与对电极相关的要点。我们已经强调了对电极的作用是通过与流经工作电极相同的电流。因此，该电流将在对电极附近的溶液中引发电解而产生化学变化。这时需要通过实验确认对电极上的电极过程中是否一定产生了化学产物。如果需要，在设计电化学池时或许可以把对电极置于一个电解池侧臂中，通过一个玻璃砂芯隔离开，以减少对工作电极周围溶液可能产生的污染。当期望将电化学池内物质进行大规模转化时，对电极上的产物问题在电合成过程中就显得尤为重要。在伏安法研究中，相对微量的物质被消耗掉了，所以这个问题可能会比较容易控制。同样，如果想让电流通过对电极，就需要恒电势仪在对电极上施加达到该电流所需的电势。任何恒电势仪可输出的电势都有物理上限(通常称为槽压)，许多商业化的恒电势仪仅能输出约±15 V 的电势，而那些以合成为目的设计出来的恒电势仪可输出高达约±70 V 的电势。因此，检查对电极的电势以确保其未达到最大值是个很好的实验习惯，如果它达到了最大值，那么工作电极将不再处于恒电势状态，此时实验需要重新设计。

2.3 Butler-Volmer 动力学

在本节中，我们详细阐述关于电极动力学的唯象模型，该模型可解释大多数电极动力学过程中的行为和规律，即 Butler-Volmer(巴特勒-福尔默)模型。

如 2.1 节中所述，我们考虑铁氰化钾的还原和亚铁氰化钾的氧化：

$$Fe(CN)_6^{3-}(aq) + e^-(m) \underset{k_a}{\overset{k_c}{\rightleftharpoons}} Fe(CN)_6^{4-}(aq)$$

式中，k_c 和 k_a 分别对应还原和氧化反应的速率常数。下标分别代表阴极和阳极：阴极过程是指电极(阴极)提供电子而导致溶液中发生还原反应，而阳极过程是指电极(阳极)获取电子而导致溶液中发生氧化反应。

根据 2.1 节，净反应过程的速率定律可写为

$$j = k_c[Fe(CN)_6^{4-}]_0 - k_a[Fe(CN)_6^{3-}]_0 \tag{2.6}$$

速率常数 k_c 和 k_a 是与电势有关的量；具体而言，我们可能会预想阴极还原反应在相对负的电极电势下占主导地位，而阳极氧化反应在相对正的电势下占主导地位，见式(2.6)。下面讨论电极电势与速率常数之间更确切的相互作用。图 2.3 展示了过程对应的反应曲线。

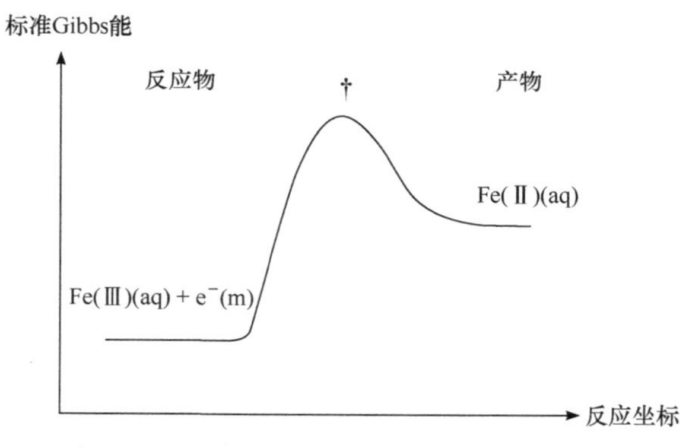

图 2.3 $Fe(CN)_6^{4-}$ / $Fe(CN)_6^{3-}$ 电极过程的反应曲线。注意 ϕ_M 和 ϕ_S 均为定值。

因为 $Fe(CN)_6^{3-}$、$Fe(CN)_6^{4-}$ 和 e^- 都是带电物种，所以图 2.3 展示的曲线必然是 ϕ_M 及 ϕ_S 两者的函数。例如，使 ϕ_M 变得更负并保持 ϕ_S 不变，将增加反应物(包括电子)的能量，而维持产物的能量不变。相反地，保持 ϕ_M 不变而使 ϕ_S 更负，将同时改变反应物和产物的能量，但由于离子所带电荷不同，$Fe(CN)_6^{4-}$ 提高的能量比 $Fe(CN)_6^{3-}$ 提高的更多。因此，改变 ϕ_M 和/或 ϕ_S，反应曲线随之变化，使 $Fe(CN)_6^{3-}$ 的还原(ϕ_M 变得更负，ϕ_S 更正)或 $Fe(CN)_6^{4-}$ 的氧化过程(ϕ_M 变得更正，ϕ_S 更负)变成能量呈下坡趋势并受热力学驱动的反应，如图 2.4 所示。

考虑图 2.3，我们可以写出

$$k_c = A_c \exp\frac{-\Delta G_c(\dagger)}{RT} \tag{2.7}$$

和

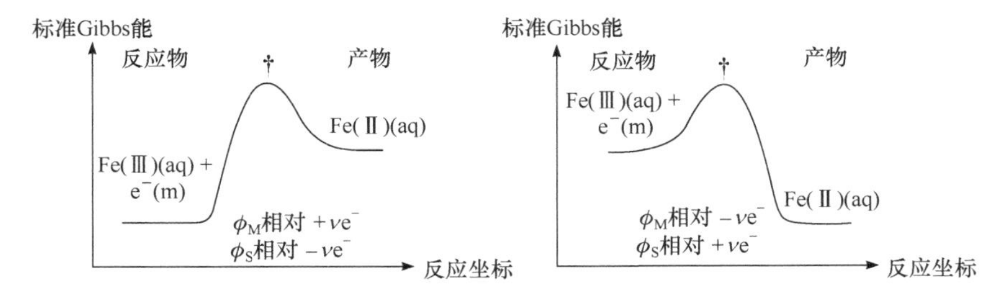

图 2.4 电极过程ϕ_M和ϕ_S变化将改变能量曲线。

$$k_a = A_a \exp\frac{-\Delta G_a(\dagger)}{RT} \tag{2.8}$$

其中 Arrhenius 公式将速率常数 k_c 和 k_a 与 Gibbs 活化能、指前因子 A_c 和 A_a 联系起来

$$\Delta G_c^0(\dagger) = G^0(\dagger) - G^0(\mathrm{R}) \tag{2.9}$$

$$\Delta G_a^0(\dagger) = G^0(\dagger) - G^0(\mathrm{P}) \tag{2.10}$$

指前因子取决于一种描述每秒与电极表面碰撞次数的“频率因子”。在式(2.9)和式(2.10)中，(†)表示过渡态，R 对应图 2.4 中的反应物，P 对应产物。$G^0(x)$ 是物种 x 为 R、(†)或 P 时对应的标准摩尔 Gibbs 能。我们从第 1 章的内容得知

$$G^0(\mathrm{R}) = 常数 - F\phi_M - 3F\phi_S \tag{2.11}$$

可转化为

$$G^0(\mathrm{R}) = 常数 - 4F\phi_S - F(\phi_M - \phi_S)$$

并且

$$G^0(\mathrm{P}) = 另一常数 - 4F\phi_S \tag{2.12}$$

对比式(2.11)和式(2.12)表明，就电势的依赖性而言，二者之间只差了 $F(\phi_M - \phi_S)$项。则如果假设过渡态的标准 Gibbs 能对电势的依赖性介于反应物和产物之间：

$$\Delta G^0(\dagger) = 再一常数 - 4F\phi_S - \beta F(\phi_M - \phi_S) \tag{2.13}$$

式中，β是转移系数，有

$$0 < \beta < 1 \tag{2.14}$$

则如果β接近 0，过渡态(†)更接近产物(P)；如果β接近 1，过渡态更接近反应物(R)，这至少可以从过渡态的标准 Gibbs 能对电势的依赖性判断出来。

式(2.11)～式(2.13)使我们能够估算 Gibbs 活化能，并可通过式(2.7)和式(2.8)获得电化学速率常数。结果如下：

$$k_c \propto \exp\left[\frac{-(1-\beta)F(\phi_M - \phi_S)}{RT}\right] \tag{2.15}$$

$$k_a \propto \exp\left[\frac{\beta F(\phi_M - \phi_S)}{RT}\right] \tag{2.16}$$

$1-\beta$ 项通常用α替换，因此

$$\alpha + \beta = 1$$

α和β都称为转移系数。式(2.15)可重写为

$$k_c \propto \exp\left[\frac{-\alpha F(\phi_M - \phi_S)}{RT}\right] \tag{2.17}$$

式(2.16)和式(2.17)表明，$Fe(CN)_6^{4-}$氧化反应速率常数k_a和$Fe(CN)_6^{3-}$还原反应速率常数k_c都与电极电势呈指数相关：当电极电势相对于溶液电势变得更正，即$(\phi_M - \phi_S)$变得更正时，k_a增大；而当电极电势相对于溶液电势变得更负，即$(\phi_M - \phi_S)$变得更负时，k_c增大。

如上所示，转移系数β(α同理)处于 0～1 范围内。但通常情况下

$$\alpha \sim \beta \sim 0.5 \tag{2.18}$$

这意味着过渡态的电学行为位于反应物和产物之间。如果我们将式(2.18)中的值代入式(2.16)和式(2.17)，就会发现如果$(\phi_M - \phi_S)$项改变 1 V，速率常数k_a和k_c将变化10^9。正是电化学速率常数对电极电势超灵敏的依赖性决定了电极过程的动力学行为。

2.4 标准电化学速率常数和形式电势

在式(2.16)和式(2.17)中，我们将电化学速率常数与$\phi_M - \phi_S$物理量联系起来。但是，我们在第 1 章中已知，单个电极-溶液界面的电势差无法测量，因为在任何闭合的测量电路中都需要一个参比电极。因此，最好将这两个表达式修改为以下形式：

$$k_c = k_c^0 \exp\left[\frac{-\alpha F(E - E_f^0)}{RT}\right] \tag{2.19}$$

和

$$k_a = k_a^0 \exp\left[\frac{\beta F(E - E_f^0)}{RT}\right] \tag{2.20}$$

式中，$E - E_f^0$是施加在工作电极上的电势；但它是一种相对于$Fe(CN)_6^{3-}/Fe(CN)_6^{4-}$电对的形式电势的数值，这两个电势是相对于同一参比电极测量得到的。从 1.9 节的讨论中可以明显得出

$$E - E_f^0 = (\phi_M - \phi_S)_{工作} + 常数 \tag{2.21}$$

则将式(2.16)与式(2.17)转换为式(2.19)与式(2.20)在代数上是等价的，因为式(2.21)的常数项被合并到k_c^0和k_a^0项中。接下来，我们将关注这些表达式的更多细节，具体回到式(2.6)：

$$j = k_c^0 \exp\left[\frac{-\alpha F(E - E_f^0)}{RT}\right][Fe(CN)_6^{3-}]_0 - k_a^0 \exp\left[\frac{\beta F(E - E_f^0)}{RT}\right][Fe(CN)_6^{4-}]_0 \tag{2.22}$$

如果考虑到工作电极处于动态平衡的情况，氧化电流和还原电流正好相互抵消，则由于无净电流流过

$$j = 0 \tag{2.23}$$

从式(2.22)和式(2.23)，以及$\alpha + \beta = 1$，可得

$$E = E_f^0 + \frac{RT}{F}\ln\left(\frac{[Fe(CN)_6^{4-}]}{[Fe(CN)_6^{3-}]}\right) + \frac{RT}{F}\ln\left(\frac{k_a^0}{k_c^0}\right) \tag{2.24}$$

从 1.8 节中的讨论可以明显看出，当没有净电流流过时，电势可由下式表达：

$$E = E_f^0 + \frac{RT}{F}\ln\left(\frac{[Fe(CN)_6^{4-}]}{[Fe(CN)_6^{3-}]}\right) \tag{2.25}$$

所以 $k_a^0 = k_c^0 = k^0$。

因此，可以写出

$$k_c = k^0 \exp\left[\frac{-\alpha F(E - E_f^0)}{RT}\right] \tag{2.26}$$

$$k_a = k^0 \exp\left[\frac{\beta F(E - E_f^0)}{RT}\right] \tag{2.27}$$

式(2.26)和式(2.27)是电化学速率常数 k_a 和 k_c 的最简单的 Butler-Volmer 表达形式。物理量 k^0 是标准电化学速率常数，单位为 $cm \cdot s^{-1}$，且 E_f^0 是 A/B 氧化还原电对的形式电势。

式(2.26)和式(2.27)是对于任意电极过程的一般表达式。

$$A^{Z_A} + e^- \rightleftharpoons B^{Z_B}$$

式中，Z_A 和 Z_B 分别是 A 和 B 所带电荷量，且 $Z_A - Z_B = 1$。由于

$$G^0(R) = G^0(A) + G^0(e^-) = 常数 + Z_A F\phi_S - F\phi_M$$

$$G^0(R) = G^0(A) + G^0(e^-) = 常数 + (Z_A - 1)F\phi_S - F(\phi_M - \phi_S) \tag{2.28}$$

以及

$$G^0(P) = G^0(B) = 另一常数 + Z_B F\phi_S$$

$$G^0(P) = G^0(B) = 另一常数 + (Z_A - 1)F\phi_S$$

因此

$$G^0(\dagger) = 再一常数 + (Z_A - 1)F\phi_S - \beta F(\phi_M - \phi_S)$$

$$G^0(\dagger) = 再一常数 + (Z_A - 1)F\phi_S - (1-\alpha)F(\phi_M - \phi_S)$$

相同的讨论已被用于 B 为 $Fe(CN)_6^{4-}$、A 为 $Fe(CN)_6^{3-}$ 的具体情况中，因而此处可得

$$k_c = k^0 \exp\left[\frac{-\alpha F(E - E_f^0)}{RT}\right] \tag{2.29}$$

和

$$k_a = k^0 \exp\left[\frac{\beta F(E - E_f^0)}{RT}\right] \tag{2.30}$$

式中，E_f^0 是 A/B 氧化还原电对的形式电势。

2.5 需要支持电解质的原因

式(2.29)和式(2.30)表明了$\phi_M-\phi_S$值对控制电化学速率常数k_a和k_c大小的重要性。2.1节指出，由于电极和溶液相物种之间的电子转移是通过量子力学隧穿效应发生的，那么溶液中的物种必须位于距离电极表面10～20 Å的空间范围内。因此，如果我们要使用上述推导出的速率常数公式，则电极和本体溶液之间的电势降必须发生在相似的距离内。如果电势降$\phi_M-\phi_S$发生在大于20 Å的距离，那么速率常数表达式(2.29)和式(2.30)需要进行修正，以适用于在电子转移(隧穿效应)区域中，只有部分电势降$\phi_M-\phi_S$可“驱动”电子转移反应。这种“Frumkin(弗鲁姆金)校正”在其他资料中有更充分的描述[1]，如果实验在导电性较差的介质中进行，那么这种校正至关重要。然而，在大多数实验情况下，通常会特意添加大量电解质——称为支持或背景电解质——以确保电势降($\phi_M-\phi_S$)被压缩到工作电极表面10～20 Å的距离之内。常见的支持电解质的浓度大于10^{-1} mol · dm^{-3}，且选择的电解质在实验中的电势测试区间内具有电化学惰性。例如，KCl可在水介质中用作支持电解质；四氟硼酸四正丁基铵可在乙腈溶液中用作支持电解质。在加入适当支持电解质的情况下，速率定律就可用式(2.29)和式 (2.30)表示。

2.6 Tafel 定律

在本章前面部分我们已经看到，对于这个简单电极过程：

$$A+e^- \underset{k_a}{\overset{k_c}{\rightleftharpoons}} B$$

反应的净速率(通量)可由下式表达：

$$j/(\text{mol}\cdot\text{cm}^{-2}\cdot\text{s}^{-1})=k_c[A]_0-k_a[B]_0 \tag{2.31}$$

$$j=k_c^0\exp\left[\frac{-\alpha F(E-E_f^0)}{RT}\right][A]_0-k_a^0\exp\left[\frac{\beta F(E-E_f^0)}{RT}\right][B]_0 \tag{2.32}$$

这一表达式表明，在工作电极上施加任意电势E时，净速率(且因此产生的电流)是向A中添加电子而产生的还原电流和从B中移除电子而产生的氧化电流之间的平衡。在极端电势下，如

$$E\gg E_f^0 \quad 或 \quad E\ll E_f^0$$

则可忽略其中一项或另一项。在这种情况下，对于一个还原性的电化学过程：

$$A+e^- \longrightarrow B$$

$$j=k^0\exp\left[\frac{-\alpha F(E-E_f^0)}{RT}\right][A]_0 \tag{2.33}$$

而对于一个氧化过程：

$$\mathrm{B} - \mathrm{e}^- \longrightarrow \mathrm{A}$$

$$j = k^0 \exp\left[\frac{\beta F(E - E_\mathrm{f}^0)}{RT}\right][\mathrm{B}]_0 \tag{2.34}$$

如果$[\mathrm{A}]_0$和$[\mathrm{B}]_0$相对于它们的恒定本体浓度没有很大改变，则

$$\ln\left|I_\mathrm{red}\right| = -\frac{\alpha FE}{RT} + 常数 \tag{2.35}$$

且

$$\ln\left|I_\mathrm{ox}\right| = \frac{\beta FE}{RT} + 常数 \tag{2.36}$$

式中，I_red是还原电流，I_ox是氧化电流。因此，$\ln|I_\mathrm{ox}|$-E或$\ln|I_\mathrm{red}|$-E的关系图[称为 Tafel(塔费尔)图]可提供有关转移系数α和β大小的信息，如图 2.5 所示。

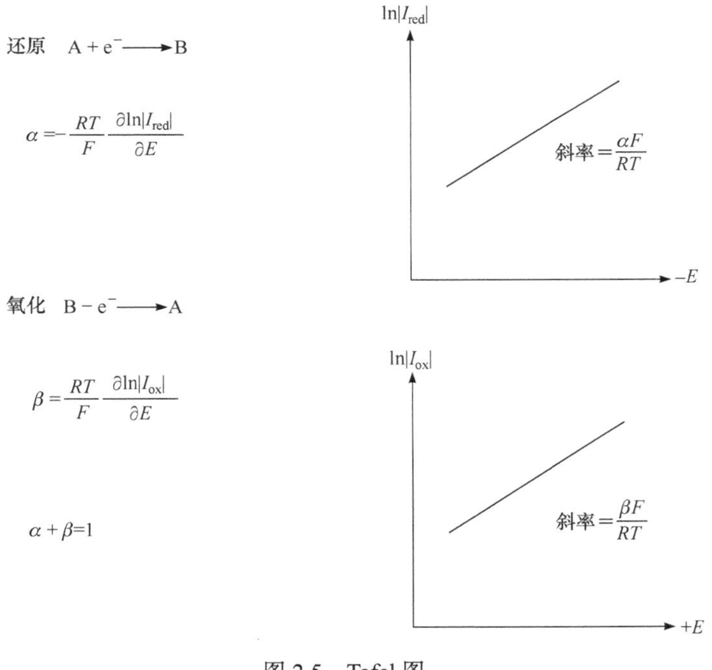

图 2.5 Tafel 图。

注意，这个分析过程需要式(2.33)和式(2.34)的浓度项$[\mathrm{A}]_0$和$[\mathrm{B}]_0$在所研究的电势范围内保持恒定。这大大限制了 Tafel 分析的使用。因此，我们在阐述了反应物消耗的影响并对扩散现象进行讨论后，再于第 3 章继续探讨 Tafel 分析。

2.7 Julius Tafel

Julius Tafel(朱利叶斯 · 塔费尔，1862—1918)是一位有机化学和物理化学家。他致力于有机化合物的电化学研究，并因电化学动力学领域中最重要的方程之一——Tafel 方程而闻名。

Tafel 出生于瑞士，求学于苏黎世、慕尼黑和埃尔朗根。1882 年，Tafel 在埃尔朗根在 Emil

Julius Tafel

© Klaus Müller

Fischer(埃米尔 · 费歇尔)的指导下获得了博士学位，毕业论文为吲唑异构化的研究。1885 年，Tafel 跟随 Fischer 搬到了维尔茨堡。与 Fischer 工作期间，Tafel 研究开发了还原醛、酮的苯腙制备胺的路线。然而，与 Fischer 的这项工作分散了他的精力，使他无法进行生物碱番木鳖碱和马钱子碱的结构研究，以至于这项工作在他有生之年都没有完成。1892 年，Fischer 搬到了柏林，但是他的助理无法获得职位，因此 Tafel 留在了维尔茨堡并全职开始了自己的研究工作。在此期间，Tafel 花了部分时间在莱比锡与 Ostwald 合作，并于 1896 年发表了他在物理化学领域的第一篇论文。随后 Tafel 探索了使用铅阴极对番木鳖碱进行电化学还原的研究，并发表了他的第一篇电化学论文。使用铅电极对有机化合物的电化学还原的研究可谓是一个开创性的贡献。

Tafel 提出了以他的名字命名的析氢反应催化机理。通过将电流测量与电化学反应中的过电势分析相结合，他发现了电化学动力学定律的第一种系统性表达(参见 2.6 节)。Tafel 观察的是热力学无法适用的不可逆电化学反应，因此他的工作首次将电化学动力学与热力学分开，使不可逆反应得以被研究。Tafel 还发现可以将乙酰乙酸乙酯通过电化学还原生成具有异构化结构的烃，该反应称为 Tafel 重排。Tafel 在 48 岁时因身体状况不佳而退休，在他高烧期间，他的学生们常来探望，并在床边陪伴。在他生命的最后几年(1911～1918)中，他撰写了多达 60 篇综述。不幸的是，Tafel 患有严重的失眠症，导致其神经系统完全崩溃，他于 1918 年自杀，享年 56 岁[2]。

2.8 多步电子转移过程

考虑以下电极过程：

$$\mathrm{A} + \mathrm{e}^-(\mathrm{m}) \rightleftharpoons \mathrm{B}$$

$$\mathrm{B} + \mathrm{e}^-(\mathrm{m}) \rightleftharpoons \mathrm{C}$$

并且重点关注 A 到 C 的总体两电子还原过程。化学经验告诉我们，在所示两步反应机理中，第一步或第二步为决速步。在建立了如下的一般性方程式后，接下来我们分别对两种情况进行讨论。我们假设式(2.29)和式(2.30)中的速率常数适用于上述机理的两个反应步骤。

A 和 B 的反应通量可写成

$$j_{\mathrm{A}} = -k^0_{\mathrm{A/B}}\exp\left\{\frac{-\alpha_1 F}{RT}[E - E^0_{\mathrm{f}}(\mathrm{A/B})]\right\}[\mathrm{A}]_0 + k^0_{\mathrm{A/B}}\exp\left\{\frac{\beta_1 F}{RT}[E - E^0_{\mathrm{f}}(\mathrm{A/B})]\right\}[\mathrm{B}]_0$$

$$\begin{aligned} j_{\mathrm{B}} = {} & k^0_{\mathrm{A/B}}\exp\left\{\frac{-\alpha_1 F}{RT}[E - E^0_{\mathrm{f}}(\mathrm{A/B})]\right\}[\mathrm{A}]_0 - k^0_{\mathrm{A/B}}\exp\left\{\frac{\beta_1 F}{RT}[E - E^0_{\mathrm{f}}(\mathrm{A/B})]\right\}[\mathrm{B}]_0 \\ & + k^0_{\mathrm{B/C}}\exp\left\{\frac{\beta_2 F}{RT}[E - E^0_{\mathrm{f}}(\mathrm{B/C})]\right\}[\mathrm{C}]_0 - k^0_{\mathrm{B/C}}\exp\left\{\frac{\alpha_2 F}{RT}[E - E^0_{\mathrm{f}}(\mathrm{B/C})]\right\}[\mathrm{B}]_0 \end{aligned}$$

$$j_C = +k_{B/C}^0 \exp\left\{\frac{-\alpha_2 F}{RT}[E - E_f^0(B/C)]\right\}[B]_0 - k_{B/C}^0 \exp\left\{\frac{\beta_2 F}{RT}[E - E_f^0(B/C)]\right\}[C]_0$$

其中α_1和β_1对应于A到B的单电子还原反应($\alpha_1 + \beta_1 = 1$)，而α_2和β_2对应于B到C的单电子还原反应($\alpha_2 + \beta_2 = 1$)。注意，$j_A + j_B + j_C = 0$表示物质守恒。

我们现在分别讨论前面提到的两种情况。

情况1，第一步反应为决速步：

$$A + e^-(m) \longrightarrow B$$

$$B + e^-(m) \xrightarrow{\text{快}} C$$

在这种情况下，物质B的浓度极低，因此

$$j_A = k_{A/B}^0 \exp\left\{\frac{-\alpha_1 F}{RT}[E - E_f^0(A/B)]\right\}[A]_0 \tag{2.37}$$

则在上一节提到的Tafel分析所需的条件下，可得

$$\ln|I_{red}| = -\frac{\alpha_1 FE}{RT} + \text{常数} \tag{2.38}$$

情况2，第二步反应为决速步，即第一步满足预平衡状态：

$$A + e^-(m) \rightleftharpoons B$$

$$B + e^-(m) \xrightarrow{\text{慢}} C$$

在这种情况下

$$I_{red} = FA(j_A + j_B) = -FAj_C$$

式中，A是电极面积。在Tafel分析的条件下，即物质C的氧化可以被忽略，则

$$j_C = -k_{B/C}^0 \exp\left\{\frac{-\alpha_2 F}{RT}[E - E_f^0(B/C)]\right\}[B]_0$$

但是由于满足预平衡

$$\frac{[B]_0}{[A]_0} = \exp\left\{\frac{-F}{RT}[E - E_f^0(A/B)]\right\}$$

因此

$$j_C = -k_{B/C}^0 \exp\left\{\frac{-\alpha_2 F}{RT}[E - E_f^0(B/C)]\right\} \exp\left\{\frac{-F}{RT}[E - E_f^0(A/B)]\right\}[A]_0 \tag{2.39}$$

同样假设$[A]_0$接近本体溶液浓度，则

$$\ln|I_{ox}| = -\frac{(1+\alpha_2)FE}{RT} + \text{常数} \tag{2.40}$$

对比式(2.38)和式(2.40)可知，Tafel分析确定了过渡态的位置。由于通常情况下

$$\alpha_1 \sim \beta_1, \ \sim \alpha_2 \sim \beta_2 \sim 0.5$$

则当Tafel斜率约为0.5时，表明反应为第1种情况，即第一步电子转移为决速步；相反，Tafel

斜率约为 1.5 时，表明反应为第 2 种情况，即第二步电子转移为决速步。图 2.6 展示了两种情况下的反应曲线。

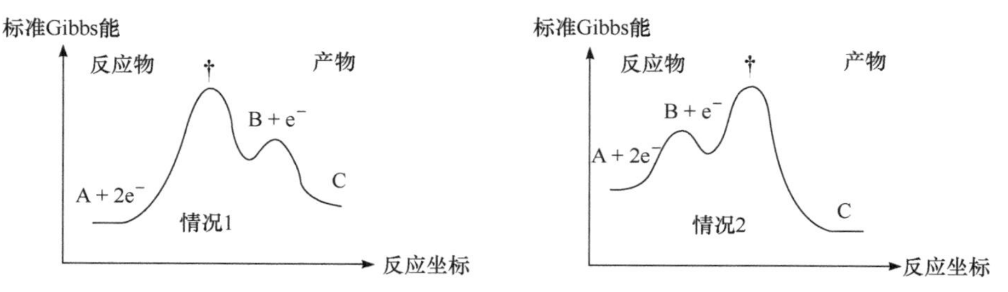

图 2.6　两电子还原过程的反应曲线。

将类似的分析应用于两步氧化过程

$$Z - e^- \rightleftharpoons Y$$

$$Y - e^- \rightleftharpoons X$$

同样分以下两种情况讨论。

情况 1，第一步反应为决速步：

$$Z - e^- \xrightarrow{\text{慢}} Y$$

$$Y - e^- \xrightarrow{\text{快}} X$$

Tafel 分析给出

$$\ln|I_{ox}| = +\frac{\beta_1 FE}{RT} + \text{常数} \tag{2.41}$$

式中，β_1 是 Y/Z 电对的转移系数。

情况 2，Y 和 Z 之间存在一个预平衡，随后是由 Y 生成 X 的决速步：

$$Z - e^- \rightleftharpoons Y$$

$$Y - e^- \xrightarrow{\text{慢}} X$$

在这种情况下，Tafel 分析指出

$$\ln|I_{ox}| = +\frac{(1+\beta_2)FE}{RT} + \text{常数} \tag{2.42}$$

2.9　Tafel 分析与析氢反应

接下来我们举例说明 2.8 节得到的结果，考虑酸性水溶液中的析氢反应，其中 H^+被还原形成氢气(H_2)：

$$H^+(aq) + e^-(m) \longrightarrow 1/2H_2(g)$$

反应过程中伴随了吸附性的氢原子中间产物的生成，这一机理特征导致了不同电极材料上反应速率的巨大差异，从铂(快反应)到铅(慢反应)跨越了近 10 个数量级。该反应机理对电极材料也很敏感，根据测得的转移系数的值可分为三种极限情况。

情况 A：转移系数(α)等于或接近 0.5 时，对应于 Hg、Pb 或 Ni 制成的电极[b]。其反应机理如下：

$$H^+(aq) + e^-(m) \xrightarrow[\text{rds}]{\text{慢}} H^\bullet(ads)$$

随后为反应

$$2H^\bullet(ads) \xrightarrow{\text{快}} H_2(g)$$

或者

$$H^+(aq) + H^\bullet(ads) + e^-(m) \xrightarrow{\text{快}} H_2(g)$$

转移系数α～0.5 表明第一步电子转移是决速步(rds)。

情况 B：转移系数(α)为 1.5，适用于 Pt、Au 或 W 金属电极[a]。这种情况的机理被认为是

$$H^+(aq) + e^-(m) \xrightleftharpoons{\text{快}} H^\bullet(ads)$$

$$H^+(aq) + H^\bullet(ads) + e^-(m) \xrightarrow[\text{rds}]{\text{慢}} H_2(g)$$

观察到的转移系数α～1.5 表明第二步电子转移是决速步。

情况 C：根据 Tafel 斜率得出转移系数(α)～2，特别适用于 Pd 电极。该情况与如下反应机理一致，其中第二步是决速步骤。

$$H^+(aq) + e^-(m) \xrightleftharpoons{\text{快}} H^\bullet(ads)$$

$$2H^\bullet(ads) \xrightarrow{\text{慢}} H_2(g)$$

这是一个二级电化学反应过程的例子，其中

$$\text{速率} \propto [H^\bullet(ads)]^2$$

$[H^\bullet(ads)]$是电极表面氢原子的表面覆盖度($mol \cdot cm^{-2}$)。由于第一步反应为预平衡步骤，电极电势 E 将通过 Nernst 方程控制这个物理量

$$E = E_f^0[H^+/H^\bullet(ads)] + \frac{RT}{F}\ln\frac{[H^+(aq)]}{[H^\bullet(ads)]}$$

因此

$$H^\bullet(ads) = [H^+(aq)]\exp\left\{-\frac{F}{RT}[E - E_f^0(H^+ / H^\bullet(ads))]\right\}$$

得出

$$\text{速率} \propto [H^\bullet(ads)]^2 \propto [H^+(aq)]^2\exp\left\{-\frac{2F}{RT}[E - E_f^0(H^+ / H^\bullet(ads))]\right\}$$

则表观转移系数为 2，因为

$$\ln|I_{red}| = -\frac{2F}{RT}E + \text{常数} \tag{2.43}$$

如果将在不同电极材料上测得的标准电化学速率常数 k^0 与 H 在不同电极表面上的吸附焓

---

b 在 20 ℃下，电极与 1.0 $mol \cdot dm^{-3}$ HCl 溶液相接触。数据来源于 P. H. Rieger, Electrochemistry, Prentice-Hall, 1987。

$-\Delta H$(ads)建立起函数关系，则可以更好地理解析氢机理，特别是情况 A 和情况 B 之间的过渡。两者的函数关系如图 2.7 所示，注意 y 轴采用了对数标度。

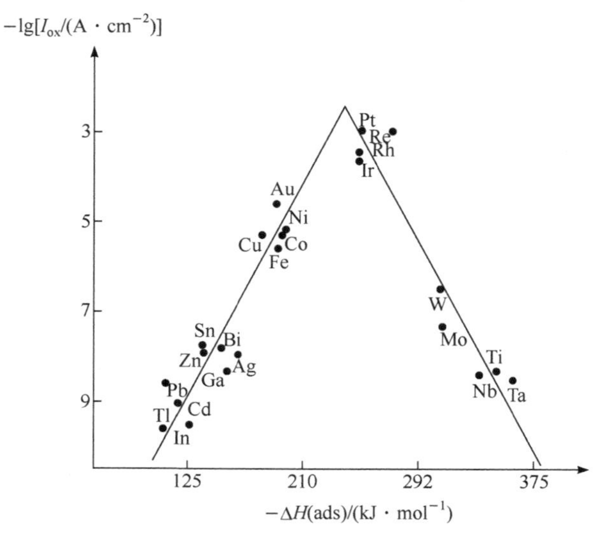

图 2.7 电解析氢的电流密度与电化学反应中形成的中间体金属-氢的键强度的函数关系。经 Elsevier 授权，转载自参考文献[3]。

图 2.7 为“火山曲线”，随着吸附焓变负，电流先上升，表明 k^0 随 H 在电极表面的吸附强度(放热)的增加而增大，直至达到一个最大值。随着吸附放热的进一步增加，速率常数 k^0 开始持续下降。在图 2.7 上升侧(左侧)的所有金属电极的转移系数α～1/2，而图 2.7 下降侧(右侧)的所有金属电极的转移系数α～3/2。这可以从析氢反应的一般机理来理解

$$H^+(aq) + e^-(m) \xrightleftharpoons{\dagger_A} H^\bullet(ads)$$

$$H^\bullet(ads) + H^+(aq) + e^-(m) \xrightleftharpoons{\dagger_B} H_2(g)$$

其中反应过渡态是$\dagger_A$ 或$\dagger_B$，这取决于决速步是第一步还是第二步。对于弱吸附焓的情况，其速率常数随吸附放热的增加而增大，因为在第一步中氢原子被吸附到电极表面。由于这种吸附很可能出现在导致反应的过渡态中，因此随着吸附放热的增加，该过程的活化势垒可能会降低。相应地，在图 2.7 中反应速率从左向右升高。最终，在图 2.7 的最高点处，第二步反应变为决速步。这可以理解为第二步经历了从电极表面除去 $H^\bullet$(ads)的过程，因此随着吸附作用逐渐增强，最终第二步将变为决速步。一旦处于该情况下，吸附放热的增加会逐渐减慢反应速率，因为 $H^\bullet$的吸附在过渡态$\dagger_B$ 中很可能会越来越强。随着 $H^\bullet$(ads)与表面金属原子形成更强的键，$\Delta H^\ominus$(ads)值变得更负，因此 $H^\bullet$(ads)脱附的能垒越来越大，析氢的速率常数也相应降低。

最后，我们简要评论一下钯电极上发生析氢反应的特殊情况。所有电化学家都应该知道 Fleischmann(费莱施曼)和 Pons(庞斯)[4]于 1989 年发表的电化学“冷聚变”论文，其中他们认为在钯电极上还原碱性重水的过程会由于电解过程中伴随的核聚变而产生过量热量。这可能是因为在钯电极上，$H^\bullet$(ads)的形成伴随着氢原子(如果电解的是重水 D_2O，即为 D 原子)转移到钯电极的金属晶格内的过程。事实上的确发现了金属钯对氢具有高度的亲和性，H : Pd 原

子比为 1∶1 是有可能的。把钯丝插入氢气(在有效的防范措施下)这样的简单操作就会使氢原子强烈吸附在钯丝上导致其发出暗红色的光。从电化学的角度出发，Fleischmann 和 Pons 提出了以下电化学过程：

$$D_2O + e^-(m) \longrightarrow D^{\bullet}(ads) + OD^-$$

$$D^{\bullet}(ads) + D_2O + e^- \longrightarrow D_2(g) + OD^-$$

$$2D^{\bullet}(ads) \longrightarrow D_2(g)$$

$$D^{\bullet}(ads) \longrightarrow D^{\bullet}(lattice)$$

式中，D(lattice)表示本体钯晶格中的氘原子。钯晶格对氘/氢原子的高亲和性以及原子的可移动特征使得 Fleischmann 和 Pons 做出了如下推测：

“鉴于溶解物质的高度可压缩性和流动性，一定会存在大量的近距离碰撞，那么我们就会问这样一个问题：^2D 核聚变，如

$$^2D + {}^2D \longrightarrow {}^3T(1.01\ MeV) + {}^1H(3.02\ MeV)$$

或

$$^2D + {}^2D \longrightarrow {}^3He(0.82\ MeV) + n(2.45\ MeV)$$

在这种条件下是否可行？”[4]

Fleischmann 和 Pons 进行了量热学测定，并认为这个过程产生的热量比已知电化学过程释放的热量多得多。因此，他们得出了这样的能量来源于核过程的结论。这项工作的公布引起了极大轰动。J. R. Huizenga(休伊曾加)在其著作中描述了美国化学会(ACS)于 1989 年 4 月 12 日举行的一次会议，时间就在 Fleischmann 和 Pons 的论文发表于 *Journal of Electroanalytical Chemistry* 的两天后[5]。

“1989 年，时任 ACS 主席的 Clayton Wallis(克莱顿 · 沃利斯)召开了这一会议，后来有些人将其称之为‘化学界的 Woodstock 音乐节’。会上他致了开场词，赞扬了冷聚变作为能源的巨大潜力，并声称这可能是本世纪的重大发现。他的开场词令聚集在达拉斯会展中心大型会场的七千名化学家异常兴奋，高声欢呼。随后他详细介绍了物理学家在实现可控核聚变中遇到的诸多问题。‘现在似乎化学家拯救了这个局面。’他说道，这时会场里响起了数千名化学家热烈的掌声和笑声。”

Huizenga 描述，Pons 在达拉斯的演讲中不断强调“他的电解池中所产生的大量能量(高达 50 MJ 的热量)”。此外，书中还有以下内容：

“Pons 为现场的广大观众在一个平底锅中展示了他的简易电解池，并声称它可以在室温下产生可持续的产能聚变反应。他面无表情地说：‘这是 U-1 犹他托卡马克。’在场的化学家都疯狂了。”

冷聚变和过量热量的观点在今天并不被普遍接受。Pons 和 Fleischmann 可能在哪里出了问题呢？Fleischmann 可是一位著名的教授、英国皇家学会院士(学会的网站自大且可能过于乐

观地声称他们是由“英国、英联邦国家及爱尔兰共和国最杰出的科学家”组成)。

Huizenga 的分析如下：

“Pons 在他的演讲中犯了与他和 Fleischmann 共同发表的论文中相同的错误。根据他对 Nernst 方程(在大学一年级的化学课程中就会讲授)的解释，Pons 总结道，钯阴极中的氘压强相当于大约 10^{27} 个大气压的流水静压！似乎正是这个错误的结论让 Fleischmann 和 Pons 认为，在钯阴极中氘介质会被压迫到足够近的距离从而发生聚变。Nernst 方程仅适用于平衡条件，可将电化学池中的过电势与氘的逸度[a]联系起来。如果顺着这种简单但错误的结论，一个大的过电势确实会导致氘的高逸度。然而，对于高过电势条件下大量氘的蒸发反应，使用 Nernst 方程估算氘的压强并不合适。”

可以明确的要点是：在使用我们的预平衡论证建立式(2.43)时，我们必须确保预平衡确实可以达到，这样所用到的 Nernst 方程才有意义。如果流经电解池的电流极大，那么情况可能并非如此。因此，读者可能会注意到，应用 2.8 节中推导出的分析方法时需要谨慎。推荐读者回顾一下本书第 1 章中有关 Nernst 方程的讨论。

2.10 为什么一些标准电化学速率常数很大而另一些很小？电子转移的 Marcus 理论简介

为了探究电极-溶液界面上电子转移的基本原理，让我们聚焦到水中的亚铁离子 $Fe^{2+}(aq)$ 经单电子氧化为铁离子 $Fe^{3+}(aq)$的反应过程，注意在水溶液中，这两种离子都具有由六个水分子组成的溶剂化壳：

$$Fe(H_2O)_6^{2+}(aq) \longrightarrow Fe(H_2O)_6^{3+}(aq) + e^-(m)$$

图 2.8 展示了反应物和产物的势能与反应坐标的函数关系，反应坐标在本例中可对应该八面体复合物中 Fe—O 的键长。Fe—O 的键长在亚铁物种(2.21 Å)中比在铁物种(2.05 Å)中长，这就解释了图 2.8 中两条势能曲线的相对位置。我们接下来提出一个问题：为什么电子从 Fe(Ⅱ)物种隧穿到电极上会存在一个活化能垒？

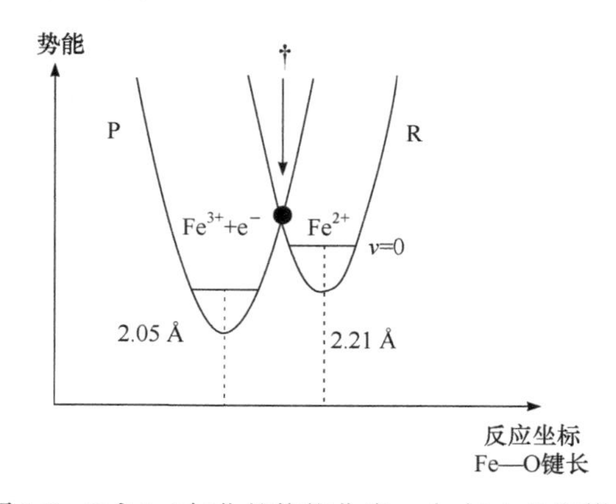

图 2.8　$Fe^{2+}(aq)$氧化的势能曲线。ϕ_M 与 ϕ_S 为定值。

---

a 逸度近似于压强。

能垒产生的根源可以用 Franck-Condon(富兰克-康顿)原理解释，该原理告诉我们电子转移发生的时间尺度(～10^{-15} s)比分子核振动的时间尺度(～10^{-13} s)短得多。因此，当电子隧穿发生时，在电子转移的时间尺度上原子核是相对静止的，反应物(R)势能曲线向产物(P)势能曲线的跳跃在图谱上便会以垂直跃迁的形式发生。因此，如果电子从基态(最低振动能级，且振动量子数 $v=0$，如图 2.8 所示)发生隧穿，则 $Fe(H_2O)_6^{3+}$ 必须在高振动激发态形成(图 2.8)。显然，这违反了能量守恒原理，因为这种激发显然不会简单地出现在系统中(尽管在光辐射下，这种跃迁可能通过吸收光子发生光化学反应而实现)。因此，反应的进行需通过反应物的热活化使 $Fe(H_2O)_6^{2+}$ 的能量达到与两条势能曲线的交点相等的值。当获得此能量后，且 $Fe(H_2O)_6^{2+}$ 的分子坐标在其处于热激发离子振动的过程中达到过渡态的分子构型(†，如图 2.9 所示)时，电子隧穿才能发生，从而生成与隧穿前的 $Fe(H_2O)_6^{2+}$ 能量相匹配的、处于振动激发态的 $Fe(H_2O)_6^{3+}$。

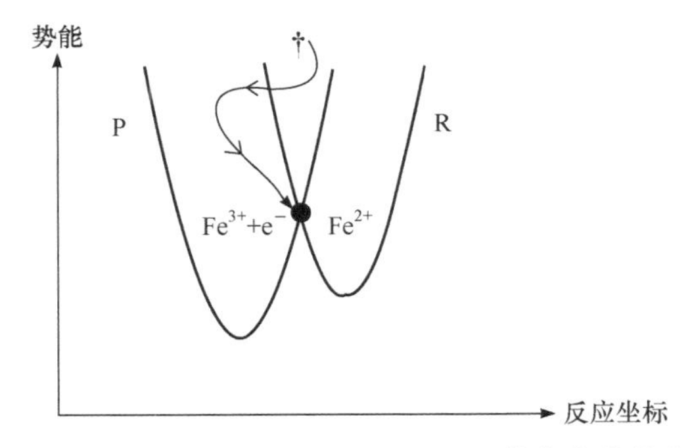

图 2.9　过渡态是 R(反应物)和 P(生成物)势能曲线的交点。

通过与溶剂分子的碰撞，振动激发态的 $Fe(H_2O)_6^{3+}$ 快速热失活，所以产生了基态 $Fe(H_2O)_6^{3+}$。显然，电子转移能垒的存在是出于要匹配反应物和产物在过渡态†的能量的需要，这要求反应物 $Fe(H_2O)_6^{2+}$ 在电子转移发生之前先被热活化。“热活化”是指反应物的键长和键角被拉伸、压缩和/或扭曲，反应物的溶剂化壳也会产生类似的扭曲。这是异相电子转移的 Marcus(马库斯)理论的基础。正如稍后将看到的，我们有可能利用对如图 2.8 所示的势能曲线的了解，定量地预测电子转移速率常数。

我们来关注一下表 2.1 所示的标准电化学速率常数。注意，该表涵盖的数值范围跨越了多个数量级。

表 2.1　一些标准异相速率常数(水溶液中的数据，除非另有说明，25 ℃)。

电化学反应	$k^0/(cm \cdot s^{-1})$
蒽 ⇌ [蒽]$^{\cdot-}$	4^a
$MnO_4^- + e^- \rightleftharpoons MnO_4^{2-}$	0.2
$Fe(CN)_6^{3-} + e^- \rightleftharpoons Fe(CN)_6^{4-}$	0.1
$Fe(H_2O)_6^{3+} + e^- \rightleftharpoons Fe(H_2O)_6^{2+}$	7×10^{-3}

续表

电化学反应	$k^0/(\mathrm{cm \cdot s^{-1}})$
$V^{3+} + e^- \rightleftharpoons V^{2+}$	4×10^{-3}
$Eu^{3+} + e^- \rightleftharpoons Eu^{2+}$	3×10^{-4}
$Co(NH_3)_6^{3+} + e^- \rightleftharpoons Co(NH_3)_6^{2+}$	5×10^{-8}

a 在二甲基甲酰胺中。

根据图 2.10 所示的两种情况，可以提出一个简单的定性法则来判断电子转移是快还是慢；这两种情况分别对应反应物与产物的反应坐标之间的差别较小[图 2.10(a)]或差别很大[图 2.10(b)]。从图 2.10 可以很容易看出，反应物与产物的基态反应坐标相差越大，过渡态†的能量越高，这是由两条势能曲线的交点决定的。

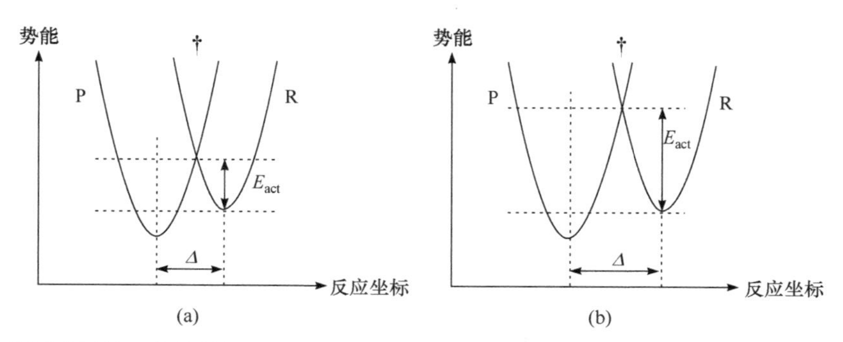

图 2.10 在其他因素保持不变的前提下，反应物与产物的反应坐标变化(Δ)越大，过渡态的能量越高。注意，小Δ对应低活化能垒 E_{act}，如曲线(a)所示，而当Δ较大时，对应较高的活化能垒，如曲线(b)所示。

由于反应坐标的变化意味着键长和/或键角的变化，因此对于一般的电极反应

$$\mathrm{Ox} + e^- \xrightarrow{k^0} \mathrm{red}$$

(1) 如果 Ox 与 Red 在分子几何结构(键长、键角)上很接近，则 k^0 就很大，对应于一个低的反应活化能垒。

(2) 如果 Ox 和 Red 在结构上不同，则 k^0 就小，且活化能垒大。

这些原理对于解释表 2.1 中的某些条目很有用，如下所述。

(i) 蒽/蒽自由基阴离子电对

在二甲基甲酰胺溶液中的标准电化学速率常数非常大，为 4 $\mathrm{cm \cdot s^{-1}}$ (25 ℃)。这反映出反应物和产物的键角没有改变，而且由于蒽自由基阴离子中的电子是离域的，它们的键长也几乎没有改变。相应地，电子转移能垒非常低，很可能只是来源于蒽及其自由基阴离子在溶剂化上的微小差别。

(ii) 电对

$$MnO_4^-(aq) + e^- \rightleftharpoons MnO_4^{2-}(aq)$$

表现出快速电极动力学。这两种阴离子在几何构型上都是四面体，因此它们的键角相同。Mn—O 键长在一价阴离子中为 1.63 Å，在二价阴离子中为 1.66 Å。这个变化很小，因此上述推理出的简单原理预测出该反应具有快速电极动力学，确实与实验中观察到的一致。

(iii) 亚铁/铁离子电对

$$Fe(H_2O)_6^{3+}(aq) + e^- \rightleftharpoons Fe(H_2O)_6^{2+}(aq)$$

在水溶液中的动力学相对迟缓，k^0 为 7×10^{-3} cm · s^{-1}。在这个例子中，尽管两个离子均具有八面体构型，但它们的 Fe—O 键长有所不同：在 Fe(Ⅱ)中键长为 2.21 Å，在 Fe(Ⅲ)中键长为 2.05 Å。

(iv) 电对

$$Co(NH_3)_6^{3+} + e^- \rightleftharpoons Co(NH_3)_6^{2+}$$

表现出极其缓慢的电子转移动力学。其标准电化学速率常数为 5×10^{-8} cm · s^{-1}。这是一个有趣的例子，其反应缓慢并不代表电子转移存在巨大的能垒，而可能反映了另一个事实，即 Co(Ⅱ)是高自旋八面体的 d^7 物种，而 Co(Ⅲ)是低自旋 d^6 分子，如图 2.11 所示。

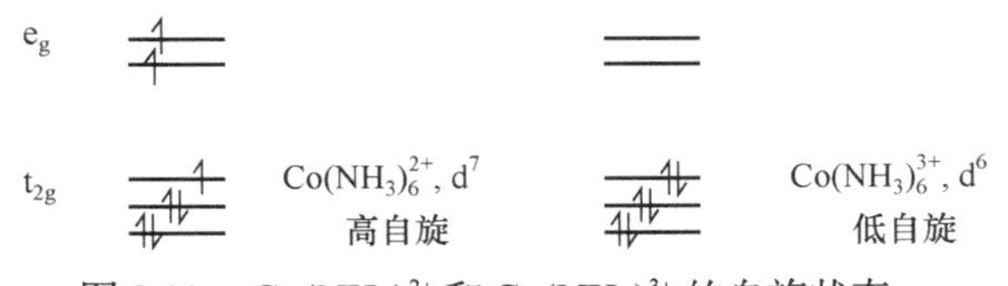

图 2.11 $Co(NH_3)_6^{2+}$ 和 $Co(NH_3)_6^{3+}$ 的自旋状态。

即使 $Co(NH_3)_6^{2+}$ 被热激发到与势能曲线交点相等的能量，但如果没有同时发生电子自旋的“翻转”，激发态分子 $Co(NH_3)_6^{2+}$ 也不能“跳跃”到 $Co(NH_3)_6^{3+}$ 曲线上，如图 2.12 所示。

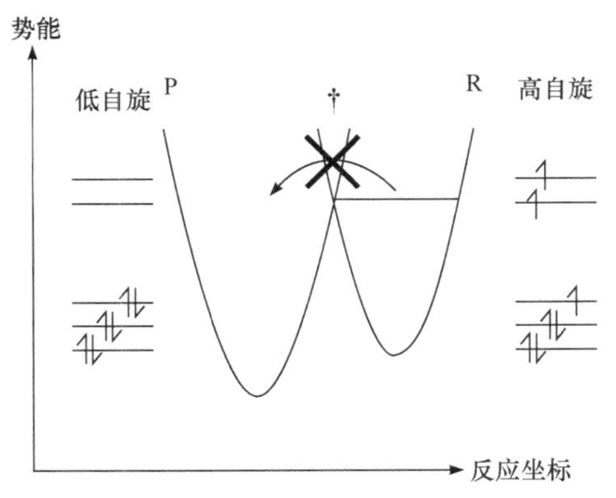

图 2.12 系统从反应物[R，$Co(NH_3)_6^{2+}$]势能曲线“跳跃”到产物[P，$Co(NH_3)_6^{3+}$]势能曲线的概率很低，因为它需要电子自旋的改变。

这种自旋翻转不太可能发生，因此在这个例子中，缓慢的电子转移动力学并没有反映活化能垒的大小，而是从一个能级跃迁到另一个能级并发生电子自旋改变的可能性。这个过程在很大程度上是“自旋禁阻”的。

最后，我们依照上述原理讨论三个有机电化学的例子。

(1) 环辛四烯(COT)在非水溶剂二甲基甲酰胺中的还原已被研究过[6]。如图 2.13 所示，该分子呈船式结构，在两个不同的电势下分别经历两个单电子还原过程，第一步形成一价阴离子 $\mathrm{COT}^{\bullet-}$，第二步形成二价阴离子 COT^{2-}。

与船式 COT 相对，这两种离子几乎(但不完全)都是平面结构：

$$\mathrm{COT} \underset{-e^-}{\overset{+e^-}{\rightleftharpoons}} \mathrm{COT}^{\bullet-} \underset{-e^-}{\overset{+e^-}{\rightleftharpoons}} \mathrm{COT}^{2-}$$

第一步还原的标准电化学速率常数约为 $10^{-3}\ \mathrm{cm \cdot s^{-1}}$，而第二步还原的标准电化学速率常数约为 $10^{-1}\ \mathrm{cm \cdot s^{-1}}$。第一步的速率相对较慢是因为从 COT 到 $\mathrm{COT}^{\bullet-}$，即从船式到几乎平面结构，在结构上发生了显著的变化。另一方面，$\mathrm{COT}^{\bullet-}$ 还原为 COT^{2-}相对较快是因为这两种阴离子几乎都是平面结构，所以只需要极小的分子几何构型的变化。

(2) 四苯基乙烯(TPE)分子在二甲基甲酰胺中的还原已被研究过。该分子的结构如图 2.14 所示[7]。

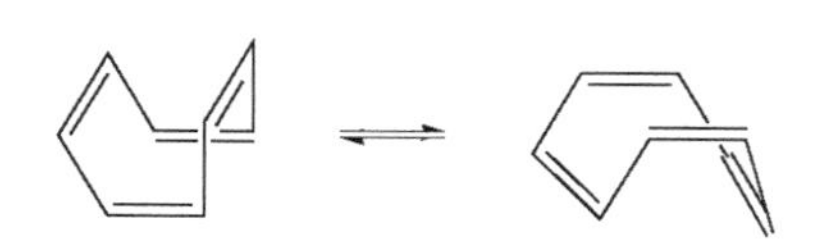

图 2.13　COT 的船式结构。

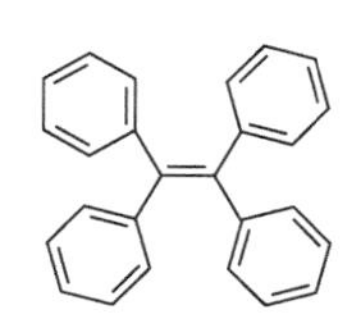

图 2.14　TPE 的结构。

TPE 经历以下电化学还原：

$$\mathrm{TPE} \underset{-e^-}{\overset{+e^-}{\rightleftharpoons}} \mathrm{TPE}^{\bullet-} \underset{-e^-}{\overset{+e^-}{\rightleftharpoons}} \mathrm{TPE}^{2-}$$

第一步的标准电化学速率常数为 $0.10\ \mathrm{cm \cdot s^{-1}}$，而第二步比较慢，为 $8 \times 10^{-3}\ \mathrm{cm \cdot s^{-1}}$。TPE 和 $\mathrm{TPE}^{\bullet-}$ 都被认为是平面结构，但将两个电子加到 TPE 的 π^*轨道形成 TPE^{2-}之后，TPE^{2-}分子的两端相对彼此旋转，因此这个二价阴离子会绕着原来的双键扭曲。这两个速率常数的相对大小首先反映了 TPE 和 $\mathrm{TPE}^{\bullet-}$ 之间的结构相似性，其次反映了 $\mathrm{TPE}^{\bullet-}$ 和 TPE^{2-}之间的结构差异性。

(3) 羧酸根阴离子在水溶液中的氧化可用于通过 Kolbe(科尔比)氧化反应合成烷烃：

$$\mathrm{RCO_2^-} \xrightarrow[\text{Pt电极}]{-e^-} \mathrm{R}^{\bullet} + \mathrm{CO_2} \longrightarrow 1/2\mathrm{R_2}$$

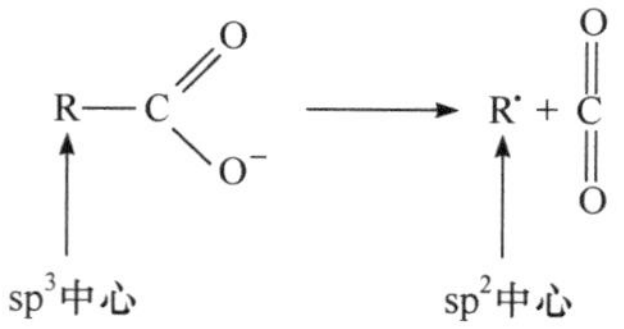

如图 2.15 所示，反应前后分子的键长和键角都发生了巨大的变化。因此，该反应非常缓慢。在热力学上，反应可在标准氢电极作参比、约 0 V 的电势下进行，而实际上，由于动力学缓慢，通常须施加约 1.0 V 的电势才能驱动反应进行。在本书后面的内容里，我们将再次提到“过电势”概念，讨论其如何驱动慢反应。

图 2.15　Kolbe 氧化表现出非常缓慢的电极动力学：需要键角和键长发生很大变化。

2.11　进一步探讨 Marcus 理论：内球和外球电子转移

我们对均相化学中内球和外球电子转移之间的差异较为了解，这很大程度来源于 H. Taube(陶布)，1983 年 Nobel 化学奖得主)的开创性工作。外球机理的特征为反应物种之间的相

互作用弱，内配位球在电子转移过程中保持完好。一个典型的例子是

$$^{*}Fe(CN)_6^{3-}(aq) + Fe(CN)_6^{4-}(aq) \rightleftharpoons {}^{*}Fe(CN)_6^{4-}(aq) + Fe(CN)_6^{3-}(aq)$$

内球机理包含金属中心共享配体的反应过程，如在

$$(NH_3)_5CoCl^{2+}(aq) + Cr(H_2O)_5^{2+}(aq) \rightleftharpoons [(NH_3)_5Co—Cl—Cr(H_2O)_5]^{4+}$$

$$[(NH_3)_5Co—Cl—Cr(H_2O)_5]^{4+} \longrightarrow Co(NH_3)_5^{2+} + ClCr(H_2O)_5^{2+}$$

以及

$$CrCl_6^{2-}(aq) + Cr(H_2O)_5^{2+} \rightleftharpoons [Cl_5Cr—Cl—Cr(H_2O)_5]$$

$$[Cl_5Cr—Cl—Cr(H_2O)_5] \longrightarrow CrCl_6^{3-}(aq) + Cr(H_2O)_5^{3+}$$

中，在反应物和产物之间可能或者不可能存在桥联配体(如上面例子中的 Cl^-)的转移。

在电化学过程中也观察到了这两种机理。对于一个外球过程，Weaver(韦弗)和 Anson(安森)[8]将反应物的中心或离子定位在“外 Helmholtz 平面(OHP)”上——反应物能够抵达的最近平面。由于溶剂分子层“特异性吸附”或直接配位到电极表面，所研究的配位球体无法穿过该溶剂分子层。与之不同，内球过程通过一个共同配体与对应特异性吸附的反应物进行，因此其动力学强烈依赖于电极表面的化学性质。图 2.16 展示了外球和内球反应途径的区别。在后者中，吸附发生在内 Helmholtz 平面(IHP)上。

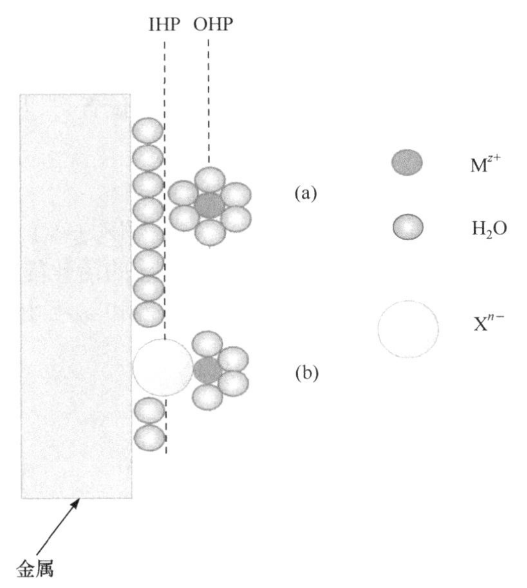

图 2.16 电极上外球(a)和内球(b)氧化还原反应途径示意图。

2.12 进一步探讨 Marcus 理论：绝热反应和非绝热反应

图 2.17 展示了系统从反应物 R 转变到产物 P 的势能面。注意两条势能曲线重叠处有一个两势能面间的量子力学分裂；该能隙是一种共振能量。如果这种分裂很强，那么孤立的 R 和 P 曲线就会出现明显的扰动，且从 R 到 P 的反应会沿着较低的那条势能曲线以接近 1 的概率发生。这就是绝热极限。另一方面，如果共振能量很小，则 R 和 P 的势能曲线只有很小的扰

动，导致反应为非绝热过程，且从 R 转变到 P 的概率远小于 1。

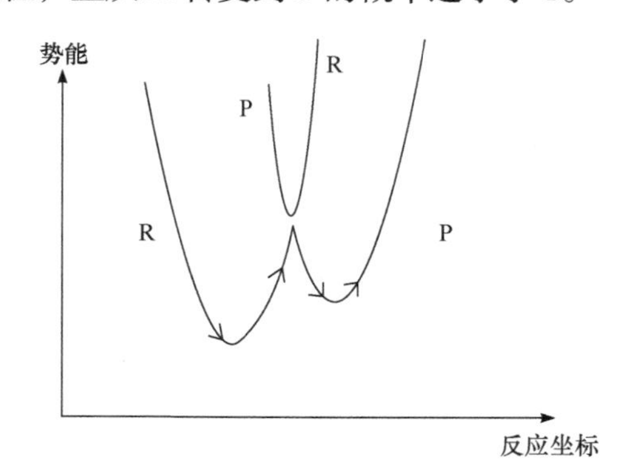

图 2.17 系统从反应物(曲线 R)到产物(曲线 P)的势能面。改编自文献[9]。注意曲线 P 和 R 取决于ϕ_M和ϕ_S。

Marcus 理论相对简单但却很有用的原因在于，对于大多数电子转移反应(甚至是内球反应)，共振能量通常只有几千焦每摩尔或更少。这足以保证反应是绝热的，但不足以显著改变 R 和 P 的势能曲线。因此，电化学速率常数可以写成如下形式：

$$k = KZ\mathrm{e}^{-\frac{\Delta G(\dagger)}{RT}} \tag{2.44}$$

式中，K 是跃迁概率，$K \approx 1$时为绝热过程，$K \ll 1$时为非绝热过程，$\Delta G(\dagger)$是活化 Gibbs 能，Z 是一个指前因子。

Marcus 理论的魅力在于，在忽略电子转移反应中很小的共振能的情况下，根据对 R 和 P 势能曲线的了解，可以准确计算出$\Delta G(\dagger)$。因此，过渡态的位置可以近似为 R 和 P 曲线的交点，2.10 节中已经对此进行了暗示。

Marcus 理论明确了活化 Gibbs 能的两个主要来源：

$$\Delta G(\dagger) = \Delta G_i(\dagger) + \Delta G_0(\dagger) = 1/4(\lambda_i + \lambda_0) \tag{2.45}$$

式中，$\Delta G_i(\dagger)$是过渡态几何构型中由内配位层的畸变引起的活化能升高，而$\Delta G_0(\dagger)$则源自反应物和过渡态之间溶剂偶极子的重排，如图 2.18 所示。λ_i和λ_0项由式(2.45)定义，下文将继续讨论。

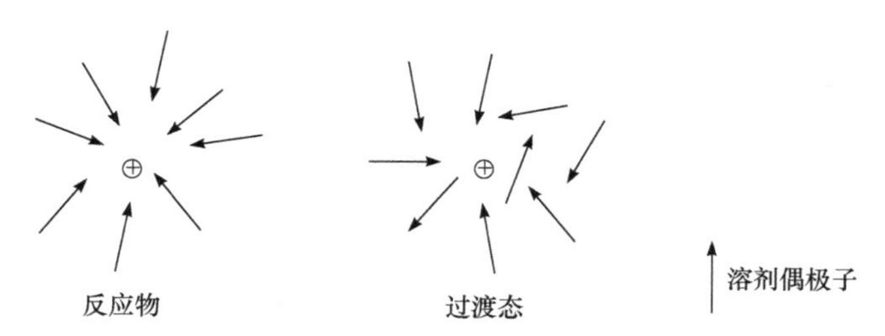

图 2.18 λ_0源自溶剂偶极子重排。

2.13 进一步探讨 Marcus 理论：计算活化 Gibbs 能

我们来考察图 2.19 中所示的 Gibbs 能随反应进程的变化曲线。下面我们将看到，这种曲线同样适用于对$\Delta G_i(\dagger)$和$\Delta G_0(\dagger)$的分析。

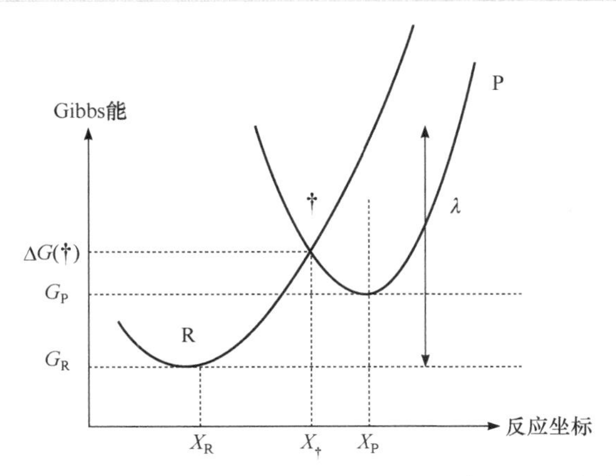

图 2.19 电子转移过程 $R + e^- \longrightarrow P$ 的 Gibbs 能-反应坐标图。注意ϕ_M和ϕ_S为定值。

假设描述反应物(R)和产物(P)的势能曲线是抛物线，这样便可适用于沿反应方向的运动是简谐振动的情形。因此

$$G_R = G_R(X = X_R) + \frac{1}{2}k(X - X_R)^2$$

$$G_P = G_P(X = X_P) + \frac{1}{2}k(X - X_P)^2$$

式中，k 是描述这种简谐振动的力常数。处于过渡态时

$$G_\dagger = G_R(X = X_R) + \frac{1}{2}k(X_\dagger - X_R)^2$$

$$G_\dagger = G_P(X = X_P) + \frac{1}{2}k(X_\dagger - X_P)^2$$

求解这些 $X_\dagger$的表达式并用 X_R 和 X_P 表示，我们得到

$$X_\dagger = \frac{1}{2}(X_R + X_P) - \frac{G_P(X = X_P) - G_R(X = X_R)}{k(X_R - X_P)}$$

通过替换，我们得到了活化 Gibbs 能的表达式

$$\begin{aligned}\Delta G(\dagger) &= G(\dagger) - G_R(X = X_R)\\ &= \frac{1}{8}k(X_R - X_P)^2 + \frac{1}{2}[G_P(X = X_P) - G_R(X = X_R)] + \frac{[G_P(X = X_P) - G_R(X = X_R)]^2}{2k(X_R - X_P)^2}\end{aligned}$$

简化后

$$\Delta G(\dagger) = \frac{(\lambda + \Delta G)^2}{4\lambda} \tag{2.46}$$

式中

$$\lambda = \frac{1}{2}k(X_R - X_P)^2$$

且

$$\Delta G = G_P(X = X_P) - G_R(X = X_R)$$

式(2.46)是 2.10 节推导出的简单原理的基础，它将 k^0 的大小与反应物和产物(R 和 P)之间的构型变化联系起来：式(2.46)表明λ越大，则$\Delta G(\dagger)$越大。

我们接下来考虑重组能λ的两类来源；它是反应物 R 在坐标 X_P(对应于产物 P 的平衡态构型)处的能量，如图 2.19 所示：

$$\lambda = \lambda_i + \lambda_0 \tag{2.47}$$

对于λ_i，它可表示为

$$\lambda_i = \sum_j \frac{k_j^{R} k_j^{P}}{k_j^{R} + k_j^{P}} (X_R^j - X_P^j)^2$$

式中，k_j^R和 k_j^P分别是反应物(R)和产物(P)中第 j 级振动坐标的简正模式力常数，而$(X_R^j - X_P^j)$项表示反应物和产物之间键长与键角的变化。为了阐明这一点，考虑电极过程

$$NO_2 \xrightleftharpoons{k} NO_2^+ + e^-(m)$$

该反应涉及如图 2.20 所示的键长和键角的变化。

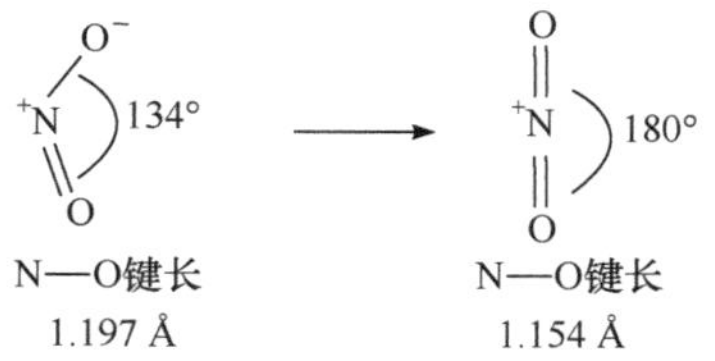

N—O键长 1.197 Å　134°　→　180°　N—O键长 1.154 Å

图 2.20　NO_2 氧化过程中键长和键角的变化。

如果假定活化能的贡献只来自于 N—O 伸缩振动(对称和非对称)和 O—N—O 弯曲振动，那么

$$\lambda_i = \frac{2k_{伸缩}^{R} k_{伸缩}^{P}}{k_{伸缩}^{R} + k_{伸缩}^{P}} (r_R - r_P)^2 + \frac{k_{弯曲}^{R} k_{弯曲}^{P}}{k_{弯曲}^{R} + k_{弯曲}^{P}} (\nu_R - \nu_P)^2$$

式中，ν和 r 分别表示平衡状态的键角和键长(见图 2.20)。Eberson(埃伯生)[9]列出了如下的力常数：

$$k_{伸缩}^{NO_2} = 11.04 \times 10^{-8}\ N \cdot Å^{-1}$$

$$k_{伸缩}^{NO_2^+} = 17.45 \times 10^{-8}\ N \cdot Å^{-1}$$

$$k_{弯曲}^{NO_2} = 2.28 \times 10^{-8}\ N \cdot Å^{-1} \cdot rad^{-2}$$

$$k_{弯曲}^{NO_2^+} = 0.688 \times 10^{-8}\ N \cdot Å^{-1} \cdot rad^{-2}$$

很明显，弯曲振动对活化能的贡献最大，在 2.10 节中讨论的 Kolbe 氧化反应也是如此。

我们下一步将注意力转移到对应于溶剂重组能的λ_0 上来。我们假定溶剂能的改变是由所研究物种周围溶剂偶极子的随机波动引起的，且该物质的势能随其沿溶剂坐标的位移呈抛物线变化。在这些条件下，可得到以下近似：

$$\lambda_0 = \frac{e^2}{8\pi\varepsilon_0}\left(\frac{1}{r} - \frac{1}{2d}\right)\left(\frac{1}{\varepsilon_{op}} - \frac{1}{\varepsilon_s}\right) \tag{2.48}$$

式中，e 是电子电荷，d 是反应物到电极表面的距离(通常设置为无穷大)，ε_{op} 是光学介电常数，ε_s 是静态介电常数。ε_0 是真空介电常数，则 $4\pi\varepsilon_0 = 1.113 \times 10^{-10}\ J^{-1} \cdot C^2 \cdot m^{-1}$。多项式

$$\left(\frac{1}{\varepsilon_{op}} - \frac{1}{\varepsilon_s}\right)$$

出现，因为介电常数(相对介电常数)与频率相关，如图 2.21 所示。

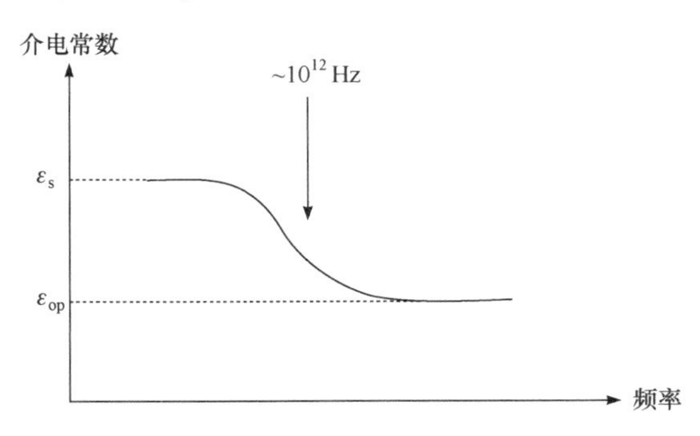

图 2.21　介电常数 ε_r 取决于频率。

当把两个电荷 Z_+ 和 Z_- 置于介电常数为 ε_r 的介质中时，介电常数 ε_r 可用于计算 Z_+ 和 Z_- 相距 r 时相互作用力的减弱，正如在 Coulomb(库仑)定律中

$$F = \frac{Z_+ Z_-}{4\pi\varepsilon_0\varepsilon_r}\frac{1}{r^2}$$

ε_r 由两部分贡献：

(1) 介质中溶剂偶极子的排列方向。

(2) 溶剂分子内的电子极化。

在处于电子转移相应的速率下，第二类贡献总是处于平衡状态；因此由溶剂偶极子产生的贡献反映在 ε_{op} 和 ε_s 两者倒数的差值上，正如式(2.48)中所示。

2.14　Marcus 理论与 Butler-Volmer 动力学的关系

在上一节中，我们确定了电极过程的活化 Gibbs 能的表达式，如下所示：

$$\Delta G(\dagger) = \frac{\lambda}{4}\left(1 + \frac{\Delta G}{\lambda}\right)^2 \tag{2.49}$$

其中对于电极过程

$$\Delta G = -FE = G_P(X = X_P) - G_R(X = X_R)$$

如第 1 章所述，并且

$$k = KZ\exp\left[-\frac{\Delta G(\dagger)}{RT}\right]$$

此外，根据我们对不可逆电化学反应的 Butler-Volmer 动力学分析

$$\alpha = \frac{RT}{F}\frac{\partial \ln|I_{red}|}{\partial E} = \frac{RT}{F}\frac{\partial \ln|k|}{\partial E}$$

从而有

$$\alpha = \frac{1}{2}\left(1 + \frac{\Delta G}{\lambda}\right) \tag{2.50}$$

从式(2.50)中可以清楚地看出，如前所述在$\lambda \gg \Delta G$的情况下，$\alpha \sim \frac{1}{2}$。这一认识为 Marcus 理论和 Butler-Volmer 动力学之间提供了令人满意的关联。

值得注意的是，在α的表达式中

$$\alpha = \frac{1}{2}\left(1 + \frac{\Delta G}{\lambda}\right)$$

Gibbs 能项不是纯粹的标准 Gibbs 能，因为金属能中电子化学势(Gibbs 能)的改变会造成图 2.8 中的势能抛物曲线随着电极电势的变化相对于彼此移动。因此，式(2.50)并没有预测α在所有电势下都完全恒定，而是取决于电势的大小。在接近 E^0(这时$\Delta G \sim 0$)的电势下，才有$\alpha \sim 1/2$。然而，如果$\Delta G \gg 0$并且反应是一个热力学爬坡反应，那么由于$\Delta G \sim \lambda$，则在这些条件下$\alpha \to 1$。相反，当$\Delta G \ll 0$且反应受到电极电势的强烈驱动时，$\Delta G \sim -\lambda$，且$\alpha \to 0$。这个观点隐含了一层含义，即 Tafel 曲线如果是在一个很宽的电势范围内测得，它可以是弯曲的，因为α会随电势变化。在 Cr^{3+}/Cr^{2+}、$Fe(CN)_6^{4-}/Fe(CN)_6^{3-}$ 和 Fe^{2+}/Fe^{3+}体系中都存在这种现象。图 2.22 展示了后者的实验结果。

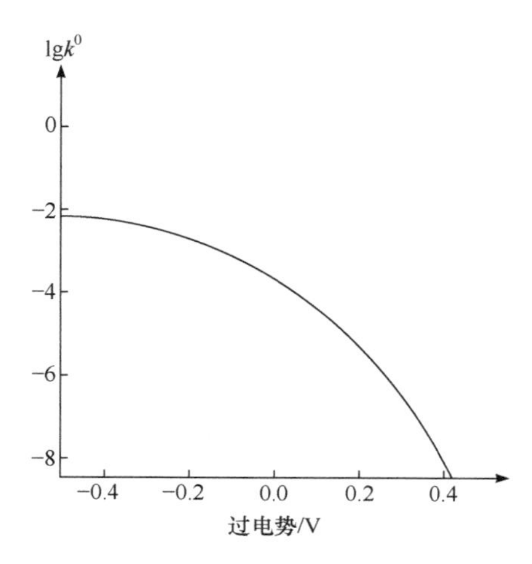

图 2.22　$Fe^{3+} + e^- \longrightarrow Fe^{2+}$ 在 1 mol · dm^{-3} $HClO_4$ 中的反应速率常数对过电势的依赖性[10]。

2.15　Marcus 理论与实验——成功吻合

表 2.2 中列出了由 Albery(奥伯里)[1]和 Hale(黑尔)[11]总结的各种氧化还原过程的通过实验和计算得到的活化能。鉴于 Marcus 模型的简单性，这些结果的总体水平非常令人满意，增强了研究者对 Marcus 理论的信心。

表 2.2　实验和计算得到的反应 $O + e^- \longrightarrow R$ 的活化标准*Gibbs 能对比。

	实验值 $\Delta G^0(\dagger)$/(kJ · mol^{-1})	计算值 $\Delta G^0(\dagger)$/(kJ · mol^{-1})
并四苯(在 DMF 中)	22	21
萘(在 DMF 中)	23	24
$Fe(CN)_6^{3-}$	29	30
WO_4^{2-}	34	36
MnO_4^-	34	37

续表

	实验值 $\Delta G^0(\dagger)/(kJ\cdot mol^{-1})$	计算值 $\Delta G^0(\dagger)/(kJ\cdot mol^{-1})$
$Fe(H_2O)_6^{3+}$	36	38
$V(H_2O)_6^{3+}$	37	37
$Mn(H_2O)_6^{3+}$	41	45
$Ce(H_2O)_6^{4+}$	50	28
$Cr(H_2O)_6^{3+}$	52	42
$Co(H_2O)_6^{3+}$	56	38

注：DMF = 二甲基甲酰胺(*N*, *N*-dimethylformamide)；改编自文献[1]和[11]。

*此处的标准意指氧化还原电对的电极电势与形式电势一致。

2.16 Marcus 理论的延伸：电子的 Fermi-Dirac 分布。对称与非对称 Marcus-Hush 理论

如 2.13 节中所讨论的，对称 Marcus-Hush 理论中，反应物与产物的 Gibbs 能抛物线具有相等的曲率。为了发展更严格的异相电子转移理论，我们首先需要承认电极中电子的占据模式根据 Fermi-Dirac(费米-狄拉克)分布的描述形成了连续状态(ε)[12,13]。

则对于电极反应：

$$A + e^- \underset{k_{ox}}{\overset{k_{red}}{\rightleftharpoons}} B$$

其异相速率常数可表达为

$$k_{red}^{MH} = k^0 \frac{S_{red}(\eta, \Lambda)}{S_{red}(0, \Lambda)} \tag{2.51}$$

$$k_{ox}^{MH} = k^0 \frac{S_{ox}(\eta, \Lambda)}{S_{ox}(0, \Lambda)} \tag{2.52}$$

式中，$S_{red/ox}(\eta, \Lambda)$为积分：

$$S_{red/ox}(\eta, \Lambda) = \int_{-\infty}^{+\infty} \frac{\exp[-\Delta G(\dagger)_{sym,red/ox}(x)/RT]}{1+\exp(\mp x)} dx \tag{2.53}$$

根据下式，$\Delta G(\dagger)_{sym,red/ox}(x)$现在是每个电子能级上还原/氧化过程的活化能：

$$\frac{\Delta G(\dagger)_{sym,red/ox}(x)}{RT} = \frac{\Lambda}{4}\left(1 \pm \frac{\eta + x}{\Lambda}\right)^2 \tag{2.54}$$

其中

$$\eta = \frac{F}{RT}(E - E_f^0) \tag{2.55}$$

$$x = \frac{F}{RT}(\varepsilon - E) \tag{2.56}$$

且

$$\Lambda = \frac{F}{RT}\lambda \tag{2.57}$$

λ项是前面章节中提到的重组能。±中的+代表还原反应，–代表氧化反应。为求解式(2.51)～式(2.57)，需要进行数值积分。所得 $k_{\mathrm{red}}^{\mathrm{MH}}$ 与 $k_{\mathrm{ox}}^{\mathrm{MH}}$ 的表达式由三个参数决定：λ、E_{f}^{0} 与 k^0。与之类似，Butler-Volmer 速率常数取决于参数α、E_{f}^{0} 与 k^0：

$$k_{\mathrm{red}}^{\mathrm{BV}} = k^0 \exp(-\alpha\eta) \tag{2.58}$$

$$k_{\mathrm{ox}}^{\mathrm{BV}} = k^0 \exp[(1-\alpha)\eta] \tag{2.59}$$

图 2.23 比较了两种模型预测下速率常数的电势依赖性。在 Marcus-Hush 模型中，高的过电势下速率常数达到一个极限值，$k_{\mathrm{ox}}^{\mathrm{MH}} = k^0 \exp[(1-\alpha)\eta]$。这与 Butler-Volmer 模型中速率常数随电势呈指数持续增加不同。文献[14]中指出，当$\eta = \Lambda$时速率常数达到其极限值的一半，以至于速率常数开始持平时所对应的电势随重组能的增大而增大。进而当重组能趋近于无限大时$(\Lambda \to \infty)$，Marcus-Hush 理论预测的速率常数将完全等同于 Butler-Volmer 模型在$\alpha = 1/2$时的数值，如图 2.23(b)所示。最后需要说明一点，λ对速率常数的影响与对α值的影响有本质的不同。

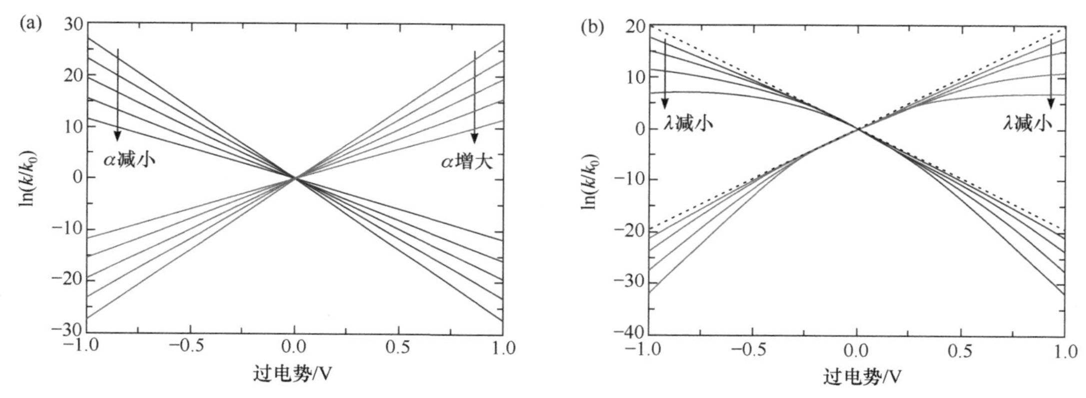

图2.23 (a)一系列转移系数($\alpha = 0.3, 0.4, 0.5, 0.6$和0.7)条件下的Butler-Volmer模型和(b)一系列重组能(λ=5 eV、2 eV、1 eV、0.5 eV)条件下的对称 Marcus-Hush 模型预测的 $\ln(k/k_0)$ 与过电势的关系图。为方便比较，(b)中的虚线为 Butler-Volmer 模型在$\alpha = 0.5$ 的曲线。该图经英国皇家化学学会许可，从文献[12]中复制而来。

在对称 Marcus-Hush 模型中，所有 Gibbs 能抛物线被认为具有相同的曲率，意味着氧化和还原物种的分子内振动和溶剂化是类似的。这一般不太可能，因为这些物种具有不同的带电量。这一剖析引出了不对称 Marcus-Hush 理论，其中不同的振动常数和/或力常数使得 Gibbs 能曲线具有不同的曲率，如图 2.24 所示，对应还原性物种 B 的力常数f^{red}大于氧化性物种 A 的情况。图 2.25 展示了参数γ对速率常数的电势依赖性的影响，类似于图 2.24，其中

$$\gamma \propto f^{\mathrm{ox}} - f^{\mathrm{red}} \tag{2.60}$$

注意，与对称 Marcus-Hush 情况不同，非对称模型与λ值无关，氧化和还原反应速率常数的曲线相对于轴$E - E_{\mathrm{f}}^{0} = 0 = \eta$的对称性消失了。因此，尽管在对称 Marcus-Hush 理论中，$k_{\mathrm{red}}(E - E_{\mathrm{f}}^{0}) = k_{\mathrm{ox}}(E_{\mathrm{f}}^{0} - E)$，但在非对称 Marcus-Hush 理论中这不再正确。非对称 Marcus-Hush

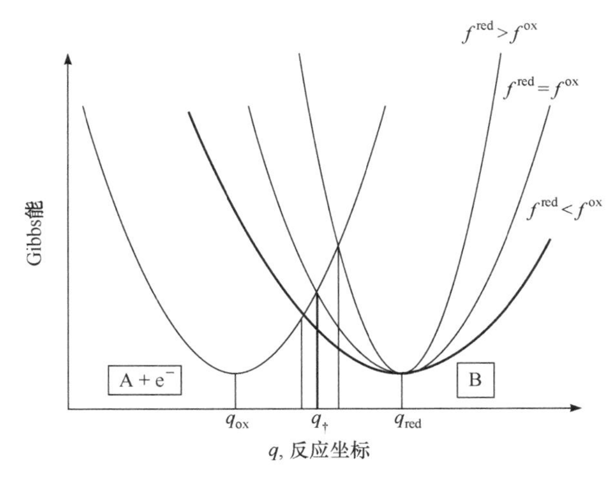

图 2.24 不对称 Marcus 理论提出的抛物线型 Gibbs 能量曲线示意图。

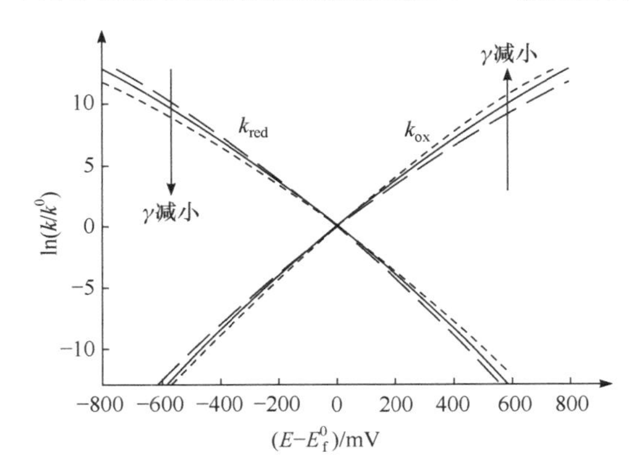

图 2.25 在不对称 Marcus-Hush 模型($\lambda = 2\,\text{eV}$)中，还原和氧化反应速率常数随 $E - E_f^0$ 的变化曲线。该图经 Wiley 许可，从文献[13]中复制而来。

理论的一个重要特征是，在接近 E_f^0 的电势下，速率常数值趋向于 Butler-Volmer 理论中当转移系数为

$$\alpha(E_f^0) = \frac{1}{2} + \gamma\left(\frac{1}{4} - \frac{1.267}{\Lambda + 3.353}\right) \tag{2.61}$$

所得的数值。因此，$\alpha<0.5$ 的情况就对应还原性物种的力常数大于氧化性物种的情况($\gamma < 0$)；$\alpha > 0.5$ 即对应相反的情况。如此说来，在室温离子液体中测得的氧气还原的转移系数为 0.29，可理解为氧气分子接受一个电子到 π^* 反键轨道形成超氧分子 $O_2^{\bullet-}$ 后削弱了氧氧双键[15]。

$$O_2 + e^- \rightleftharpoons O_2^{\bullet-}$$

参 考 文 献

[1] W. J. Albery, *Electrode Kinetics*, Oxford University Press, 1975.

[2] Picture © Klaus Müller and kindly provided by Professor Evgeny Katz. Text adapted from Tafel's biography written by Klaus Müller: K. Müller, *J. Res. Inst. Catalysis*, *Hokkaido Univ.* **17** (1969) 54, with permission. Note

that a comprehensive up-to-date website detailing many other electrochemical greats can be found at: http://chem.ch.huji.ac.il/~eugeniik/history/electrochemists. htm.

This impressive website was constructed by Professor Evgeny Katz, Department of Chemistry and Biomolecular Science, Clarkson University, Potsada, New York, USA.

[3] S. Trasatti, *J. Electroanalytical Chem.* **39** (1972) 163.

[4] M. Fleischmann, S. Pons, *J. Electroanalytical Chem.* **261** (1989) 301.

[5] J. R. Huizenga, *Cold Fusion: The Scientific Fiasco of the Century*, Oxford University Press, 1993.

[6] R. D. Allendoerfer, P. H. Rieger, *J. Am. Chem. Soc.* **87** (1965) 2336.

[7] M. Grzeszczuk, D. E. Smith, *J. Electroanalytical Chem.* **162** (1984) 189.

[8] M. J. Weaver, F. C. Anson, *Inorganic Chem.* **15** (1976) 1871.

[9] L. Eberson, *Electron Transfer Reactions in Organic Chemistry*, Springer, Berlin, 1987.

[10] J. Koryta, J. Dvorak, L. Kavan, *Principles of Electrochemistry*, Wiley, 1993.

[11] J. M. Hale, in N. S. Hush (ed.), *Reactions of Molecules at Electrodes*, Wiley, 1971, p. 229.

[12] E. Laborda, M. C. Henstridge, C. Batchelor-McAuley, R. G. Compton, *Chem. Soc. Rev.* **42**(2013)4894.

[13] C. Batchelor-McAuley, E. Kätelhön, E. O. Barnes, R. G. Compton, E. Laborda, A. Molina, *Chemistry Open* **4** (2015) 224.

[14] K. B. Oldham, J. C. Myland, *J. Electroanalytical Chem.* **655** (2011) 65.

[15] E. E. L. Tanner, E. O. Barnes, C. Tickell, P. Goodrich, C. Hardacre, R. G. Compton, *Journal of Physical Chemistry C* **119** (2015) 7360-7370.

3 扩　　散

本章我们将逐步建立对液体中扩散现象的理解。Adolf Fick(阿道夫 · 菲克)于 150 年前在该领域发表了重要的论文，这些开创性工作成为了本章内容的基石[1]。

在简要回顾发现扩散现象的实验之前，我们首先用现代的术语来推究 Fick 扩散定律。本章剩下的内容将展开讲述扩散与伏安法理论相互影响的诸多重要概念。

3.1 Fick 第一扩散定律

扩散是一种容易被感知到的现象，如花香弥漫在整个屋内，或者一滴彩色颜料慢慢浸染整个液体。对此，如图 3.1 所示的浓度分布是一种更精确的描述。

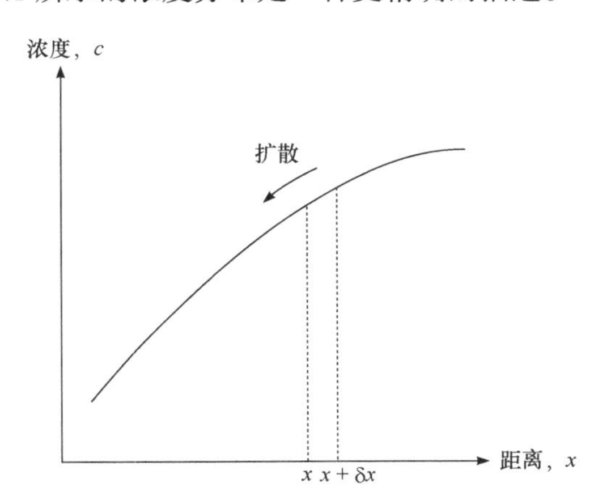

图 3.1　一条任意的浓度对距离的曲线，表示扩散从高浓度向低浓度进行。

显然，扩散从高浓度向低浓度进行，也就是说，扩散顺着浓度梯度变化曲线向下发生。在任何位置 x，其扩散通量可以用 Fick 第一定律量化：

$$j = -D\frac{\partial c}{\partial x} \tag{3.1}$$

式中，j 是扩散通量($mol \cdot cm^{-2} \cdot s^{-1}$)，对应单位时间内穿过单位面积的物质的量，$\frac{\partial c}{\partial x}$ 是位于 x 的局域浓度梯度，D 是扩散系数；一般来说，分子越大，其扩散系数越小。注意，式(3.1)中的负号意味着物质流是顺着浓度梯度向下。D 的单位是 $cm^2 \cdot s^{-1}$，室温下除少数黏度较高的离子液体外，用于伏安法研究的大多数溶剂(水、乙腈、二甲基甲酰胺等)，其扩散系数的数量级为 10^{-6}～10^{-5} $cm^2 \cdot s^{-1}$[2]。扩散系数对温度十分敏感，通常遵循 Arrhenius 型关系式：

$$D = D_{\infty}\exp\left(-\frac{E_a}{RT}\right) \tag{3.2}$$

式中，E_a 是扩散活化能($kJ \cdot mol^{-1}$)，D_∞ 是无限温度 T 下 D 的假设值。这一温度敏感性意味着伏安法实验需要进行恒温控制。

作为 Fick 定律在实践中的一个例证，它可以用来表征通过生物膜或其他膜的扩散。为了将这一定律应用于具有一定厚度 b 的细胞膜，必须假设：①膜的厚度很小，稳态扩散占主导地位；②膜两侧的溶液相分别处于充分混合的状态。在这种情况下

$$\frac{\partial c}{\partial x} \sim \frac{C_{外} - C_{内}}{b} \tag{3.3}$$

式中，$C_{外}$ 和 $C_{内}$ 分别是细胞膜外和膜内的浓度。相应地，扩散速率(通量)为 $P(C_{外} - C_{内})$，其中 $P = D/b$，称为渗透性。

最后，我们要强调的是，式(3.1)所述的 Fick 定律假设扩散性流动完全由溶液内部的浓度差驱动，同时溶液中不存在电势梯度(电场)。在扩散物种不带电的情况下，电场的存在不会影响扩散通量，但是对于离子来说，电场将会带来显著的影响。不过在常规的伏安实验中，足量的支持电解质或背景电解质的存在(如第 2 章 2.5 节的讨论)会消除溶液中的强电场，除了在非常靠近电极表面的空间范围内，因此物质通过扩散(有时对流)往来于电极表面。另一方面，当没有支持电解质时，离子扩散可能导致液接电势，如第 1 章 1.5 节所述。

3.2 Fick 第二扩散定律

鉴于 Fick 第一定律的有效性，考察图 3.1 时就会产生一个问题，即 x 点处的浓度随时间如何变化。为此，可以将位于 x 和 $x+\delta x$(见图 3.1)之间的溶液想像成一个溶液“平板”，如图 3.2 所示。

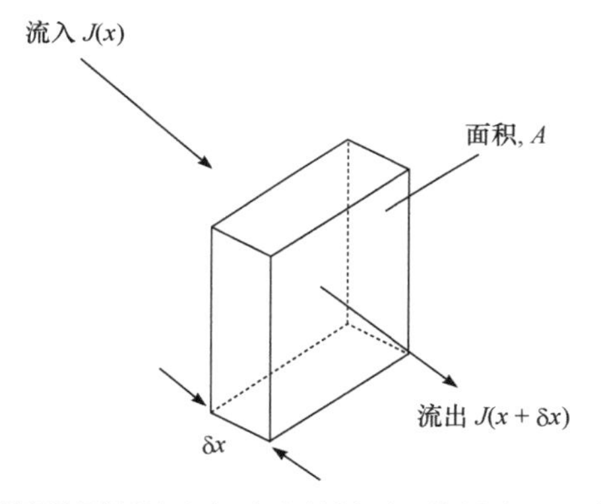

图 3.2 根据溶液平板流入与流出的量可以推导出 Fick 第二定律。

在时间 δt 内，穿过该平板的扩散物质的摩尔数变化 δn 可表示为

$$\delta n = [J(x) - J(x+\delta x)]A\delta t$$

根据 Taylor(泰勒)展开式可知

$$J(x+\delta x) \approx J(x) + \delta x\left(\frac{\partial J}{\partial x}\right)$$

因此

$$\delta n \sim -\delta x\left(\frac{\partial J}{\partial x}\right)A\delta t$$

则可以确定浓度变化为

$$\delta c = \delta n / (A\delta x)$$

并通过下式得出浓度在 x 点处的变化速率为

$$\frac{\delta c}{\delta t} \sim \frac{\partial c}{\partial t} = -\frac{\partial J}{\partial x} = D\frac{\partial^2 c}{\partial x^2}$$

所以

$$\frac{\partial c}{\partial t} = D\frac{\mathrm{d}^2 c}{\mathrm{d}x^2} \tag{3.4}$$

就是 Fick 第二定律在一维上的表达式。在三维上，这就变为

$$\frac{\partial c}{\partial t} = D\left(\frac{\partial^2 c}{\partial x^2} + \frac{\partial^2 c}{\partial y^2} + \frac{\partial^2 c}{\partial z^2}\right) \tag{3.5}$$

或

$$\frac{\partial c}{\partial t} = D\nabla^2 c$$

在笛卡儿坐标(x, y, z)中，算符 ∇^2 为

$$\nabla^2 = \frac{\partial^2}{\partial x^2} + \frac{\partial^2}{\partial y^2} + \frac{\partial^2}{\partial z^2}$$

而在柱坐标(r, ϕ, z)中，如圆盘电极，并假设没有角度变化(c 不是ϕ的函数)，则

$$\frac{\partial c}{\partial t} = D\left(\frac{\partial^2 c}{\partial r^2} + \frac{1}{r}\frac{\partial c}{\partial r} + \frac{\partial^2 c}{\partial z^2}\right) \tag{3.6}$$

式中，r 是径向坐标，z 是法向坐标(图 3.3)。

最后，研究球状或半球状电极时，需要用到球坐标：

$$\frac{\partial c}{\partial t} = D\left(\frac{\partial^2 c}{\partial r^2} + \frac{2}{r}\frac{\partial c}{\partial r}\right) \tag{3.7}$$

式中，r 是以球心或半球心为起点的径向坐标。最后，我们注意到上述 D 被认为是与 c 无关的常数。这在伏安法研究中通常是个很好的近似。

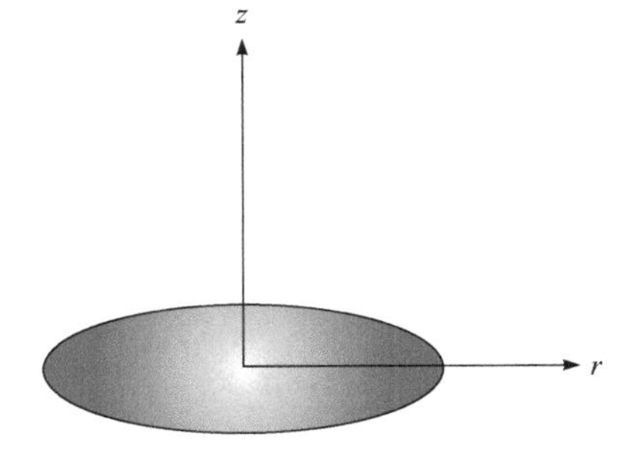

图 3.3　柱坐标。

3.3　Fick 定律的分子基础

式(3.1)的物理基础分别由 Einstein(爱因斯坦)和 Van Smoluchowskii 给出[3, 4]。在分子水平上，考虑图 3.4 中展示的一条任意浓度-距离曲线，同时注意在一般坐标系中点 x 处有一个宽度为 $2\delta x$ 的“盒子”，则坐标点 x 两边均是半个盒子。我们假设：

(1) 每半个盒子内的分子向右移动的可能性与向左移动的可能性一致。

(2) 一个粒子在时间δt 内平均移动了距离δx。那么从左向右迁移的粒子数(摩尔)= $1/2c_1A\delta x$ 。

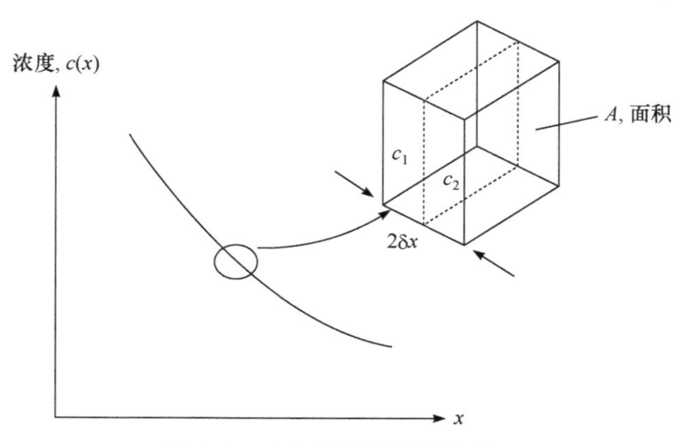

图 3.4 Fick 定律的分子基础。

同理，从右往左迁移的粒子数(摩尔)$=1/2c_2A\delta x$ 。因此，通过位于 x 点处平面的净迁移速率为

$$速率=\frac{(c_1-c_2)A\delta x}{2\delta t}$$

而

$$c_1-c_2\sim-\delta x\left(\frac{\partial c}{\partial x}\right)$$

故有

$$速率\sim-\frac{A(\delta x)^2}{2\delta t}\left(\frac{\partial c}{\partial x}\right)$$

相应地

$$通量, j=-\frac{(\delta x)^2}{2\delta t}\left(\frac{\partial c}{\partial x}\right) \tag{3.8}$$

与 Fick 第一定律等效

$$j=-D\left(\frac{\partial c}{\partial x}\right)$$

如果

$$D=\frac{(\delta x)^2}{2\delta t}$$

则分子的扩散系数 D 可以用来度量该分子在某段时间内迁移(扩散)的距离。具体来说，在时间 t 内的均方根位移

$$\sqrt{\langle x^2\rangle}=\sqrt{2Dt} \tag{3.9}$$

这是伏安法中极为重要的一个公式：它使我们能够估算在时间 t 内的扩散距离。式(3.9)表明扩散物质的迁移随着离源点(通常指高浓度区域，或者产生物质的电极表面)距离的增大而迅速减弱。如图 3.5 所示，一个微小的溶质可以在约 1 s 内穿过一个生物细胞，但是需要几年时间才能扩散至 1 m 以外。

Albery[5]指出，扩散速度之慢也正是往一杯茶内加糖后一定需要搅拌的原因，只有这样才能在整杯茶冷掉之前就让甜味到达溶液内各处而不只是底部。我们在第 8 章再回到这一利用对流辅助扩散的理念。

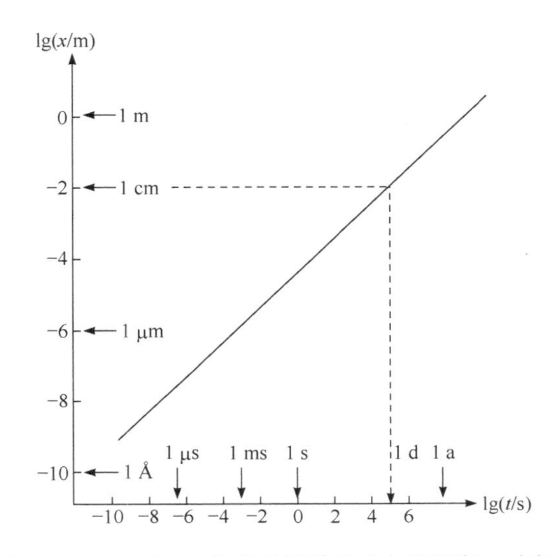

图 3.5 一个扩散系数为 $5\times10^{-6}\ cm^2\cdot s^{-1}$ 的分子扩散的均方根距离，对应一个一般溶液中的值。

3.4 Fick 是如何发现扩散定律的？

Adolf Fick 于 1829 年出生于德国卡塞尔，是该市市政建筑师最小的儿子。他先在马尔堡学习，最初接触了物理和化学，但是后来在他哥哥的建议下转向医学。交叉学科的背景使他能够进行跨学科研究，这可是远远早于这类科学研究成为热门且资金充裕的今天啊！在马尔堡学习之后，自 1852 年起，他就与他的长期导师 Carl Ludwig(卡尔 · 路德维希)在苏黎世共事了 16 年。之后，他成为维尔茨堡的一名生理学教授，直到 70 岁退休。他于 1901 年在比利时的一个沿海小镇布兰肯贝赫逝世。

Adolf Fick[a]

Fick 的第一篇文章可以追溯到 1849 年，文中分析了骨盆的肌肉骨骼系统的相关机理，将实验测量到的扭矩与肌肉发力和肌肉骨骼系统的几何结构相关联。1870 年，他成为设计测量心输出量技术的第一人，称为 Fick 原理[6]。1887 年，他构造并试戴了被认为是世上第一副隐形眼镜，尽管 Leonardo da Vinci(列奥纳多 · 达 · 芬奇)早在 1508 年就绘制了涵盖这一概念的草图。这第一副眼镜用厚玻璃制作而成，并覆盖了整个眼睛。

a Fick 的这张照片被认为已在全球公开共享，因为它的作者逝世之日(由于此作者去世已经 70 余年)和它的发表日期都在很久以前；因此 Fick 的这张照片并不具有版权。但是，如果确实存在版权问题，我们也很愿意作相应的修改。

当然，他们先把它用在兔子上做了测试，随后又用到 Fick 自己身上。不用说，它们戴起来肯定不太舒服，但是能够成功矫正一些视力问题。Fick 于 1856 年出版的《医学物理学》一书中包含了大量的创新性贡献：肺中空气的混合、人体的二氧化碳输出测量、体内的热能经济学、肢体机制、生物电学、声音及其产生、热及有机体的产热、循环流体力学，当然还有扩散[6]。

评估 Fick 以“液体扩散”为标题的论文很有意思。Agutter(阿格特)、Malone(马隆)和 Wheatley(惠特利)[6]说道：

“像许多科学经典一样，Fick 1855 年的论文得到了读者的普遍认可。众所周知，他根据实验数据归纳性地建立了扩散定律，但是这种富于想象的改造——受到老式经验主义者的科学信仰的启发——远非事实。这篇论文有巨大的科学价值，但是它在推理上存在缺陷……”

这种批判的理由是什么？主要是因为 Fick 自己的论点源自类推而非科学推论。在 Fick 自己的论述中[1]：

“可以比较自然地假设，一种盐在溶剂中的扩散定律必定与导体中热扩散的方式一模一样；基于此定律，Fourier(傅里叶)建立了他著名的热理论，同样 Ohm(欧姆)将其应用于导体中电子的迁移过程并取得了非凡成功。根据该定律，在同种盐但浓度不同的两个空间区域之间，单位时间内发生的盐和水的转移必定(假设其他条件均保持不变)与浓度差成正比，与区域间的距离成反比。”

Fick 接着通过物质守恒，就像我们在 3.2 节所写的，建立了以一维扩散为模型的第二定律

$$\frac{\partial y}{\partial t}=k\frac{\partial^2 y}{\partial x^2} \tag{3.10}$$

式中，y 是浓度，x 是距离。我们可以认为常数 k 就是式(3.4)中的扩散系数。Fick 意识到该公式可以与圆柱体中的扩散联系起来，这样或许能通过实验对稳态扩散进行研究。

“最容易做的是，将装有溶液的容器下端与一个蓄盐池连接起来，则产生扩散流，因此下端部分通过与固态盐直接接触而总是处于完全饱和的状态；再将整个体系浸入一个相对无限大的纯水池中，则连接纯水的上端部分始终保持浓度为 0。此时，对于这个圆柱形容器，条件 $\frac{\mathrm{d}y}{\mathrm{d}t}=0$ 根据式(3.10)变为

$$0=\frac{\mathrm{d}^2 y}{\mathrm{d}x^2}$$

该式的积分 $y=ax+b$ 包含了以下命题：如果在此圆柱形容器中产生了动态平衡，则任意两液层的浓度差必定与两液层之间的距离成比例，换句话说，浓度的降低必定从下往上沿直线坐标轴逐渐降低到零。实验已充分证明了这一命题。”[1]

图 3.6 展示了这个实验。

Fick 测量了溶液的比重是沿柱体方向上距离的函数，将其与溶解盐的浓度联系起来，并表明，在他自己估算的实验误差范围内发生了预期的浓度的线性变化。然而，Fick 却并未做过改变圆柱体深度的正式尝试，而他的数据却显示出偏离线性的系统误差——对此，Fick

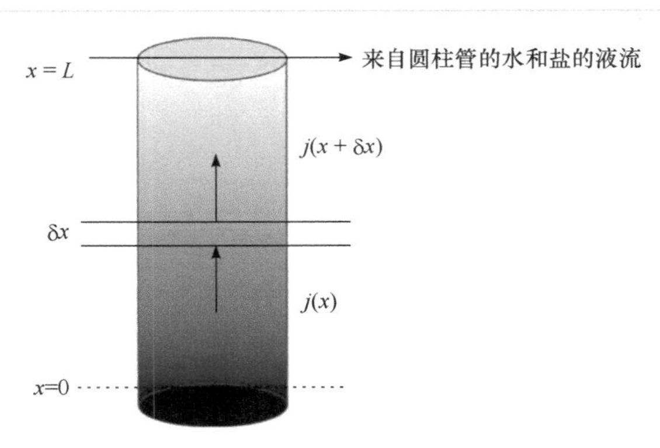

图 3.6 圆柱管中 Fick 扩散实验，其底部有一个蓄盐池，而顶部有纯水流过。改编自文献[7]。

说，“想想就很容易解释，这是因为没有完全达到静止的实验条件。”他可不是最后一个以此为借口的实验科学家！

后来，Fick 考虑了一个锥形漏斗实验，如图 3.7 所示，其尖端朝下，且和刚才的假设一样，装有饱和的盐溶液。

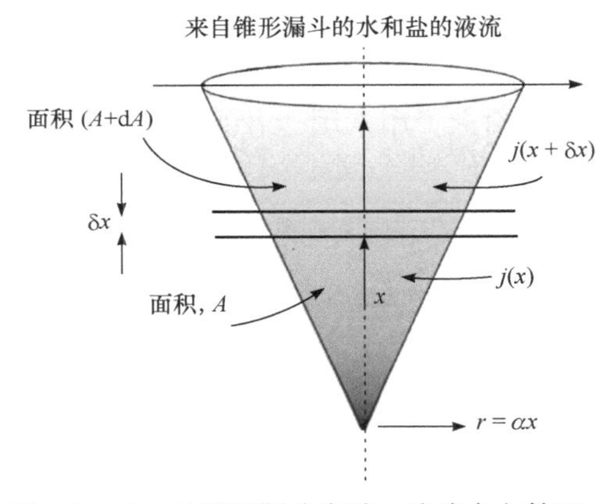

图 3.7 Fick 的锥形漏斗实验。改编自文献[7]。

在这种情况下，第二定律需要重写，以满足漏斗的横截面 A 随着距离 x 增加而增大的事实。如果我们采用 3.2 节的讨论来考虑进出截面 A 和 $A+\mathrm{d}A$ 的通量(见图 3.7)，我们会发现

$$\frac{\delta n}{\delta t} = -(A+\mathrm{d}A)\,j(x+\delta x) + Aj(x)$$

而

$$j = -D\frac{\partial c}{\partial x}$$

故有

$$\frac{\delta n}{D\delta t} = \left(A + \frac{\mathrm{d}A}{\mathrm{d}x}\mathrm{d}x\right)\left(\frac{\mathrm{d}c}{\mathrm{d}x} + \frac{\mathrm{d}^2 c}{\mathrm{d}x^2}\mathrm{d}x\right) - A\frac{\mathrm{d}c}{\mathrm{d}x}$$

$$\frac{\delta n}{D\delta t \cdot \delta x} \sim \frac{A\mathrm{d}^2 c}{\mathrm{d}x^2} + \frac{\mathrm{d}A}{\mathrm{d}x}\frac{\mathrm{d}c}{\mathrm{d}x} + O(\mathrm{d}x)^2$$

但是

$$\frac{\delta n}{A\delta x}=\delta c$$

因此

$$\frac{\mathrm{d}c}{\mathrm{d}t}=D\frac{\mathrm{d}^2c}{\mathrm{d}x^2}+\frac{D}{A}\frac{\mathrm{d}A}{\mathrm{d}x}\cdot\frac{\mathrm{d}c}{\mathrm{d}x} \tag{3.11}$$

该式恰当地表达了 Fick 定律假设在每个点 x 处的浓度都沿径向均匀分布的情况。对于一个圆锥体

$$A=\pi\alpha^2x^2$$

(见图 3.7)，而对于稳态扩散

$$0=\frac{\mathrm{d}^2c}{\mathrm{d}x^2}+\frac{2}{x}\frac{\mathrm{d}c}{\mathrm{d}x}$$

后者积分得

$$c=-\frac{A}{x}+B$$

式中，A 和 B 是由锥形漏斗底部和顶部的溶液浓度决定的常数。Fick 再次展示了与该模型一致的实验数据，不过竟用了“我附上了用常用盐做的‘最佳’实验的简表”这样一句话作为开头！

锥形漏斗实验值得进一步分析。按照 Patzek(帕泽克)[7]的观点

“在倒置的锥形漏斗中以及没有重力的情况下，盐浓度等值线是以漏斗尖端的盐池为中心的同心球切面。也许有人会辩解在重力场作用下，盐的球形浓度曲线会因浮力而迅速平坦化。靠近漏斗中心轴的高密度盐溶液将下沉，而靠近壁面密度较低的盐溶液将会浮起。浓度曲线将因此变得近乎完全水平。”

考虑到该实验或许能用式(3.11)进行合理的描述，当使用式(3.12)拟合所测得的盐浓度随 x 变化的函数时，却存在一些问题。Fick 未能报道漏斗-盐储存池相对于尖端点的位置。Patzek[7]通过逆推算得出，这段距离应该接近 5 cm。

因此，现代科学论文的审稿人也许会对 Fick 的论文提出下列批评：

(1) 该理论不严谨，仅仅基于类推。

(2) 实验细节不够详尽，导致实验无法重复。

(3) 数据经过挑选后报道。

(4) 管状圆柱体实验的数据存在偏离理论的系统误差。

Fick 的论文在现今的期刊上能否发表尚存争议！尽管如此， Fick 的见解正确肯定毋庸置疑，并且当提及式(3.1)和式(3.4)为 Fick 扩散定律时，我们将因为回忆起一位伟大的直觉型科学家而感到荣幸。

3.5 Cottrell 方程：解 Fick 第二定律

在本章前面部分，我们建立了 Fick 第二定律

$$\frac{\partial c}{\partial t} = D\frac{\partial^2 c}{\partial x^2}$$

方程用来描述时间 t 内，在位置 x 处浓度 c 的演变。为了表明这个方程的有效性，我们考虑一根置于含有浓度为 c^*的电活性扩散物质的溶液中的电极。在实验开始时，位于 $x = 0$ 处的电极处于惰性状态；没有施加电势，就没有电流产生。然后，当时间 $t = 0$，施加一个较大的电势，则电活性物质以非常快的速率(相对于扩散)被氧化或还原，导致其在电极表面的浓度为 0。这个问题以现在的说法就是“平面宏电极上的电势阶跃计时电流法”。它由莱比锡大学的 Frederick G. Cottrell(弗雷德里克 G. 科特雷尔，1877—1948)首次提出，并于 1902 年发表[8]。

数学上，这个问题涉及求解受如下边界条件约束的式(3.4)

$$t = 0，任意x，c = c^*$$

$$t > 0，x = 0，c = 0$$

$$t > 0，x \to \infty，c = c^*$$

解决此问题的技巧就是需要我们引入一个新变量

$$\Gamma = \frac{x}{2\sqrt{Dt}}$$

接着 Fick 第二定律可写为

$$\frac{\mathrm{d}^2 c}{\mathrm{d}\Gamma^2} + 2\Gamma\frac{\mathrm{d}c}{\mathrm{d}\Gamma} = 0$$

也可以通过直接替换来验证。对该式积分，有

$$\frac{\mathrm{d}c}{\mathrm{d}\Gamma} = a\exp(-\Gamma^2)$$

式中，a 是积分常数。

$$\int_c^{c^*}\mathrm{d}c = a\int_\Gamma^\infty \exp(-\Gamma^2)\mathrm{d}\Gamma$$

因此

$$c^* - c = a\left[\int_0^\infty \exp(-\Gamma^2)\mathrm{d}\Gamma - \int_0^\Gamma \exp(-\Gamma^2)\mathrm{d}\Gamma\right]$$

鉴于

$$\int_0^\infty \exp(-\Gamma^2)\mathrm{d}\Gamma = \frac{\sqrt{\pi}}{2}$$

代入边界条件，我们发现

$$c = c^*\frac{2}{\sqrt{\pi}}\int_0^\Gamma \exp(-\Gamma^2)\mathrm{d}\Gamma \tag{3.12}$$

或

$$c = c^*\mathrm{erf}\left(\frac{x}{2\sqrt{Dt}}\right) \tag{3.13}$$

式中，erf 即常说的误差函数，由式(3.12)中的积分式定义。图 3.8 展示了对于两种不同的扩散系数 D，浓度 c 随 x 和 t 的变化过程。

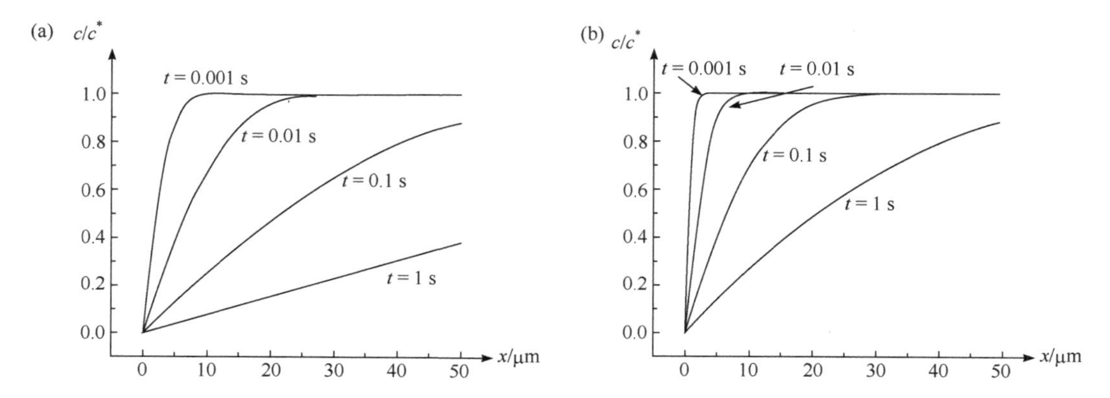

图 3.8 施加电势阶跃导致扩散控制的区域内浓度随时间变化的曲线(a)$D=5\times10^{-5}\ \text{cm}^2\cdot\text{s}^{-1}$ 和(b)$D=5\times10^{-6}\ \text{cm}^2\cdot\text{s}^{-1}$。

在实际试验中，电极电流 I 按时间的函数进行测量，并以式(2.2)给出：

$$I = nFAj$$

式中，n 是参与电极反应的电子数目。进而通量 j 由 Fick 第一定律给出：

$$j = D\left.\frac{\partial c}{\partial x}\right|_{x=0} = \frac{D}{2\sqrt{Dt}}\left.\frac{\partial c}{\partial \Gamma}\right|_{\Gamma=0} \tag{3.14}$$

则

$$I = \frac{nFA\sqrt{D}c^*}{\sqrt{\pi t}} \tag{3.15}$$

此结果称为 Cottrell 方程，式中 A 是电极面积。它表明由电势阶跃产生的电流终将以与时间的平方根成反比的趋势衰减到零。图 3.9 展示了瞬态电流的形状。进一步我们注意到式(3.7)能使我们计算出随时间变化通过的电荷量 $Q(t)$：

$$Q = \int_0^t I\mathrm{d}t$$

$$Q = 2nFA\frac{\sqrt{Dt}}{\sqrt{\pi}}c^* \tag{3.16}$$

这以反应物被消耗的物质的量 N(由下式给出)来量化电解程度

$$N = \frac{Q}{nF} = 2A\frac{\sqrt{Dt}}{\sqrt{\pi}}c^* \tag{3.17}$$

图 3.8 展示了随着实验时间的推移，电极表面附近物质的消耗。物质的消耗区域称为电极的扩散层。电活性物质必须扩散穿过该区域才能到达电极发生反应。随着时间推移，扩散层变厚，扩散速率下降，电流也随之减小。

当电活性物质在电极附近逐渐耗尽，电极反应的产物在电极表面附近累积。在反应物和产物的扩散系数相等的情况下，产物的浓度曲线可表示为

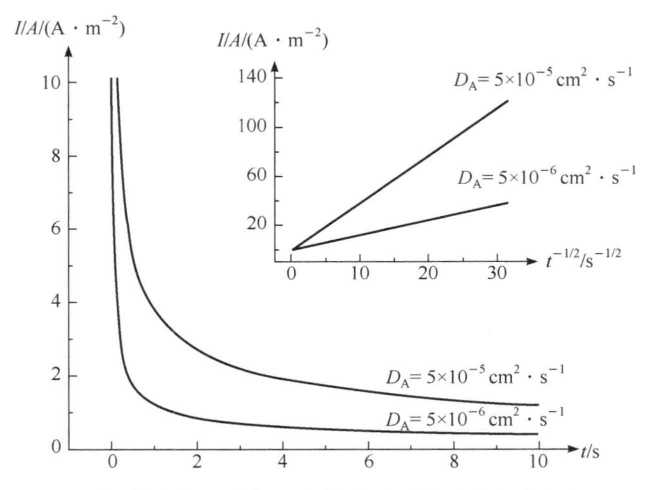

图 3.9 平面宏电极上施加了电势阶跃后的瞬时电流密度(I/A)。

$$c(\text{产物}) = c^*\left[1-\operatorname{erf}\left(\frac{x}{2\sqrt{Dt}}\right)\right] \tag{3.18}$$

注意，在扩散系数相等的情况下，反应物和产物的浓度之和等于 c^*。

根据 3.3 节中建立的 Einstein-Van Smoluchowskii 方程来检验图 3.8 会很有意思：

$$\sqrt{\langle x^2\rangle} = \sqrt{2Dt}$$

其中扩散距离的均方根与扩散系数和实验时间相关。对于画图 3.8 时用到的两种不同的扩散系数，我们可以计算出随时间 t 变化的 $\sqrt{\langle x^2\rangle}$。

(1) $D = 5\times10^{-6}\,\text{cm}^2\cdot\text{s}^{-1}$, $\sqrt{\langle x^2\rangle} = 32\ \mu\text{m}$ $(t = 1\,\text{s})$

$D = 5\times10^{-6}\,\text{cm}^2\cdot\text{s}^{-1}$, $\sqrt{\langle x^2\rangle} = 3.2\ \mu\text{m}$ $(t = 0.01\,\text{s})$

(2) $D = 5\times10^{-5}\,\text{cm}^2\cdot\text{s}^{-1}$, $\sqrt{\langle x^2\rangle} = 100\ \mu\text{m}$ $(t = 1\,\text{s})$

$D = 5\times10^{-5}\,\text{cm}^2\cdot\text{s}^{-1}$, $\sqrt{\langle x^2\rangle} = 10\ \mu\text{m}$ $(t = 0.01\,\text{s})$

计算出的距离大致对应图 3.8 所示的扩散层的尺度。这里再次强调了式(3.9)在估算扩散尺度(距离)时非常有用。

3.6 Cottrell 难题：扩散系数不等的情况

深入发掘上一节描述的电极反应中反应物和产物的扩散系数不等的一般情况中所面临的问题将会很受启迪。考虑反应

$$\text{A} + \text{e}^- \longrightarrow \text{B}$$

其中当 $t < 0$ 时，溶液中只含有物质 A，浓度为 c^*。电极电势从没有电流流过(c^*在整个溶液中均匀分布)的一个值跃迁到一个足够强的电势，以驱动上述反应进行，且强到致使电极表面处 A 的浓度降为零。

在数学上，该问题用公式表达成如下形式。我们需要解扩散方程

$$\frac{\partial[\mathrm{A}]}{\partial t}=D_{\mathrm{A}}\frac{\partial^2[\mathrm{A}]}{\partial x^2} \tag{3.19}$$

和

$$\frac{\partial[\mathrm{B}]}{\partial t}=D_{\mathrm{B}}\frac{\partial^2[\mathrm{B}]}{\partial x^2} \tag{3.20}$$

服从边界条件

$$t<0,\ \text{任意}x\text{:}\ [\mathrm{A}]=c^*,\ [\mathrm{B}]=0$$

$$t\geqslant 0,\ x=0\text{:}\ [\mathrm{A}]=0,\ D_{\mathrm{A}}\left.\frac{\partial[\mathrm{A}]}{\partial x}\right|_0=-D_{\mathrm{B}}\left.\frac{\partial[\mathrm{B}]}{\partial x}\right|_0$$

$$t\geqslant 0,\ x\to\infty\text{:}\ [\mathrm{A}]\to c^*,\ [\mathrm{B}]\to 0$$

注意第二个边界条件利用 Fick 第一定律量化了通量，将流向电极的 A 的通量等于离开的 B 的通量。关于[A]的问题的解，自然与上一节中给出的完全一致：

$$[\mathrm{A}]=c^*\frac{2}{\sqrt{\pi}}\int_0^{\Gamma_{\mathrm{A}}}\exp(-\Gamma^2)\mathrm{d}\Gamma$$

$$[\mathrm{A}]=c^*\mathrm{erf}\left(\frac{x}{2\sqrt{D_{\mathrm{A}}t}}\right)$$

并且

$$\frac{\partial[\mathrm{A}]}{\partial\Gamma_{\mathrm{A}}}=c^*\frac{2}{\sqrt{\pi}}\exp(-\Gamma_{\mathrm{A}}^2) \tag{3.21}$$

其中

$$\Gamma_{\mathrm{A}}=\frac{x}{2\sqrt{D_{\mathrm{A}}t}}$$

同样，可以推导出

$$\frac{\partial^2[\mathrm{B}]}{\partial\Gamma_{\mathrm{B}}^2}+2\Gamma_{\mathrm{B}}\frac{\partial[\mathrm{B}]}{\partial\Gamma_{\mathrm{B}}}=0 \tag{3.22}$$

其中

$$\Gamma_{\mathrm{B}}=\frac{x}{2\sqrt{D_{\mathrm{B}}t}}$$

接着

$$\frac{\partial[\mathrm{B}]}{\partial\Gamma_{\mathrm{B}}}=b\exp(-\Gamma_{\mathrm{B}}^2)$$

式中，b 是一个常数。重写边界条件，使 A 流向电极和 B 离开电极的通量相等，则有

$$\sqrt{D_{\mathrm{A}}}\left.\frac{\partial[\mathrm{A}]}{\partial\Gamma_{\mathrm{A}}}\right|_0=-\sqrt{D_{\mathrm{B}}}\left.\frac{\partial[\mathrm{B}]}{\partial\Gamma_{\mathrm{B}}}\right|_0$$

故有

$$\frac{\partial[\mathrm{B}]}{\partial \Gamma_{\mathrm{B}}}=-\sqrt{\frac{D_{\mathrm{A}}}{D_{\mathrm{B}}}}c^{*}\frac{2}{\sqrt{\pi}}\exp(-\Gamma_{\mathrm{B}}^{2})$$

积分并代入其他边界条件

$$[\mathrm{B}]=c^{*}\sqrt{\frac{D_{\mathrm{A}}}{D_{\mathrm{B}}}}\left[1-\mathrm{erf}\left(\frac{x}{2\sqrt{D_{\mathrm{B}}t}}\right)\right] \tag{3.23}$$

显然，如果 $D_{\mathrm{B}}<D_{\mathrm{A}}$，那么靠近电极处的 B 的浓度就会超过 c^{*}，而如果 $D_{\mathrm{B}}>D_{\mathrm{A}}$，那么它就会小于 c^{*}。

图 3.10 展示了下列反应中反应物和产物的变化曲线

$$\mathrm{Fe(CN)_6^{3-}(aq)+e^{-}(m)\longrightarrow Fe(CN)_6^{4-}(aq)}$$

其中，在 25 ℃，1 $\mathrm{mol\cdot dm^{-3}}$ KCl 的水溶液中，$\mathrm{Fe(CN)_6^{3-}}$ 和 $\mathrm{Fe(CN)_6^{4-}}$ 的扩散系数分别是 $0.76\times10^{-5}\mathrm{cm^2\cdot s^{-1}}$ 和 $0.63\times10^{-5}\mathrm{cm^2\cdot s^{-1}}$。

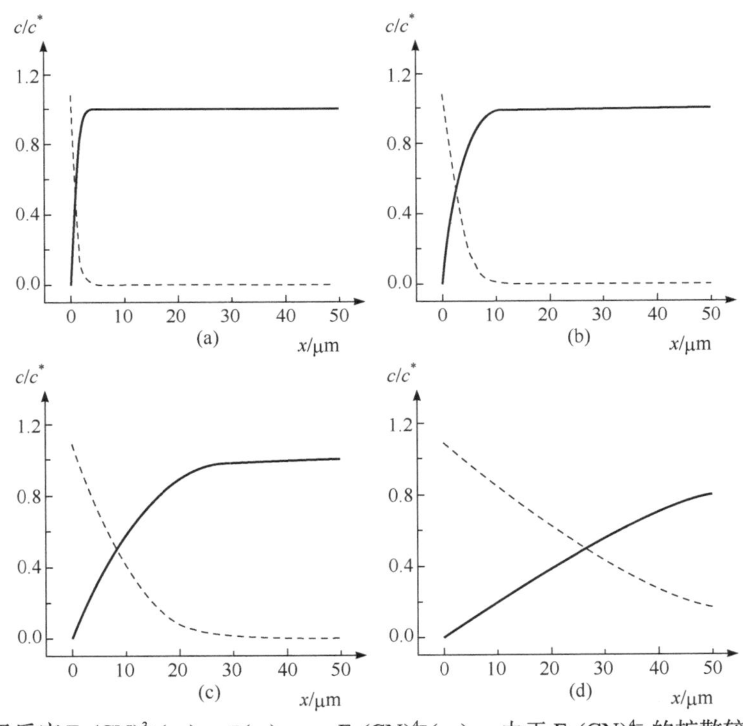

图 3.10 对于电极反应 $\mathrm{Fe(CN)_6^{3-}(aq)+e^{-}(m)\longrightarrow Fe(CN)_6^{4-}(aq)}$，由于 $\mathrm{Fe(CN)_6^{4-}}$ 的扩散较 $\mathrm{Fe(CN)_6^{3-}}$ 更慢，在电极表面局部范围内 $\mathrm{Fe(CN)_6^{4-}}$ 的浓度高于本体浓度 c^{*}。注意下列电势阶跃时间分别为：(a) 0.001 s，(b) 0.01 s，(c) 0.1 s，(d) 1 s。实线代表 $\mathrm{Fe(CN)_6^{3-}}$，虚线代表 $\mathrm{Fe(CN)_6^{4-}}$。

3.7 Nernst 扩散层

当进行上面两个小节提到的电势阶跃实验时，除了在非常短的时间内(数十毫秒或更短)，由于电极上的电子转移反应而引起的电流(称之为 Faraday 过程)被淹没在由电极附近的支持电解质离子移动而产生的充电电流中，所预测的电流与时间的平方根成反比的关系通常最多只能在几秒钟的时间内观察到。时间一长，实验测得的电流会趋向于一个大概稳定的数值，而并非像 Cottrell 方程预测的那样降为零。这与图 3.11 中提出的模型一致：距离电极临界距离δ之外的本体溶液自身充分混合，所以电活性物质的浓度会保持为恒定的本体浓度值。这种混合是由于自然对流，即密度差作用引发的溶液运动。对图 3.10 的研究表明，这种运动是电解过程中固有的，因为后者将原本均相的溶液变成了非均相，其中反应物被消耗，产物则积聚在电极表面，如果这些物质有不同的密度，那么自然对流就不可避免。此外，可能恒温控制不够理想，使整个溶液本体中发生微小的温度变化，也有可能为引起自然对流提供驱动力。

在靠近(固态)电极处，自然对流因电极的刚度和摩擦力作用而消失。这就是图 3.11 中在 x=0 和 $x=\delta$之间的区域，称为扩散层。由于浓度仅在此区域内变化，因此扩散运输正是在这个区域中起到作用。根据 Fick 第一定律，稳态扩散通量为

$$j = D\frac{\partial c}{\partial x} = \frac{Dc^*}{\delta} \tag{3.24}$$

则对应的电流为

$$I_{ss} = \frac{nFADc^*}{\delta} \tag{3.25}$$

$$I_{ss} = nFAm_{T}c^*$$

式中，m_T 称为传质系数(单位 $cm \cdot s^{-1}$)，由下式给出

$$m_T = \frac{D}{\delta}$$

注意，这个量的单位与标准电化学速率常数 k^0 相同，因此能够将这两个量直接进行比较，进而可以得到一种电子转移和物质传输的相对速率的指标。下一节将会展开讲述这一点。

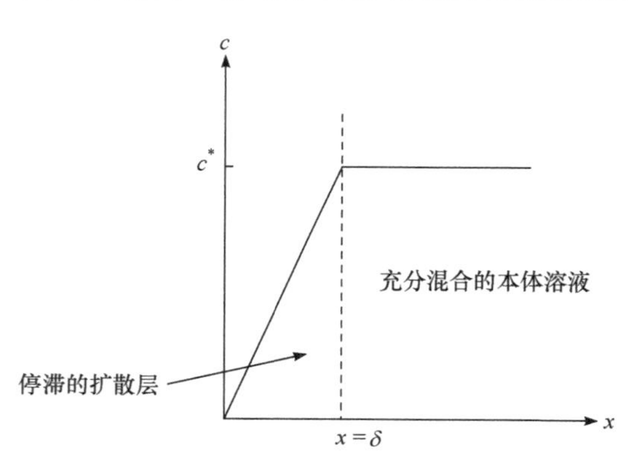

图 3.11 Nernst 扩散层模型。

回到 Nernst 扩散层，意识到这是一个简化的模型很重要，并且要知道通过自然对流充分混合的区域和不再变化的扩散区实际上会相互融合。尽管如此，这个概念依然很有用且蕴涵了深刻的见解。实验表明该层的厚度为几十到几百微米数量级。在发展利用纯扩散模型进行理论解读的伏安法实验时，很重要的一点是，要将这些实验限制在一定时间尺度上，使浓度变化发生在距离电极表面远小于δ的空间范围内。

最后，我们介绍一下极限电流的概念——当电极电势非常“努力”地驱动电极反应，以至于电活性物质的浓度在电极表面处降为零时流过的电流。Cottrell 方程预测的电流就是这样一个例子，并且在这种情况下极限电流随着时间而降低。与之相对的是在 Nernst 扩散层的情形中，当穿过扩散层的距离δ到达电极表面，浓度从本体值 c^*降为 0 时，我们才获得了极限电流。因此，式(3.25)给出的电流就是极限电流。

3.8 传质 *vs.* 电极动力学：稳态的电流-电势波形

我们考虑一个要探究如下电极过程的电极：

$$A(aq) + e^{-}(m) \underset{k_a}{\overset{k_c}{\rightleftharpoons}} B(aq)$$

我们假设在本体溶液中，A 和 B 的浓度分别为$[A]_{本体}$和$[B]_{本体}$。我们再假设电极上有厚度为δ的 Nernst 扩散层，那么它的传质系数是

$$m_T = \frac{D}{\delta}$$

式中，D是扩散物种 A 或 B 的扩散系数；D_A和D_B假定相等。最后，我们假设可以通过将一个合适的三电极体系连接到一台恒电势仪(详见第 2 章)来控制电极电势E，从而控制其电化学反应速率常数

$$k_c = k^0 \exp\left\{\frac{-\alpha F}{RT}[E - E_f^0(A/B)]\right\}$$

$$k_a = k^0 \exp\left\{\frac{\beta F}{RT}[E - E_f^0(A/B)]\right\}$$

式中，$\alpha + \beta = 1$。

如果该电极“均一可及”，也就是说通量(和电流)在电极表面上是均匀的，那么问题就变成了一维的问题，所以我们考虑以下 A 和 B 通量的表达式：

$$j_A = m_T([A]_0 - [A]_{本体}) = -j_B \tag{3.26}$$

$$j_B = m_T([B]_0 - [B]_{本体}) \tag{3.27}$$

且

$$-j_A = k_c([A]_0 - k_a[B]_0)$$

式中，$[\ ]_0$代表电极表面的浓度，见图 3.12。这三个方程可以通过消除方程之间的未知表面浓度，并引入 A 和 B 每种物质电解所致的传质极限电流来求解：

$$j_{A,极限} = -m_T[A]_{本体} \tag{3.28}$$

$$j_{B,极限} = -m_T[B]_{本体} \tag{3.29}$$

因此，通量可写为

$$j = -j_A = j_B \tag{3.30}$$

$$j = \frac{k_c j_{A,极限} - k_a j_{B,极限}}{m_T + k_c + k_a} \tag{3.31}$$

我们可以考虑该方程的三种极限情况。

情况(i)

$$k_c \gg m_T，k_a$$

这里

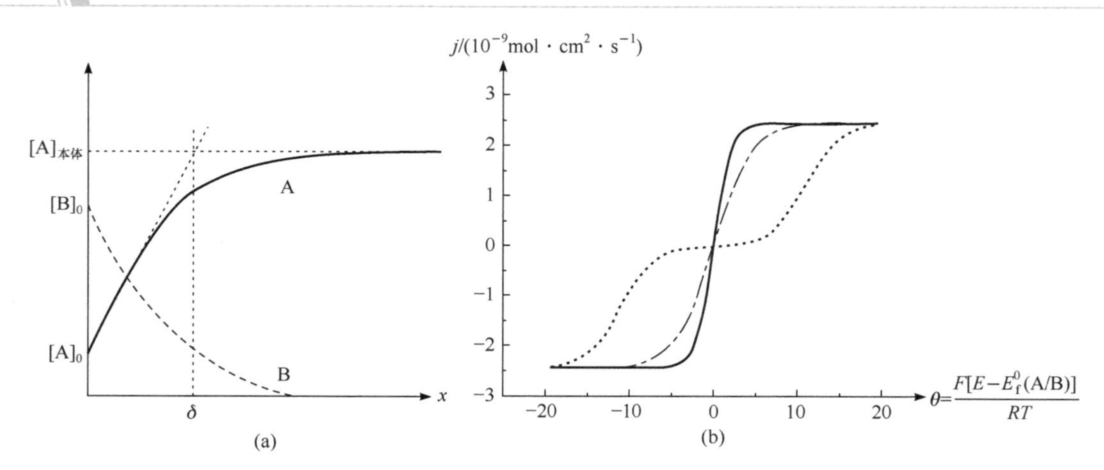

图 3.12 (a) 物质 A 和 B 的浓度曲线。(b) A 经单电子还原为 B 的稳态伏安图，其中 $k^0=10^{-1}$ cm · s^{-1}(实线)，10^{-3} cm · s^{-1}(点-短划线)以及 10^{-5} cm · s^{-1} 点虚线)。参数：$[A]_0=[B]_0=1$ mmol · dm^{-3}；$D_A=D_B=10^{-5}$ cm^2 · s^{-1}；$m_T=10^{-3}$ cm · s^{-1}。

$$j \to j_{A,极限}$$

可以看到一个恒定的、与电势无关的电流，对应于物质通量受电极扩散最大速率控制的情形，即$[A]_0 = 0$且

$$j_{A,极限} = \frac{-D}{\delta}[A]_{本体}$$

这在实验上可以通过向电极施加一个很大的负电势来实现，以驱动反应快速进行

$$A + e^- \longrightarrow B$$

这样便可忽略其逆反应(由 k_a 控制)。

情况(ii)

$$k_a \gg m_T，\ k_c$$

这里

$$j \to -j_{B,极限}$$

且再次得到一个由传质控制、与电势无关的通量(电流)，因此有

$$j_{B,极限} = \frac{D}{\delta}[B]_{本体}$$

这将发生在施加了很大的正电势之后，这使得反应

$$B \longrightarrow A + e^-$$

的速率常数(k_a)变得很大，而逆反应的速率常数(k_c)却很小。从动力学的角度来讲，两种情况(i)和(ii)都由传质控制。

情况(iii)

$$m_T \gg k_a，\ k_c$$

在这种情况下

$$j = \frac{k_c j_{A,极限} - k_a j_{B,极限}}{m_T} \tag{3.32}$$

$$j = -k_c[A]_{本体} + k_a[B]_{本体} \tag{3.33}$$

这对应于电极动力学控制的情况，所以电流对电极电势很敏感。注意式(3.33)意味着在此极限条件下，A 和 B 的浓度基本上不受本体溶液浓度的影响。

图 3.12(b)展示了在 $\alpha = 0.5$ 且 $E_f^0 = 0\,V$ 的情况下，当 $k^0 = 10^{-1}cm \cdot s^{-1}$、$10^{-3}cm \cdot s^{-1}$ 和 $10^{-5}cm \cdot s^{-1}$ 时，通量与电极电势之间的依赖关系(伏安曲线)。

假设传质系数 $m_T = 10^3 cm \cdot s^{-1}$。注意，在全部三种情况中，在正或负的极端电势下都看到了传质极限电流[上述情况(i)和情况(ii)]。在这些极限之间，根据 k^0 和 m_T 的相对大小，可以观察到不同的响应。特别要指出的是下列三种不同的行为类型。

(1) 电化学可逆伏安法，对应 $k^0 \gg m_T$ 的情况。此时，将出现单个伏安波，其中心大概在 A/B 电对的形式电势处。

(2) 电化学不可逆伏安法，对应 $k^0 \ll m_T$ 的极端情况。此时，将观察到两种不同的波对应于下列反应过程

$$A + e^- \longrightarrow B$$

和

$$B - e^- \longrightarrow A$$

因此，当电势接近形式电势 E_f^0 时，几乎无电流经过。更准确地说，由于 k^0 的值很小，因此必须在阴极(负电势)和阳极(正电势)方向上都施加过电势，以驱动电极过程。

(3) 电化学准可逆伏安法，对应过渡情况 $k^0 \sim m_T$。

我们会在后面的小节继续讨论它们的区别。

3.9 传质校正后的 Tafel 关系

我们现在进一步定量地讨论上一节中提到的概念，但将重点放在实验上更常见的情况，即所研究的溶液中仅包含一个氧化还原对中的一种而不是两种物质。接着上一节描述的例子

$$A + e^- \longrightarrow B$$

我们假设本体溶液中只有 A，因此 $[B]_{本体} = 0$。对于上述简单的电极过程

$$j_A = D\left(\frac{[A]_0 - [A]_{本体}}{\delta}\right) \tag{3.34}$$

对于这一过程，A 和 B 的通量密度大小一定相等：

$$j_A = -j_B = D\frac{[B]_0}{\delta} \tag{3.35}$$

式中，j_A 和 j_B 分别是物质 A 和 B 的通量密度，D 是扩散系数。这里假设这两种物质的扩散系数和扩散层厚度均相等。我们进而考虑电化学可逆和不可逆的两种极限情况：

情况(a)：电化学不可逆的电子转移

电极通量密度的另一种表达式采用了电子转移速率，由 Butler-Volmer 动力学模型来描述不可逆过程：

$$j_{\mathrm{A}} = -k^0 \mathrm{e}^{-\alpha\theta}[\mathrm{A}]_0 \tag{3.36}$$

式中，k^0 是标准异相速率常数，α是转移系数，$\theta = \frac{F}{RT}(E - E_{\mathrm{f}}^0)$，其中 E 是电极电势，E_{f}^0 是形式电极电势。未知量$[\mathrm{A}]_0$ 可从式(3.34)和式(3.36)中消除：

$$\frac{1}{j_{\mathrm{A}}} = -\frac{\mathrm{e}^{\alpha\theta}}{k^0[\mathrm{A}]_{本体}} - \frac{\delta}{D[\mathrm{A}]_{本体}} \tag{3.37}$$

在足够大的负电势下，指数项趋于零，同时电极通量密度逼近它的传质极限值 $j_{极限}$：

$$\frac{1}{j_{极限}} = \frac{-\delta}{D[\mathrm{A}]_{本体}} \tag{3.38}$$

假设δ的值与施加的电势无关，就可以把δ这一项从式(3.37)和式(3.38)中消除：

$$\frac{1}{j_{\mathrm{A}}} - \frac{1}{j_{极限}} = \frac{-\mathrm{e}^{\alpha\theta}}{k^0[\mathrm{A}]_{本体}} \tag{3.39}$$

总电流 I 与整个电极上通量密度的积分相关。对于一个均一可及电极，电流和通量密度之间的关系就简单为

$$I = nFA_{电极} j_{\mathrm{A}} \tag{3.40}$$

式中，n 是每个 A 分子转移的电子数目，$A_{电极}$ 是电极面积。将式(3.40)代入式(3.39)，整理后得到

$$\ln\left(\frac{I_{极限}}{I} - 1\right) = \ln\left(\frac{-I_{极限}}{nFA_{电极}k^0[\mathrm{A}]_{本体}}\right) + \alpha\theta \tag{3.41}$$

式中，$I_{极限}$ 是传质极限电流。式(3.41)右边括号中的集体项构成了一个与电势无关的正的无量纲常数。因此，在电子转移的逆过程可以忽略的条件下，θ 对 $\ln\left[\left(\frac{I_{极限}}{I}\right) - 1\right]$ 关系图应该是线性的，且斜率为$1/\alpha$。

情况(b)：电化学可逆的电子转移

对于可逆的电子转移，电极上的通量密度的 Butler-Volmer 表达式必须同时包含阳极和阴极过程：

$$j_{\mathrm{A}} = -k^0 \mathrm{e}^{-\alpha\theta}[\mathrm{A}]_0 + k^0 \mathrm{e}^{(1-\alpha)\theta}[\mathrm{B}]_0 \tag{3.42}$$

将式(3.34)和式(3.35)代入式(3.42)中可以消去未知量$[\mathrm{A}]_0$ 和$[\mathrm{B}]_0$，并整理得到

$$j_{\mathrm{A}} = \frac{-k^0 \mathrm{e}^{-\alpha\theta}[\mathrm{A}]_{本体}}{1 + k^0 \dfrac{\delta}{D}[\mathrm{e}^{-\alpha\theta} + \mathrm{e}^{(1-\alpha)\theta}]} \tag{3.43}$$

考虑到这是快速的电子转移过程，即有$(k^0\delta / D) \gg 1$，式(3.43)可以简化。将式(3.38)中的传质

极限通量代入上式，$[A]_{本体}$ 项可以消去。进一步整理得到

$$j_A = \frac{j_{极限}}{1+e^{\theta}} \tag{3.44}$$

将式(3.40)中均一可及电极上的电流表达式代入上式，有

$$\ln\left(\frac{I_{极限}}{I}-1\right)=\theta \tag{3.45}$$

因此，对于足够快速的可逆电子转移过程，θ 对 $\ln\left[\left(\frac{I_{极限}}{I}\right)-1\right]$ 关系图应该是线性的，且斜率为 1(单位值)。

最后，我们注意到上述推导出的两种情况严格意义上只适用于化学计量的电极反应，如

$$A \pm e^- \longrightarrow B$$

在实际实验中，会经常遇到其他化学计量方程，如

$$3Br^- - 2e^- \longrightarrow Br_3^-$$

以及

$$H^+ + e^- \longrightarrow 1/2H_2$$

重要的是，要意识到在这些例子中，上述表达式需要做相应的修改[9]。

我们来探究在均一可及电极表面上发生的一个可逆的氧化还原反应

$$mA \pm e^- \rightleftharpoons nB \tag{3.46}$$

式中，m 和 n 是整数。显然，式(3.46)代表了电极过程所有可能的化学计量数，因为任何带整数系数的计量方程都可以通过除以电子转移数目得到式(3.46)。使用一般化的 Nernst 方程就会给出关于反应物种表面浓度(写作$[\ ]_0$)的下述关系式。

$$\frac{([A]_0/[A]^0)^m}{([B]_0/[B]^0)^n}=\exp(\pm\theta) \tag{3.47}$$

式中，$\theta=(F/RT)(E-E_f^0)$，E_f^0 是 A/B 氧化还原电对的形式电势，符号 F、R、T 和 E 就是它们通常的含义，而$[A]^0$ 和$[B]^0$ 分别是 A 和 B 在标准热力学状态下的浓度。式(3.47)右边的指数项内上方的正号(+)对应还原过程，下方的负号(–)对应式(3.46)中的氧化过程。假设 x 是垂直于电极的坐标轴，我们就可以把在电极表面处的通量守恒性质表达为

$$nD_A\left.\frac{\partial[A]}{\partial x}\right|_{x=0}=-mD_B\left.\frac{\partial[B]}{\partial x}\right|_{x=0} \tag{3.48}$$

式中，D_A 和 D_B 是相应物种的扩散系数。在稳态条件下，物质的传输发生在靠近电极表面厚度为δ的扩散层内。假设初始时刻，溶液中只含有物质 A，其本体浓度为$[A]_{本体}$，我们可以写出

$$nD_A\frac{[A]_{本体}-[A]_0}{\delta}=mD_B\frac{[B]_0}{\delta} \tag{3.49}$$

因此，流过电极表面的电流就可以表示为

$$I = \pm \frac{1}{n} \frac{FD_B[B]_0}{\delta} A \tag{3.50}$$

式中，A 代表电极面积。同样，通过电极的极限电流为

$$I = \pm \frac{1}{m} \frac{FD_A[A]_{本体}}{\delta} A \tag{3.51}$$

利用式(3.47)、式(3.50)和式(3.51)，得出

$$\left(\frac{I}{I_{极限}}\right)^{\frac{n}{m}} = \left(\frac{m}{n} \frac{D_B[B]^0}{D_A[A]_{本体}}\right)^{\frac{n}{m}} \frac{1}{[A]^0} \exp\left(\pm\frac{\theta}{m}\right)[A]_0 \tag{3.52}$$

其电流可写为

$$I = \pm \frac{1}{m} \frac{FD_A}{\delta}([A]_{本体} - [A]_0)A = I_{极限}\left(1 - \frac{[A]_0}{[A]_{本体}}\right) \tag{3.53}$$

进而令我们得到最后的结果

$$-\ln\left[\left(\frac{I_{极限}}{I}\right)^{\frac{n}{m}} - \left(\frac{1}{I_{极限}}\right)^{1-\frac{n}{m}}\right] = \mp\frac{\theta}{m} + \frac{n}{m}\ln\left(\frac{m}{n}\frac{D_B}{D_A}\frac{[B]^0}{([A]^0)^{\frac{m}{n}}}[A]_{本体}^{\frac{m}{n}-1}\right) \tag{3.54}$$

式(3.54)意味着当用左边项对 θ 作图时，任何化学计量可逆体系的电流响应将呈线性。由此产生的曲线的斜率为 $\pm m^{-1}$，且截距由式(3.54)最右边项给出，它取决于反应物种的计量系数之比、它们的扩散系数以及 A 的本体浓度。

图 3.13 展示了这三种氧化反应的典型的模拟伏安图：

$$A - e^- \rightleftharpoons B \qquad m = 1,\ n = 1 \tag{3.55}$$

$$3A - 2e^- \rightleftharpoons B \qquad m = 1.5,\ n = 0.5 \tag{3.56}$$

$$2A - e^- \rightleftharpoons B \qquad m = 2,\ n = 1 \tag{3.57}$$

当 $D_A = D_B = 10^{-5}\,cm^2 \cdot s^{-1}$，$[A]_{本体} = 1\,mol \cdot dm^{-3}$ 时，这三种情况下的波形示于图 3.13 中。

从图中可以清楚地看到，化学计量的差异导致伏安曲线在底部和顶部有不同的曲率。图 3.14 展示了对这些伏安曲线的 Tafel 分析，其中

$$f(I, m, n) = -\ln\left[\left(\frac{I_{极限}}{I}\right)^{\frac{n}{m}} - \left(\frac{I}{I_{极限}}\right)^{1-\frac{n}{m}}\right] \tag{3.58}$$

按照式(3.54)预测的直线的斜率为：式(3.55)的斜率为 1，式(3.56)为 2/3，式(3.57)为 1/2。图 3.14 中直线的截距也与式(3.54)非常一致。

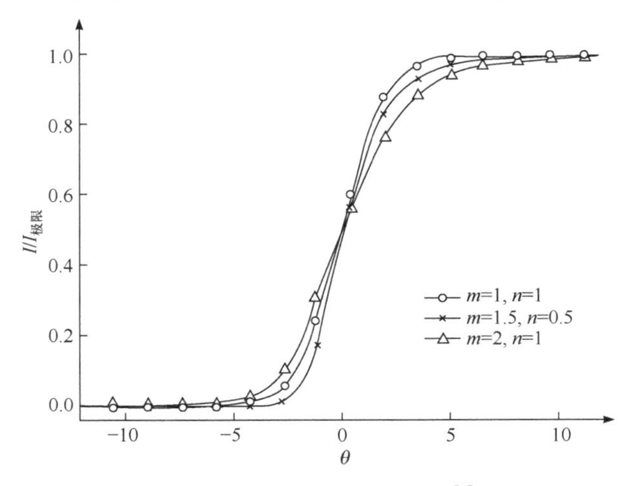

图 3.13 三种不同化学计量的电极过程所对应的模拟稳态伏安图[9]。经 Elsevier 授权，转载自文献[9]。

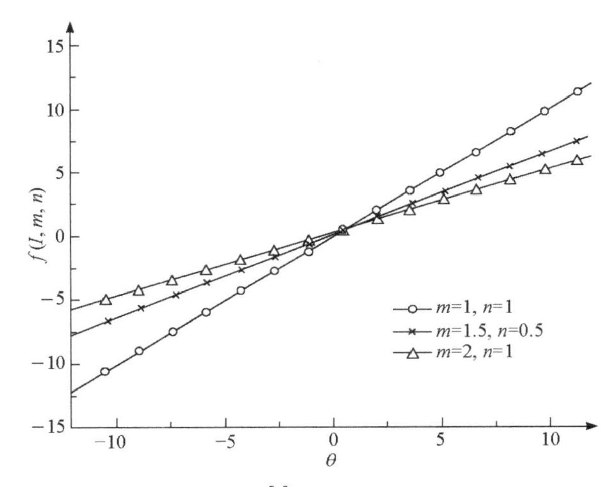

图 3.14 图 3.13 中伏安曲线的 Tafel 图[9](见正文)。经 Elsevier 授权，转载自文献[9]。

参 考 文 献

[1] A. Fick, Uber Diffusion, *Poggendorff's Annel. Physik*. **94** (1855) 59, in German. In English translation: *The London, Edinburgh and Dublin Philosophical Magazine* **10** (1855) 30 and *Journal of Science* **16** (1855) 30.

[2] M. C. Buzzeo, R. G. Evans, R. G. Compton, *Chem. Phys. Chem.* **5** (2004) 1106.

[3] A. Einstein, *Annalen de Physik* **17** (1905) 549.

[4] M. Van Smoluckowskii, *Annalen de Physik* **21** (1906) 756.

[5] W. J. Albery, *Electrode Kinetics*, Oxford University Press, 1975.

[6] P. S. Agutter, P. C. Malone, D. N. Wheatley, *Journal of the History of Biology* **33** (2000) 71.

[7] T. W. Patzek, 'Fick's Diffusion Experiments Revisited', personal communication. Can be found at: http://petroleum.berkeley.edu/papers/patzek/Fick%20Revisited% 20V2.pdf.

[8] F. G. Cottrell, *Z. Physik. Chem.* **44** (1902) 385.

[9] O. V. Klymenko, R. G. Compton, *J. Electroanal. Chem.* **571** (2004) 571.

4 宏电极上的循环伏安法

如上一章结尾所述，本章尝试建立电极动力学和扩散过程的相互作用关系。首先从循环伏安法——整个伏安法和电极动力学研究领域中最重要、应用最广的方法——开始介绍。

4.1 循环伏安法：实验部分

如图 4.1 所示，循环伏安实验需要在工作电极上施加一个随时间变化的电势。

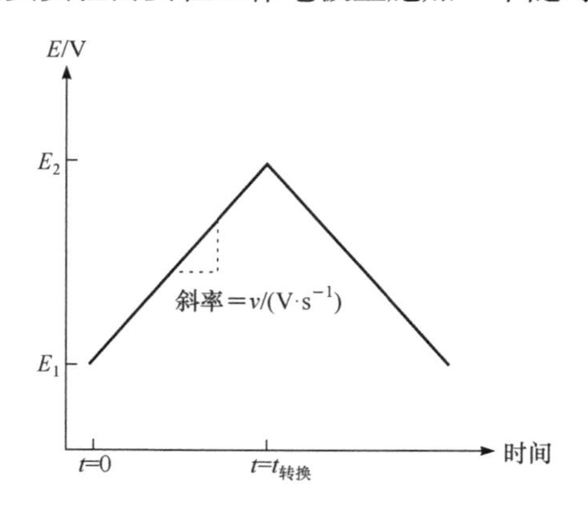

图 4.1 循环伏安实验中施加在工作电极上的电势波形。

在实验过程中，记录工作电极上流过的随所施加电势变化的电流，并作电流-电势关系曲线，该曲线即为“伏安图”。工作电极上的电势从某一值 E_1 开始，该电势通常(但非必要条件)对应产生一个小到可忽略不计的电流。也就是说，选择初始电势的标准是保证待测物在起始时不发生氧化或还原反应。随后，电势 E_1 经线性扫描至电势 E_2，通常再反向扫描回初始电势 E_1。电势 E_2 的选择标准则是在(E_2–E_1)的电势区间内需包含一个所要研究的氧化或还原过程。如果在从 E_1 到 E_2 的电势扫描过程中发生了化学反应，形成了新的化学物种，那么可将反向扫描的电势范围延伸到 E_1 以外，以便对其进行表征，还可进行第二次三角波电势扫描，以了解更多有关所研究的反应体系及其电化学反应活性的信息。关于电化学耦合反应的问题将在第 7 章进行讨论，本章仅针对以下形式的简单电极过程：

$$A \pm e^- \rightleftharpoons B$$

其中 A 和 B 均为溶液相物种。想要得到该电极过程的伏安图，需明确当施加在工作电极上的电势按图 4.1 变化时，其对应的电流如何变化。可以认为，观察到的伏安图将取决于以下几种因素：

(1) 标准电化学速率常数 k^0 和 A/B 电对的形式电势。

(2) A 和 B 的扩散系数。

(3) 电势扫描速率 $v(\mathrm{V\cdot s^{-1}})$，以及初始电势 E_1 和转换电势 E_2。

该问题可以公式化地概括为求解如下的扩散方程，该方程描述了 A 和 B 的浓度与其跟电极之间的法向距离 x 及时间 t 之间的函数关系。

$$\frac{\partial[\mathrm{A}]}{\partial t}=D_{\mathrm{A}}\frac{\partial^2[\mathrm{A}]}{\partial x^2} \tag{4.1}$$

$$\frac{\partial[\mathrm{B}]}{\partial t}=D_{\mathrm{B}}\frac{\partial^2[\mathrm{B}]}{\partial x^2} \tag{4.2}$$

求解上述方程可以结合下列边界条件。对于本体溶液中只含 A 的情况而言：

$$t=0，任意\ x，[\mathrm{A}]=[\mathrm{A}]_{本体}，[\mathrm{B}]=0$$

$$t>0，x\to\infty，[\mathrm{A}]=[\mathrm{A}]_{本体}，[\mathrm{B}]=0$$

$$t>0，x=0，D_{\mathrm{A}}\left.\frac{\partial[\mathrm{A}]}{\partial x}\right|_{x=0}=-D_{\mathrm{B}}\left.\frac{\partial[\mathrm{B}]}{\partial x}\right|_{x=0}$$

$$t>0，x=0，D_{\mathrm{A}}\left.\frac{\partial[\mathrm{A}]}{\partial x}\right|_{x=0}=+k_{\mathrm{c}}[\mathrm{A}]_{x=0}-k_{\mathrm{a}}[\mathrm{B}]_{x=0}$$

其中最后一个方程仅针对还原过程。其中电化学速率常数为

$$k_{\mathrm{c}}=k^0\exp\left\{\frac{-\alpha F}{RT}[E-E_{\mathrm{f}}^0(\mathrm{A/B})]\right\}$$

$$k_{\mathrm{a}}=k^0\exp\left\{\frac{\beta F}{RT}[E-E_{\mathrm{f}}^0(\mathrm{A/B})]\right\}$$

式中，$E_{\mathrm{f}}^0(\mathrm{A/B})$ 是 A/B 电对的形式电势，E 是施加在工作电极上的电势。后者如图 4.1 所示，可用如下代数式表示

$$0<t\leqslant t_{转换} \qquad E=E_1+vt \tag{4.3}$$

$$t_{转换}\leqslant t \qquad E=E_1+vt_{转换}-v(t-t_{转换})$$

$$E=E_1+2vt_{转换}-vt \tag{4.4}$$

注意扫描速率 v 的符号既可为正也可为负，分别对应研究过程中的氧化过程和还原过程。

4.2 循环伏安法：解传输方程

式(4.1)和式(4.2)及上一节末尾确定的边界条件并不易求解。Nicholson(尼科尔森)和Shain(沙因)[1, 2]利用积分方程法解决了感兴趣的循环伏安法及其相关问题，极大地促进了该方法的发展。这使得人们可以将相应问题的“答案”公式化，但是这通常只能在对其积分和级数进行数值估算之后得到。不过，如今已经可以通过查阅数据表来分析伏安法数据。尽管现代化的方法是使用数值模拟软件来快速求解扩散方程，但是对所有使用伏安法进行研究的学生而言，在他们职业生涯中的某一阶段仍应去看一看 Nicholson 和 Shain 的经典论文。许多商业电化学设备的供应商均能提供可以模拟任意特定电化学机理的伏安图的程序，这受限于发

生在宏电极上的伏安过程，因为这时扩散方程只涉及一个空间维度[a]。此外，虽然这类软件通常情况下可以求解各种不同复杂程度的问题，但若要完全明确地求解，则存在一个能力上限。本章试图求解如下过程中的循环伏安问题

$$A \pm e^- \rightleftharpoons B$$

并探究上一节中指出的不同参数对所得伏安图的影响。针对此目的而言，“模拟软件”十分合适，它几乎能立即给出答案，而仅仅几十年前，这还是真正的应用数学难题。借助现代计算机的力量，电化学工作者可通过键盘输入参数来探究循环伏安法的基本原理及不同参数变化引起的细微差别。下面将详细介绍这些探究成果。如果读者自己的实验室或教室拥有这类软件，我们鼓励读者使用上述软件进行“计算实验”；通常所有有实力的实验室都会配备这些软件。

使用“模拟软件”的基础是通过有限差分法或有限元法求解相关的扩散方程和边界条件。Fisher(费希尔)[3]已经对这些方法的现状进行了权威的评述。在本书的附录中非常简要地概述了有限差分建模的方法。然而，若想要自己编写代码，请参阅本书的配套卷，其中详细说明了必要的内容[4]。

以评作结。许多模拟程序使人们可以探究非常复杂的电化学反应机理：这有助于对反应的理解，但是它与使用大量、多种参数去“匹配”实验数据完全不同。在后者情况下，模拟之人需证明拟合的唯一性。

4.3 循环伏安法：可逆与不可逆动力学

在第 2 章和第 3 章中，对于数值“大”或“小”[b]的标准电化学速率常数 k^0，电子转移过程表现出不同的极限行为。这些过程以“电化学可逆”和“电化学不可逆”的标识为特征，分别对应“快”和“慢”的电极动力学。

图 4.2 展示了在其他参数相同的条件下，仅改变标准电化学速率常数时得到的三张循环伏安图。其中相同的参数为

$$[A]_{本体} = 10^{-3}\ \mathrm{mol \cdot dm^{-3}} \qquad [B]_{本体} = 0$$

$$D_A = D_B = 10^{-5}\ \mathrm{cm^2 \cdot s^{-1}}$$

$$电极面积\ A = 1\ \mathrm{cm^2}$$

$$E_f^0(A/B) = 0\ \mathrm{V}$$

$$电势扫描速率\ v = 1\ \mathrm{V \cdot s^{-1}}$$

$$E_1 = +0.5\ \mathrm{V} \qquad E_2 = -0.5\ \mathrm{V}$$

且

$$\alpha = 0.5 = \beta$$

假设 A 还原为 B

a 注意在下一章中将讨论“微电极”，其扩散方程涉及 2 个或 3 个空间坐标维度。当前的软件不太容易处理这类问题，因此通常需要自己编写代码。

b 此处的“大”和“小”是相对的。更准确地说，“大”和“小”是相对于传质速率而言的。

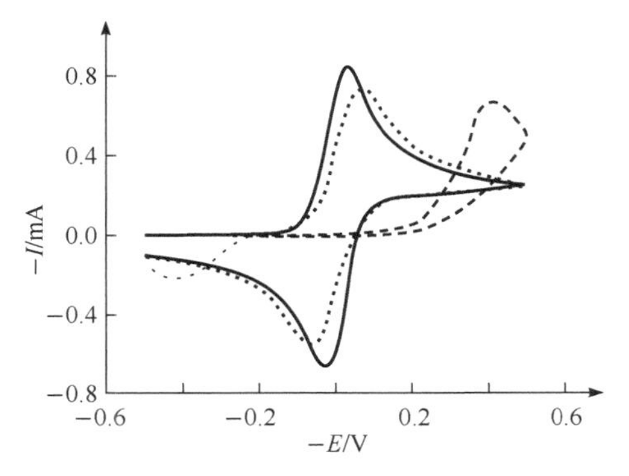

图 4.2 A 还原为 B 的循环伏安图。参数：$E_f^0 = 0$ V；$\alpha = 0.5$，$v = 1$ V · s^{-1}；$A = 1$ cm^2；$[A]_0 = 1$ mmol · dm^{-3}；$D_A = D_B = 10^{-5}$ cm^2 · s^{-1}。标准电化学速率常数 k^0 的值分别为 1 cm · s^{-1}(实线)、10^{-2} cm · s^{-1}(点虚线)和 10^{-5} cm · s^{-1}(短划线)。

$$A \pm e^- \rightleftharpoons B$$

这里使用的三个标准电化学速率常数分别为 1 cm · s^{-1}、10^{-2} cm · s^{-1} 和 10^{-5} cm · s^{-1}。

在研究伏安图时，首先需要明确的就是正向扫描和反向扫描过程中的电势范围。在目前这个例子中，施加在工作电极上的电势随时间变化的情况如图 4.3 所示。图 4.2 中伏安曲线的电势从左侧(+0.5 V)开始，扫过 0 V 到达−0.5 V，然后再扫回到初始电势。

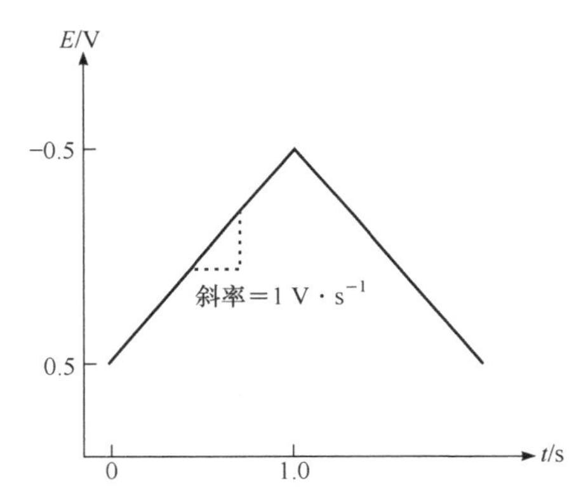

图 4.3 图 4.2 实验中施加的循环扫描电势。

图中所示电流为还原电流，因此 y 轴的单位为$-I$/mA。这符合由主席 R. G. Bates(贝茨，美国)和秘书长 J. F. Coetzee(库切，美国)领导的不少于 21 名 IUPAC 代表所声明的公约[5]：

“基本惯例包括指定阳极电流为正值，阴极电流为负值。阳极电流和阴极电流继而被分别定义为对应指示电极或工作电极上的净氧化和净还原电流……

……在绘制这种(伏安)曲线时，只要标注清楚横、纵坐标[a]，就可以选择任何合理的坐标。现有文献中多数极谱曲线和其他伏安曲线在绘制时都是令阴极电流在横轴上方，且所施加电动势的负值在纵轴右侧。若既想要遵循新的惯例又想方便与之前文献中的曲线进行比较，那么可以通过选择$-I$ 作为正向纵坐标和$-E$ 作为正向横坐标来实现这两个目的。”[5]

a 简明中文里的坐标是 x 轴，纵坐标是 y 轴。

读者会注意到图 4.2 符合上述规定的惯例。很难说该 21 人小组[a]是否真的相信他们的公约将会被系统地应用到实际中，因为他们意识到

“遵循这一新惯例将需要众多使用极谱波图、计时电势图及其他电化学响应曲线进行研究的化学家们重新书写与它们相关的方程并调整相应的方法。”

真实情况是很多(也许甚至是大多数)发表的伏安图不够重视 IUPAC 公约。因此，学习伏安法测量的人需要多加练习：在看到一张新的伏安图时，首先要明确应用了什么电势扫描，也就是弄清楚与图 4.3 类似的相关图形，并且要非常熟悉哪部分是阴极电流，哪部分是阳极电流。回到图 4.2，需要注意的相关特征已标注在图 4.4 中。

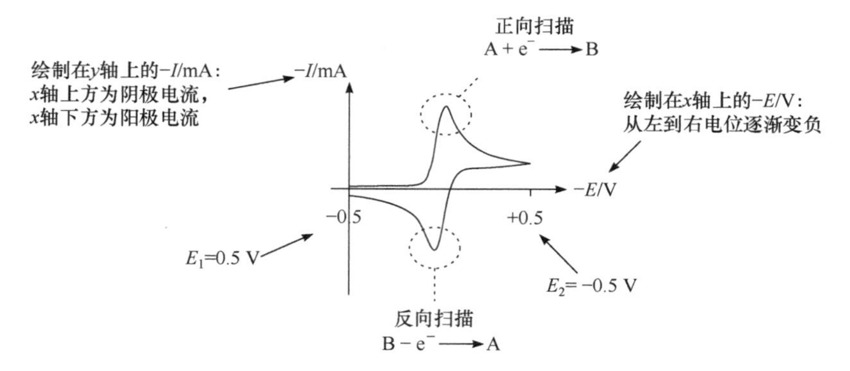

图 4.4　一张循环伏安图的重要特征。

可以看出在电势从 E_1 正向扫描至 E_2 的过程中，三张伏安图均包含了三种区域：

(1) 在相对较正的电势下，电极电势不够负，不能将 A 还原为 B，因此无电流流过。

(2) 在更负的电势下，随着电化学速率常数 k_c 变得足够大，电流开始随电势变得更负而升高。

(3) 当电势进一步变得更负时，电流经过一个最大值，然后减小。

在第 3 章末尾，讨论了在扩散层厚度固定(恒定)的稳态条件下产生的电流-电势曲线。在此条件下，电流-电势曲线在极端电势下表现出极限电流，而不是在图 4.2 中所示的峰电流。出现峰电流的原因是在循环伏安法条件下扩散层不断膨胀，因此一旦电极电势达到一个使 A 在电极表面($x = 0$)的浓度接近于 0 的值时，电流就会以接近 Cottrell 方程描述的电势阶跃实验中的 $1/\sqrt{t}$ 的趋势开始衰减。

图 4.2 中的三条曲线分别对应于电化学不可逆过程、可逆过程和准可逆过程。下一步将更加详细地讨论这其中的两种极端情况。

情况(i)：电化学不可逆行为

a 在 21 个名字中，有一个名字声誉卓著：当时南斯拉夫的 Marco Branica(马尔科 · 布拉尼卡)开拓性地将电分析方法用于海洋研究。笔者回忆起 2004 年 9 月在克罗地亚的萨格勒布与他在他的实验室里的愉快会面，不久后他就离开了人世。他是一个极具远见和思想深度的人。

左图为 Marco Branica(1931—2004)。Goran Kniewald(戈兰 · 克尼瓦尔德)和 Milivoj Lovrié(米利沃伊 · 洛弗里)在讣告(Croatia Chemica Ata, 79, 2006, xiii-xxiii)中写道，“Branica 一生的座右铭是(亚得里亚)海对克罗地亚及其未来至关重要，他认为必须作出努力为下一代科学家提供相应的教育。”早在 1971 年，他就在萨格勒布大学开设了一门海洋学的研究生课程。Marco 从一开始就担任课程主任，在该课程开设的 35 年中，有超过 200 名学生通过学习该课程获得了硕士学位。图片和文字版权归克罗地亚化学协会所有，并经授权使用。

图 4.5 为使用 $k^0 = 10^{-5}$ cm · s^{-1} 和上述指定的其他参数计算所得的伏安图，以及 A 和 B 在伏安曲线上六个不同位置时的浓度“分布”。需要注意的(a)～(f)六点分别对应如下：

(a) 该点在 A 的还原峰之前。因此，电极表面只消耗了少量的 A，也仅累积了很薄的一层 B。扩散层的空间范围相对较小，在 0.01 mm(10 μm)量级。需注意的是，在表面

$$\left.\frac{\partial[\mathrm{A}]}{\partial x}\right|_{x=0} = -\left.\frac{\partial[\mathrm{B}]}{\partial x}\right|_{x=0}$$

满足上述详列的边界条件之一。还有当 $x \to \infty$，$[\mathrm{A}] \to [\mathrm{A}]_{本体}$ 且 $[\mathrm{B}] = 0$。

(b) 该点对应伏安图中最大的还原电流。与图 4.5(a)相比，图 4.5(b)处 A 的消耗更多，同时有更多的 B 累积，扩散层变厚。

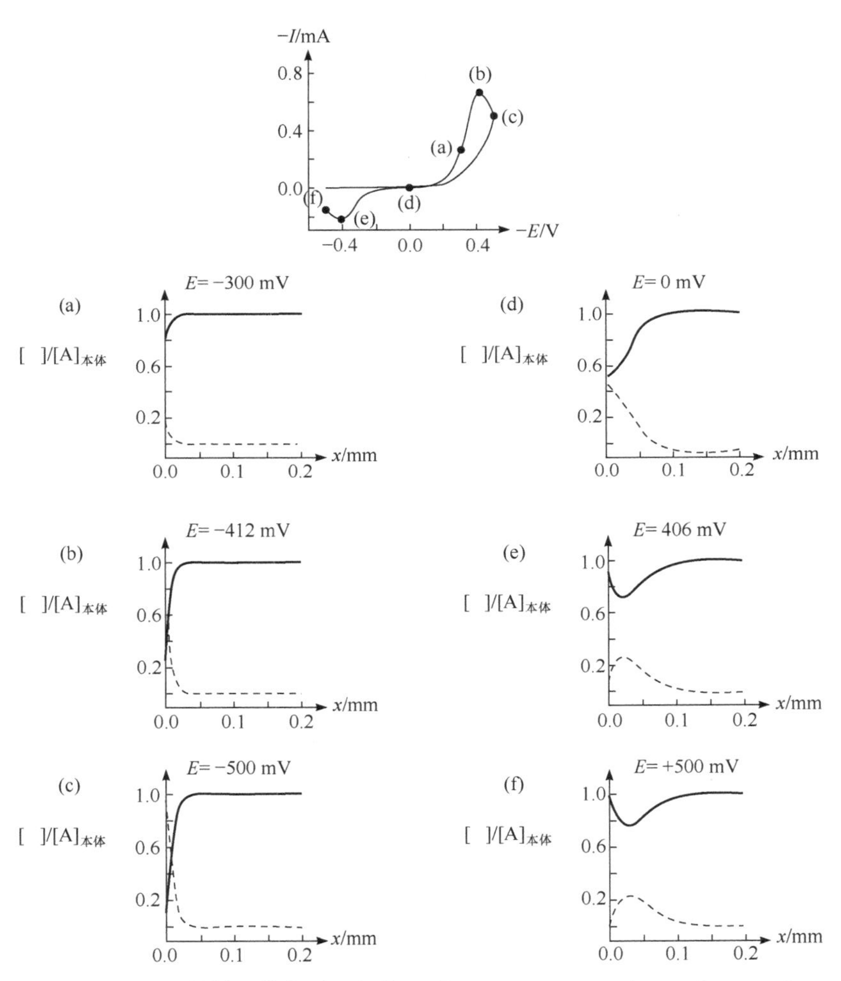

图 4.5 A 经不可逆还原变为 B 的循环伏安图。参数：$E_f^0 = 0$ V；$\alpha = 0.5$；$k^0 = 10^{-5}$ cm · s^{-1}；$v = 1$ V · s^{-1}；$A = 1$ cm^2；$[\mathrm{A}]_{本体} = 1\ \mathrm{mmol \cdot dm^{-3}}$；$D_\mathrm{A} = D_\mathrm{B} = 10^{-5}$ cm^2 · s^{-1}。(a)～(f)所示的六条浓度分布曲线分别对应于伏安图中标出的各个电势点。实线表示 A 的浓度，虚线表示 B 的浓度。

(c) 该点对应于还原峰上电流随电势增大而减小的位置。其浓度分布曲线图表明电极表面 A 的浓度接近于 0，因此这部分伏安曲线受扩散控制，而在(a)处反应体系受电极动力学控制。

此时扩散层厚度达到约 40 μm。此外，点(c)也是电势扫描方向发生转折的点。

(d) 该点工作电极电势为 0 V，对应于 A/B 电对的形式电势。此时，电极电势不足以显著地还原 A 或氧化 B。因此，在电极表面

$$\left.\frac{\partial[\mathrm{A}]}{\partial x}\right|_{x=0}=-\left.\frac{\partial[\mathrm{B}]}{\partial x}\right|_{x=0}\sim 0$$

在从(c)到(d)的过程中，扩散层变厚：B 持续扩散到本体溶液中，虽然电极表面 A 的浓度得到部分补充，但是其消耗层仍进一步延伸至溶液中。

(e) 该点对应于电势反向扫描的过程中，B 重新转化为 A 时产生的电流峰。浓度分布曲线表明，与(d)点相比，A 逐渐积累且 B 逐渐消耗。同样地，物质守恒决定了通量相等：

$$\left.\frac{\partial[\mathrm{A}]}{\partial x}\right|_{x=0}=-\left.\frac{\partial[\mathrm{B}]}{\partial x}\right|_{x=0}$$

A 的浓度分布曲线有了一个最小值，而 B 的浓度分布曲线有最大值。

(f) 该点则对应于反向峰上越过最大值(e)的一点，并且表现为电极表面 B 的浓度非常接近 0，而 A 的浓度几乎再次达到与本体溶液浓度相近的初始值。

情况(ii)：电化学可逆行为

图 4.6 为使用 $k^0 = 1\ \mathrm{cm\cdot s^{-1}}$ 和上述指定的其他参数计算所得的伏安图，以及该伏安曲线上八个不同位置处的浓度-距离曲线。这些点对应不可逆情况下电流峰上相近的位置，只是产生电流所需的电势明显不同。

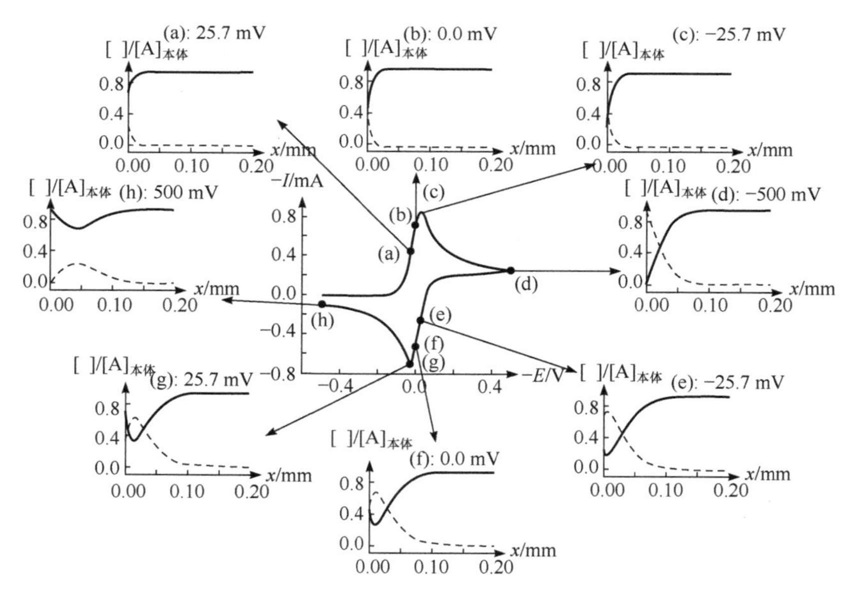

图 4.6 A 经可逆还原变为 B 的循环伏安图。参数：$E^0 = 0$ V；$\alpha = 0.5$；$k^0 = 1\ \mathrm{cm\cdot s^{-1}}$；$v = 1\ \mathrm{V\cdot s^{-1}}$；$A = 1\ \mathrm{cm^2}$；$[\mathrm{A}]_{本体} = 1\ \mathrm{mmol\cdot dm^{-3}}$；$D_\mathrm{A} = D_\mathrm{B} = 10^{-5}\ \mathrm{cm^2\cdot s^{-1}}$。(a)～(h)所示的八条浓度分布曲线分别对应于伏安图中标出的各个电势点。实线表示 A 的浓度，虚线表示 B 的浓度。

不可逆情况中，需要远远大于热力学上所需的电势才能引发正向扫描中的 A 还原为 B 以及反向扫描中的 B 氧化为 A 的过程。相比之下，可逆情况中，当施加的电势在 A/B 电对的形式电势附近时就会产生明显的电流(图 4.6)。

在“可逆”极限下，电极动力学非常“快”(与传质速率相比，见下述内容)，以至于在整张伏安图上的任意位置，电极表面均达到了 Nernst 平衡状态：

$$A \pm e^- \rightleftharpoons B$$

这个规律的含义就在于电极表面 A 和 B 的浓度遵循 Nernst 方程：

$$E = E_f^0(A/B) - \frac{RT}{F}\ln\frac{[B]_0}{[A]_0}$$

式中，此处 E 为施加的电势，一旦指定了 $E_f^0(A/B)$，由 E 值可得表面浓度$[A]_0$和$[B]_0$的比值。图 4.6 显示了在伏安图中浓度分布和表面浓度的变化。298 K 时，$\frac{RT}{F} = 25.7$ mV。图 4.6 中展示了正向扫描过程中的浓度分布曲线，但只包括较形式电势正移$\left(\frac{RT}{F}\right)$的电势(a)，形式电势(b)和较形式电势负移$\left(\frac{RT}{F}\right)$的(c)处的分布。注意根据 Nernst 方程，两物种的表面浓度比如下：

(a)点和(g)点：

$$E = E_f^0 + \frac{RT}{F}$$

$$\frac{[B]_0}{[A]_0} = \frac{1}{e} = \frac{1}{2.7183}$$

(b)点和(f)点：

$$E = E_f^0$$

$$\frac{[B]_0}{[A]_0} = 1$$

(c)点和(e)点：

$$E = E_f^0 - \frac{RT}{F}$$

$$\frac{[B]_0}{[A]_0} = e = 2.7183$$

电流峰出现在形式电势负移约 29 mV 处。图 4.6(c)展示了该电势附近的浓度分布曲线。值得注意的是，与不可逆情况一样，当电势从−0.5 V 开始扫描经(a)-(b)至(e)-(d)的整个过程中，扩散层的厚度持续增大。在反向扫描过程中，物质的表面浓度继续遵循 Nernst 方程，因此上述针对点(a)、(b)和(c)的计算同样分别适用于(g)、(f)和(e)。

4.4 什么决定了“可逆”和“不可逆”行为?

前文中提到，“快”电极动力学对应可逆伏安过程，“慢”电极动力学则对应不可逆伏安过程。然而，“快”和“慢”是相对的说法，因此便引入了一个问题：快和慢是相对于什么而言的？答案是向电极进行传质的速率。

电子转移动力学的速率以标准电化学速率常数 k^0 度量，而传质速率由传质系数度量

$$m_{\mathrm{T}}=\frac{D}{\delta}$$

式中，δ是扩散层厚度。后者取决于时间 t，依据为

$$\delta \sim \sqrt{Dt}$$

此处关心的是数量级，所以式中没有包括本书第 3 章讨论 Cottrell 方程时提到的系数$\sqrt{\pi}$。从上一节末尾的讨论中可以看出，扫描包含引起电流的电势区间的伏安图所需的“时间”与下式有着相似的数量级

$$t \sim \frac{RT}{Fv}$$

式中，v 是电势扫描速率。接着，继续数量级的估算

$$m_{\mathrm{T}} \sim \sqrt{\frac{D}{RT/Fv}}$$

快慢电极动力学的差别就与主要传质速率以下述公式关联了起来

$$k^0 \gg m_{\mathrm{T}} \quad (\text{可逆})$$

或者

$$k^0 \ll m_{\mathrm{T}} \quad (\text{不可逆})$$

那么可逆与不可逆界限之间的转变就可以通过参数 Λ 来推知；该参数在 Matsuda(松田)和 Ayabe(阿贝)[6]的一篇经典论文中首次提出：

$$\Lambda=\frac{k^0}{\left(\dfrac{FDv}{RT}\right)^{1/2}} \tag{4.5}$$

Matsuda 和 Ayabe 提议在静止的宏电极上发生的三种不同类型按以下范围分类：

可逆

$$\Lambda \geqslant 15 \qquad k^0 \geqslant 0.3v^{1/2}\mathrm{cm\cdot s^{-1}}$$

准可逆

$$15>\Lambda>10^{-3} \qquad 0.3v^{1/2}>k^0>2\times10^{-5}v^{1/2}\mathrm{cm\cdot s^{-1}}$$

不可逆

$$\Lambda \leqslant 10^{-3} \qquad k^0 \leqslant 2\times10^{-5}v^{1/2}$$

其中的这些数值只符合温度为 298 K 的条件，并且假设 α～0.5。

4.5 可逆和不可逆行为：电势扫描速率的影响

在 4.4 节中给出的 Matsuda-Ayabe 规则表明，对于一个给定的电化学速率常数，所观察到的电化学行为可逆与否取决于电势扫描速率，并且对于一个足够快的扫描速率，至少从原则上来讲所有的反应过程均会表现为电化学不可逆。这是为什么呢？

由图 4.5 和图 4.6 可知，当伏安图从 E_1 扫描至 E_2(图 4.1)，电极周围的扩散层厚度增加。电

势扫描速率越慢，其扩散层就越厚。反之，电势扫描速率越快，扩散层越薄。如前一节所述，扩散层厚度控制着向电极传质的速率，这由传质系数表示，但是最终该传质过程反映了 Fick 第一定律，它预测了更薄扩散层两端的同一浓度差会产生更大的通量。由于“可逆”与“不可逆”行为之间的差异反映了电极动力学与传质速率之间的竞争，那么更快的扫描速率就会促进更大程度的电化学不可逆性。因此，将任何氧化还原电对称为电化学“可逆”或“不可逆”是不明智的，因为如果相应的伏安实验能以足够快的速率进行电势扫描，那么所有反应都将趋向于不可逆。在下一章可以看到，使用微电极时，当扫描速率超过 $10^6\ \mathrm{V \cdot s^{-1}}$ 时即可实现上述说法。

扫描速率增加会导致通量增大，这一规律也可从峰电流(I_p)随电势扫描速率的变化中看出。对于一个简单的单电子还原反应(A 还原为 B)，在可逆和不可逆过程中，峰电流的大小与扫描速率的平方根相关：

可逆过程 $$I_p = 0.446FA[\mathrm{A}]_{本体}\sqrt{\frac{FDv}{RT}}$$

当温度为 298 K 时 $$I_p = 2.69\times10^5 AD^{1/2}[\mathrm{A}]_{本体}v^{1/2}$$

不可逆过程 $$I_p = 0.496\sqrt{\alpha}FA[\mathrm{A}]_{本体}\sqrt{\frac{FDv}{RT}}$$

当温度为 298 K 时 $$I_p = 2.99\times10^5\sqrt{\alpha}D^{1/2}[\mathrm{A}]_{本体}Av^{1/2}$$

研究在两个不同的电势扫描速率下得到的循环伏安图中物质的浓度分布是很有启发性的。图 4.7 展示了某个电化学可逆体系在扫描速率为 100 mV · s^{-1} 和 10 V · s^{-1} 时的浓度分布曲线，其余参数保持不变。

在较低的扫描速率时，扩散层的厚度明显更大，这表现在峰电流是较快扫描速率时电流的 1/10。

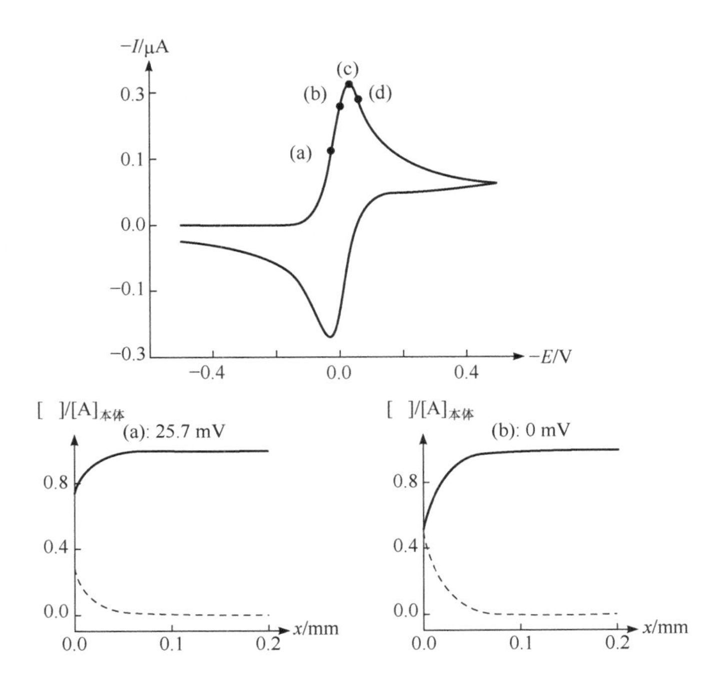

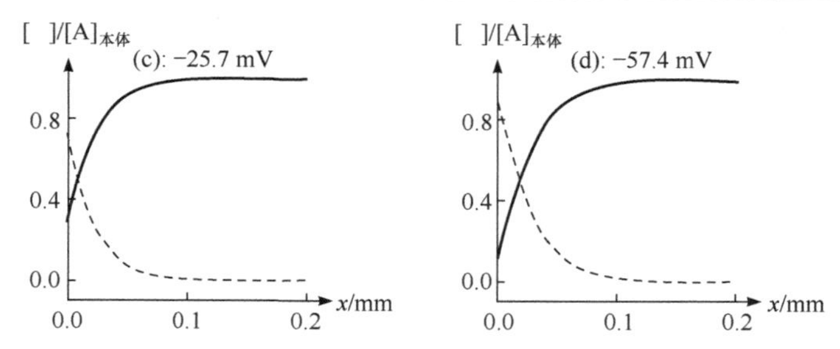

图 4.7(A) A 经可逆还原变为 B 的循环伏安图。参数：$E^0 = 0$ V；$\alpha = 0.5$；$k^0 = 1$ cm · s^{-1}；$v = 0.1$ V · s^{-1}；$A = 1$ cm^2；$[A]_{本体} = 1$ mmol · dm^{-3}；$D = 10^{-5}$ cm^2 · s^{-1}。浓度曲线展现了 A(实线)与 B(虚线)在循环伏安图上 4 个不同位置(a)～(d)处的浓度分布。

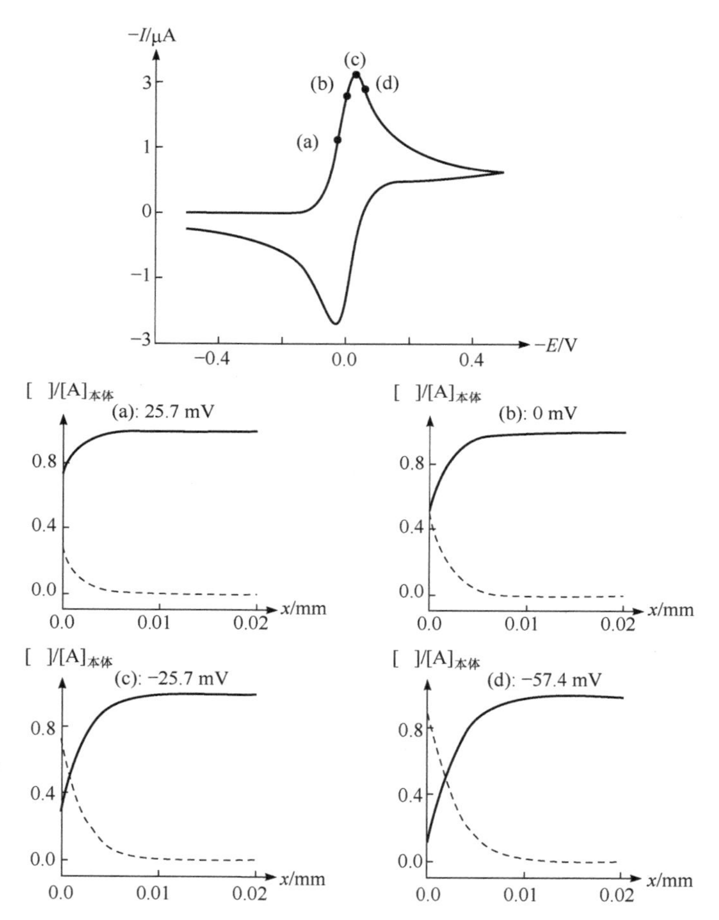

图 4.7(B) A 经可逆还原变为 B 的循环伏安图。参数：$E^0 = 0$ V；$\alpha = 0.5$；$k^0 = 1$ cm · s^{-1}；$v = 10$ V · s^{-1}；$A = 1$ cm^2；$[A]_{本体} = 1$ mmol · dm^{-3}；$D = 10^{-5}$ cm^2 · s^{-1}。各浓度曲线分别为 A(实线)与 B(虚线)在循环伏安图上 4 个不同位置(a)～(d)处的浓度分布。

上文指出氧化还原电对的可逆性或不可逆性是电势扫描速率的函数，且以 $\Lambda \sim 1$ 为转折点。这意味着上述有关 I_p 的公式仅在特定区间内成立。图 4.8 展示了对于 $A = 1$ cm^2、$D_A = D_B = 10^{-5}$ cm^2 · s^{-1}、$[A]_{本体} = 10^{-3}$ mol · dm^{-3} 且 $k^0 = 10^{-2}$ cm · s^{-1} 的这样一个体系，峰电流如何随扫描速率增加而增大。

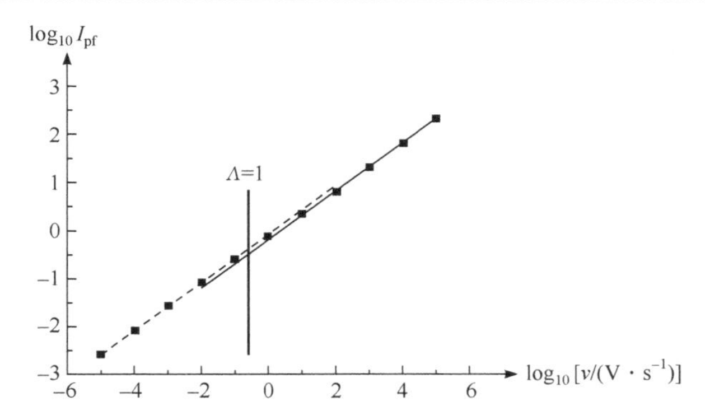

图 4.8 A 还原为 B 的简单单电子还原过程中正向峰电流(I_{pf})与扫描速率的关系。参数：$E^0 = 0$ V；$\alpha = 0.5$；$k^0 = 10^{-2}$ cm · s^{-1}；$A = 1$ cm^2；$[A]_{本体} = 1\ mmol \cdot dm^{-3}$；$D_A = D_B = 10^{-5}$ cm^2 · s^{-1}。虚线为可逆极限情况，实线为不可逆极限情况。

将数据绘制在双对数坐标图中，那么正如上式所预测的，在可逆(低扫描速率)和不可逆(高扫描速率)极限情况下，曲线斜率均为 1/2。注意在图中已标出 $\Lambda = 1$ 时的扫描速率位置，此处对应于两种极限情况的分界点。这里的峰电流并不完全与扫描速率的平方根成比例。

回到图 4.2，可逆与不可逆循环伏安图的主要差异在于氧化峰和还原峰之间的电势差 ΔE_{pp}，这里

$$\Delta E_{pp} = \left| E_p(阳极) - E_p(阴极) \right|$$

且 E_p(阳极)和E_p(阴极)分别为B 的氧化电势和 A 的还原电势。正如前文讨论中所预料到的，ΔE_{pp} 是参数 Λ 和转移系数α (= 1 − β)的函数，即使第 2 章中指出后者数值通常接近 1/2。

图 4.9 展示了当假定$\alpha = \beta = 1/2$，但是 Λ 不同时模拟得出的一些循环伏安图。需注意的是，E_1 和 E_2 的数值不会影响伏安图的形状(见本章后面的内容)。很明显，Λ 的值越小，峰与峰之间分得越开。

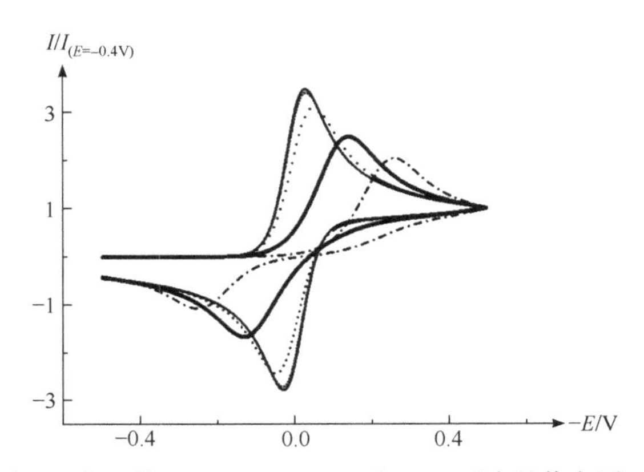

图 4.9 A 还原为 B 的过程中，5 个 Λ 值(100、10、1、0.1 和 0.01)对应的伏安图。参数：$E_f^0 = 0$ V；$\alpha = 0.5$；$A = 1$ cm^2；$[A]_{本体} = 1\ mmol \cdot dm^{-3}$；$D_A = D_B = 10^{-5}$ cm^2 · s^{-1}。需要注意的是，此处的电流已被归一化到电势为 0.5 V 处的电流值。

此外，通过拟合不同扫描速率的实验伏安图，给出不同的 Λ 值，可以估算标准电化学速率常数 k^0。图 4.10 呈现了 $k^0 = 10^{-2}$ cm · s^{-1} 时模拟所得数据，从而展示了 ΔE_{pp} 如何从低扫描

速率时可逆极限下对应的值(由下式给出)

$$\Delta E_{pp} = 2.218\frac{RT}{F} = 57\ \text{mV} \qquad (298\ \text{K})$$

变化到高扫描速率时不可逆极限下的数值，此时峰电势 E_p 由下式给出

$$E_p = -\frac{RT}{\alpha F}\ln v + 常数$$

故有

$$\Delta E_{pp} \gg 2.218\frac{RT}{F}$$

如此作为测量 k^0 时的区间范围，可逆与不可逆说法的相对性本质再次显现出来。

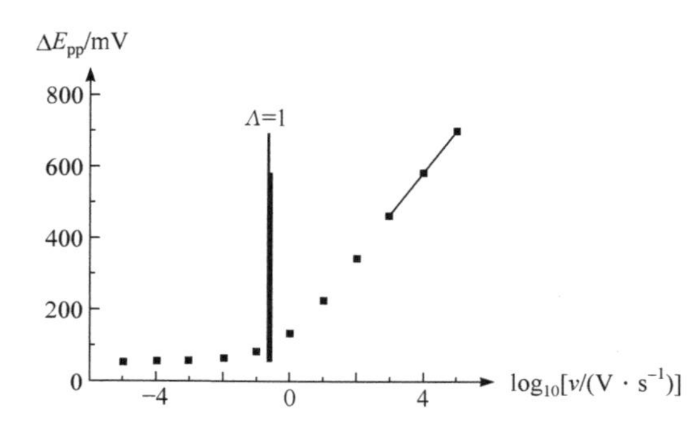

图 4.10　A 还原为 B 的过程中，峰-峰间距(ΔE_{pp})与扫描速率的关系。参数：$E_f^0 = 0$ V；$\alpha = 0.5$；$k^0 = 10^{-2}$ cm · s^{-1}；$A = 1$ cm^2；$[\text{A}]_{本体} = 1$ mmol · dm^{-3}；$D_A = D_B = 10^{-5}$ cm^2 · s^{-1}。

4.6　可逆 *vs.* 不可逆伏安法：小结

总结出一些判断方法学以辨别某个特定的伏安图对应可逆极限还是不可逆极限很有用。需注意的是，在准可逆情况下，这些都不适用，但是通常如果以尽可能宽的扫描速率范围研究某个体系，总能达到其中一种极限。任何情况下，在一个很宽的扫描速率范围内记录伏安图都是必要的实验操作。这里有三种有效的判断方法。

1) 峰-峰间距，ΔE_{pp}

在可逆极限情况下 $\Delta E_{pp} \approx 57$ mV(298 K 时)且与扫描速率无关。而准可逆和不可逆情况下，ΔE_{pp} 数值更大且取决于电势扫描速率。

2) 峰电流，I_p

在两种极限情况下，峰电流均随电势扫描速率的平方根变化，只是比例系数不同。该相关性在准可逆极限情况下不成立。

3) 正向峰的波形

峰形的特征可以通过峰电流对应的电势 E_p 与一半峰电流处对应的电势 $E_{1/2}$ 之间的差值有效地描述。对于一个可逆体系

$$\left|E_p - E_{1/2}\right| = 2.218\frac{RT}{F} \tag{4.6}$$

而对于一个不可逆还原过程

$$\left|E_p - E_{1/2}\right| = 1.857\frac{RT}{\alpha F} \tag{4.7}$$

或者

$$\left|E_{\mathrm{p}} - E_{1/2}\right| = \frac{47.7}{\alpha}\mathrm{mV} \qquad (298\ \mathrm{K}\ 时)$$

且对于一个不可逆氧化过程

$$\left|E_{\mathrm{p}} - E_{1/2}\right| = 1.857\frac{RT}{\beta F} \tag{4.8}$$

在任何情况下，如给出 $D_A = D_B$，那么形式电势 $E_f^0(A/B)$ 均为两峰的中点电势。本章后面将讨论扩散系数不相等的情况。

不过，我们先讨论一下记录适合定量分析的循环伏安图时会遇到的相关问题。

4.7 循环伏安图的测量：五个实际问题

在进行实验测量和数据记录时，有必要谨记伏安图需与现有的定量分析方法兼容。因此，为了获得令人满意的实验结果，伏安实验要求研究者具有丰富的操作知识、足够仔细，并且具备干预和调节的能力。正是这些特质区分了专业的研究人员和初学者。本节就讨论了五个并不少见的问题。

第一个问题，有关伏安曲线的电势扫描区间$\left|E_1 - E_2\right|$的选择。相对于为进行定量分析而记录的伏安特征所在的电势范围，该区间须足够宽。如有必要，最好通过试错的方法来选定 E_1 和 E_2，以免其数值影响所记录伏安图的形状。图 4.11 展示了一系列采用一个合适的 E_1 值的可逆伏安图，E_1 对伏安特征的波形没有影响，但 E_2 值不同。

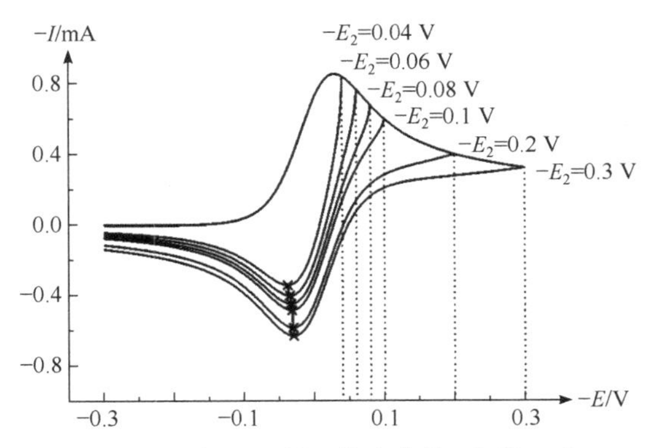

图 4.11 在不同转折电势 E_2 条件下 A 还原为 B 的循环伏安曲线。参数：$E_f^0 = 0$ V；$\alpha = 0.5$；$k^0 = 10^{-2}\ \mathrm{cm\cdot s^{-1}}$；$v = 1\ \mathrm{V\cdot s^{-1}}$；$A = 1\ \mathrm{cm^2}$；$[A]_{本体} = 1\ \mathrm{mmol\cdot dm^{-3}}$；$D_A = D_B = 10^{-5}\ \mathrm{cm^2\cdot s^{-1}}$。

可以看到，对于一个还原过程，如果选择的 E_2 相对于正向峰不足够负，那么反向(氧化)峰的峰电势则为 E_2 的函数。当然，所得伏安图可以用合适的软件进行模拟(分析)，但是这样一来上一章节中描述的判断标准就不得不有所妥协了。

第二个问题，必须注意前一小节中建立的标准仅与第一次伏安扫描有关。如果用三角波循环扫描多次以使伏安曲线接近稳态，那么最终所得伏安图与第一次的就会不一样。如果 E_1 和 E_2 设置正确(见上文)，那么两者间存在的差异虽小但很显著，因此前一小节中给出的判断方法学并不适用。图 4.12 和图 4.13 展示了第二次循环扫描生成的伏安曲线——注意此时峰电流(正向扫描和反向扫描)和峰电势都发生了变化。

图中还展示了反应活性物种 A 在形式电势处的浓度-距离关系图。仅四个周期的显著差异就强调了需要从最初浓度均匀的溶液中获得定量数据的重要性。言外之意，如果把最开始的几张伏安图作为“试测”，那么应该从一个刚刚搅拌过的溶液中测得最后用于定量分析的伏安图。

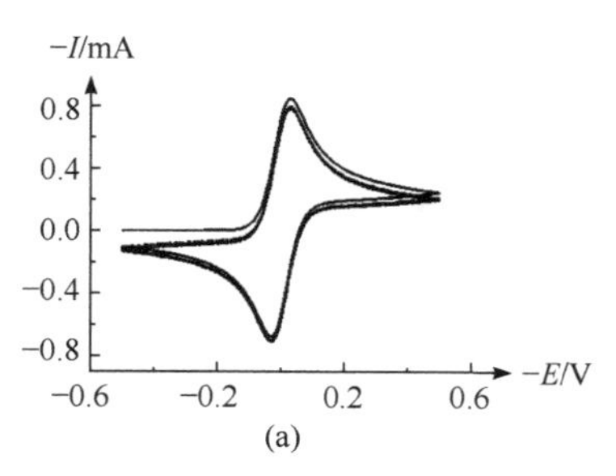

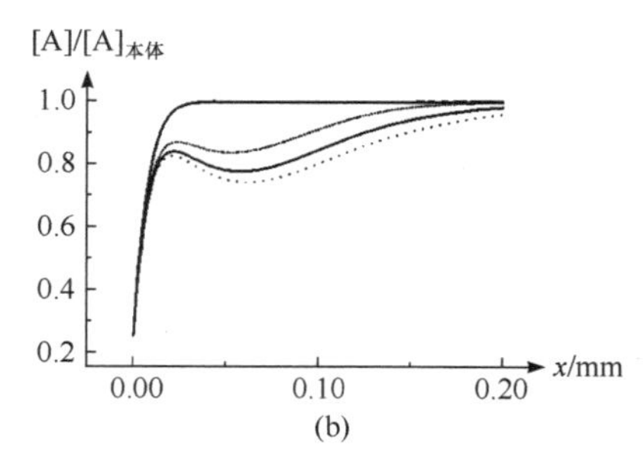

图 4.12 (a) A 经可逆还原变为 B 的前四次循环伏安扫描图。参数：$E_f^0 = 0$ V；$\alpha = 0.5$；$k^0 = 1$ cm · s^{-1}；$v = 1$ V · s^{-1}；$A = 1$ cm^2；$[A]_{本体} = 1\ \text{mmol} \cdot \text{dm}^{-3}$；$D_A = D_B = 10^{-5}$ cm^2 · s^{-1}。(b) A 经可逆还原变为 B 的反应在 $E = -29$ mV 时的浓度分布曲线。

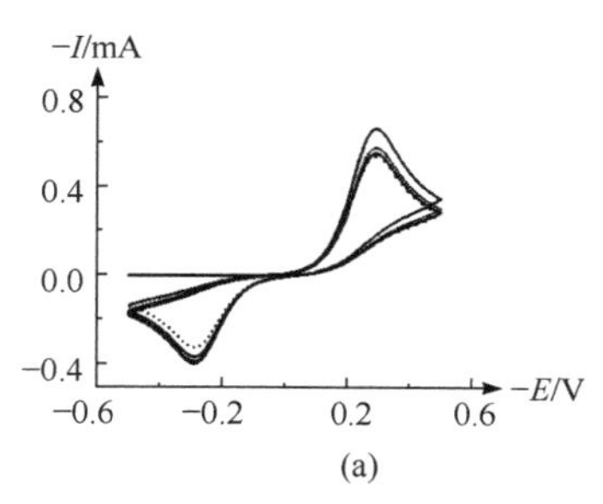

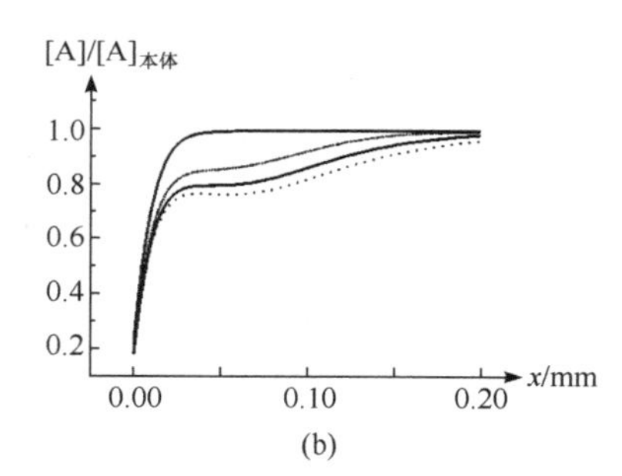

图 4.13 (a) A 经不可逆还原变为 B 的前四次循环伏安扫描图。参数：$E_f^0 = 0$ V；$\alpha = 0.5$；$k^0 = 10^{-4}$ cm · s^{-1}；$v = 1$ V · s^{-1}；$A = 1$ cm^2；$[A]_{本体} = 1\ \text{mmol} \cdot \text{dm}^{-3}$；$D_A = D_B = 10^{-5}$ cm^2 · s^{-1}。(b) A 经不可逆还原变为 B 的反应在 $E = -293$ mV 时的浓度分布曲线。

第三个问题，需解决一个看似简单的疑问：“反向峰有多大？”显然，其值应该就是伏安图上在反向峰电势处测得的电流，并且这对于模拟研究来说完全合适。然而，在模拟出现之前的早期文献中，大多利用正向峰和反向峰的比值来确定电化学生成的物种 B 的稳定性或其他性质。如图 4.14 所示，该判断标准需要对时间轴上的正向扫描进行外推。

经过这种外推，如果 B 稳定，那么阴极峰电流和阳极峰电流的比值

$$\frac{I_{p,c}}{I_{p,a}} = 1$$

否则小于单位值。过去，该比值被广泛用于均相耦合化学反应(见第 8 章)的测定，但在基于模拟的伏安法时代已经没有必要了。当然，通常这种传统方法里要做的非线性外推并非毫不含糊！

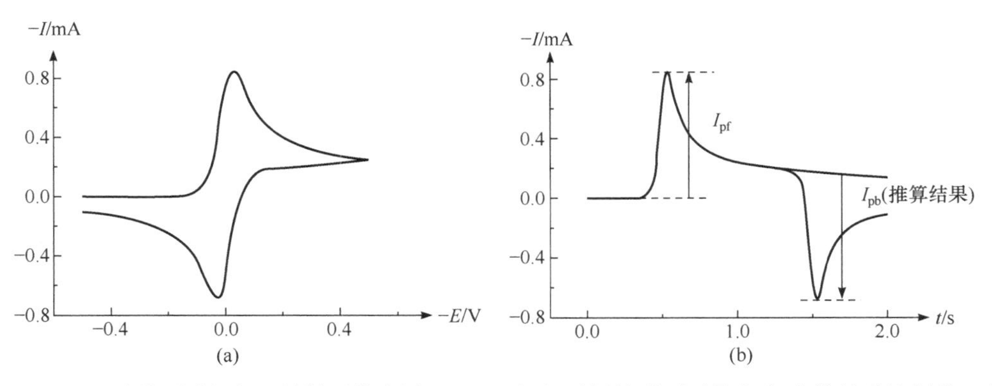

图 4.14 (a) A 经可逆还原变为 B 的循环伏安图。(b) 以电流-时间关系而不是电流-电势关系绘制的 A 经可逆还原变为 B 过程的循环伏安图。参数：$E_f^0 = 0$ V；$\alpha = 0.5$；$k^0 = 10^{-2}$ cm · s^{-1}；$\nu = 1$ V · s^{-1}；$A = 1$ cm^2；$[\mathrm{A}]_{本体} = 1\,\mathrm{mmol \cdot dm^{-3}}$；$D_\mathrm{A} = D_\mathrm{B} = 10^{-5}$ cm^2 · s^{-1}。

第四个问题，与如下事实相关：尽管伏安法理论中一般假设图 4.3 中所示的三角波由两个线性的斜坡构成，但是在现代的实验实践中，这些斜坡通常是由许多小台阶构成的“阶梯”近似得到。这是当代恒电势仪的数字特性所致，而不再是早期设备中用到的模拟斜坡。这种近似本身可能导致一些偏离理论预期的真正三角波扫描。此外，电子器件通常测量的是“阶梯”中每个“台阶”上特定位置的电流。由于每个“台阶”产生的极小的瞬态电流形状与图 3.9 相似，不同的测量点会导致不同的电流值。实验人员需要了解所使用的恒电势仪，熟悉所采用的波形及电流的采样点，以便作出相应的修正[7]。

最后，第五个需要强调的点与实验池相关。电化学池包含了待测溶液以及常用的三电极体系——工作电极、对电极和参比电极。将实验池以一种可控且已知的方式控温非常必要。一个放在环境条件下的电化学池不恒温；即使环境温度已知，电极和溶液的温度也可能有所差别。温度控制之所以如此重要是因为温度差会促进溶液中的密度差异，从而引起溶液中的流动(“对流”)。导致传质过程并非只有扩散这一条途径，在这种情况下基于上文中假设条件的实验数据模拟将存在严重缺陷[8, 9]。再者，由于形式电势、标准速率常数及扩散系数等均与温度密切相关，只有在已知且均匀的温度下操作，实验才可能重现。

4.8 扩散系数不相等($D_\mathrm{A} \neq D_\mathrm{B}$)的影响

至今所有的分析，特别是 4.5 节中提出的判断方法学，都假设 A 和 B 有相等的扩散系数。二者扩散系数相等的结果之一就是在没有发生任何耦合化学反应的情况下，任意位置的局部浓度之和都等于 A 的本体溶液浓度(假设 B 的浓度为 0)

$$[\mathrm{A}] + [\mathrm{B}] = [\mathrm{A}]_{本体} \tag{4.9}$$

因此，如果

$$\frac{\partial[\mathrm{A}]}{\partial t} = D_\mathrm{A} \frac{\partial^2[\mathrm{A}]}{\partial x^2}$$

且

$$\frac{\partial[\mathrm{B}]}{\partial t} = D_\mathrm{B} \frac{\partial^2[\mathrm{B}]}{\partial x^2}$$

那么如果 $D = D_A = D_B$，则

$$\frac{\partial\{[A]+[B]\}}{\partial t} = D\frac{\partial^2\{[A]+[B]\}}{\partial x^2} \tag{4.10}$$

循环伏安实验的边界条件包括

$$x \to \infty,\ \text{任意时刻}\ t,\ [A]=[A]_{\text{本体}},\ [B]=0$$

$$x=0,\ \text{任意时刻}\ t,\ D\frac{\partial[A]}{\partial x}\bigg|_0 = -D_B\frac{\partial[B]}{\partial x}\ \text{或}\ D\frac{\partial\{[A]+[B]\}}{\partial x}\bigg|_0 = 0$$

在上述边界条件下，式(4.9)可由式(4.10)的解得出。

当 $D_A \neq D_B$ 时，则

$$[A]+[B] \neq [A]_{\text{本体}}$$

简单电极过程中一种扩散系数不等的极端情况就出现在氧分子的还原过程中

$$O_2 + e^- \longrightarrow O_2^{\bullet-}$$

在离子液体(见 5.4 节)己基三乙基铵双(三氟甲基)磺酰亚胺[10]中，25 ℃室温条件下

$$D_{O_2} = 1.48\times10^{-10}\ \text{m}^2\cdot\text{s}^{-1}$$

$$D_{O_2^{\bullet-}} = 4.66\times10^{-12}\ \text{m}^2\cdot\text{s}^{-1}$$

两者扩散系数的差异超过 30 倍！这种差别来源于纯离子介质中带电物种和中性物种的相对扩散速度。图 4.15 展示了扫描速率为 97.8 mV · s^{-1}时，在电化学可逆循环伏安图中，O_2 和 $O_2^{\bullet-}$ 在不同位置上的浓度分布曲线。

注意，移动速度较慢的超氧根离子在电极表面附近会发生大量聚积，因此

$$[O_2^{\bullet-}] \gg [O_2]_{\text{本体}}$$

此外，由于界面中 $O_2^{\bullet-}$ 的缓慢损失，可以预期会有显著的记忆效应：图 4.15(f)展示了在电势扫描回初始值之后，电极附近的超氧根离子仍有约 10 μm 厚。

实际上，对许多电极过程来说，假设扩散系数相等是一个合理的近似；在接下来的一章中将介绍用电势阶跃计时电流法测量 D_A 和 D_B，并借此对该假设的可靠性进行评估。当从循环伏安图计算形式电势时，最需要认识到扩散系数不等的重要性。当 $D_A = D_B$ 时，电对 A/B 的形式电势为 A 转化为 B 及其逆过程的循环伏安图中对应的两个峰的中值电势。扩散系数不相等对电化学可逆极限和不可逆极限有不同的影响。

在可逆极限下，对于过程

$$A \pm e^- \rightleftharpoons B$$

中值电势对应于

$$E_{\text{mid}} = E_f^0 + \frac{RT}{2F}\ln\frac{D_B}{D_A}$$

因此，当 $D_B \gg D_A$ 时，相较于 D_A=D_B 的情况，其循环伏安图中的还原过程发生在较小的负电势。一种理解这一规律的方式是，将 B 相对于 A 的增强扩散视为遵循 Le Chatelier 原理把电化学平衡“拉”向有利于产物(生成)的一边。

在不可逆极限下，假设伏安图的电势扫描范围足够宽，不会影响峰电势，如果

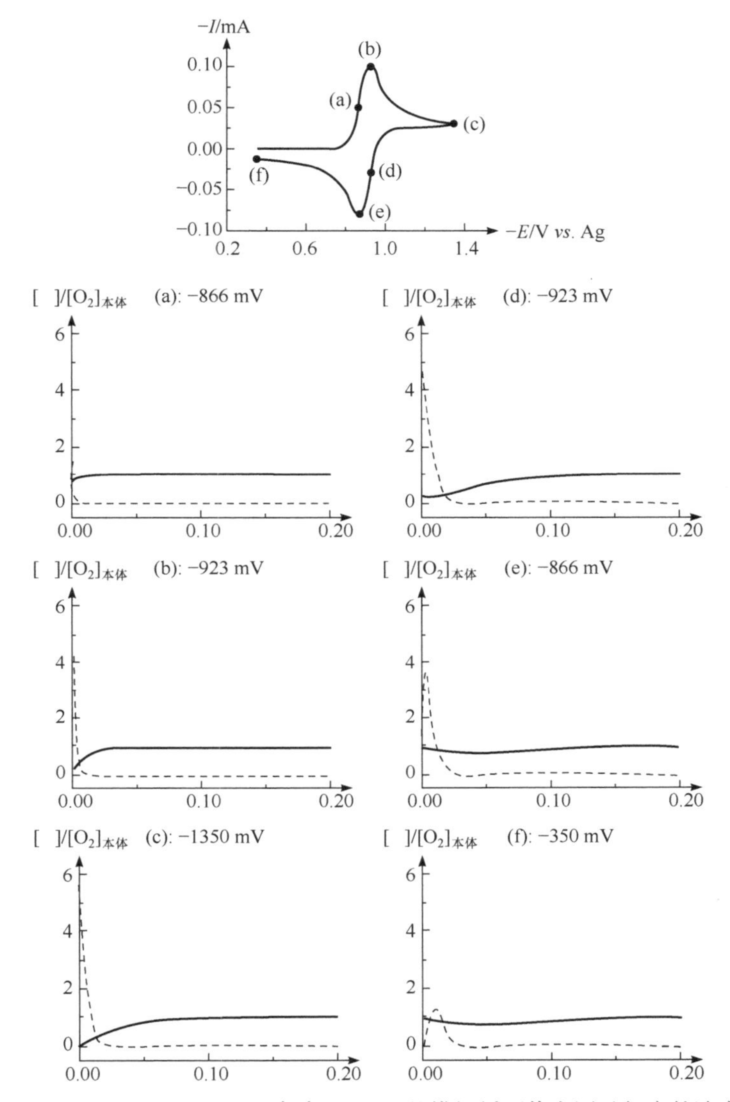

图 4.15 在[N6222][N(Tf)2]中，O_2经可逆还原变为$O_2^{\bullet -}$过程的模拟循环伏安图及相应的浓度分布曲线。参数：$E_f^0 = -0.85$ V *vs*. Ag；$\alpha = 0.5$；$\Lambda = 1000$；$A = 1\ cm^2$；$[O_2]_{本体} = 1\ mmol \cdot dm^{-3}$；$D_{O_2} = 1.48 \times 10^{-6}\ cm^2 \cdot s^{-1}$；$D_{O_2^{\bullet -}} = 4.66 \times 10^{-8}\ cm^2 \cdot s^{-1}$。浓度分布曲线中实线代表 O_2，虚线代表$O_2^{\bullet -}$。x 轴的尺度测量单位为 mm。

$$\alpha = \beta = 1/2$$

则它的中值电势为

$$E_{mid} = \frac{E_{p,正向} + E_{p,反向}}{2} = E_f^0 + \frac{RT}{F} \ln \frac{D_B}{D_A}$$

4.9 多电子转移：可逆电极动力学

在推广到 n 电子转移情况之前，首先讨论如下的两步还原过程：

$$A + e^- \rightleftharpoons B \qquad E_f^0(A/B)$$

$$B + e^- \rightleftharpoons C \qquad E_f^0(B/C)$$

如果这两种电对的电极动力学相较于传质速率都很快，就可以认为达到了电化学可逆极限，那么本体溶液中仅含 A 的溶液所对应的伏安图取决于形式电势 $E_f^0(A/B)$ 和 $E_f^0(B/C)$ 的相对大小。

如果 B 比 A 更易被还原，那么

$$E_f^0(B/C) \gg E_f^0(A/B)$$

可以看出，伏安实验过程中 A 的还原导致电极表面上 B 的形成，而这发生在比将 B 还原为 C 所需的还原电势更负的电势处。因此，实验中仅能观察到一个伏安波，对应于 A 净转化为 C，表现为整体的两电子过程。另一方面，当

$$E_f^0(A/B) \gg E_f^0(B/C)$$

将观察到两个伏安波，第一个伏安波在相对较正的电势处，对应于 A 还原为 B 的过程，第二个由 B 转化为 C 的过程出现在相对较负的电势处。这是由于 A 转化为 B 处的电势不够负，不足以还原 B；只有当电势扫描到足够负，到 $E_f^0(B/C)$ 的附近时才会看到第二个波。图 4.16 展示了随着二者形式电势差值的变化，一个合并波逐渐发展为两个波的过程。

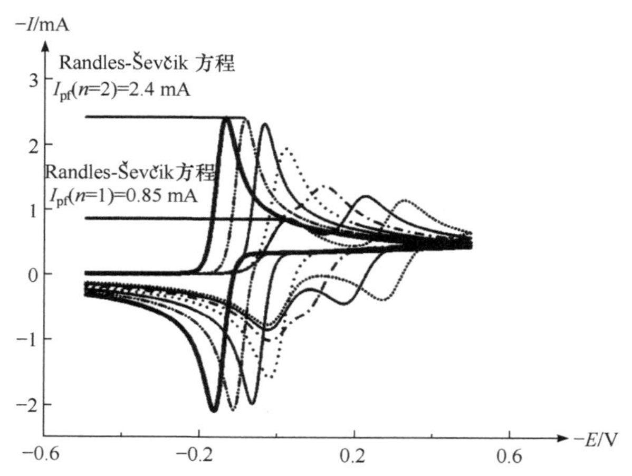

图 4.16　假设两对氧化还原电对均表现出电化学可逆行为，且各参数分别为 $A = 1\ cm^2$, $[A]_{本体} = 10^{-3} mol \cdot dm^{-3}$，$D_A = D_B = 10^{-5}\ cm^2 \cdot s^{-1}$ 且 $v = 1\ V \cdot s^{-1}$，则当 $E_f^0(A/B) = 0$ V 且 $E_f^0(B/C) = +0.3$ V、+0.2 V、+0.1 V、0.0 V、−0.1 V、−0.2 V 和−0.3 V 时所观察到的伏安曲线。

能够看到分开的波的实例包括下列三个在非质子溶剂(如二氯甲烷和乙腈)中的电化学反应。

示例(1)

示例(2)

$$\mathrm{Me_2N{-}C_6H_4{-}NMe_2} - e^- \rightleftharpoons [\mathrm{Me_2N{-}C_6H_4{-}NMe_2}]^{\cdot +}$$

$$[\mathrm{Me_2N{-}C_6H_4{-}NMe_2}]^{\cdot +} - e^- \rightleftharpoons \mathrm{{}^{+}Me_2N{=}C_6H_4{=}NMe_2^{+}}$$

示例(3)

$$C_{60} + e^- \rightleftharpoons C_{60}^{\bullet -}$$

$$C_{60}^{\bullet -} + e^- \rightleftharpoons C_{60}^{2-}$$

$$C_{60}^{2-} + e^- \rightleftharpoons C_{60}^{3-}$$

$$C_{60}^{3-} + e^- \rightleftharpoons C_{60}^{4-}$$

其对应的伏安图如图 4.17 所示。

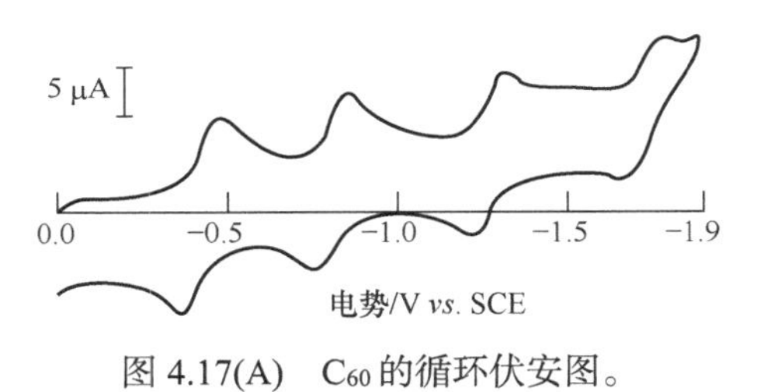

图 4.17(A) C_{60}的循环伏安图。

图 4.17(B) 1.07 mmol · dm^{-3} 蒽醌在溶有 0.1 mol · dm^{-3} Bu_4NPF_6 的乙腈中(完整曲线)，以 1 V · s^{-1} 的扫描速率在玻碳电极表面的循环伏安图。模拟时代入 70 Ω 的阻值(散点图)。通过电子器件正反馈补偿了 140 Ω。经 Elsevier 授权，转载自参考文献[11]。

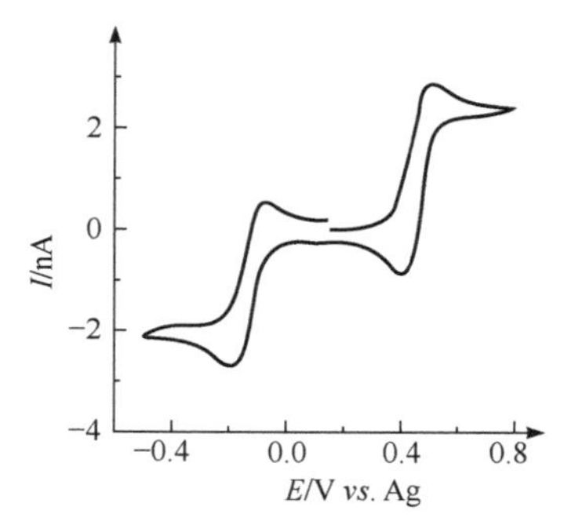

图 4.17(C) 在[EMIM][N(Tf)₂]中四甲基对苯二胺自由基阳离子的循环伏安图。扫描速率为 200 mV · s^{-1}。从+0.2 V 开始往氧化方向扫描时先形成了双阳离子(～+0.5 V)，然后形成了中性分子(～−0.2 V)。经 Wiley 授权，转载自参考文献[12]。

另外，在 pH<10 的条件下，水溶液中蒽醌的还原过程均表现为两电子还原：

$$\text{蒽醌} + 2e^- + 2H^+ \rightleftharpoons \text{9,10-二羟基蒽}$$

形式电势的相对值方面的类似分析也适用于在 n 电子反应的情况中会观察到合并或分离的伏安波。在 n 电子电化学可逆还原过程中

$$A + ne^- \rightleftharpoons \text{产物}$$

伏安波的特征可概括为如下内容：

(1) 其峰电流为

$$I_p = -0.446nFA[A]_{本体}\sqrt{\frac{nFvD}{RT}}$$

注意它与 $n^{3/2}$ 成比例关系，其中 n 为转移的电子总数。

(2) 其正向与反向峰之间的峰间距为

$$\Delta E_{pp} = \frac{2.218RT}{nF}$$

$$\text{在 298 K 时，}\quad \Delta E_{pp} = \frac{57}{n}\text{mV}$$

注意该物理量与电势扫描速率无关。

(3) 其伏安波形的特征可以通过峰电势 E_p 与峰电流强度一半处的电势 $E_{p/2}$ 的差值表示：

$$\left|E_p - E_{p/2}\right| = 2.218\frac{RT}{nF} = 2\left|E_p - E_{mid}\right|$$

式中，E_{mid} 是正向峰(f)和反向峰(r)之间的中值电势

$$E_{mid} = \frac{E_{p,f} + E_{p,r}}{2} = E_f^0(A/B) + \frac{RT}{2nF}\ln\frac{D_B}{D_A}$$

最后，回到分步电子的可逆波的情况，讨论 $n = 2$ 的情形

$$\mathrm{A} + \mathrm{e}^- \rightleftharpoons \mathrm{B}$$

$$\mathrm{B} + \mathrm{e}^- \rightleftharpoons \mathrm{C}$$

其中，由于假设存在两个伏安波，那么

$$E_\mathrm{f}^0(\mathrm{A/B}) \gg E_\mathrm{f}^0(\mathrm{B/C})$$

由此可以得出反应

$$\mathrm{A} + \mathrm{C} \rightleftharpoons 2\mathrm{B}$$

是热力学自发的过程，因为

$$\Delta G^0 \approx -F[E_\mathrm{f}^0(\mathrm{A/B}) - E_\mathrm{f}^0(\mathrm{B/C})] \ll 0$$

因此，当 C 在第二个伏安波中生成后，至少在原则上，它可以与 A 反应形成 B。问题在于该过程在伏安图中如何体现？令人惊讶的是，若该伏安波为电化学可逆过程且 $D_\mathrm{A} = D_\mathrm{B} = D$，那么伏安图中将看不出歧化反应是否发生。Adrieux 和 Savéant[13]的一篇经典论文中已给出相关分析。这里采用他们的方法。

假设下列任意二级反应由

$$\mathrm{B} + \mathrm{B} \xrightarrow{k_1} \mathrm{A} + \mathrm{C}$$

和

$$\mathrm{A} + \mathrm{C} \xrightarrow{k_2} 2\mathrm{B}$$

构成，其平衡常数

$$K = \frac{[\mathrm{A}][\mathrm{C}]}{[\mathrm{B}]^2} = \exp\left\{\frac{F}{RT}[E_\mathrm{f}^0(\mathrm{B/C}) - E_\mathrm{f}^0(\mathrm{A/B})]\right\} = \frac{k_1}{k_2}$$

在该情况下，必须修改 Fick 扩散定律以描述均相动力学(见第 3 章和第 7 章)：

$$\frac{\partial[\mathrm{A}]}{\partial t} = D_\mathrm{A}\frac{\partial^2[\mathrm{A}]}{\partial x^2} + k_1[\mathrm{B}]^2 - k_2[\mathrm{A}][\mathrm{C}] \tag{4.11}$$

$$\frac{\partial[\mathrm{B}]}{\partial t} = D_\mathrm{B}\frac{\partial^2[\mathrm{B}]}{\partial x^2} - 2k_1[\mathrm{B}]^2 + 2k_2[\mathrm{A}][\mathrm{C}] \tag{4.12}$$

$$\frac{\partial[\mathrm{C}]}{\partial t} = D_\mathrm{C}\frac{\partial^2[\mathrm{C}]}{\partial x^2} + k_1[\mathrm{B}]^2 - k_2[\mathrm{A}][\mathrm{C}] \tag{4.13}$$

其边界条件如下：

$t = 0$，任意 x，$[\mathrm{A}]=[\mathrm{A}]_{\text{本体}}$，$[\mathrm{B}] = [\mathrm{C}] = 0$

任意 t，$x \to \infty$，$[\mathrm{A}]=[\mathrm{A}]_{\text{本体}}$，$[\mathrm{B}] = [\mathrm{C}] = 0$

$$x=0，任意\ t，\ D_A\frac{\partial[A]}{\partial x}+D_B\frac{\partial[B]}{\partial x}+D_C\frac{\partial[C]}{\partial x}=0$$

且

$$\frac{[A]_{x=0}}{[B]_{x=0}}=\exp\left\{\frac{F}{RT}[E-E_f^0(A/B)]\right\}$$

$$\frac{[A]_{x=0}}{[C]_{x=0}}=\exp\left\{\frac{F}{RT}[E-E_f^0(B/C)]\right\}$$

式中，E 是施加在工作电极上的电势。

电流为

$$i=FA\left(2D_A\frac{\partial[A]}{\partial x}\bigg|_{x=0}+D_B\frac{\partial[B]}{\partial x}\bigg|_{x=0}\right)$$

在 $D_A=D_B=D$ 的情况下，由式(4.11)和式(4.12)可以写出

$$\frac{\partial(2[A]+[B])}{\partial t}=D\frac{\partial^2}{\partial x^2}(2[A]+[B])$$

该方程可以用下面的边界条件求解

$$t=0，任意\ x，\ 2[A]+[B]=2[A]_{本体}$$

$$任意\ t，x\to\infty，\ 2[A]+[B]=2[A]_{本体}$$

$$x=0，\ t\geqslant 0：$$

$$2[A]+[B]=\frac{[A]_{本体}\left\{2+\exp(-F/RT)[E-E_f^0(A/B)]\right\}}{1+\exp(-F/RT)[E-E_f^0(A/B)]+\exp(-2F/RT)\left\{E-1/2[E_f^0(A/B)+E_f^0(B/C)]\right\}}$$

由于电流由下式给出

$$I=FAD\left(\frac{2\partial[A]}{\partial x}+\frac{\partial[B]}{\partial x}\right)_{x=0}$$

该表达式与 k_2(或 k_1)的数值无关。因此，伏安响应(I *vs.* E)就与溶液中歧化反应的存在及其动力学无关：假设两个电极过程(A/B 和 B/C)均为电化学可逆过程且 $D_A=D_B$，则无论 k_2 为 0 还是很快，都能看到完全相同的伏安图。此时必须采用除伏安法以外的实验方法来测量 k_2 的大小；与伏安法联用的光谱学方法在这个研究内容上起到了重要作用。Adrieux 和 Savéant 在他们的经典研究中利用了电子自旋共振以达到此目的[13]。

计算机模拟可以实现对歧化反应发生和不发生时所得伏安曲线的探究。图 4.18 展示了 k_2 的值为 0 且发生了快速的均相动力学反应[图 4.18(A)]时的浓度分布曲线；具体来讲，使用了值为 0 和 $10^8\ cm^3\cdot mol^{-1}\cdot s^{-1}$ 的二级速率常数，且扫描速率为 $1\ V\cdot s^{-1}$，其他参数分别为：电极面积 $=1\ cm^2$，$D_A=D_B=10^{-5}\ cm^2\cdot s^{-1}$，$[A]_{本体}=10^{-3}\ mol\cdot dm^{-3}$。

两个电对的电化学速率常数均设置在电化学可逆的范围内。可以看到虽然这两种情况下产生的伏安图完全一样，但是 A 和 C 的浓度分布曲线却有显著不同。

最后，如果扩散系数不相等($D_A\neq D_B$)且/或氧化还原电对 A/B 和 B/C 中的一对或两对都不

是完全可逆，那么据 Rong feng(荣丰)和 Evans(埃文斯)所述[14]，歧化过程存在与否就可从伏安图中明显地看出。

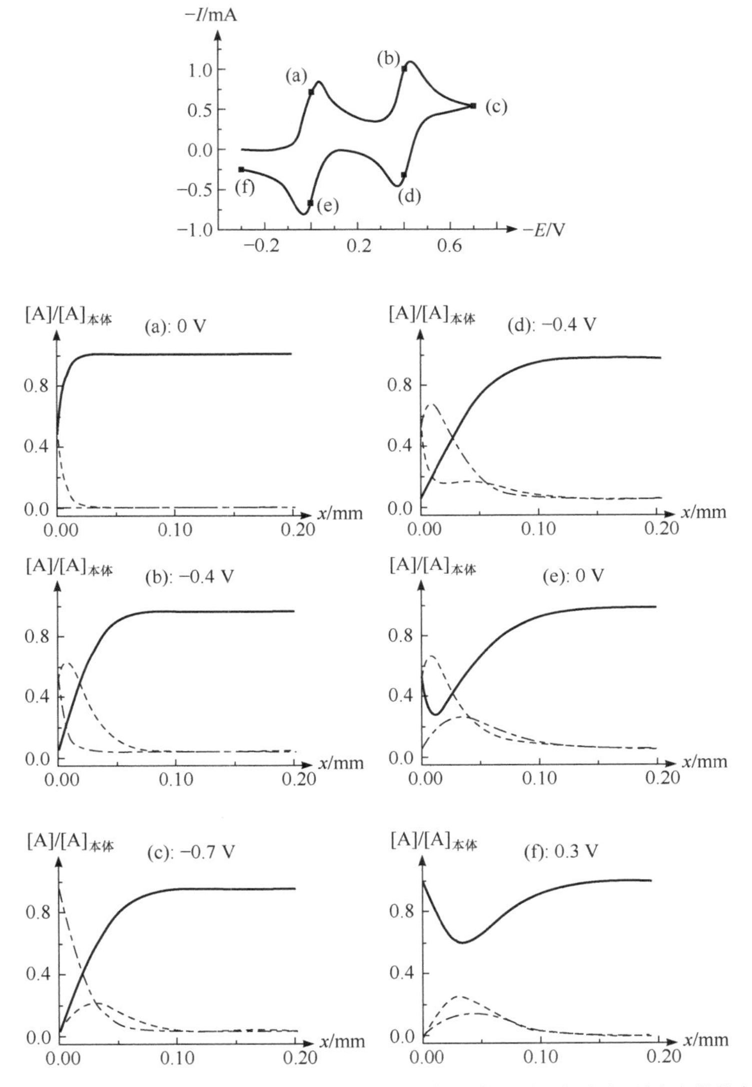

图 4.18(A) 当 $k_1 = 0\ \mathrm{cm^3 \cdot mol^{-1} \cdot s^{-1}}$ 时，A 还原为 B 再还原为 C 的两电子可逆还原过程的循环伏安图。参数：$E_f^0(\mathrm{A/B}) = 0\ \mathrm{V}$，$E_f^0(\mathrm{B/C}) = -0.4\ \mathrm{V}$；$\alpha_1 = \alpha_2 = 0.5$；$k_1^0 = k_2^0 = 1\ \mathrm{cm \cdot s^{-1}}$；$A = 1\ \mathrm{cm^2}$，$[\mathrm{A}]_{本体} = 10^{-3}\ \mathrm{mol \cdot dm^{-3}}$，$D_\mathrm{A} = D_\mathrm{B} = D_\mathrm{C} = 10^{-5}\ \mathrm{cm^2 \cdot s^{-1}}$，且扫描速率为 $1\ \mathrm{V \cdot s^{-1}}$。实线、虚线和点划线分别为 A、B 和 C 的浓度分布曲线。

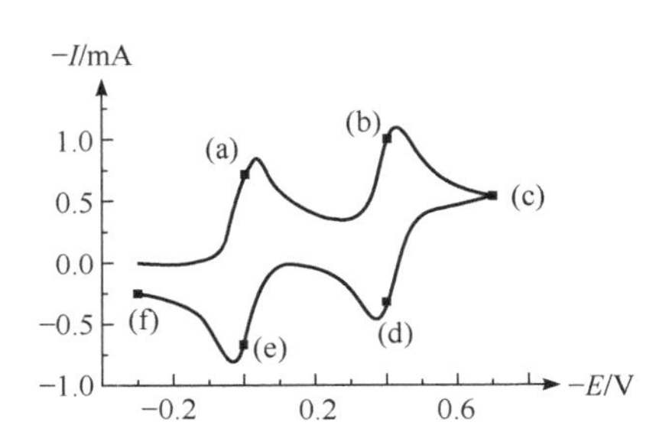

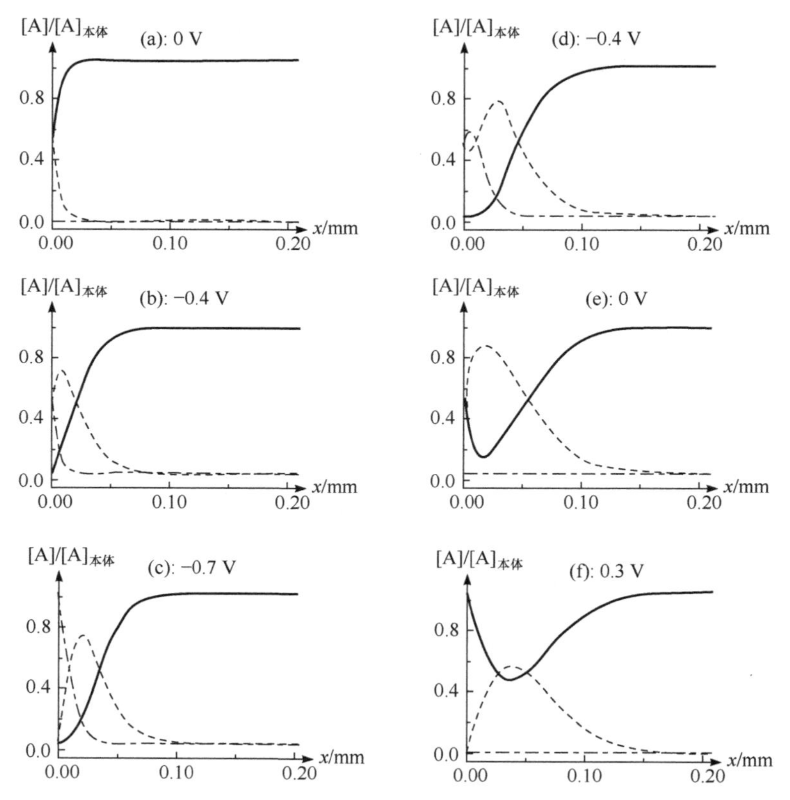

图 4.18(B) 当 $k_1 = 10^8\ \text{cm}^3 \cdot \text{mol}^{-1} \cdot \text{s}^{-1}$ 时，A 还原为 B 再还原为 C 的两电子可逆还原过程的循环伏安图。参数：$E_f^0(\text{A/B}) = 0\ \text{V}$，$E_f^0(\text{B/C}) = -0.4\ \text{V}$；$\alpha_1 = \alpha_2 = 0.5$；$k_1^0 = k_2^0 = 1\ \text{cm} \cdot \text{s}^{-1}$；$A = 1\ \text{cm}^2$，$[\text{A}]_{本体} = 10^{-3}\ \text{mol} \cdot \text{dm}^{-3}$，$D_\text{A} = D_\text{B} = D_\text{C} = 10^{-5}\ \text{cm}^2 \cdot \text{s}^{-1}$，且扫描速率为 $1\ \text{V} \cdot \text{s}^{-1}$。实线、虚线和点划线分别为 A、B 和 C 的浓度分布曲线。

4.10 多电子转移：不可逆电极动力学

讨论下列 A 到 C 的两电子还原路线：

$$\text{A} + \text{e}^- \underset{k_{1,\text{a}}}{\overset{k_{1,\text{c}}}{\rightleftharpoons}} \text{B}$$

$$\text{B} + \text{e}^- \underset{k_{2,\text{a}}}{\overset{k_{2,\text{c}}}{\rightleftharpoons}} \text{C}$$

其中，电化学速率常数由 Butler-Volmer 方程给出

$$k_{1,\text{c}} = k_1^0 \exp\left\{-\frac{\alpha_1 F}{RT}[E - E_f^0(\text{A/B})]\right\}$$

$$k_{1,\text{a}} = k_1^0 \exp\left\{\frac{(1-\alpha_1) F}{RT}[E - E_f^0(\text{A/B})]\right\}$$

$$k_{2,\text{c}} = k_2^0 \exp\left\{-\frac{\alpha_2 F}{RT}[E - E_f^0(\text{B/C})]\right\}$$

$$k_{2,a} = k_2^0 \exp\left\{\frac{(1-\alpha_2)F}{RT}[E - E_f^0(B/C)]\right\}$$

式中，E 是施加的电势。

如上节所述，观察到一个合并的或两个分开的伏安波取决于电极动力学的相对快慢。若 $k_{2,c} \gg k_{1,a}$，$k_{2,c}$ 较传质速率慢，且假定两者的形式电势有利于 A 到 C 的转换，那么如果

$$k_{1,c} > k_{2,a}$$

则 A 到 C 的电化学不可逆还原过程就以两个分开的波的形式呈现，相反如果

$$k_{2,c} > k_{1,c}$$

则只以单个伏安波的形式呈现。

当看到两个波时，则每个波的特征可由其各自的 α_1 或 α_2 值来区分，这时应该尝试对伏安波的上升部分进行 Tafel 分析(见第 3 章)。在仅看到一个合并波的情况下，Tafel 分析将给出与下述机理一致的 α_1 的值

$$A + e^- \xrightarrow{\text{慢}} B$$

$$B + e^- \xrightarrow{\text{快}} C$$

第一步为决速步。

图 4.19 展示了当采用固定值 $k_1^0 = 10^{-4}\ \text{cm} \cdot \text{s}^{-1}$，$E_f^0(A/B) = -0.1\ \text{V}$，$k_2^0$ 有不同的值但将 $E_f^0(B/C)$ 选定在+0.1 V 时所得的伏安曲线。当 k_2^0 很小时，可观察到两个不可逆的伏安波，但是随着 k_2^0 逐渐增大，所期待的两波合并慢慢发生。注意当对合并波进行 Tafel 分析(伏安图中峰顶之前的部分；严格来讲，大约是上升曲线的中间 50%)时，该 Tafel 斜率反映了与下面机理一致的转移系数 α_1 (图 4.19 中=0.5)

$$A + e^- \xrightarrow{\text{慢}} B$$

$$B + e^- \longrightarrow C$$

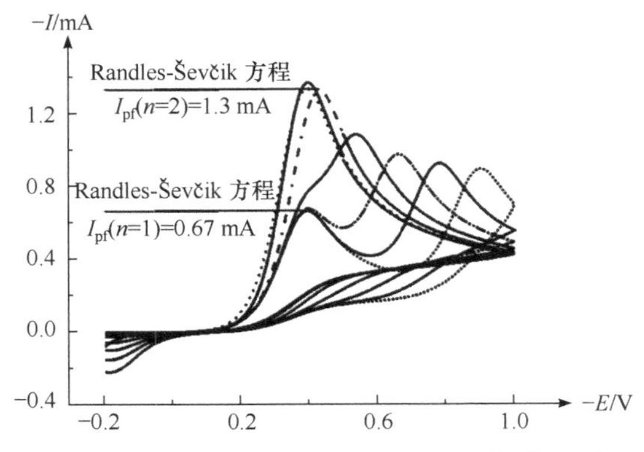

图 4.19 对于 A 还原为 B 再还原为 C 的两电子可逆还原过程，不同数值的 k_2^0 (10^{-4}，10^{-5}，10^{-6}，10^{-7}，10^{-8}，10^{-9}，10^{-10} cm · s^{-1})对应的循环伏安图的重叠。参数：$E_1 = 0.1$ V，$E_2 = 0.1$ V；$\alpha_1 = \alpha_2 = 0.5$；$k_1^0 = 10^{-4}$ cm · s^{-1}；$A = 1$ cm^2，$[A]_{本体} = 10^{-3}$ mol · dm^{-3}，$D_A = D_B = D_C = 10^{-5}$ cm^2 · s^{-1}，且扫描速率为 1 V · s^{-1}。

接下来探讨第二个例子。图 4.20 展示了 A 转变为 B 的快速[$k_1^0 = 1\ \text{cm} \cdot \text{s}^{-1}$，$\alpha_1 = 0.5$，

$E_f^0(A/B) = -0.1$ V]电子转移过程后不同 $E_f^0(B/C)$ 值的电化学不可逆过程($k_2^0 = 10^{-5}$ cm · s^{-1}, $\alpha_2 = 0.5$)所对应的模拟循环伏安图。当 $k_{2,c}$ 非常小时，可以看到两个波：第一个对应于 A 到 B 的电化学可逆还原；第二个对应于 B 到 C 的电化学不可逆还原。如果对这两个波进行 Tafel 分析——同样取伏安曲线中上升部分的中间 50%，以避免峰值附近的扩散效应和测量到下方太过接近基线的电流——接着第 3 章末尾的讨论，从第一个波上会得到一个接近单位值的转移系数，反映了快速电极动力学，而对于第二个波的类似分析会得出 α_2(图 4.20 中= 0.5)。

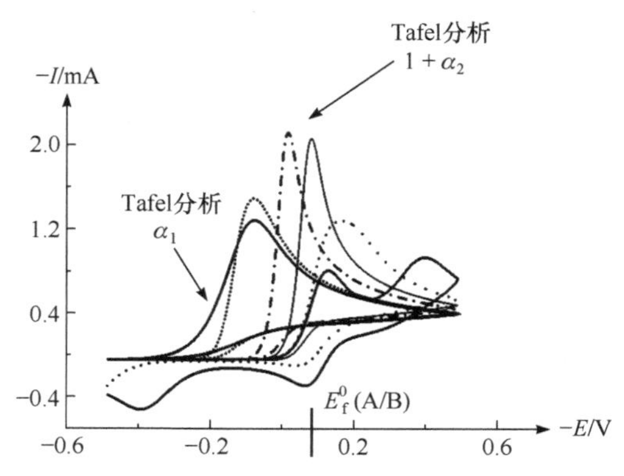

图 4.20　对于 A 还原为 B 再还原为 C 的两电子还原过程，不同数值的 E_2(0，0.2，0.4，0.6，1.0 和 1.5 V)所对应的循环伏安图的重叠。参数：$E_f^0(A/B) = -0.1$ V；$\alpha_1 = \alpha_2 = 0.5$；$k_1 = 1$ cm · s^{-1}；$k_2 = 10^{-5}$ cm · s^{-1}；$A = 1$ cm^2，$[A]_{本体} = 10^{-3}$ mol · dm^{-3}，$D_A = D_B = D_C = 10^{-5}$ cm^2 · s^{-1}，且扫描速率为 1 V · s^{-1}。

再次参考图 4.20，当 $E_f^0(B/C)$ 值越来越正时，两个波合并为一个。首先，图中出现了一个尖锐的单波[当 $E_f^0(B/C)$ 约为+0.6 V 时]，对此 Tafel 分析表明

$$\frac{\partial \ln I}{\partial E} = \frac{(1+\alpha_2)F}{RT}$$

在图 4.20 所示的情况中，该式对应于

$$1+\alpha_2 \sim 3/2$$

由此，其机理可以总结为

$$A + e^- \rightleftharpoons B$$

$$B + e^- \xrightarrow{慢} C$$

其中第二步为决速步。当 $E_f^0(B/C)$ 变得更正时，与 Tafel 分析相符，该单波会向阳极方向移动且其形状发生改变，表明

$$\frac{\partial \ln I}{\partial E} = \frac{\alpha_1 F}{RT}$$

因此，对于图 4.20 中所示的体系

$$\alpha_1 \sim 0.5$$

这表明反应机理为

$$A + e^- \xrightarrow{慢} B$$

$$B + e^- \longrightarrow C$$

其中第一步现在成为决速步，且由于消耗 B 的速率常数增大而表现为电化学不可逆。

由上述内容可见，两个及以上的电子转移过程形成的伏安曲线是热力学(E_f^0)和动力学(k^0，v)精巧相互作用的结果，并且理论模拟对于分析除某些极限情况外的几乎所有情形都不可或缺。最后通过简要地审查一般性的 n 电子电化学不可逆过程来总结本节内容。该过程可以写成如下形式：

$$\left.\begin{array}{l} \left.\begin{array}{l} A + e^- \rightleftharpoons B \\ B + e^- \rightleftharpoons C \\ \quad\vdots \\ L' + e^- \rightleftharpoons M' \\ M' + e^- \rightleftharpoons N' \end{array}\right] n'\text{电子被转移} \\ N' + e^- \xrightarrow{\text{慢}} O' \\ \quad\vdots \\ X + e^- \longrightarrow N \end{array}\right] n\text{电子被转移}$$

其中，速率最慢的决速步表示为 n 个电子转移中的第$(n'+1)$个过程。因此，整个过程的速率为

$$\text{速率} \propto k_{n'+1}^0 [N']_0 \exp\left\{-\frac{\alpha_{n'+1}F}{RT}[E - E_f^0(N'/O')]\right\}$$

式中，$[N']_0$ 是电极表面上 N′ 的浓度，$\alpha_{n'+1}$ 是决速步的转移系数，$k_{n'+1}^0$ 是相应的标准电化学速率常数。由于决速步之前的步骤形成了预平衡

$$[N']_0 = [M']_0 \exp\left\{-\frac{F}{RT}[E - E_f^0(M'/N')]\right\}$$

$$[M']_0 = [L']_0 \exp\left\{-\frac{F}{RT}[E - E_f^0(L'/M')]\right\}$$

$$\vdots$$

$$[B]_0 = [A]_0 \exp\left\{-\frac{F}{RT}[E - E_f^0(A/B)]\right\}$$

于是

$$\text{速率} \propto [A]_0 \exp\left[-\frac{(n' + \alpha_{n'+1})FE}{RT}\right] \tag{4.14}$$

因此，将其转化为一种适合进行 Tafel 分析的形式(见第 2 章和第 3 章)

$$\frac{\partial \ln I}{\partial E} = \frac{(n' + \alpha_{n'+1})F}{RT}$$

Tafel 斜率给出了 $(n' + \alpha_{n'+1})$ 的值，是电子转移决速步之前转移的电子数 n' 与这个最慢步骤的转移系数 $\alpha_{n'+1}$ 之和。

将式(4.14)作为求解循环伏安问题的边界条件，得到完全不可逆的 n 电子伏安波的峰电流的表达式如下：

$$I_{\mathrm{p}} = -0.496\sqrt{n' + \alpha_{n'+1}}\, nFA[\mathrm{A}]_{本体}\sqrt{\frac{FvD}{RT}}$$

其中的符号有其通常的含义。类似地，其波形特征可由峰电势 E_{p} 和峰电流一半处的电势 $E_{\mathrm{p}/2}$ 之差来表示

$$\left|E_{\mathrm{p}} - E_{\mathrm{p}/2}\right| = \frac{1.857RT}{(n' + \alpha_{n'+1})F}$$

$$在 298\ \mathrm{K} 时，\left|E_{\mathrm{p}} - E_{\mathrm{p}/2}\right| = \frac{47}{n' + \alpha_{n'+1}}\ \mathrm{mV}$$

注意，该表达式有助于在模拟之前对 $(n' + \alpha_{n'+1})$ 作出初步估算。

最后，在单电子转移过程中，肯定有

$$\alpha + \beta = 1$$

因此如果还原过程的转移系数(α)已知，那么氧化过程的转移系数(β)就为确定值。在有慢速电子动力学的多步反应机理中，还原峰和氧化峰出现在相当不同的电势处。因此，尽管 Tafel 分析可能指出了还原波对应的转移系数为 $(n' + \alpha_{n'+1})$ ，由于反应机理中的决速步容易随电势变化而改变，氧化波的转移系数也不一定为 $(n - n' - \alpha_{n'+1})$ 。显然，对多步过程进行分析时需要非常谨慎。在下一节及最后一节中，将讨论在水溶液中进行的反应过程中质子的作用。

4.11 pH 对循环伏安法的影响

虽然在本书第 8 章才会展开耦合均相化学的话题，但是此时很适合强调，水溶液中循环伏安图的测量很可能依赖于 pH，因为尤其是从一个有机分子中得失电子常可能引起质子的得失。本节讨论的问题是，电化学可逆的伏安波的位置随 pH 如何变化，其位置由峰电势或伏安图中两峰之间的中值电势确定，即在简单电极过程

$$\mathrm{A} \pm \mathrm{e}^- \rightleftharpoons \mathrm{B}$$

中对应电对 A/B 的形式电势，假定扩散系数 D_{A} 和 D_{B} 相等。

为了具备一般性，考虑一个吸收 m 个质子和消耗 n 个电子的还原反应：

$$\mathrm{A} + m\mathrm{H}^+ + n\mathrm{e}^- \rightleftharpoons \mathrm{B}$$

其极限情况包括电化学可逆和不可逆极限。

情况(a)，在该电极过程完全为电化学可逆过程时，可以写出相关的 Nernst 方程

$$E = E_{\mathrm{f}}^0(\mathrm{A/B}) - \frac{RT}{nF}\ln\frac{[\mathrm{B}]}{[\mathrm{A}][\mathrm{H}^+]^m}$$

$$E = E_{\mathrm{f}}^0(\mathrm{A/B}) + \frac{RT}{nF}\ln[\mathrm{H}^+]^m - \frac{RT}{nF}\ln\frac{[\mathrm{B}]}{[\mathrm{A}]}$$

$$E = E_f^0(A/B) - 2.303\frac{mRT}{nF}pH - \frac{RT}{nF}\ln\frac{[B]}{[A]}$$

由此可看出物理量

$$E_{f,eff}^0 = E_f^0(A/B) - 2.303\frac{mRT}{nF}pH$$

表现为“有效”形式电势。因此，可以用$E_{f,eff}^0$代替本章前文给出的理论分析中的$E_f^0(A/B)$，以得到可逆体系对 pH 的依赖关系。若$D_A = D_B$，A 的还原峰和 B 的氧化峰之间的中值电势即对应$E_{f,eff}^0$，且伏安图的形状不受影响。因此，pH 数值每发生 1 个单位的变化，中值电势将改变$2.303\frac{mRT}{nF}$的大小。常见情况下$m = n$，在 25 ℃时，这个量就对应约 59 mV 每 pH 单位。例如，在对苯醌(BQ)还原为对苯二酚(HQ)的反应中

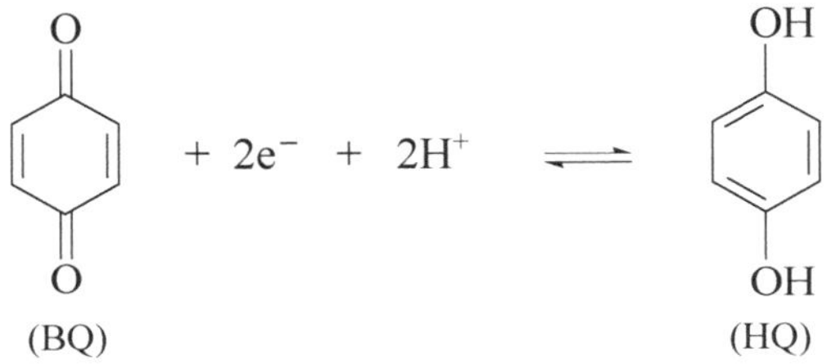

$$\text{BQ} + 2e^- + 2H^+ \rightleftharpoons \text{HQ}$$

(BQ) (HQ)

$m = 2, n = 2$且 pH 小于 9。注意这个反应的(pH)上限对应对苯二酚相应的 pK_a(酸解离常数)。

情况(b)，在分析电化学不可逆反应时，假定质子和电子分步进行转移：

$$A + mH^+ \rightleftharpoons AH_m^{m+}$$

$$AH_m^{m+} + ne^- \longrightarrow B$$

式中，n是第二步中的转移电子数。在此情况下，应主要关注 A 还原过程对应的峰电势的位置。

第一步的预平衡可用以下平衡常数表示：

$$K = \frac{[A][H^+]^m}{[AH_m^{m+}]}$$

若 A 和AH_m^{m+}的总浓度为$[A]_{总}$，那么

$$[A]_{总} = [A] + [AH_m^{m+}]$$

故有

$$[AH_m^{m+}] = \frac{[H^+]^m[A]_{总}}{K + [H^+]^m}$$

在电化学不可逆的条件下，可预计电流大小由下式给出

$$I \propto [AH_m^{m+}]_0 \exp\left[-\frac{(n' + \alpha)F}{RT}\eta\right] \tag{4.15}$$

式中，α是转移系数，n' ($\leqslant n$)是决速电子转移步骤前(见上节)的转移电子数。过电势由下式给出

$$\eta = E - E_f^0(AH_m^{m+}/B)$$

其中形式电势反映了 AH_m^{m+} 和 B 而不是 A 和 B 之间的标准 Gibbs 能之差。

将式(4.15)改写为

$$I \propto [A]_{总}\frac{[H^+]^m}{K+[H^+]^m}\exp\left[-\frac{(n'+\alpha)F}{RT}\eta\right]$$

$$I \propto [A]_{总}\exp\left\{-\frac{(n'+\alpha)F}{RT}\eta + \ln\frac{[H^+]^m}{K+[H^+]^m}\right\}$$

$$I \propto [A]_{总}\exp\left[-\frac{(n'+\alpha)F}{RT}\eta'\right]$$

其中

$$\eta' = E - E_f^0(AH_m^{m+}/B) + \frac{RT}{(n'+\alpha)F}\ln\frac{[H^+]^m}{K+[H^+]^m}$$

因此其峰电势 E_p 表现出如下式描述的对 pH 的依赖关系

$$E_p = 常数 + \frac{RT}{(n'+\alpha)F}\ln\frac{[H^+]^m}{K+[H^+]^m}$$

这时考虑该方程的两个极限情况具有很大的指导意义。

极限(i) $[H^+] \ll K$。在该情况中

$$E_p \sim 常数 + \frac{RT}{(n'+\alpha)F}\ln\frac{[H^+]^m}{K}$$

$$E_p \sim 常数 - \frac{2.303RTm}{(n'+\alpha)F}pH + \frac{2.303RTm}{(n'+\alpha)F}\log_{10}K$$

因此随着 pH 增大($[H^+]$降低)，A 的还原峰电势向负电势移动。

极限(ii) $[H^+] \gg K$。在此极限下

$$E_p \sim 常数$$

由于溶液中所有的 A 都以 AH_m^{m+} 的形式存在，因此峰电势不随 pH 改变。

在苯酰基锍盐的还原反应中就观察到了这两种极限情况的切换[15]：

$$PhCOCH^-S^+R_1R_2 + H^+ \rightleftharpoons PhCOCH_2S^+R_1R_2$$

$$PhCOCH_2S^+R_1R_2 + 2e^- \rightleftharpoons PhCOCH_2^- + R_1SR_2$$

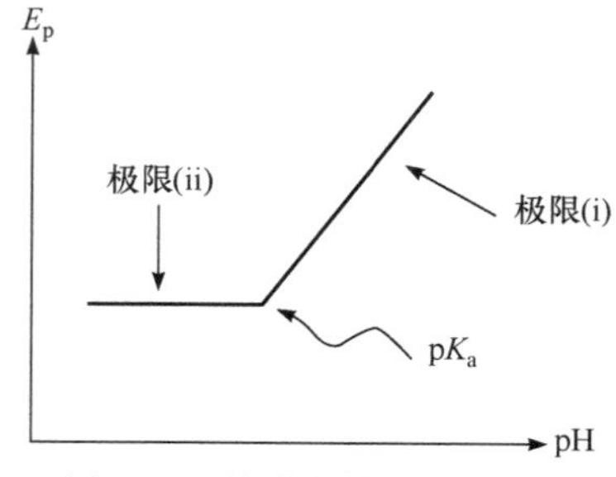

图 4.21 从峰电势测量 pK_a。

pH<8 时，该反应的还原电势与 pH 无关，而当 pH>8 时，还原电势随 pH 的变化表明 $n'+\alpha \sim 0.5$，就意味着在质子化后的步骤中两电子中第一个电子的转移过程是决速步。值得注意的是，如图 4.21 所示，两种极限情况的数据交点可提供有关该酸解离过程的 pK_a 的信息。

4.12 方框图

上一节中的论点可以通过 Jacq(雅克)[16]首次提出的方框图，且最好用一个 $2H^+$，$2e^-$的体系进一步展开论述，比如它可能适用于一种醌的还原过程：

$$\text{Q} + 2H^+ + 2e^- \rightleftharpoons \text{QH}_2$$

该模型基于决速步为电子转移过程且所有质子化过程处于平衡态的假设。一般图示如下：

$$\begin{array}{ccccc}
\text{AQ} & \underset{}{\overset{E_1^0}{\rightleftharpoons}} & \text{AQ}^{\bullet -} & \overset{E_2^0}{\rightleftharpoons} & \text{AQ}^{2-} \\
\text{p}K_{a1}\updownarrows & & \text{p}K_{a2}\updownarrows & & \text{p}K_{a3}\updownarrows \\
\text{AQH}^{+} & \overset{E_3^0}{\rightleftharpoons} & \text{AQH}^{\bullet} & \overset{E_4^0}{\rightleftharpoons} & \text{AQH}^{-} \\
\text{p}K_{a4}\updownarrows & & \text{p}K_{a5}\updownarrows & & \text{p}K_{a6}\updownarrows \\
\text{AQH}_2^{2+} & \overset{E_5^0}{\rightleftharpoons} & \text{AQH}_2^{\bullet +} & \overset{E_6^0}{\rightleftharpoons} & \text{AQH}_2
\end{array}$$

从 Q 到 QH_2 的还原路径强烈依赖于与各种中间体、电极表面局部环境的 pH 和各种不同的 E^0 值相关的 pK_a 值。

对于蒽醌-2-单磺酸盐(AQMS)和蒽醌-2,6-二磺酸盐(AQDS)，它们在水溶液中 pH 全范围内的反应路径已得以绘制[17]，并且随 pH 发生如图 4.22 所示的变化。

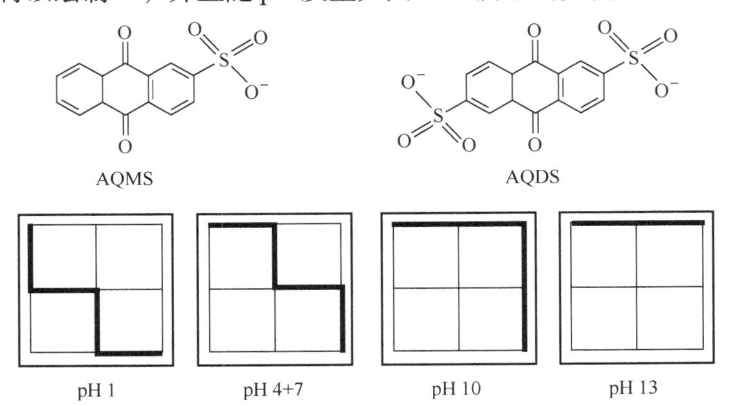

图 4.22 不同 pH 下 AQMS 和 AQDS 的主要反应机理途径示意图。水平移动代表电子转移，垂直移动代表质子转移。

注意，在图 4.22 中，水平移动代表电子转移，而垂直移动代表质子转移。因此，在 pH 为 1 时，对应的机理为

$$Q + H^+ \rightleftharpoons QH^+$$

$$QH^+ + e^- \rightleftharpoons QH^\bullet$$

$$QH^\bullet + H^+ \rightleftharpoons QH_2^{\bullet +}$$

$$QH_2^{\bullet +} + e^- \rightleftharpoons QH_2$$

其中 Q 为 AQMS 或 AQDS。

方框图在从机理上阐明电子和质子转移过程中复杂顺序时有着极为重要的价值。

4.13 电极动力学中可同时发生两电子转移?

在 2.8 节、4.10 节和 4.12 节中对多电子转移过程的分析中已暗示性地假定了一次只能转移一个电子。这就自然需要假设在反应过程中肯定存在多种中间产物，有时它们还具有很高的能量，因此不稳定。Gileadi(吉列阿迪)[18]对此有过如下的深刻思考：

“在 1961 年 Bockris(博克里斯)等[19]的一篇开创性论文中详细讨论了铁沉积的机理。结论为反应中一次转移了两个电子，并形成了一种一价铁物种的中间体

$$Fe^{2+} + e_M^- + OH^- \longrightarrow [FeOH]_{ads}$$

作者当然充分认识到了一价铁不稳定的事实，并通过假设该中间体吸附在电极表面来解决这个问题(电极动力学研究中一种有效的普遍做法)。”

并且此外：

“自那时起，上述作者[19]讨论铁沉积的机理所采取的思路仍被广泛接受，其实不仅针对铁，也适用于镍和钴的沉积，尽管在所有这些情况中的一价中间体(如果一次仅能转移一个电子，则必须被假设存在)在化学上都还未知，且在上述金属的沉积过程研究中从未检测到。确实需要说明一点：在电极反应机理的研究中，大家都以几近面对公理的态度排除了两电子同时转移的可能(更不用说三电子同时转移！)，而且对于结果的分析几乎从来都是基于实验数据必须符合相加之和为完整反应的一系列单电子转移步骤的假设。在一些关于电极动力学的早期文献中，大家在方程中常使用 αn_a 来描述电化学速率常数的电势依赖性，其中 n_a 称为‘决速步中的电子转移数’。然而，在 Bard 和 Faulkner 的《电化学方法》第二版中，作者们否认了这种做法，并指出‘电化学中一个被广泛接受的概念是，真正的基元电子转移反应总是涉及一个电子的交换’[20]。”

在 4.10 节中使用的 $(n' + \alpha_{n'})$ 而不是 αn_a 就与上面描述的一般性观点一致，并且事实上，IUPAC 现在也坚决反对后者[21,22]。话虽如此，协同两电子转移的可能性也还是应该被考虑到。

在 4.9 节中，对于 A 经 B 还原为 C 的两电子还原过程来说，如果

$$E_f^0(B/C) \gg E_f^0(A/B)$$

对应常说的“电势倒置”[23]，那么就会观察到单个伏安波，且这会发生在可逆电极动力学过程中接近总体反应的标准电极电势的位置，即

$$1/2[E_f^0(B/C)+E_f^0(A/B)]$$

对于一个协同两电子还原反应

$$A+2e^- \longrightarrow C$$

则中间产物 B 的能量就必须非常高以使得其不会产生。Gileadi[18]和 Evans[23]比较了该中间体的能量与根据式(2.49)计算出的活化能垒，但是对于两电子转移，需注意，基于外层重组能的 Marcus 表达式取决于转移电荷数的平方[式(2.48)]。对于足够不稳定的中间体(B)，协同两电子转移过程的活化能更低，所以得出结论：这类过程并非绝对不可能。Evans[23]将实际体系的相关情况总结如下：

“使协同两电子反应比两个电子的连续转移具有更低的能垒需要什么条件？首先，要意识到这些反应必须是电子转移反应，而不是与化学步骤耦合的反应。因此，有几个例子……不能算作简单的电子转移反应。例如，Ni^{2+}(aq)还原为金属镍的过程除涉及电子转移外，还包括脱水和吸附/结晶步骤。类似地，CrO_4^{2-}(aq) 还原为金属铬的过程除涉及电子转移外，还包括 CrO_4^{2-} 中的四面体配位氧原子转化为 OH^-(在中性到碱性介质中都需要，以稳定 CrO_4^{2-})。在总反应中，$CrO_4^{2-}+4H_2O+6e^- \rightleftharpoons Cr(s)+8OH^-$，显然不仅仅涉及电子转移。同样的道理也适用于同时转移三个电子到铬酸盐中的可能性，$CrO_4^{2-}+4H_2O+3e^- \rightleftharpoons Cr(OH)_3(s)+5OH^-$。

一个例子……看起来的确符合没有耦合化学步骤的两电子反应。该反应是因 $Tl(OH)_3$ 的不溶性，所以常在酸性介质中进行研究的 $Tl^{3+}(aq)+2e^- \rightleftharpoons Tl^+(aq)$。这两种离子[连同假设的中间体 Tl^{2+}(aq)]都有填充的 d 和 f 轨道，因此水分子不会强力地与之配位，表明这些离子很可能是以一种快速、可逆的方式与水结合。”

Tl(Ⅲ)通过协同两电子转移过程被还原为 Tl(Ⅰ)也许会发生。

参考文献

[1] R. S. Nicholson, I. Shain, *Anal. Chem.* **36** (1964) 706.

[2] R. S. Nicholson, I. Shain, *Anal Chem.* **37** (1965) 179.

[3] A. Fisher, *Encycl. of Electrochem.* **2** (2003) 122.

[4] R. G. Compton, E. Laborda, K.R. Ward, *Understanding Voltammetry: Simulation of Electrode Processes*, Imperial College Press, London, 2014.

[5] R. G. Bates, *et al.*, *Pure Apl. Chem.* **45** (1976) 131.

[6] H. Matsuda, Y. Ayabe, *Z. Elecktrochem.* **59** (1955) 494.

[7] C. Batchelor-McAley, M. Yang, E. Hall, R. G. Compton, *J. Electroanal. Chem.* **758** (2015) 1.

[8] Y. Novev, R. G. Compton, *Phys. Chem. Chem. Phys.* **19** (2017) 12759.

[9] Y. Novev, R. G. Compton, *Curr. Opn. in Electrochem.* **7** (2018) 118.

[10] M. C. Buzzeo, O. V. Klymenko, J. D. Wadhawan, C. Hardacre, K. R. Seddon, R. G. Compton, *J. Phys. Chem. A* **107** (2003) 8872.

[11] M. W. Lehmann, D. H. Evans, *J. Electroanal. Chem.* **500** (2001) 12.

[12] R. G. Evans, O. V. Klymenko, P. D. Price, S. G. Davis, C. Hardacre, R. G. Compton, *Chem. Phys. Chem.* **6** (2005) 526.

[13] C. P. Adrieux, J. M. Savéant, *J. Electroanal. Chem.* **28** (1970) 339.

[14] Z. Rongfeng, D. H. Evans, *J. Electroanal. Chem.* **385** (1995) 201.

[15] P. Zuman, S. Tang, *Col. Czech. Chem. Commun.* **28** (1963) 829.
[16] J. Jacq, *J. Electroanal. Chem.* **29** (1971) 149.
[17] C. Batchelor-McAuley, Q. Li, S. M. Dapin, R. G. Compton, *J. Phys. Chem. B* **114** (2010) 4094.
[18] E. Gileadi, *J. Electroanal. Chem.* **532** (2002) 181.
[19] J. O. M. Bockris, D. Drazie, A. Despic, *Electrochim. Acta* **4** (1961) 325.
[20] A. Bard, L. R. Faulkner, *Electrochemical Methods — Fundamental and Aplications*, 2nd edn, Wiley, New York, 2007.
[21] R. Guidelli, R. G. Compton, J. M. Feliu, E. Gileadi, J. Lipkowski, W. Schmickler, S. Trasatti, *Pure Appl. Chem.* **86** (2014) 245.
[22] R. Guidelli, R. G. Compton, J. M. Feliu, E. Gileadi, J. Lipkowski, W. Schmickler, S. Trasatti, *Pure Appl. Chem.* **86** (2014) 259.
[23] D. H. Evans, *Chem. Rev.* **108** (2008) 2113.

5 微电极上的循环伏安法

20 世纪 80 年代，微电极的出现大大拓宽了伏安法的研究范围。微电极是指至少有一个维度的尺寸为微米或更小数量级的电极。在各种电极特性中，微电极使得研究者可以探索比以往快得多的动力学过程。接下来的两节将通过比较微电极和平面宏电极的扩散模式，理解其根本原因。

5.1 基于球形或半球形电极的 Cottrell 方程

在第 3 章推导了平面宏电极上的电流-时间响应规律：这种情况下，当电极电势从一个不会导致任何电流(无电解)的电势阶跃至受扩散控制的较高电势时，电极表面的反应物在施加电势的一瞬间浓度降为零。此时可以看到，电流与时间 t 的平方根成反比：

$$I \propto 1/\sqrt{t} \tag{5.1}$$

长时间后电流趋近于零。这启发研究者采用相同的求解过程来理解球形或半球形电极(如滴汞电极)的相应情形。

为此需要将 Fick 第二扩散定律的方程在球形坐标系中进行求解

$$\frac{\partial c}{\partial t} = D\left(\frac{\partial^2 c}{\partial r^2} + \frac{2}{r}\frac{\partial c}{\partial r}\right) \tag{5.2}$$

代入边界条件

$$t < 0,\ r \geqslant r_e,\ c = c^*$$

$$t \geqslant 0,\ r = r_e,\ c = 0$$

$$t > 0,\ r \to \infty,\ c \to c^*$$

其中 r_e 是(半)球形电极的半径。

新变量 u

$$u = rc \tag{5.3}$$

的引入将式(5.2)转化为

$$\frac{\partial u}{\partial t} = D\frac{\partial^2 u}{\partial r^2} \tag{5.4}$$

该方程与一维情况下 Fick 扩散方程的形式完全一致，照这样可以很快求出

$$c = c^*\left[1 - \frac{r_e}{r}\operatorname{erfc}\left(\frac{r - r_e}{\sqrt{4Dt}}\right)\right] \tag{5.5}$$

其中

$$\operatorname{erfc}(x) = 1 - \operatorname{erf}(x) \tag{5.6}$$

误差函数 erf(x)在第 3 章中有详细介绍。图 5.1 展示了在两种不同的扩散系数 D 和两种不同的电极半径 r_e 条件下，电极表面反应物浓度 c 随时间 t 和距离 r 的演变。

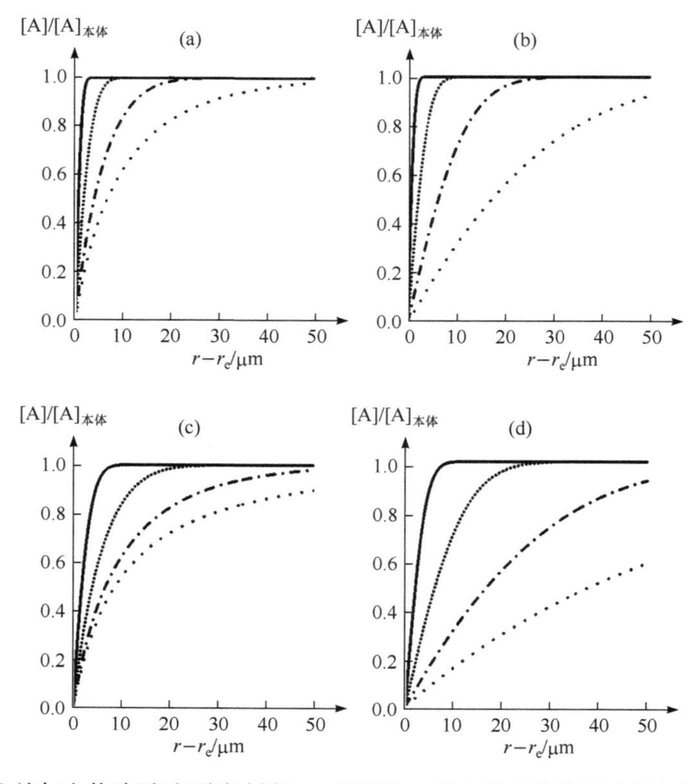

图 5.1 在球形电极上施加电势阶跃后不同时刻的 A 还原为 B 反应的扩散控制区的浓度分布曲线。整个实验过程中 $c^* = 1\ \text{mmol} \cdot \text{dm}^{-3}$。(a)中 $D = 5 \times 10^{-6}\ \text{cm}^2 \cdot \text{s}^{-1}$，$r_e = 10\ \mu\text{m}$。(b)中 $D = 5 \times 10^{-6}\ \text{cm}^2 \cdot \text{s}^{-1}$，$r_e = 100\ \mu\text{m}$。(c)中 $D = 5 \times 10^{-5}\ \text{cm}^2 \cdot \text{s}^{-1}$，$r_e = 10\ \mu\text{m}$。最后，(d)中 $D = 5 \times 10^{-5}\ \text{cm}^2 \cdot \text{s}^{-1}$，$r_e = 100\ \mu\text{m}$。这里所有条件下的四条曲线分别对应于 0.001 s(实线)、0.01 s(小间隔虚线)、0.1 s(点划线)和 1 s(大间隔虚线)。

根据式(5.5)，可以推导出其电极表面反应物的通量：

$$j / (\text{mol} \cdot \text{cm}^{-2} \cdot \text{s}^{-1}) = D \left. \frac{\partial c}{\partial r} \right|_{r=r_e} \tag{5.7}$$

$$j / (\text{mol} \cdot \text{cm}^{-2} \cdot \text{s}^{-1}) = Dc^* \left(\frac{1}{\sqrt{D \pi t}} + \frac{1}{r_e} \right) \tag{5.8}$$

图 5.2 展示了图 5.1 中用到的这四种条件下，n=1 时电流密度 i 随时间的变化曲线

$$i = I / A = nFj$$

据式(5.8)可知，球形电极体系表面的通量在短时限和长时限下不同，为了进一步理解该过程，对不同情形下的扩散过程展开讨论。

情况(i)：短时限。此时

$$j = \frac{c^* \sqrt{D}}{\sqrt{\pi t}} \tag{5.9}$$

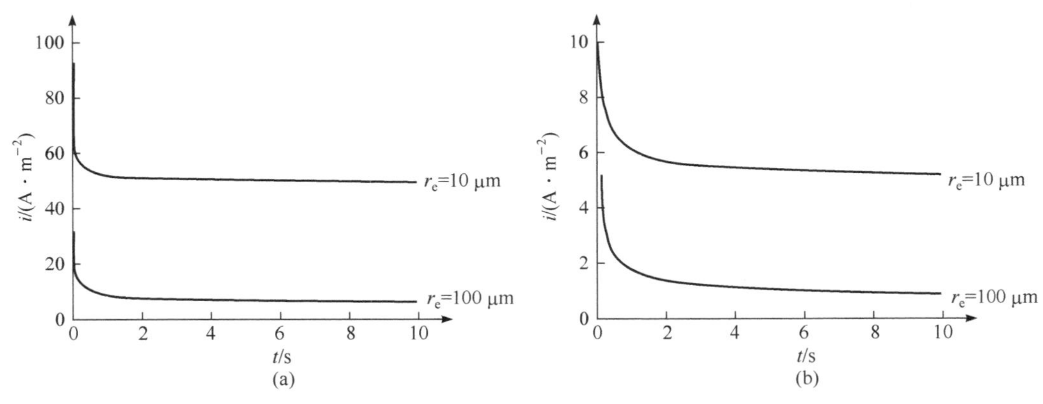

图 5.2 在球形电极上施加电势阶跃后 A 还原为 B 反应的扩散控制区的计时电流图。参数：$c^* = 1\ \text{mmol} \cdot \text{dm}^{-3}$；(a) $D = 5 \times 10^{-5}\ \text{cm}^2 \cdot \text{s}^{-1}$ 和(b) $D = 5 \times 10^{-6}\ \text{cm}^2 \cdot \text{s}^{-1}$。

正好对应第 3 章线性、一维扩散所得的结果。当

$$\sqrt{D\pi t} \ll r_e \tag{5.10}$$

式(5.9)才有效。在这些条件下，正如图 5.3 所隐含，电极表面扩散层的厚度相较于球形电极的半径很小。此时，如图 5.3 所示，扩散大致呈线性。

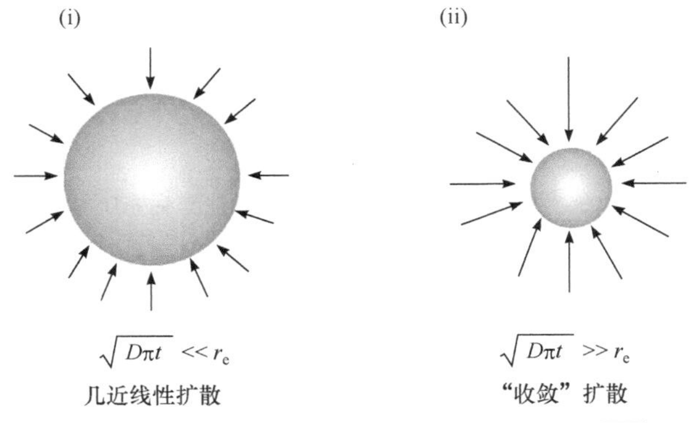

图 5.3 向球形电极的扩散。情况(i)和(ii)分别对应短时限(或大半径)下的 $\sqrt{D\pi t} \ll r_e$ 和长时限(或小半径)下的 $\sqrt{D\pi t} \gg r_e$。

情况(ii)：长时限，即当反应进行了足够长时间的情况下，此时

$$j = D\frac{c^*}{r_e} \tag{5.11}$$

或

$$I = 4\pi r_e DFc^* \qquad (\text{球形}) \tag{5.12}$$

$$I = 2\pi r_e DFc^* \qquad (\text{半球形}) \tag{5.13}$$

此极限下建立起了稳态电流(通量)。乍一看，这有些反常，一般期望看到在电解进行时，电流逐渐降为零，就如在线性扩散(Cottrell 方程)中发生的那样。这里的要点在于随着电解的进行，扩散层的厚度不断增加，如图 5.1 所示，且其呈球状扩展的“表面积”也随之变大[$\propto 4\pi(r_e + \delta)^2$，其中 δ 为扩散层厚度]。因此，随着时间的推移，扩散层会遇到越来越多的

电活性物种，一旦达到稳态，正是这些物质“补给”了电极表面的恒定扩散梯度。当然，这一论点假设了本体溶液无限且组分的体相浓度始终为 c^*。正是这后面的边界条件导致了上述预测行为；如果电极在一个具有有限体积的反应池内，那么无通量 $\left(\dfrac{\partial c}{\partial x}=0\right)$ 边界条件形成，则在一个接近无限的电解时长下，容器壁的存在将确保其表面浓度最终降为零！

回到式(5.8)，显然对于半径 r_e 较小的电极而言，相较于与时间相关的那部分项，稳态电流将更加处于主导地位。也就是说，对于球形或半球形几何形状的“微电极”而言，可以快速地建立起稳态电流，且电极越小，其通量($\text{mol}\cdot\text{cm}^{-2}\cdot\text{s}^{-1}$)越大。这就是微电极的两个基本特征。

5.2 微盘电极上电势阶跃的瞬态响应

至此，已经分别讨论了大的平面“宏”电极和球形电极在电势阶跃下电流-时间的瞬态响应。接下来讨论一类非常重要的电极：如图 5.4 所示的微盘电极上对应的情况。

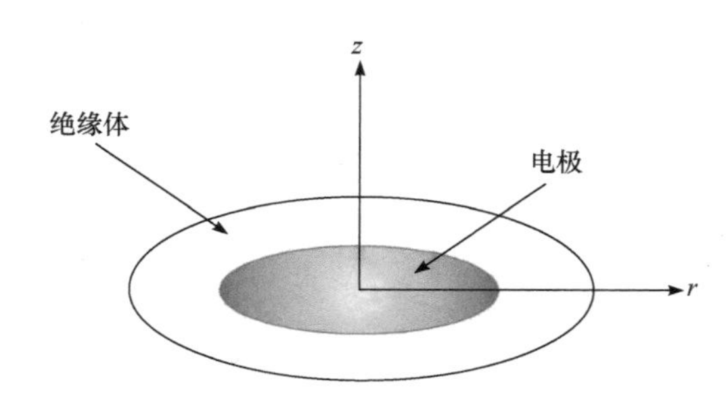

图 5.4 微盘电极以及用来描述它的圆柱坐标系(r 和 z)。

这个问题更加复杂，因为这种电极表面各处的通量不再完全相同。电极上“不再均匀一可及”。

适用于圆柱坐标系(图 5.4)的 Fick 第二扩散定律的形式为

$$\frac{\partial c}{\partial t}=D\left(\frac{\partial^2 c}{\partial r^2}+\frac{1}{r}\frac{\partial c}{\partial r}+\frac{\partial^2 c}{\partial z^2}\right) \tag{5.14}$$

式中，z 是空间中某一位点与电极表面的垂直距离，r 是从圆盘中心出发的径向距离。为了得到所感兴趣的电势阶跃问题的解，使用下列边界条件。

$$t<0，\text{所有}r，\text{所有}z，c=c^*$$

$$t\geqslant 0，r<r_e，z=0，c=0$$

$$t\geqslant 0，\text{所有}r，z\to\infty，c=c^*$$

$$t\geqslant 0，\text{所有}z，r\to\infty，c=c^*$$

其中 r_e 是该电极的半径。对这个问题的分析处理需要近似，并且已经有文献报道过解决方法[1]。与球形电极的一样，对于一个 n 电子转移的电极过程，观察到瞬态响应长时间后形成了稳态电流：

$$I=4nFc^*Dr_e \tag{5.15}$$

在圆盘电极上任一径向距离 r 处的通量由下式给出

$$j = \frac{2}{\pi} \frac{c^* D}{\sqrt{r_e^2 - r^2}} \tag{5.16}$$

Aoki(青木)[2]已给出了好几种对式(5.15)和式(5.16)的细致的推导过程。当然，实际上通量不可能像表达式中所预测的那样在圆盘边缘处无限大，因为电极反应的动力学是有限的；不过在稳态时，正如稳态电流与圆盘周长(圆周，即 $2\pi r_e$)成比例这一事实所反映出的，电流由边缘处的流量主导。

其完整的电流-时间瞬态响应经计算为

$$I = 4nFc^* Dr_e f(\tau) \tag{5.17}$$

式中，无量纲时间 $\tau = 4Dt / r_e^2$。对于短时间内，当 $\tau < 1$ 时

$$f(\tau) = \left(\frac{\pi}{4\tau}\right)^{1/2} + \frac{\pi}{4} + 0.094\tau^{1/2} + \cdots \tag{5.18}$$

而在长时间内，$\tau > 1$ 时

$$f(\tau) = 1 + 0.71835\tau^{-1/2} + 0.005626\tau^{-3/2} - 0.00646\tau^{-5/2} + \cdots \tag{5.19}$$

那么在非常短的时间内，电流响应便是 Cottrell 方程对平面扩散情形预测的结果：

$$I = 4nFc^* Dr_e \left(\frac{\pi}{4\tau}\right)^{1/2}$$

$$I = \frac{nFA\sqrt{D}c^*}{\sqrt{\pi t}} \tag{5.20}$$

式中，$A = \pi r_e^2$。由此可见，在短时间内，即

$$4Dt \ll r_e^2$$

向电极表面的扩散实际上属于平面型(线性扩散)。这反映了在这些条件下，扩散层分布在整个电极表面上一个非常薄的区域；换句话说，与电极半径相比，扩散层的厚度很薄。在更长的时间下，电流的衰减比 Cottrell 方程的($1/\sqrt{t}$)更慢，而这正是因为径向扩散贡献了部分电流。这意味着扩散层已经延伸至圆盘的边缘以外。经过很长一段时间后，扩散层的形状接近于如图 5.5 所示的半球形。

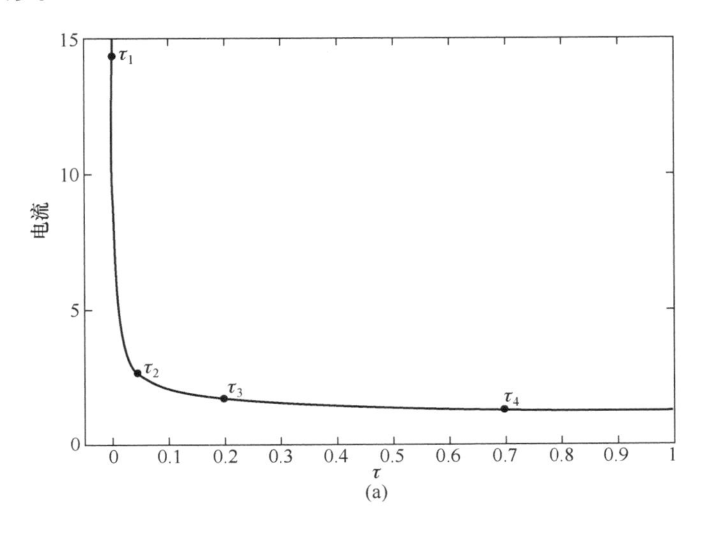

(a)

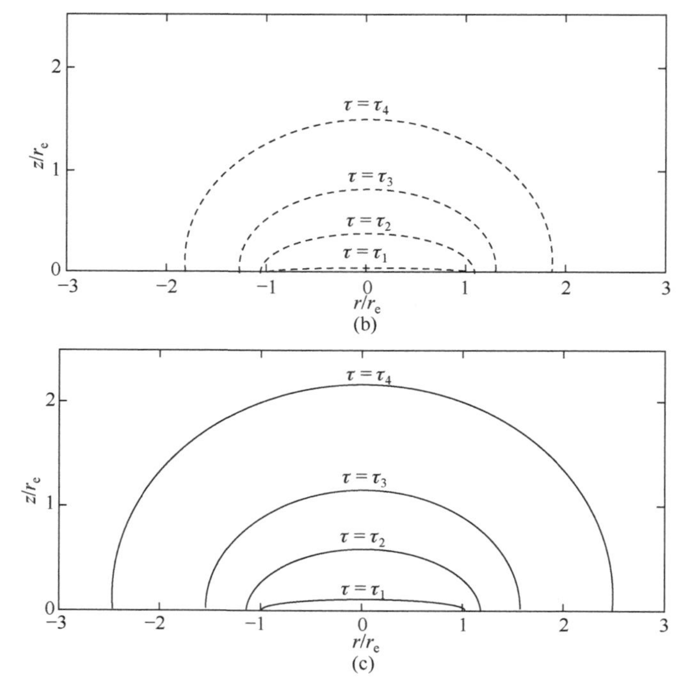

图 5.5 等值线图展现了在圆盘电极上施加电势阶跃后四个时刻 $\tau = 0.001$、0.04、0.2 和 0.7 下所得的电流瞬态响应(a)，电活性物种消耗(b)50%和(c)90%的空间分布。注意 $\tau = tD/r_e$，其中 r_e 是圆盘半径，(b)和(c)中的 x 轴是 r/r_e 而 y 轴是 z/r_e。

5.3 微电极具有很大的电流密度和快速的响应时间

在上节中，已经讨论了球形电极和微盘电极在电势阶跃条件下的瞬态电流响应。在这两类电极上，当反应时间很短时，可以看到一个 Cottrell 方程($I \propto 1/\sqrt{t}$)的响应；但是随着反应时间的增加，电流趋向于某一稳定值。各类情况中，稳态条件下的通量大小仅与电极的尺寸(球形或圆盘的半径)成正比。因此，电极尺寸越小，电流密度越大，因而物质扩散至(或离开)电极表面的速率越快。此外，由于这种瞬态响应一般是 Cottrell 方程响应和稳态响应两者之间的“平衡”，所以当电极尺寸越小，体系达到稳态所需的时间尺度就越短。

稳态电流能够在微盘电极上被记录下来这一事实，对于微电极的伏安法测量有着非常重大的意义。在之前的章节中，大的平面电极上(电势阶跃会导致一个 Cottrell 方程的衰减，直至电流为零)的循环伏安图具有特征的峰形响应，其中的电流下降部分来源于电极表面附近的物质耗尽，以至于电流受从本体溶液而来的扩散控制。与此不同，微电极上的伏安图却表现出不会最终衰减至零，而是根据电势阶跃分析所预测的稳态电流。因此，如果对工作电极进行足够慢的电势扫描，就不会出现电流峰，如图 5.6 所示。

本章后面部分再对微电极的伏安测量进行更详细的讨论。

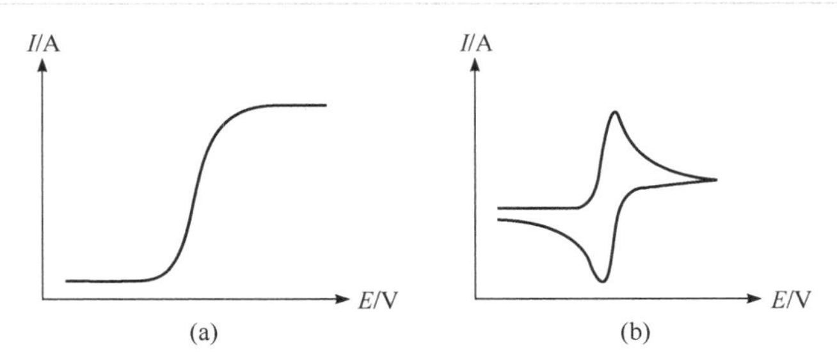

图 5.6 慢扫描速率条件下的循环伏安图。(a)和(b)分别为微电极和宏电极。

5.4 微盘电极的电势阶跃计时电流法的应用

5.2 节中描述的实验具有非常强大的功能。具体来说，它们可用来测量：①未知的扩散系数 D；②未知的本体溶液浓度 c^*；③未知的电子转移数目 n。

而最重要的是，在已知其中任意一个参数后，能够推导得到另外两个参数。这是如何实现的呢?

半径为 r_e 的微盘电极上的瞬态电流响应由下式给出：

$$I = 4nFc^{*}Dr_{e}f(\tau) \tag{5.21}$$

其中短时限和长时限下 $f(\tau)$的近似公式已分别在上面的式(5.18)和式(5.19)中给出。Shoup(舒普)和 Szabo(绍博)[1]经验性地得到了一个实用的 $f(\tau)$单一表达式可以正确预测整个时域范围的电流响应，且其最大误差小于 0.6%(完全在一般的实验误差范围内)。

Shoup 和 Szabo 表达式为

$$f(\tau) = 0.7854 + 0.8863\tau^{-1/2} + 0.2146\exp(-0.7823\tau^{-1/2}) \tag{5.22}$$

从式(5.21)和式(5.22)可知，短时限下电流与 $D^{1/2}$ 成比例，而长时限下电流与 D 成比例。此外，电流在整个时间尺度上都正比于 nc^*。因此，如果实验数据质量足够高，就可以对所测得的瞬态电流曲线进行最优拟合，同时得到 D 和 nc^*的最佳解。然后，如果已知 n 或 c^*，就可以推断出第三个参数。下面将通过一些实例来具体阐述电势阶跃计时电流法的优势。

首先讨论室温下离子液体(RTIL)中氧气饱和溶液的伏安测量。离子液体是一种完全由离子组成的液体；组成液体的常见阴、阳离子见表 5.1。

表 5.1 组成室温离子液体中典型的阴、阳离子。

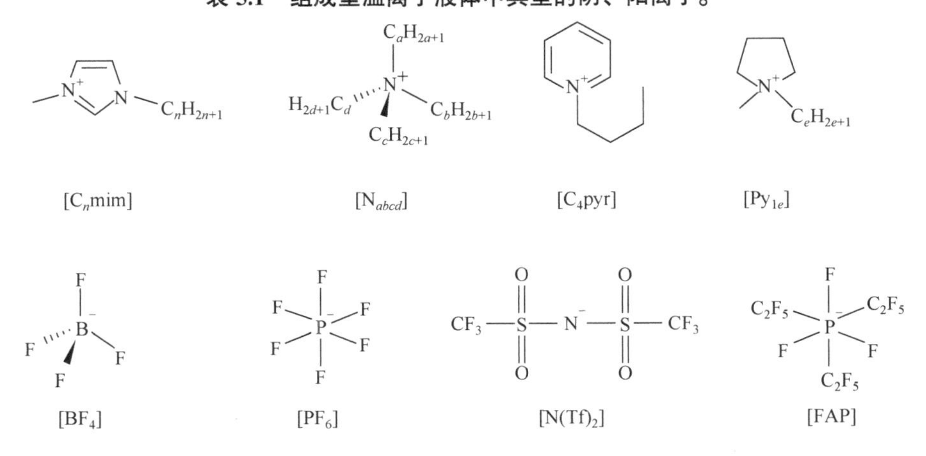

一般情况下，氧气在所研究的介质中的溶解度和扩散系数都是未知的。另一方面，其还原反应可以认为是一个单电子转移过程

$$O_2 + e^- \longrightarrow O_2^{\bullet -} \tag{5.23}$$

即生成超氧负离子。因此，这是一个已知 n (=1)但 c^*及 D 未知的体系。而这两个参数可以通过分析适当的微盘电极上的电势阶跃“计时电流图”获得。图 5.7 展示了使用金微盘电极在室温离子液体[C_2mim][N(Tf)$_2$]中测得的氧气饱和溶液典型数据。

最优拟合所得的数据点也展示在图中，可以发现拟合效果很好。根据拟合结果可以推导出氧气在该离子液体中的饱和浓度为 3.9 mmol · dm^{-3}，并进一步通过如下公式计算得到 Henry(亨利)常数 K_H：

$$c^* = K_H P_{O_2}$$

式中，P_{O_2} 是氧气分压。据此推导出 K_H 值为 3.9 mmol · dm^{-3} · atm^{-1}。O_2 在该溶液中的扩散系数为 8.3× 10^{-6} cm^2 · s^{-1}。

第二个例子是在−74 ℃条件下四氢呋喃(THF)中的硫醚(图 5.8)电还原反应。

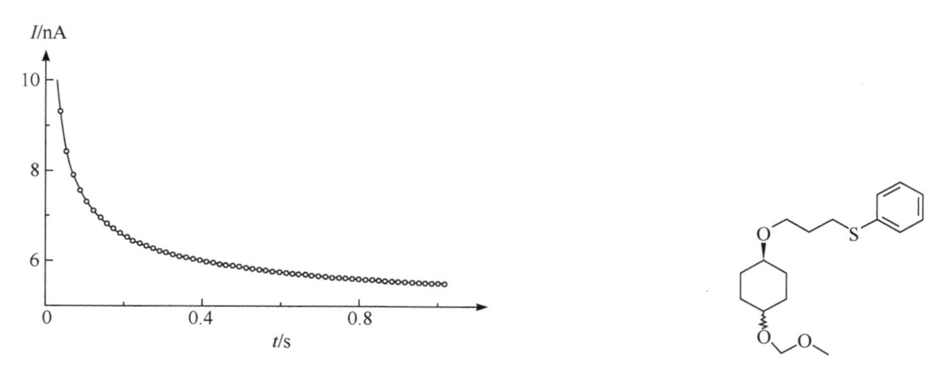

图 5.7 在离子液体[C_2mim][N(Tf)$_2$]中金电极上氧气还原的计时电流实验(实线)测量结果与模拟(圆圈)结果对比。此图经授权转载自参考文献[3]。

图 5.8 苯硫醚：[(3-{[反-4-(甲氧基甲氧基)环己烷]氧}丙基)硫代]苯，Ph—S—R。

在该体系中，溶液浓度已知，但其扩散系数未知。另外，此电极还原过程的反应机理并不清楚，事实上这也是该研究的目的之一。可以设想有以下几种可能性：

$$n = 2 \quad \text{R—S—Ph} + 2e^- \longrightarrow \text{R}^- + \text{Ph—S}^-$$

$$n = 2 \quad \text{R—S—Ph} + 2e^- \longrightarrow \text{RS}^- + \text{Ph}^-$$

$$n = 1 \quad \text{R—S—Ph} + e^- \longrightarrow \text{RS}^\bullet + \text{Ph}^-$$

$$n = 1 \quad \text{R—S—Ph} + e^- \longrightarrow \text{RS}^- + \text{Ph}^\bullet$$

使用浓度已知的溶液和半径 5 μm 的铂微盘电极的电势阶跃实验得到如图 5.9 所示的数据。

数据拟合揭示了其扩散系数为 2.3× 10^{-6} cm^2 · s^{-1}，且最重要的是 n = 2(±0.2)，因而提供了有关机理的重要信息，结合其他数据，表明此反应途径为

$$n = 2 \quad \text{R—S—Ph} + 2e^- \longrightarrow \text{R}^- + \text{PhS}^-$$

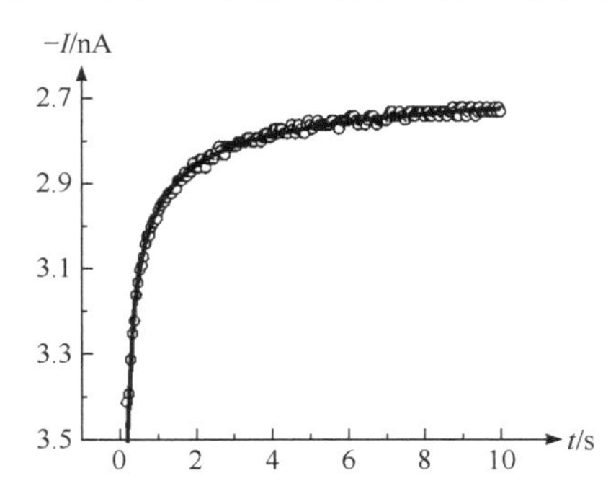

图 5.9 在−74 ℃(±2 ℃)温度下 THF (含 0.1 mol · dm^{-3} TBAP)中 3 mmol · dm^{-3} RSPh 的两电子还原反应在一根 5 μm 的铂微电极上的实验(实线)和理论拟合(圆圈)所得计时电流曲线。在还原波的平坦段时电势阶跃到−3.7 V *vs.*($Fc/Fc^+PF_6^-$)。拟合使用的是 Origin™ 软件。在 THF、−74 ℃条件下，扩散系数 $D = 2.3(\pm0.25) \times 10^{-6}\ cm^2 \cdot s^{-1}$ 且每分子电子转移数 $n = 2$。经 Elsevier 授权，转载自参考文献[4]。

通过电势阶跃的瞬态电流响应确定伏安测量中的转移电子数，这一方法因此显然具备一般适用性。

5.5 微盘电极上的双电势阶跃计时电流法探究电生成物质的扩散系数

上节展示了电势阶跃计时电流法作为一种强大的方法，特别是当所研究物种在溶液中的浓度未知，或者不清楚其电化学反应中的电子转移数时，可用来测定未知的扩散系数。显然，如果这个技术进一步包括两个电势阶跃，那么就会提供更多有用的信息。具体来讲，考虑在一个只含有 A 的溶液中发生了以下电极反应

$$A \pm ne^- \longrightarrow B$$

那么显然从零电流电势阶跃至令 A 的电解受扩散控制的电势时，能够得到关于 A 的信息，进而使 B 再转变回 A 的第二个电势阶跃就可以给出 B 的扩散系数。图 5.10 说明了实验过程中电势-时间的关系，其中设定：①E_1 对应于零电流电势；②E_2 会导致 A 到 B 的转化受扩散的限制；③E_3 则会引发 B 再转化回 A 的反应受扩散的限制。

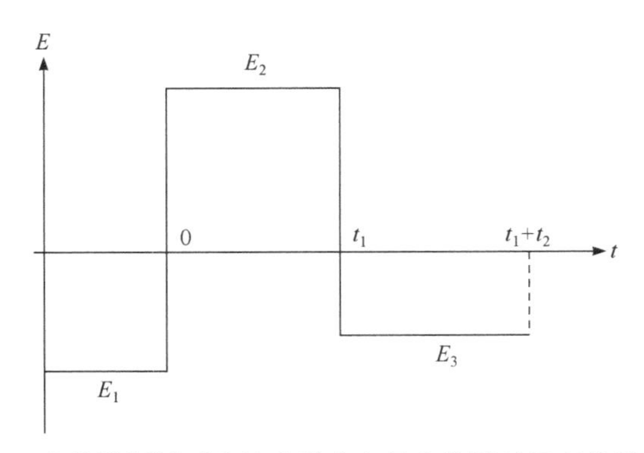

图 5.10 双电势阶跃计时电流实验中电极电势随时间变化的示意图。

数学上，为了预测体系的电流变化，必须解出下列表示向一个微盘电极扩散的方程组，

因而以圆柱坐标系(r 和 z)的形式将它们写出：

$$\frac{\partial[\mathrm{A}]}{\partial t}=D_{\mathrm{A}}\left(\frac{\partial^2[\mathrm{A}]}{\partial r^2}+\frac{1}{r}\frac{\partial[\mathrm{A}]}{\partial r}+\frac{\partial^2[\mathrm{A}]}{\partial z^2}\right) \tag{5.24}$$

$$\frac{\partial[\mathrm{B}]}{\partial t}=D_{\mathrm{B}}\left(\frac{\partial^2[\mathrm{B}]}{\partial r^2}+\frac{1}{r}\frac{\partial[\mathrm{B}]}{\partial r}+\frac{\partial^2[\mathrm{B}]}{\partial z^2}\right) \tag{5.25}$$

式中，D_{A} 和 D_{B} 分别是 A 和 B 的扩散系数。相应的边界条件如下：

$$t<0 \qquad 所有r，z \qquad [\mathrm{A}]=[\mathrm{A}]_{本体}，[\mathrm{B}]=0$$

$$t_1 \geqslant t \geqslant 0 \qquad 0<r<r_{\mathrm{e}} \qquad z=0 \quad [\mathrm{A}]=0，\ D_{\mathrm{A}}\frac{\partial[\mathrm{A}]}{\partial z}=-D_{\mathrm{B}}\frac{\partial[\mathrm{B}]}{\partial z}$$

$$t \geqslant t_1 \qquad 0<r<r_{\mathrm{e}} \qquad z=0 \quad [\mathrm{B}]=0，\ D_{\mathrm{A}}\frac{\partial[\mathrm{A}]}{\partial z}=-D_{\mathrm{B}}\frac{\partial[\mathrm{B}]}{\partial z}$$

其中 t_1 已在图 5.10 中标出。圆盘电极周围的绝缘材料表面和对称轴上的通量均设为零

$$r>r_{\mathrm{e}} \qquad z=0 \qquad \frac{\partial[\mathrm{A}]}{\partial z}=\frac{\partial[\mathrm{B}]}{\partial z}=0$$

$$r=0 \qquad z \geqslant 0 \qquad \frac{\partial[\mathrm{A}]}{\partial r}=\frac{\partial[\mathrm{B}]}{\partial r}=0$$

以及在所有时刻，且距离电极足够远的区域，体系始终保持本体浓度

$$所有t，\ r\to\infty，\ z\to\infty，\ [\mathrm{A}]\to[\mathrm{A}]_{本体}，\ [\mathrm{B}]\to 0$$

求解此问题需要借助数值模拟，并且已被 Klymenko(克莱门科)和他的同事[5]报道过，他们提供了相应的数据表，使大家可以在不用进一步模拟的情况下，通过查表对实验所得瞬态电流响应进行分析。从下面的例子可以明显看出，这种方法提供了一种同时测量 D_{A} 和 D_{B} 的灵敏手段。

首先考虑电极反应

$$\mathrm{Fe(CN)_6^{4-}(aq)-e^-}\longrightarrow\mathrm{Fe(CN)_6^{3-}(aq)}$$

图 5.11 展示了在 0.1 mol · dm^{-3} KCl 水溶液中一根 100 μm 直径的铂圆盘电极上所研究体系的电势阶跃瞬态电流实验值和理论值之间的拟合对比结果，具有很好的一致性。这使得可以推算出[5]25 ℃下，$\mathrm{Fe(CN)_6^{4-}}$ 和 $\mathrm{Fe(CN)_6^{3-}}$ 的扩散系数分别为 6.58(±0.37)×10^{-6} cm^2 · s^{-1} 和 7.51(±0.99)×10^{-6} cm^2 · s^{-1}。在该情形下，由于这两个物种都很稳定，因此有可能通过其他技术直接测量二者的扩散系数。不同技术所得结果之间的一致性也很高，因此在准确度方面更加验证了这种双电势阶跃计时电流法的有效性。

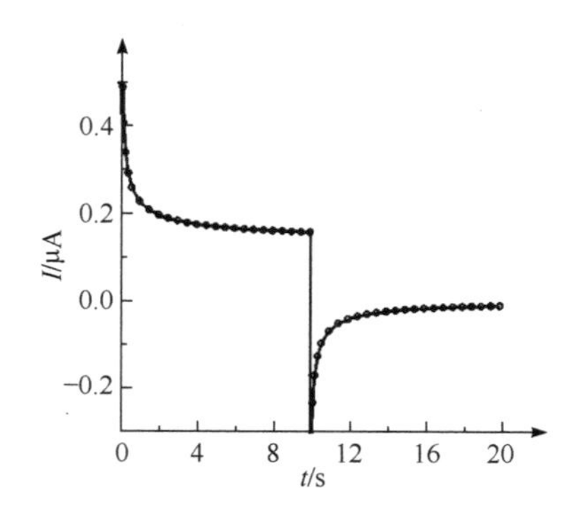

图 5.11 在 0.1 mol · dm^{-3} KCl 水溶液中一根 100 μm 直径的铂圆盘电极上 $\mathrm{Fe(CN)_6^{4-}}$ 体系的双电势阶跃瞬态电流实验值和理论值之间的拟合对比。经 Elsevier 授权，转载自参考文献[5]。

第二个例子有关在非水溶液中进行的下列电极过程：

$$\mathrm{TMPD} - e^- \rightleftharpoons \mathrm{TMPD}^{\bullet +}$$

$$\mathrm{TMPD}^{\bullet +} - e^- \rightleftharpoons \mathrm{TMPD}^{2+}$$

其中 TMPD 是 *N*, *N*, *N'*, *N'*-四甲基对苯二胺二盐酸盐，图 5.12 展示了该分子的结构式。

由于已经确认 TMPD 在诸多介质中均表现出两步单电子氧化反应，因此将该分子作为一种探针分子，用于比较所研究分子在各种离子液体和常规非质子溶剂(如乙腈)中的扩散速率。该两步氧化反应发生在相距超过 0.5 V 的电势下，因此不用担心会出现伏安波重叠在一起的问题(图 5.13)。表 5.2 列出了研究时用的溶剂及其黏度。

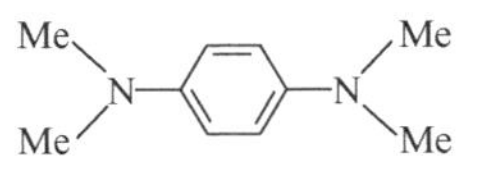

Me N Me Me N Me

图 5.12 TMPD 的结构式。

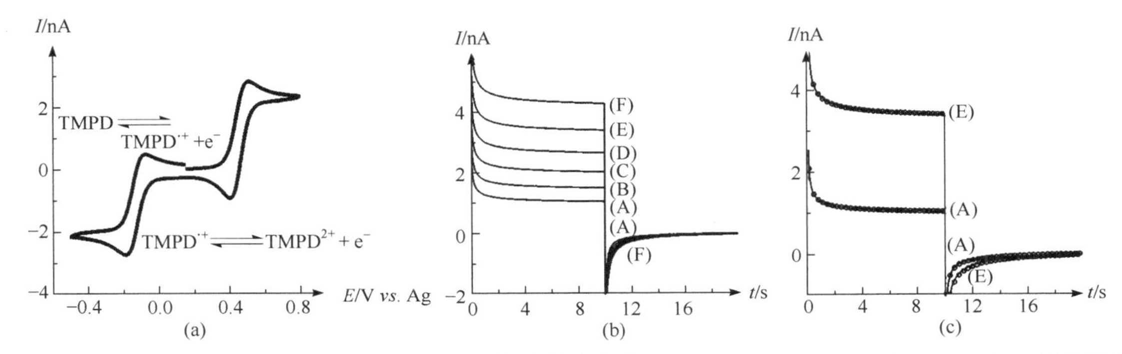

图 5.13 (a) 在$[C_2mim][N(Tf)_2]$中 Au 圆盘电极(标注的半径为 5 μm)上 20 $mmol \cdot dm^{-3}$ $TMPD^{\bullet +}BF_4^-$ 氧化的循环伏安图，扫描速率为 0.2 $V \cdot s^{-1}$。(b) 相同体系中 $TMPD^{\bullet +}$ / $TMPD^{2+}$ 氧化还原电对分别在 298 K(A)、308 K(B)、318 K(C)、328 K(D)、338 K(E)和 348 K(F)下测量的双电势阶跃计时电流图。(c) 298 K(A)和 338 K(E)下实验结果(实线)与最优拟合结果(圆圈)的比较。经 Wiley 授权，转载自参考文献[6]。

表 5.2 TMPD 扩散研究中使用的溶剂[7]。

溶剂	黏度(25 ℃)/(mPa · s)
MeCN	0.345
$[C_2mim][N(Tf)_2]$	30.8
$[C_4pyr][N(Tf)_2]$	72.5
$[C_{10}mim][N(Tf)_2]$	127.5
$[P_{14,666}][N(Tf)_2]$	399.9

此外，通过 $TMPD^{\bullet +}BF_4^-$ 盐已有的相关研究以及利用双电势阶跃计时电流法，可以测量出所有三个物种 TMPD 、$TMPD^{\bullet +}$ 及 $TMPD^{2+}$ 的扩散系数。第一组实验中，首先在 $TMPD^{\bullet +}$ 既不发生氧化也不发生还原的电势下施加阶跃至更正的电势，使 $TMPD^{\bullet +}$ 氧化为 $TMPD^{2+}$ 的反应受到扩散控制，然后回到初始电势，以此得到 $TMPD^{\bullet +}$ 和 $TMPD^{2+}$ 的扩散系数。第二组双电势阶跃实验则用来探究 TMPD 和 $TMPD^{\bullet +}$ 相互转化的过程，以此得到这两种物质的扩散系数。图 5.13 展示了该实验的典型数据，并且可以看到模拟结果与实验数据呈现出很好的一致性。

根据文献报道[8]，这三种物质—— TMPD 、$TMPD^{\bullet +}$和$TMPD^{2+}$ ——的扩散系数随温度的变化都精准地符合 Arrhenius 公式：

$$D = D_{\infty}\exp\left(-\frac{E_a}{RT}\right) \tag{5.26}$$

正如在第 3 章所讨论的。可以通过测定不同实验温度下活性物质的扩散系数，进而分析得到其对应的扩散活化能。实验发现，对于任一特定的溶剂，三种物质的扩散活化能 E_a 都非常接近，根据扩散活化能可以进一步推出溶剂的黏度。

$$\eta = \eta_{\infty}\exp\left(\frac{E_a}{RT}\right) \tag{5.27}$$

相关数据见表 5.3。

表 5.3 黏性纯溶剂[见式(5.27)]中不同温度(298～348 K)下的 Arrhenius 参数，以及四种室温离子液体中的 TMPD、它的自由基阳离子 $TMPD^{\cdot+}$和二价阳离子 $TMPD^{2+}$的扩散系数[见式(5.26)]。常规字体的扩散系数由单电势阶跃计时电流图得出，斜体由双电势阶跃数据分析得出。

离子液体	黏度		扩散					
			TMPD		$TMPD^{\cdot+}$		$TMPD^{2+}$	
	η_{∞}/(mPa · s)	$E_{a,\eta}$/(kJ · mol^{-1})	D_{∞}/(cm^2 · s^{-1})	$E_{a,D}$/(kJ · mol^{-1})	D_{∞}/(cm^2 · s^{-1})	$E_{a,D}$/(kJ · mol^{-1})	D_{∞}/(cm^2 · s^{-1})	$E_{a,D}$/(kJ · mol^{-1})
$[C_2mim]N(Tf)_2]$	3.36×10^{-4}	28.5	4.54×10^{-6}	28.3	1.51×10^{-6}	27.0	*8.71×10^{-7}*	26.9
$[C_4pyr]N(Tf)_2]$	4.61×10^{-4}	29.6	6.70×10^{-6}	30.5	2.19×10^{-6}	9.2	*1.86×10^{-6}*	30.0
$[C_{10}mim][N(Tf)_2]$	1.89×10^{-4}	33.1	8.61×10^{-6}	32.7	5.86×10^{-6}	33.2	[a]	[a]
$[P_{14,666}][(N(Tf)_2]$	4.52×10^{-5}	39.5	1.62×10^{-4}	41.8	*1.24×10^{-6}*	43.2	[a]	[a]

[a] 其测定因存在干扰性的均相过程而无法进行。

这些观察结果表明

$$D \propto \frac{1}{\eta} \tag{5.28}$$

这与 Stokes-Einstein 关系式一致：

$$D = \frac{k_B T}{6\pi\eta r} \tag{5.29}$$

式中，k_B 是 Boltzmann 常量，r 是分子半径(假设分子为球形)。Stokes-Einstein 方程的推导是基于“用来描述对一个宏观球体的黏性拖动的 Stokes 定律也适用于分子”这一假设。这是一个很明显的近似。

这三种物质的数据也被用来评估常在伏安数据模拟时用到的“相等扩散系数”这种近似处理。假设有电极反应

$$A + e^- \longrightarrow B$$

然后，作为一个不错的近似

$$D_A \sim D_B$$

除非 A 和 B 之间存在明显的结构差异。对于常见的质子溶剂如乙腈、二甲基甲酰胺或碳酸丙烯酯等，这通常是一个很好的近似处理。例如，在乙腈溶剂中，$TMPD^{\cdot+}$与 TMPD 的扩散系

数相差在 12%以内，另外也有文献报道了其他自由基阳离子和阴离子与其中性母体分子相比类似的数据。相反，在室温离子液体中，这种带电阳离子的扩散系数约为中性母体分子 TMPD 的一半。而其二价阳离子在所研究溶剂中的扩散系数约为 TMPD 的三分之一。

5.6 使用微电极的循环和线性扫描伏安法

描述一个微盘电极上的简单电极反应

$$\mathrm{A} - \mathrm{e}^- \rightleftharpoons \mathrm{B}$$

的循环(线性扫描)伏安实验需要求解下列扩散方程

$$\frac{\partial[\mathrm{A}]}{\partial t} = D_{\mathrm{A}}\left(\frac{\partial^2[\mathrm{A}]}{\partial r^2} + \frac{1}{r}\frac{\partial[\mathrm{A}]}{\partial r} + \frac{\partial^2[\mathrm{A}]}{\partial z^2}\right) \tag{5.30}$$

$$\frac{\partial[\mathrm{B}]}{\partial t} = D_{\mathrm{B}}\left(\frac{\partial^2[\mathrm{B}]}{\partial r^2} + \frac{1}{r}\frac{\partial[\mathrm{B}]}{\partial r} + \frac{\partial^2[\mathrm{B}]}{\partial z^2}\right) \tag{5.31}$$

并同时满足以下边界条件

$$0 < t \leqslant t_{转换} \qquad E = E_1 + vt$$

$$t_{转换} < t \qquad E = E_1 + vt_{转换} - v(t - t_{转换}) = E_1 + 2vt_{转换} - vt$$

$$所有t，z = 0，0 < r < r_{\mathrm{e}} \qquad D_{\mathrm{A}}\frac{\partial[\mathrm{A}]}{\partial z} = -D_{\mathrm{B}}\frac{\partial[\mathrm{B}]}{\partial z} = k_{\mathrm{a}}[\mathrm{A}]_0 - k_{\mathrm{c}}[\mathrm{B}]_0$$

$$t \leqslant 0 \qquad 所有r，所有z \qquad [\mathrm{A}] = [\mathrm{A}]_{本体}，[\mathrm{B}] = 0$$

$$所有t、r，\quad z \to \infty \qquad [\mathrm{A}] = [\mathrm{A}]_{本体}，[\mathrm{B}] = 0$$

其中通常

$$k_{\mathrm{a}} = k^0 \exp\left\{\frac{\beta F}{RT}[E - E_{\mathrm{f}}^0(\mathrm{A}/\mathrm{B})]\right\} \tag{5.32}$$

$$k_{\mathrm{c}} = k^0 \exp\left\{\frac{-\alpha F}{RT}[E - E_{\mathrm{f}}^0(\mathrm{A}/\mathrm{B})]\right\} \tag{5.33}$$

前两个边界条件描述了在工作电极上施加一个从 E_1 开始的三角形电势扫描。电势以已知的扫描速率 v 向正电势方向扫描直至 $t_{转换}$ 时刻，并在此时以反方向扫回。第三个边界条件是规定了在界面处 A 的消耗被 B 的生成弥补，以及其界面反应的速率由 Butler-Volmer 动力学决定，其速率常数由上述式(5.32)和式(5.33)以一般形式给出。剩余的两个边界条件将初始浓度和本体溶液的浓度联系了起来。

图 5.14(a)～(f)展示了从 0.1 μm 到 1000 μm 不同尺寸的微盘电极上进行的 $k_0 = 10^{-5}\ \mathrm{cm \cdot s^{-1}}$ 的电化学不可逆极限下的伏安图，其中 $D_{\mathrm{A}} = D_{\mathrm{B}} = 10^{-5}\ \mathrm{cm^2 \cdot s^{-1}}$ 且 $E_{\mathrm{f}}^0(\mathrm{A}/\mathrm{B}) = 0\ \mathrm{V}$。

各个电极尺寸下的电流响应都已经根据稳态极限电流进行了归一化，以便在同一张图上能看清这几条不同的曲线。所有情况中，扫描速率为 $1\ \mathrm{V \cdot s^{-1}}$。尺寸较大的电极表现出峰形响应，这与平面电极上的循环伏安图上所看到的一致。相比之下，对于较小的电极，可以看到

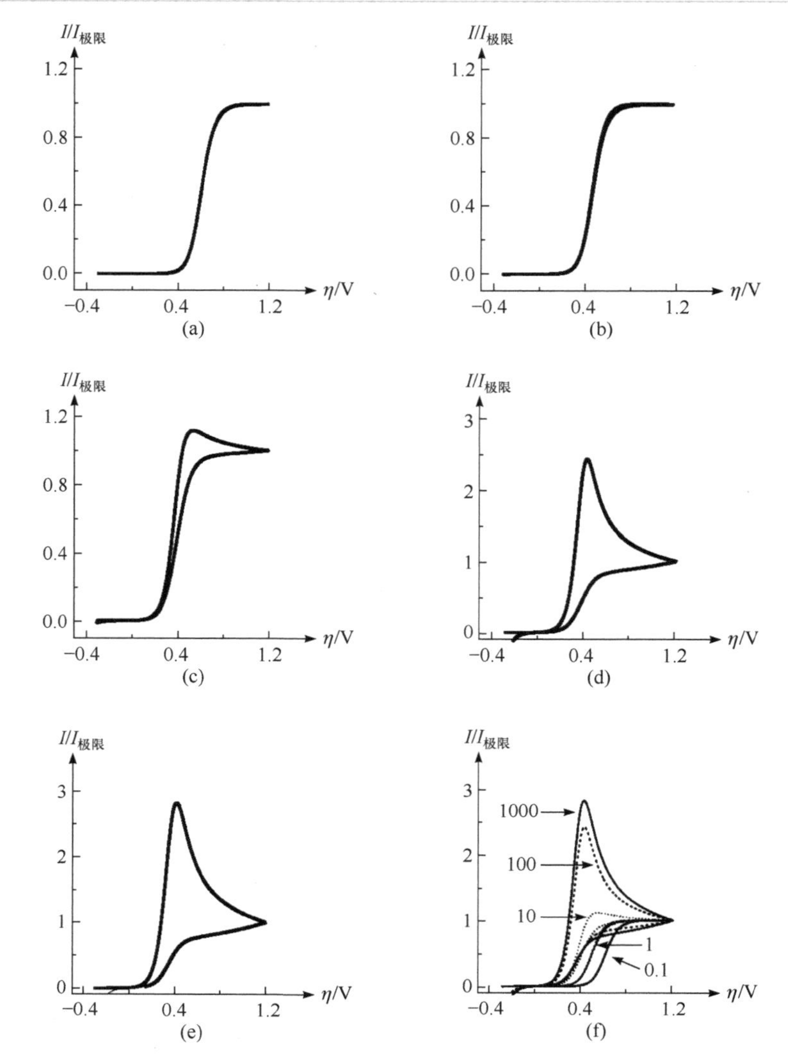

图 5.14　微盘电极上 A 经不可逆氧化变为 B 的归一化电流随电极过电势的变化曲线。$E_f^0 = 0\ \text{V}$；$\alpha = 0.5$；$k^0 = 10^{-5}\ \text{cm} \cdot \text{s}^{-1}$；$\nu = 1\ \text{V} \cdot \text{s}^{-1}$；$[\text{A}]_{本体} = 1\ \text{mmol} \cdot \text{dm}^{-3}$；$D = 10^{-5}\ \text{cm}^2 \cdot \text{s}^{-1}$。曲线(a)～(e)分别展示了尺寸为 0.1、1.0、10、100 和 1000 μm 的电极上的电流响应；(f)展示了重叠的五条曲线。$\eta = E - E_f^0$。

接近稳态的行为，其特征的“峰形”消失了。图 5.15 展示了圆盘面上的平均电流密度随着圆盘半径的减小显著增大。

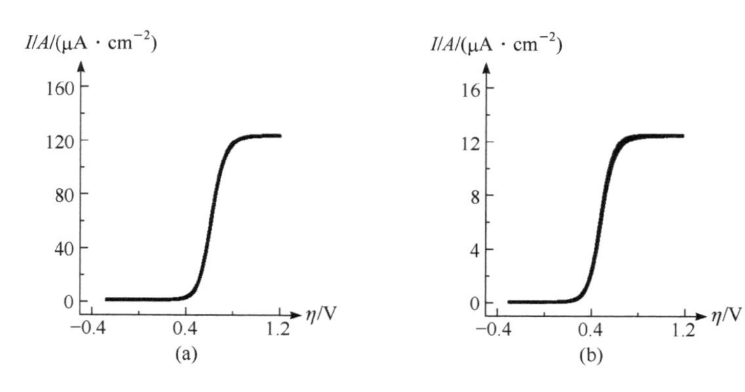

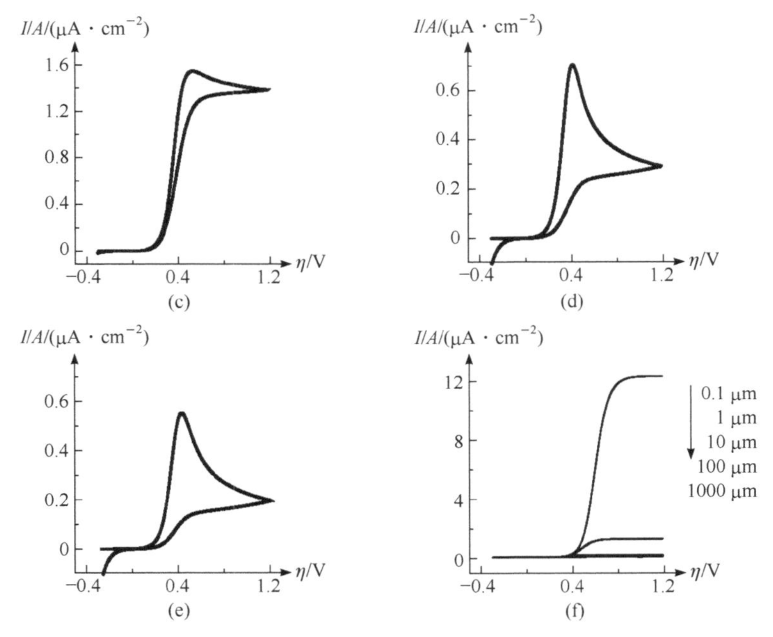

图 5.15　微盘电极上 A 经不可逆氧化变为 B 的电流密度(I/A)随电极过电势的变化曲线。$E_f^0 = 0$ V；$\alpha = 0.5$；$k^0 = 10^{-5}$ cm · s^{-1}；$v = 1$ V · s^{-1}；$[A]_{本体} = 1$ mmol · dm^{-3}；$D = 10^{-5}$ cm^2 · s^{-1}。曲线(a)～(e)分别展示了尺寸为 0.1、1.0、10、100 和 1000 μm 的电极上的电流响应；(f)展示了重叠的五条曲线。$\eta = E - E_f^0$。

图 5.16(a)～(f)和图 5.17(a)～(f)展示了对 $k^0 = 1$ cm · s^{-1} 的快速电极动力学极限下类似的伏安图。同样可以清楚地看到小电极上伏安图峰形的转变，还有较小电极上显著增加的电流密度。

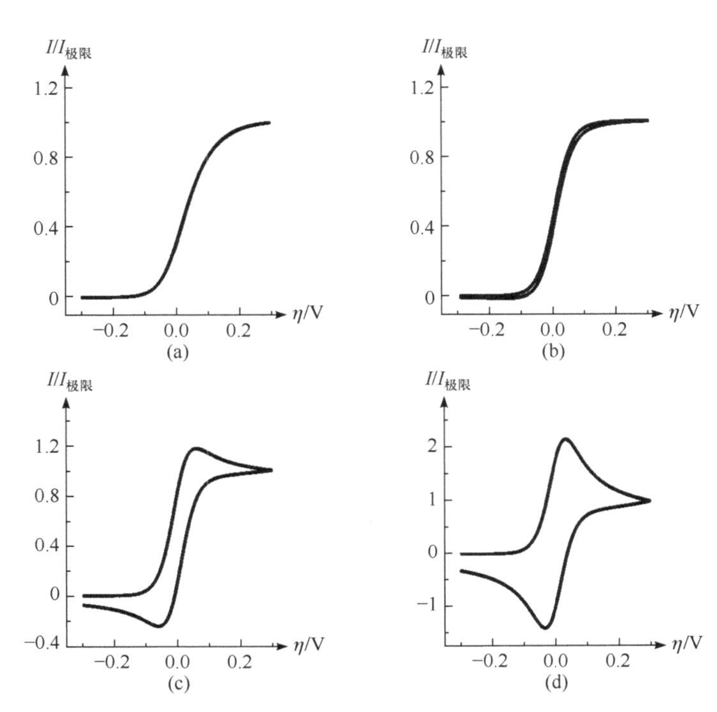

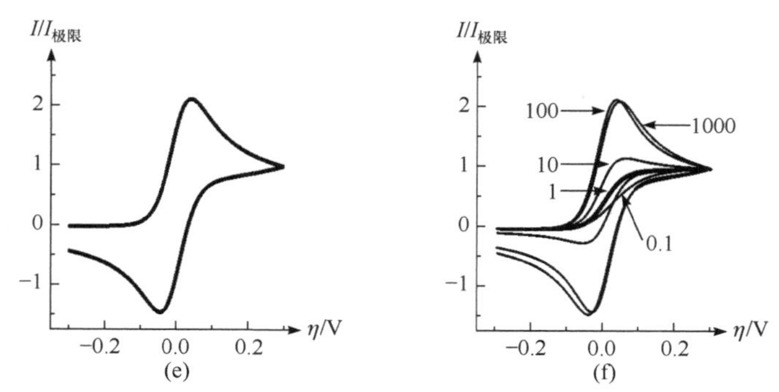

图 5.16 微盘电极上 A 经可逆氧化变为 B 的归一化电流随电极过电势的变化曲线。$E_f^0 = 0$ V；$\alpha = 0.5$；$k^0 = 1$ cm · s^{-1}；$v = 1$ V · s^{-1}；$[A]_{本体} = 1$ mmol · dm^{-3}；$D = 10^{-5}$ $cm^2 \cdot s^{-1}$。曲线(a)～(e)分别展示了尺寸为 0.1、1.0、10、100 和 1000 μm 的电极上的电流响应；(f)展示了重叠的五条曲线。$\eta = E - E_f^0$。

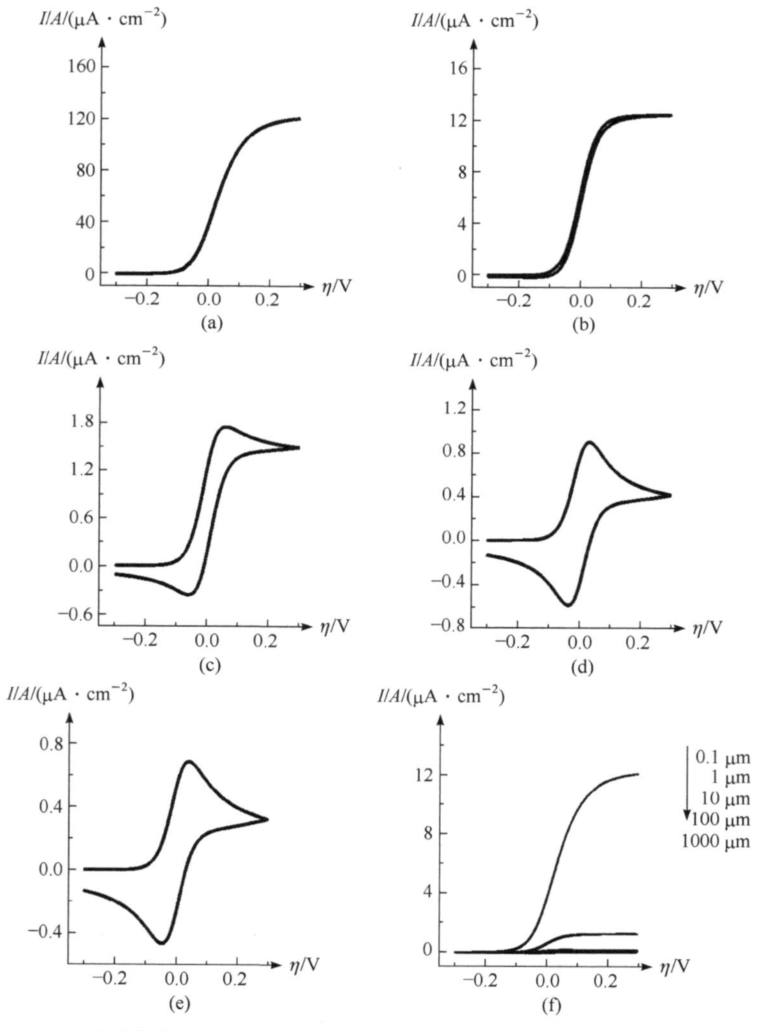

图 5.17 微盘电极上 A 经可逆氧化变为 B 的电流密度(I/A)随电极过电势的变化曲线。$E_f^0 = 0$ V；$\alpha = 0.5$；$k^0 = 1$ cm · s^{-1}；$v = 1$ V · s^{-1}；$[A]_{本体} = 1$ mmol · dm^{-3}；$D = 10^{-5}$ $cm^2 \cdot s^{-1}$。曲线(a)～(e)分别展示了尺寸为 0.1、1.0、10、100 和 1000 μm 的电极上的电流响应；(f)展示了重叠的五条曲线。$\eta = E - E_f^0$。

循环伏安法测量中出现的峰形响应是线性扩散的特征，同时它的出现说明其扩散层的形状几乎是平的；而稳态极限则是径向扩散的特征，其扩散层大致为半球形，不同类型的伏安图所对应的扩散层见图 5.18。

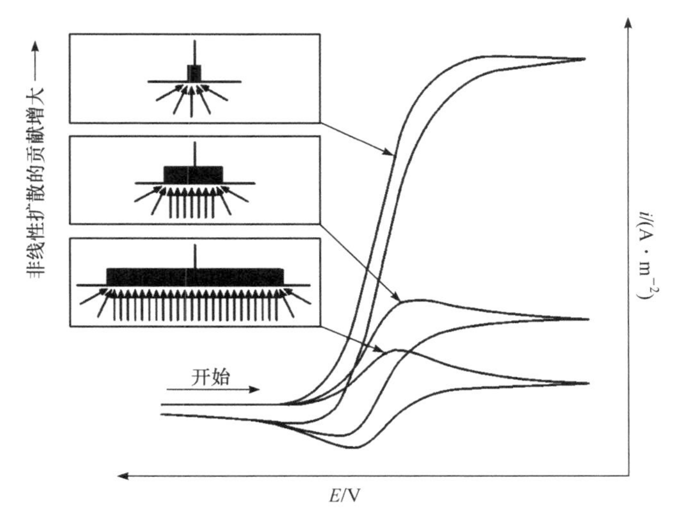

图 5.18 示意图展示了电极尺寸(与扩散层厚度相关)与径向扩散对所观察到的伏安图的贡献之间的关系。

因此，如果体系达到稳态所需的时间($\sim r_e^2/D$)短于扫描伏安图的时间($\sim RT/Fv$)，那么当

$$\frac{r_e^2}{D} \ll \frac{RT}{Fv} \tag{5.34}$$

将会看到一个类似稳态的行为。因此，可以定义一个新的参数

$$p = \sqrt{Fr_e^2 v / RTD} \tag{5.35}$$

则 $p \ll 1$ 对应于稳态行为，而 $p \gg 1$ 就会得出“循环伏安图”般的极限。对于电化学可逆极限而言，其峰电流可以用如下的经验式描述：

$$I_p = 4Fr_e[\mathrm{A}]_{本体} D(0.34e^{-0.66p} + 0.66 - 0.31e^{-11/p} + 0.351p) \tag{5.36}$$

则下面这些极限情况显而易见：

$$p \to 0, \quad I_p = 4Fr_e[\mathrm{A}]_{本体} \tag{5.37}$$

$$p \to \infty, \quad I_p = 1.4Fr_e[\mathrm{A}]_{本体} p \tag{5.38}$$

在 $p \to 0$ 的极限下电流是预期的稳态电流，而当 $p \to \infty$ 时，I_p 的表达式对应于在平面宏电极上所预期的峰电流。图 5.19(a)以图形方式呈现了这种转变过程。图 5.19(b)是不可逆极限中的相应行为。表 5.4 总结了这两种极限下的行为。

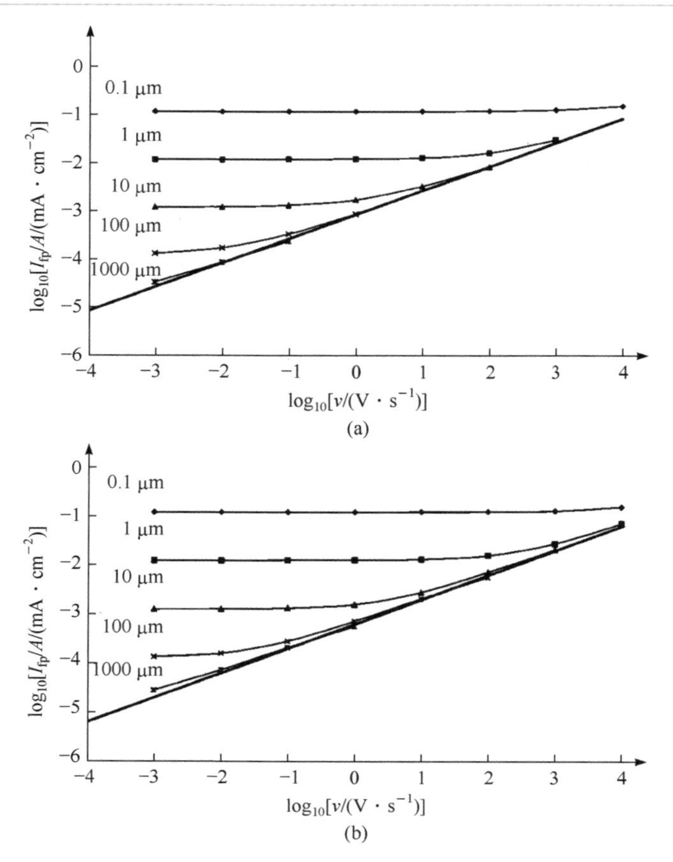

图 5.19 A 到 B 的可逆(a)和不可逆(b)氧化过程对应的峰电流密度与扫描速率之间的关系。(a)中的参数：$E^0 = 0$ V；$\alpha = \beta = 0.5$；$k = 1\ cm \cdot s^{-1}$；$[A]_{本体} = 1\ mmol \cdot dm^{-3}$；$D_A = D_B = 10^{-5}\ cm^2 \cdot s^{-1}$。(b)中所有参数除 $k = 10^{-5}\ cm \cdot s^{-1}$ 外，其他均与(a)中相同。实线展示了平面宏电极的预期行为。

表 5.4 平面和径向扩散相应的循环伏安特征。

特性	传质的主要形式	
	平面扩散	径向扩散
δ vs. r_e	$\delta \ll r_e$	$\delta \gg r_e$
响应类型	明显的峰→I_p	稳态→$I_{极限}$
是否存在扫描速率依赖	是	否
电流依赖	$I_p \propto v^{0.5}$；$I_p \propto D^{0.5}$；$I_p \propto A$	$I_{极限} \propto r_e$；$I_{极限} \propto D$

注意：δ 是扩散层厚度。

从上述内容中注意到，微盘电极上从稳态到“循环伏安”式响应的转变取决于扩散速率和电势扫描速率的相对大小。这一点可以通过 O_2 的电还原实例着重凸显。

$$O_2 + e^- \longrightarrow O_2^{\bullet -}$$

在 RTIL$[N_{6222}][N(Tf)_2]$中，两种物质有显著不同的扩散系数：

$$D(O_2)=1.48\times10^{-10}\ m^2\cdot s^{-1}$$

$$D(O_2^{\bullet -})=4.66\times10^{-12}\ m^2\cdot s^{-1}$$

这导致该体系产生了如图 5.20 所示的奇特的伏安响应：扫描速率为 1 $V\cdot s^{-1}$时，稳态和暂态电流响应同时出现。

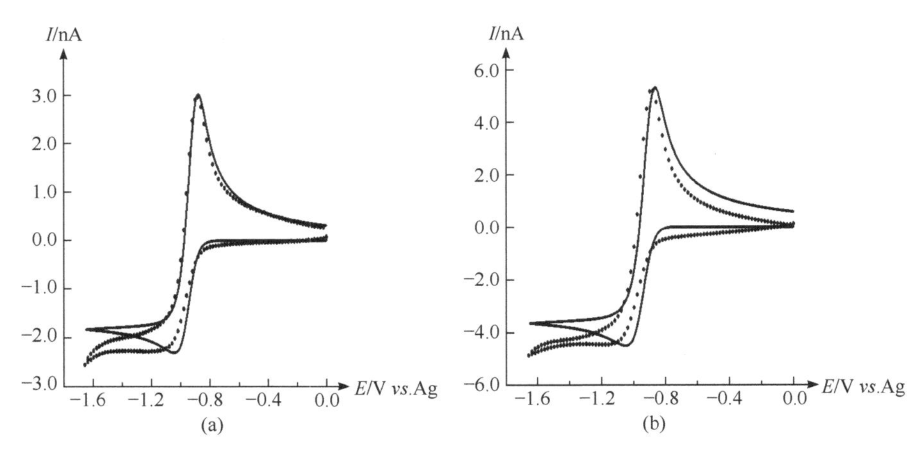

图 5.20 在(a)50% O_2和 50% N_2或(b)90% O_2和 10% N_2的混合气体氛围下 $[N_{6222}][N(Tf)_2]$中氧气还原的实验和模拟伏安图(扫描速率 1 $V\cdot s^{-1}$)的对比。圆圈代表实验数据，实线代表模拟数据。经授权，转载自参考文献[7]。版权(2003)归美国化学会。

正向扫描中，对应的是扩散较快的 O_2 的还原，可以看到接近稳态的电流-电势曲线。而反向扫描中，对应的是扩散慢得多的$O_2^{\bullet -}$的氧化，此时的一个峰形响应非常明显。图 5.21 展示了两种物质在伏安图上不同位置的浓度分布。显然在正向扫描过程中，O_2的扩散达到了稳态，而在反向扫描的过程中却没有达到稳态。注意，由于$O_2^{\bullet -}$的扩散速率较慢，导致该物种在电极附近大量积聚；其浓度达到了 O_2本体浓度的数倍。

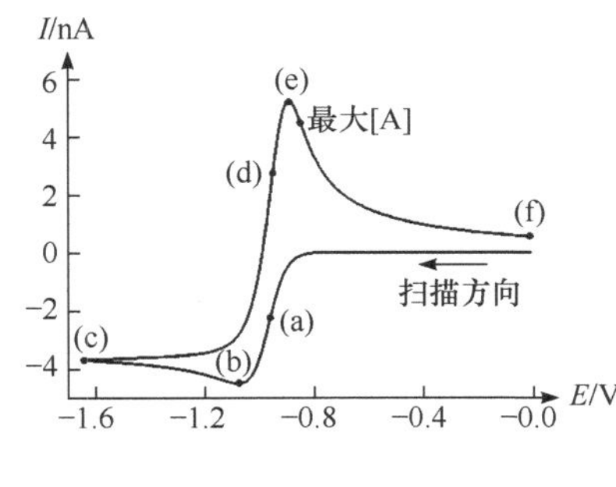

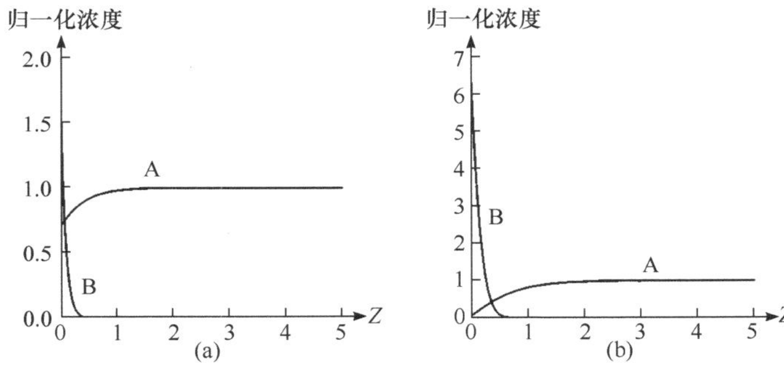

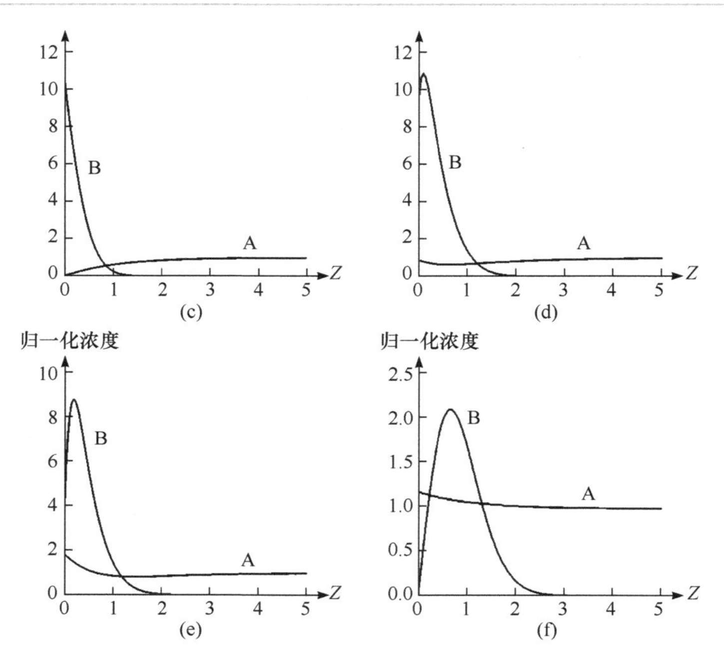

图 5.21 标记了特定点的循环伏安(扫描速率为 1 V · s^{-1})模拟结果图。每个点对应的浓度分布也分别进行了展示。其中，标记为"最大[A]"的点对应电极表面的氧气浓度达到最大的时刻。注意，A 代表氧气分子，B 代表超氧分子。同时，$Z = z / r_e$，且浓度相对于本体浓度做了归一化处理。经授权，转载自参考文献[7]。版权(2003)归美国化学会。

5.7 微盘电极上的稳态伏安测量

当微盘电极伏安图的电势扫描速率足够慢，且这个微圆盘足够小以至于可以看到电化学不可逆或准可逆行为时，所观察到的真正的稳态行为就可以用来分析，给出关于电极过程的电极动力学信息。这要求该体系的传质系数远大于 k_0：

$$m_T \sim \frac{D}{r_e} \gg k_0 \tag{5.39}$$

大多数实验室常用的微圆盘尺寸基本为几微米，故有 $r_e \sim 10^{-4}\,\text{cm}$，而一般的扩散系数 D 在 $10^{-5}\,\text{cm}^2 \cdot \text{s}^{-1}$ 左右，因此用该方法可以测量一些较快的电化学速率常数，尽管不是最快的(见第 2 章)。

当溶液中只有一种物质存在，且还原态和氧化态物种的扩散系数相等时，Aoki[8]在 Oldham(奥尔德姆)和 Zoski(佐斯基)[9]极具见地的研究基础上对这类伏安波的形状通过以下近似方程的办法进行了总结。

$$\frac{I}{I_{\text{极限}}}[1+\exp(\pm\varsigma)] = \frac{\lambda}{\lambda + \dfrac{2\lambda+12}{\lambda+3\pi}} \tag{5.40}$$

其中

$$\lambda = \frac{k^0 r_e}{D}(e^{-\alpha\xi} + e^{\beta\xi}) \tag{5.41}$$

且

$$\varsigma = \frac{F}{RT}(E - E_{\mathrm{f}}^{0}) \tag{5.42}$$

I_{ss}项是稳态极限电流，α和β是转移系数。注意，随着 k^0 变大，$\lambda \to \infty$ 且伏安波的形状为

$$\frac{I}{I_{\text{极限}}} = \frac{1}{1+\exp(\pm\varsigma)} \tag{5.43}$$

其中“+”对应还原过程，而“−”是氧化过程。式(5.43)适用于扩散稳态条件下测量的任何电化学可逆伏安响应。

有一种应用更广的获取动力学数据的方法，由 Mirkin(米尔金)和 Bard[10]提出。如图 5.22 所示，他们利用一种简单方法，从准可逆稳态伏安图中直接提取实验参数$\Delta E_{1/4}$和$\Delta E_{3/4}$，经计算后便可确定 k^0、α和 E_{f}^{0} 的值。

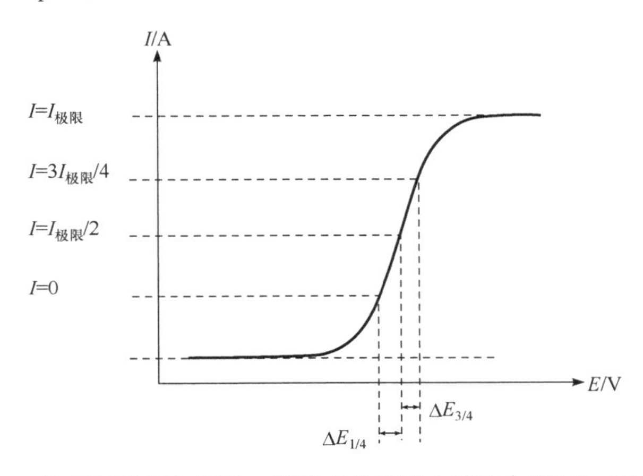

图 5.22 该图阐述了如何从一张稳态伏安图中提取参数$\Delta E_{1/4}$和$\Delta E_{3/4}$。

Mirkin 和 Bard 制作了两套表格，一套适用于电极表面各处通量相等的电极如旋转圆盘电极(见第 8 章)，另一套则适用于电极表面各处通量不等的电极如微盘电极。通过输入$\Delta E_{1/4}$和$\Delta E_{3/4}$，可直接从表中读取出所需的动力学数据。当这些参数的数值落在表中给出的值之间时，文章中给出了一种对应的插值计算法。

该方法最大的优点就是使用方便，只需要获得一张伏安图就可以得到所需的所有动力学数据，不需要任何复杂的图形和数值分析(但可以通过取多次扫描结果的平均值提高准确性)。由于记录的是稳态条件下的伏安图，因此四分位电极电势的测量准确度很高，不存在瞬态伏安法中由充电电流和 Ohm 电势降所带来的实验误差。另外，由于实验结果与电活性物种的浓度和电极面积无关，因此结果的准确度也得到了提升。然而，由大约微米尺寸的微盘电极上扩散极限动力学所限，使用该方法能够测量的 k^0 值的上限约为 0.05 cm · s^{-1}。

5.8 微电极 *vs.* 宏电极

对于微电极的一种定义是，此类电极至少有一个维度的尺寸在微米级(图 5.23)。

尺寸更小的电极也可能列入这一类电极中，或者甚至可以称为“纳电极”。而宏电极是指所有尺寸均大于微电极的电极，其特征尺寸一般在毫米或厘米级别。

微电极与宏电极的特性在以下几个关键方面有所不同。正是这些不同使得微电极在快速电化学过程的测量中表现出极大优势。

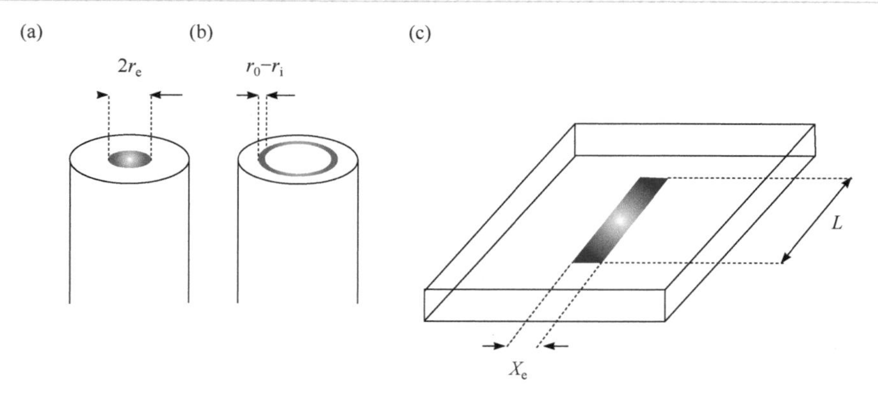

图 5.23　常用微电极的几何形状：(a)微圆盘，(b)微环，(c)微带。每种形状的电极上都标注了其特征尺寸。

(1) 非平面扩散。正如在本章前面部分描述的，微电极比宏电极体系有更快的传质速率，有助于测量和表征较快的动力学过程。这一特点对于非均相(k^0，见上节)和均相(第 7 章)体系均适用。

(2) 减小的电容。双电层电容与电极面积成正比。因此，电极面积的减小也会降低体系的电容 C。注意，电化学池的时间常数为 R_sC 的乘积，其中 R_s 是溶液电阻。因此，当施加在电极上的电势改变时，仅由支持电解质中的离子流动决定的那部分电流的衰减只发生在 R_sC 时间尺度上，所以对于任何电极而言都存在一个有效的电势扫描速率上限，因其对应的充电电流会正好掩盖住所感兴趣的 Faraday 过程。注意，由于电容的定义为

$$C = q / E$$

式中，q 是电荷量，E 是电势，那么如果 C 是一个常数，则

$$I_{cc} = Cv$$

由此，充电电流 I_{cc} 正比于电势扫描速率 v。而受平面扩散限制的 Faraday 电流 I_F 与电势扫描速率的平方根成正比，如

$$I_F \propto v^{1/2}$$

则有

$$\frac{I_{cc}}{I_F} \propto v^{1/2}$$

因此，当电势扫描速率足够大时，充电电流会掩盖住所感兴趣的 Faraday 电流。

注意上述讨论是基于电容 C 完全由双电层贡献的假设。实际上，电极的密封通常会带来一些“杂散电容”，它们会增加体系的总电容，从而影响上述结论。这类问题尤其会发生在微电极上[11]。

(3) 减小的 Ohm 降(见第 2 章)。Ohm 降与流过的总电流成正比，而电流随着电极面积的减小而降低。这一点给某些特定的情况带来了优势(第 2 章)，可以使用两电极体系代替更为常见的三电极体系，其原因是如果流经电极的电流在纳安培数量级或者更低时，则一根集成的参比/对电极上的电势不太可能发生明显改变。

在下一节中将详细讨论上述微电极体系的所有优势，以及如何运用到快速扫描循环伏安法测量中。在那之前，指出微电极相对于宏电极的又一个显著优势是，它们使得在高电阻的有机溶剂(如甲苯、苯、庚烷等)中进行伏安法研究成为了可能。图 5.24 分别呈现了二茂铁在甲苯和苯中的单电子氧化过程的相关实验数据。

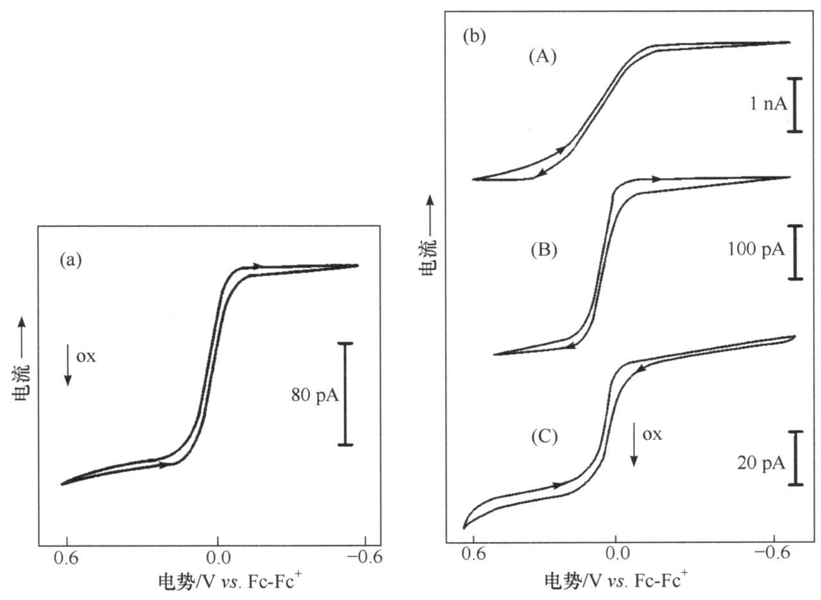

图 5.24 高电阻芳烃溶剂中的伏安测量。(a) 5×10^{-5} mol · dm^{-3}二茂铁在 25 ℃时、半径 5 μm 的铂电极上，甲苯(含 0.1 mol · dm^{-3} Hex_4NClO_4)中的氧化；扫描速率为 20 mV · s^{-1}。(b) 1×10^{-5} mmol · dm^{-3}，(A)；1×10^{-4} mmol · dm^{-3}，(B)；1.6×10^{-5} mmol · dm^{-3}，(C)浓度的二茂铁在半径 5 μm 的铂电极上、22 ℃时，苯(含 0.1 mol · dm^{-3} Hex_4NClO_4)中的氧化；扫描速率为 50 mV · s^{-1}。经 Elsevier 授权，转载自参考文献[12]。

在上图中，每个实验中都有高氯酸四正己基铵盐作为支持电解质。尽管在这种条件下可以观察到非常不错的伏安波，但是在测量中总是存在由于 Ohm 降导致的响应变形。最后值得一提的是，甚至已经有人尝试过在气相中进行微电极伏安法的测量[13]。图 5.25 展示了这些“伏

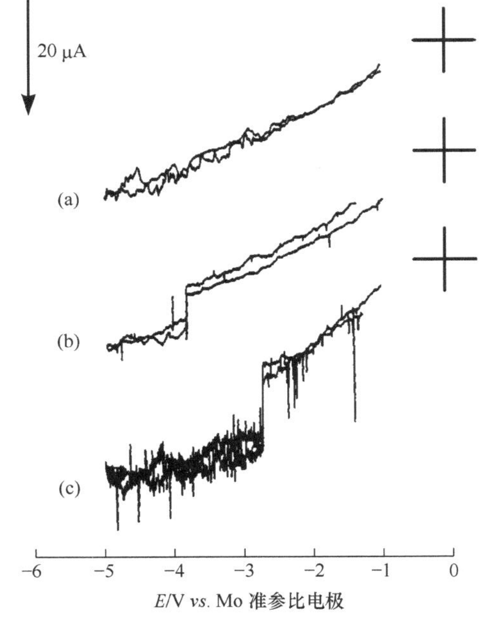

图 5.25 使用 Mo 准参比电极的−5 V 到−1 V 的循环伏安图：(a) 去离子水，(b) 0.05 mol · dm^{-3} 硫酸铁水溶液，(c) 0.05 mol · dm^{-3} 硫酸铜，经雾化后燃烧。数据没有经过平滑处理。电势从−1 V 开始扫描，扫描速率为 0.6 V · s^{-1}。经 Elsevier 授权，转载自参考文献[13]。

安图”，且其中的“台阶”归因于下列过程：

$$Fe^{+}(g)+e^{-} \rightleftharpoons Fe(s)$$

$$Cu^{+}(g)+e^{-} \rightleftharpoons Cu(s)$$

5.9 超快循环伏安法：扫描速率为兆伏特每秒

继在巴黎进行的开创性工作[14,15]，设计了内含反馈补偿控制的三电极恒电势仪器装置，它能够在几兆伏特每秒的扫描速率下记录无 Ohm 降的伏安图，推动了纳秒级时间尺度下的研究。这个范围的扫描速率对应着厚度仅为几纳米的扩散层演变。

图 5.26 展示了在含浓度约为 1.0 mol · dm^{-3} 的四氟硼酸四乙基铵盐作为支持电解质的乙腈中蒽还原的伏安数据，其扫描速率甚至超过 2×10^{6} V · s^{-1}：

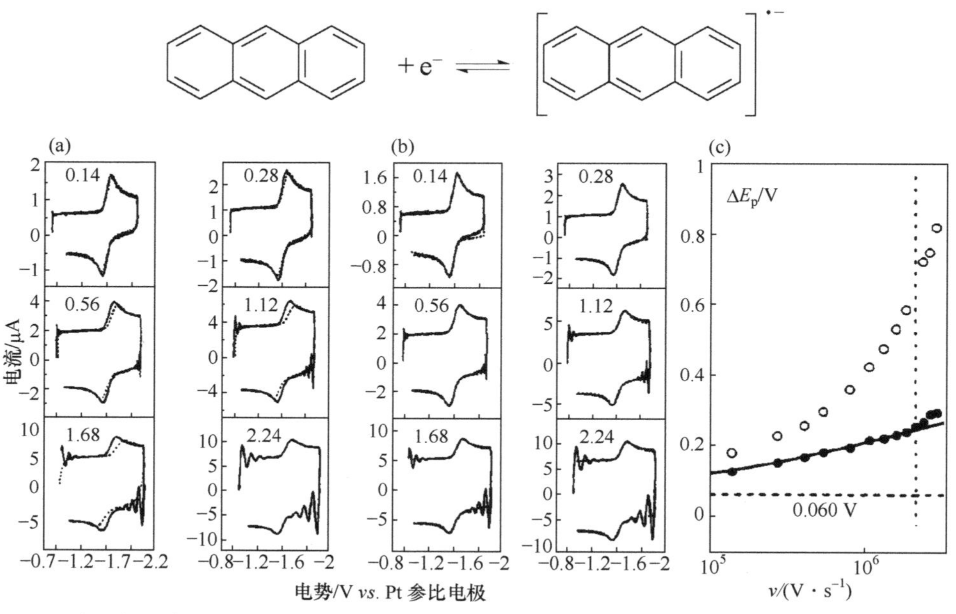

图 5.26　20 ℃时，在乙腈(含 0.9 mol · dm^{-3} NEt_4BF_4)溶液中、半径 2.5 μm 的金圆盘电极上，不同扫描速率(0.14～2.24 MV · s^{-1})下 14.3 mmol · dm^{-3} 蒽还原的循环伏安图。(a) 100%补偿(实线)与未补偿(虚线)的实验结果对比。(b) 100%补偿(实线)与模拟结果(虚线)的实验结果对比。(c) 未补偿(空心圆)或 100%补偿(实心圆)模式下的峰间距与扫描速率的关系图。实线为理论预测结果。经 Elsevier 授权，转载自参考文献[14]。

所看到的循环伏安的峰响应行为说明非常薄的扩散层保证了平面扩散。根据第 4 章中给出的理论对峰电势间距进行模拟分析，可以推测出这个非常快的速率常数(k^0)为 5.1 cm · s^{-1}，转移系数(α)为 0.45。

5.10 超小电极：在纳米尺度上进行研究

一提到电极的尺寸，上节中已传递出一条信息——“越小越好”。尺寸的减小提供了更快的传质速率、更小的电阻降以及削弱的双电层充电效应。尽管微米尺寸电极已经商业化了，但是仍然有大量研究致力于特征尺寸在亚微米到纳米范围的电极的制造和使用。这些电极，除其他应用之外，已经被用于研究快速电子转移动力学。电极尺寸的减小也能够探究一些微环境(如单细胞、活体组织等)，以尽可能降低对体系造成的物理损伤。

Macpherson(麦克弗森)和 Unwin(昂温)曾提出了“纳米电极”的一种早期制备方法[16]。这些电极通过以下方法制备：首先刻蚀一根精细的铂丝，然后用电泳沉积的方法将涂料覆盖在被刻蚀的导线上，在固化过程中涂料会从尖端缩回一点，从而露出纳米级的铂电极。电化学活性区域的大小通过绝缘化过程中的涂料用量来控制。图 5.27 总结了有效半径为 10 nm 到 1 μm 的电极制作过程。

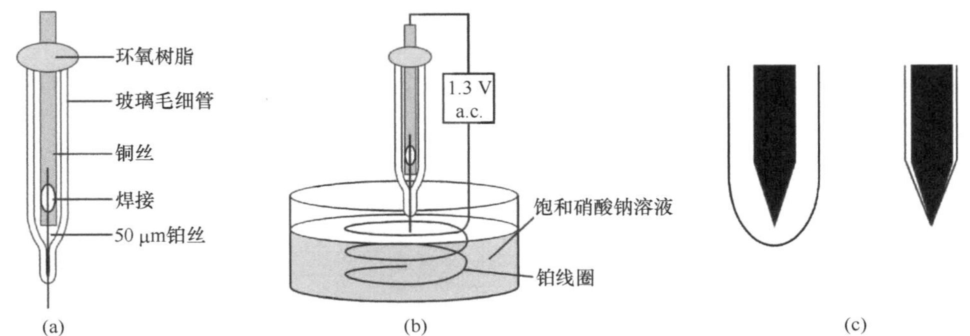

图 5.27 铂超微电极制备过程中的阶段示意图。(a) 铂丝电极的构造。(b) 将铂丝置于饱和硝酸钠溶液中的铂线圈中央，然后在电极和铂线圈之间施加 1.3 V 的交变电势，将铂丝蚀刻到一个精细的点上。(c) 电极通过一种涂料的电沉积而绝缘化，涂料在固化过程中从针尖缩回并暴露出纳米铂。经 Elsevier 授权，转载自参考文献[16]。

图 5.28 展示了这些电极的形貌图，图 5.29 呈现了在这些电极上亚铁氰酸盐 $Fe(CN)_6^{4-}$ 氧化过程的伏安图。用于制作金纳米电极和碳纳米电极的方法也已有文献报道[17,18]。纳米颗粒阵列也可以作为一种实现纳米尺度伏安法测量的方法，它通过使纳米颗粒相互之间距离足够远以实现很大程度上的扩散分离[19]；下一章将讨论电极阵列。

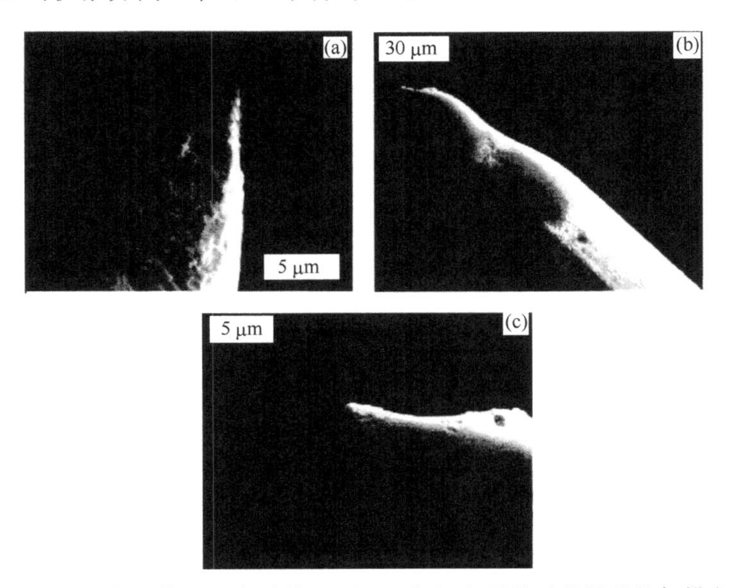

图 5.28 被刻蚀的铂丝(a)、低分辨(b)和高分辨(c)下经阳极沉积覆盖后的铂丝的扫描电子显微镜照片。经 Elsevier 授权，转载自参考文献[16]。

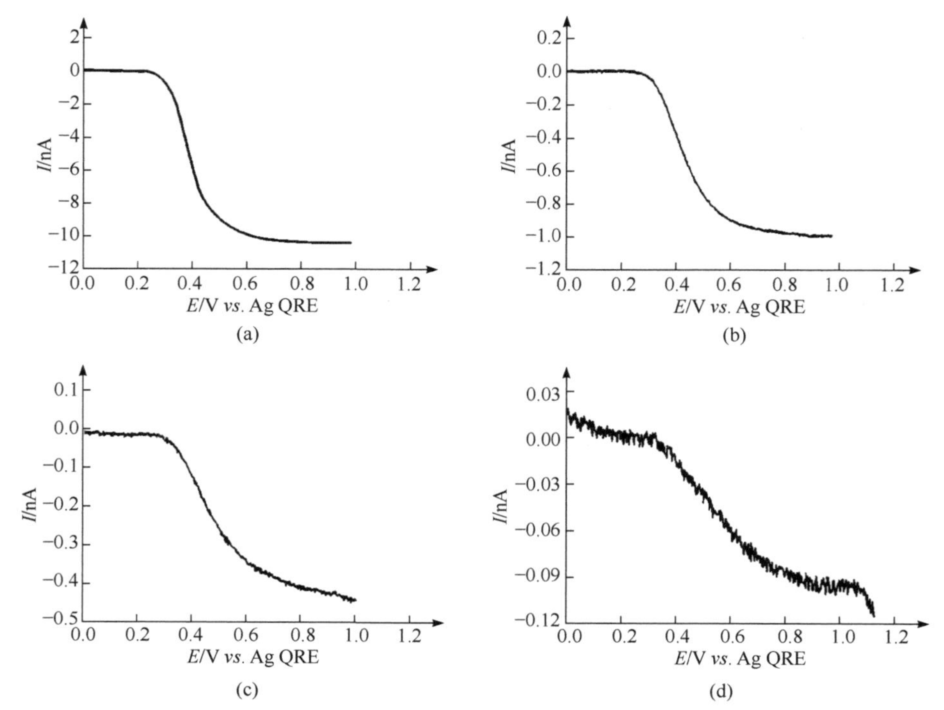

图 5.29　在 0.2 mol · dm^{-3} 氯化钾溶液中，0.2 mmol · dm^{-3} 亚铁氰酸盐在不同半径的电极上发生氧化反应所对应的稳态伏安图。(a) 1.2 μm，(b) 120 nm，(c) 49 nm，(d) 13 nm。参比电极为银准参比电极(Ag QRE)，扫描速率为 20 mV · s^{-1}。经 Elsevier 授权，转载自参考文献[16]。

参 考 文 献

[1] D. Shoup, A. Szabo, *J. Electroanal. Chem.* **140** (1982) 237.

[2] K. J. Aoki, *Review of Polarography* **63** (2017)21.

[3] M. C. Buzzeo, DPhil. Thesis, University of Oxford, UK, 2005.

[4] C. A. Paddon, F. L. Bhatti, T. J. Donohoe, R. G. Compton, *J. Electroanal. Chem.* **589** (2006) 187.

[5] O. V. Klymenko, R. G. Evans, C. Hardacre, I. B. Svir, R. G. Compton, *J. Electroanal. Chem.* **571** (2004) 211.

[6] K. Aoki, *Electroanalysis* **5** (1993) 627.

[7] M. C. Buzzeo, O. V. Klymenko, J. D. Wadhawan, C. Hardacre, K. R. Seddon, R. G. Compton, *Phys. Chem. A* **107** (2003) 8872.

[8] R. G. Evans, O. V. Klymenko, P. D. Price, S. G. Davis, C. Hardacre, R. G. Compton, *Chem. Phys. Chem.* **6** (2005) 526.

[9] K. B. Oldham, C. G. Zoski, *J. Electroanal. Chem.* **313** (1991) 17.

[10] M. V. Mirkin, A. J. Bard, *Anal. Chem.* **84** (1992) 2293.

[11] K. Cinkova, M. Clark, S. V. Sokolov, C. Batchelor-McAuley, L. Svorc, R. G. Compton, *Electroanalysis* **29** (2017) 1006.

[12] A. M. Bond, T. F. Mann, *Electrochimica Acta* **32** (1987) 863.

[13] D. J. Caruana, S. P. McCormack, *Electrochem. Commun.* **2** (2000) 816.

[14] C. Amatore, E. Maisonhaute, G. Simonneau, *Electrochem. Commun.* **2** (2000) 81.

[15] C. Amatore, E. Maisonhaute, G. Simonneau, *J. Electroanal. Chem.* **486** (2000) 141.

[16] C. J. Slevin, N. J. Gray, J. V. Macpherson, M. A. Webb, P. R. Unwin, *Electrochem. Commun.* **1** (1999) 282.

[17] D-H. Woo, H. Kang, S. M. Park, *Anal. Chem.* **75** (2003) 6732.

[18] C. Wang, Y. Chen, F. Wang, X. Hu, *Electrochemica Acta* **50** (2005) 5588.

[19] C. M. Welch, R. G. Compton, *Anal. Bioanal. Chem.* **384** (2006) 601.

6 异质表面的伏安法

本章将在前两章概念推演的基础上进一步探求空间异质电极上的相应理论。也就是说，整个电极表面上各处的电化学活性都可能不同。具体实例包括：①部分阻塞电极；②微电极阵列；③复合材料电极；④多孔电极；⑤某些修饰电极。

因为表面的变化及不同电极活性的区域随机分布，所以对这些电极表面的伏安响应进行理论模拟将有趣且充满挑战。首先考虑部分阻塞电极的情况。

6.1 部分阻塞电极

图 6.1 说明了部分阻塞电极的概念。一个宏电极上方覆盖着与电极表面材质不同的惰性颗粒，并且当电极浸入溶液中时，这种惰性粒子会“阻塞”电活性物质向电极表面的扩散通路。乍看之下，这似乎就是一个电极表面“阻塞”部分和裸露部分的相对几何面积的问题。然而，只有在电极的这两类区域(阻塞的和裸露的)都具有宏观尺寸时，这个结论才正确。如果它们都是微米大小的尺寸，伏安响应将更加难以预测。在本章后面的部分，将使用这一节提出的理论来描述微电极阵列和用电催化剂修饰的电极表面的伏安响应，并进一步表明伏安法可用于粒度分析。

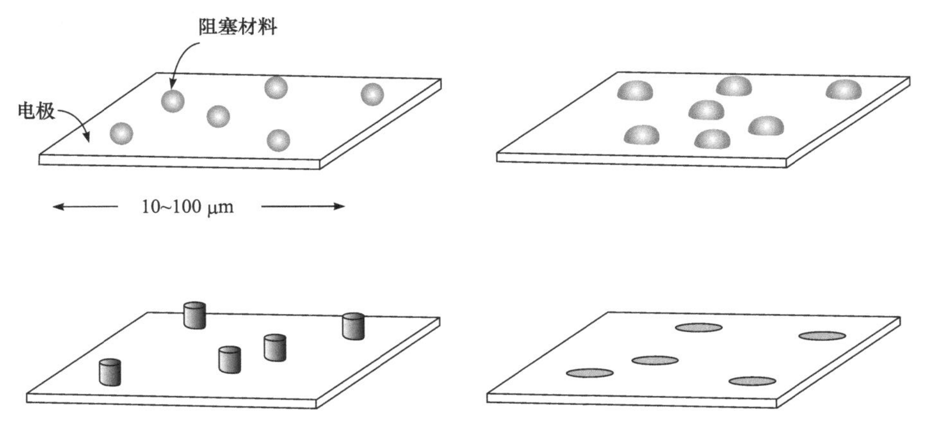

图 6.1　部分阻塞电极的示意图，分别对应球形(左上)、半球形(右上)、圆柱形(左下)和扁平圆盘形(右下)的微粒覆盖。经 Springer Science and Business Media 授权，转载自参考文献[1]。

首先来关注阻塞部分形状为扁平圆盘的部分阻塞电极，如图 6.1 所示。在实际伏安法测量中，可能会提出这样一个问题：“为了看到第 3 章和第 4 章中预测的‘理想’伏安响应，电极究竟需要在多大程度上保持洁净？”而答案却非常令人惊讶：即使是被大面积污染的电极也可能给出一个接近理想的信号！这既是伏安法的优点，也是它的缺点。

图 6.2 显示了固定在平面宏电极上电化学惰性的扁平圆形阻塞物的(圆盘)阵列。

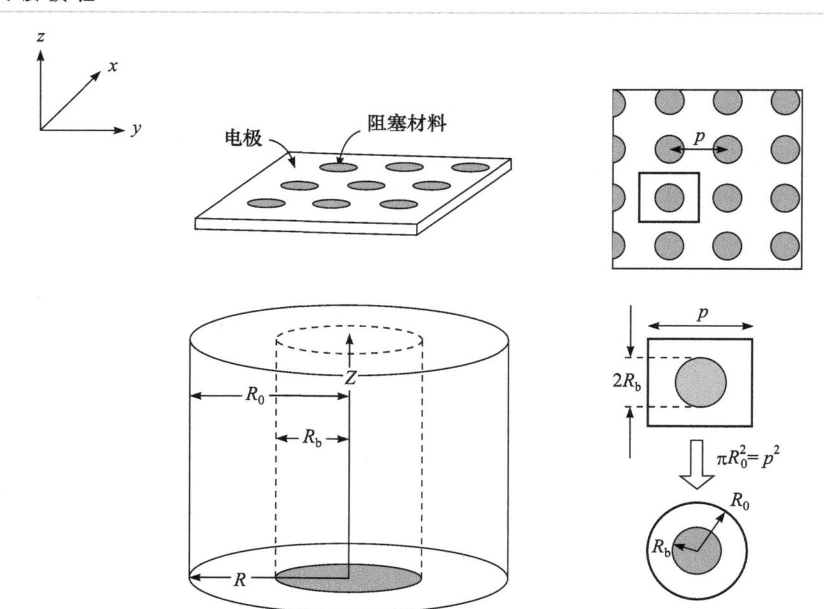

图 6.2 方形区间分布的电化学惰性阻塞物的扩散域问题。经 Springer Science and Business Media 授权，转载自参考文献[1]。

圆盘们按方形分布排列。首先提出一个问题，对于单电极过程

$$\mathrm{A(aq)} + \mathrm{e}^- \underset{k_a}{\overset{k_c}{\rightleftharpoons}} \mathrm{B(aq)}$$

阻塞物的数量和大小对观测到的循环伏安图有什么影响呢？假设电极动力学遵循 Butler-Volmer 模型(第 2 章)

$$k_c = k^0 \exp\left(\frac{-\alpha F}{RT}\eta\right) \tag{6.1}$$

$$k_a = k^0 \exp\left(\frac{\beta F}{RT}\eta\right) \tag{6.2}$$

式中，α 和 β 是转移系数，且 $\alpha+\beta=1$，k^0 是标准电化学速率常数，η 是过电势

$$\eta = E - E_f^0(\mathrm{A/B}) \tag{6.3}$$

E 是施加的工作电势，$E_f^0(\mathrm{A/B})$ 是氧化还原电对 A/B 的形式电势。

可以从下式求出所探究的循环伏安响应：

$$\frac{\partial[\mathrm{A}]}{\partial t} = D_\mathrm{A}\nabla^2[\mathrm{A}] \tag{6.4}$$

和

$$\frac{\partial[\mathrm{B}]}{\partial t} = D_\mathrm{B}\nabla^2[\mathrm{B}] \tag{6.5}$$

其中

$$\nabla^2 \equiv \frac{\partial^2}{\partial x^2}+\frac{\partial^2}{\partial y^2}+\frac{\partial^2}{\partial z^2}$$

受边界条件式(6.1)、式(6.2)和式(6.3)的约束，且如第 4 章所述，E 在选好的扫描范围极限 E_1 和 E_2 之间变化。与第 4 章中解决的问题不同，上述问题和笛卡儿坐标系的三个方向 x, y, z(图 6.2)均相关。这种模拟在算法上更具有挑战性，并且可以预见后续还需要解决阻塞物随机分布的问题，这样计算难度将变得非常大，因此采用扩散域近似的方法。

对于方形排列的阻塞物，扩散域近似处理如图 6.2 所示。首先将电极表面分成面积相等的正方形单元，然后扩散域近似将每个正方形单元替换为面积相同的圆形域。因此，如果相邻圆盘之间的圆心距为 p，则圆形域的半径 R_0 满足

$$p^2=\pi R_0^2 \tag{6.6}$$

所以

$$R_0=0.564p \tag{6.7}$$

类似地，对于六方排列的阻塞物(图 6.3)，其中的单位单元为矩形，如果 $x=p$，则 $y=(\sqrt{3}/2)p^2$，所以

$$\pi R_0^2=(\sqrt{3}/2)p^2 \tag{6.8}$$

因此

$$R_0=0.5258p \tag{6.9}$$

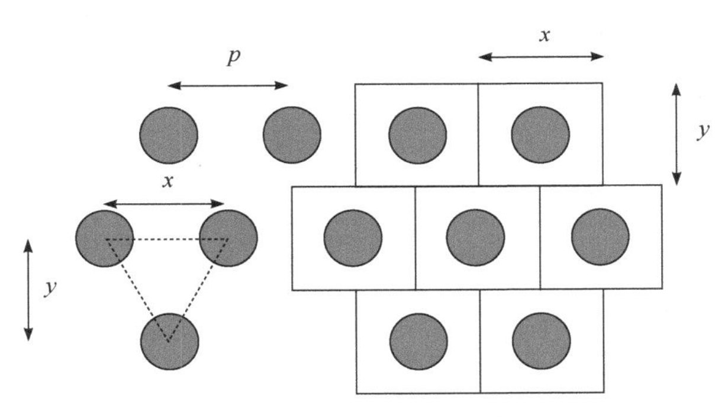

图 6.3　六方排列的阻塞物布局。

通过这种近似，扩散方程式(6.4)和式(6.5)可以在如图 6.2 所示的圆柱域内求解，且坐标轴 Z 为电极表面的法向，R 为径向，R_0 是域的半径，R_b 是阻塞物的半径。因此，式(6.4)和式(6.5)描述的三维问题可以通过扩散域近似来简化，变成易处理的二维问题，也就是解下列方程

$$\frac{\partial[\mathrm{A}]}{\partial t}=D_{\mathrm{A}}\frac{\partial^2[\mathrm{A}]}{\partial R^2}+\frac{D_{\mathrm{A}}}{R}\frac{\partial[\mathrm{A}]}{\partial R}+D_{\mathrm{A}}\frac{\partial^2[\mathrm{A}]}{\partial Z^2} \tag{6.10}$$

$$\frac{\partial[\mathrm{B}]}{\partial t}=D_{\mathrm{B}}\frac{\partial^2[\mathrm{B}]}{\partial R^2}+\frac{D_{\mathrm{B}}}{R}\frac{\partial[\mathrm{B}]}{\partial R}+D_{\mathrm{B}}\frac{\partial^2[\mathrm{B}]}{\partial Z^2} \tag{6.11}$$

这与上面的公式服从相同的边界条件，但是还要在圆柱壁上附加一个“无通量”的边界条件：

$$R = R_0，\text{所有}Z：D_A \frac{\partial[A]}{\partial R} = D_B \frac{\partial[B]}{\partial R} = 0$$

另外写明溶液中的本体浓度

$$0 < R < R_0，Z \to \infty \qquad [A] \to [A]_{\text{本体}}；[B] \to 0$$

通过这种方式，每个圆柱域在扩散上都独立于其相邻区域，因此整个宏电极的伏安响应仅仅是单个扩散域伏安响应按表面阻塞物总数的成比例叠加，并且假设阻塞物总数非常多，“边缘效应”可以近似忽略。

在这里可以通过解答一个简单的问题来示范性地说明通过扩散域计算能得到很有意义的结果：“如果使用一个典型尺寸的宏电极，如 4 mm × 4 mm，如果圆盘状的惰性颗粒覆盖总表面积的一半，对常见的伏安图有什么影响？”为了回答这个问题，假设有一张典型的伏安图符合下列参数的设定：

$$k^0 = 10^{-2}\,\text{cm}\cdot\text{s}^{-1}；\ \alpha = 0.5$$

$$D_A = D_B = 10^{-5}\,\text{cm}^2\cdot\text{s}^{-1}$$

并且假设电势扫描速率为 $0.1\ \text{V}\cdot\text{s}^{-1}$。同时规定 50%的阻塞区域对应的表面覆盖率为

$$\Theta = 0.5 = \frac{\pi R_b^2}{\pi R_0^2} = \left(\frac{R_b}{R_0}\right)^2 \tag{6.12}$$

不过可以通过少量的大面积阻塞物或大量的小面积阻塞物这两种方式实现对电极的覆盖。因此，需要考虑三种情况：

(a) 电极上只有一个大阻塞物尺寸为 $R_0 = 0.18$ cm，且 $\pi \times 0.18^2 = 0.5 \times 0.4 \times 0.4$。

(b) 半径为 50 μm 的阻塞物覆盖住电极的一半面积，且颗粒中心到中心的间距(p)为 200 μm。

(c) 半径为 1 μm 的阻塞物的方形阵列覆盖住电极的一半。

这三种不同的循环伏安响应与裸电极的响应如图 6.4 所示，其结果对比令人惊讶。对于(a)单个大阻塞物($R_0 = 0.18$ cm)的情况，流过的电流非常接近裸电极上电流的一半。相比之下，在情况(c)中，1 μm 阻塞物覆盖住一半($\Theta = 0.5$)电活性面积时对电流的影响却很小，峰电流几乎等于裸电极上的峰电流。情况(b)中，阻塞物大小为 50 μm，介于实际上无阻塞行为和几何阻塞行为这两种极限情况之间。如果考察 A 的浓度分布情况(对应伏安图中的峰电流)，则可以理解这些不同的行为，如图 6.5 所示。

在只有单个阻塞物的情况下，电极表面的活性区域($R_b<R<R_0$)为线性扩散，同时圆盘阻塞区域上方 A 的浓度基本保持本体溶液的浓度。这是因为在实验的时间尺度上，没有足够的时间将反应物通过径向扩散横跨阻塞物 0.18 cm 的距离消耗掉，也就无法把它们带到电极活性区域进行电解。对于情况(b)，即半径为 50 μm 的阻塞物，可以看出在伏安扫描的时间尺度上，通过径向扩散的额外方式使线性扩散到电极活性区域的量显著增加，并且有足够的时间使阻塞区域的 A 显著消耗但不完全耗尽。最后，在情况(c)中，这些阻塞物的半径为 1 μm，且实验时间充沛，能够发生非常有效的径向扩散，因此包括阻塞区域和活性区域的整个电极表面上几乎所有物质都可以完全电解。

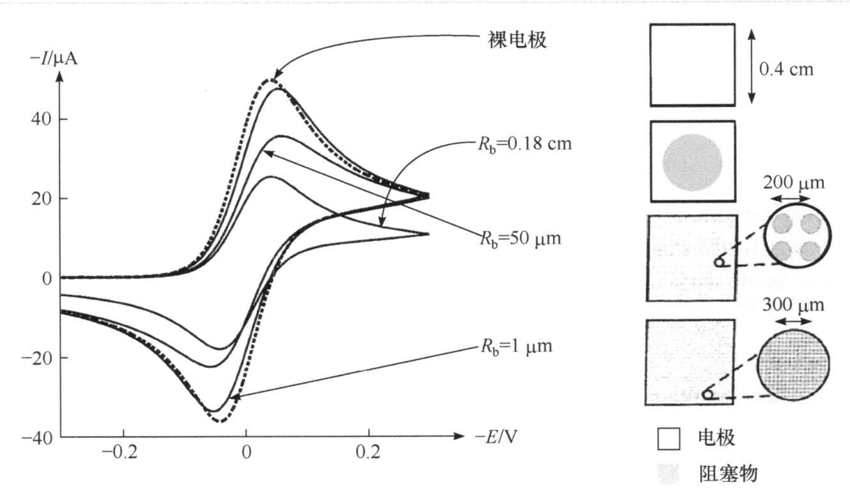

图 6.4 不同尺寸的阻塞物对应的伏安响应，总覆盖率均为 $\Theta = 0.5$。经 Springer Science and Business Media 授权，转载自参考文献[1]。

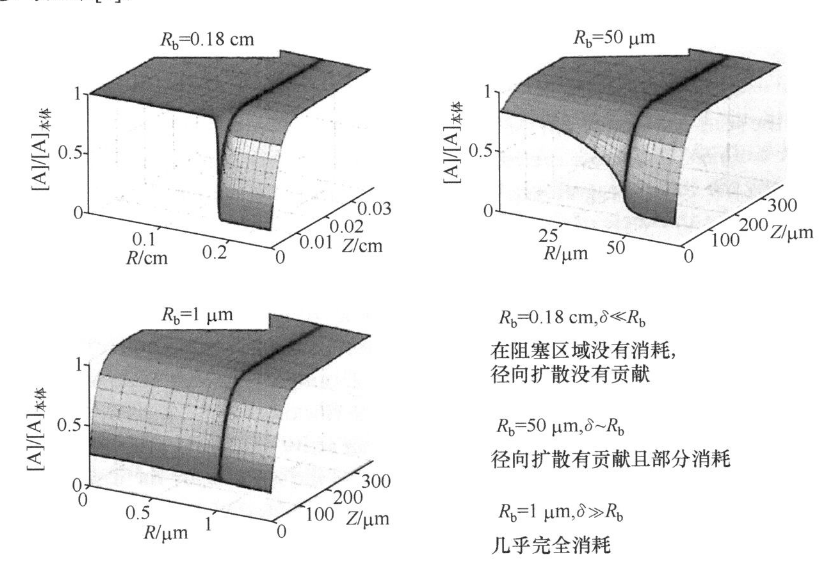

图 6.5 不同扩散域中 A 的浓度分布图。经 Springer Science and Business Media 授权，转载自参考文献[1]。

为了将伏安实验的时间尺度与扩散距离联系起来，回到第 3 章的讨论，并回顾一下在时间 t 内，扩散系数为 D 的物质扩散的大概距离 δ 为

$$\delta = \sqrt{\pi D t}$$

考虑到上述循环伏安法的问题，用适当的物理量“电势宽度”(ΔE)来估计 t 的相应数值，那么

$$\delta = \sqrt{\pi D \frac{\Delta E}{v}}$$

式中，v 是电势扫描速率，对于一张典型的接近电化学可逆的伏安图，预估 ΔE 的值在 0.10 V 数量级比较合适，如图 6.6 所示。据此可以估算出

$$\delta \approx 55\ \mu\text{m}$$

其中 v 采用了图 6.4 模拟计算中的扫描速率($0.1\ V \cdot s^{-1}$)。

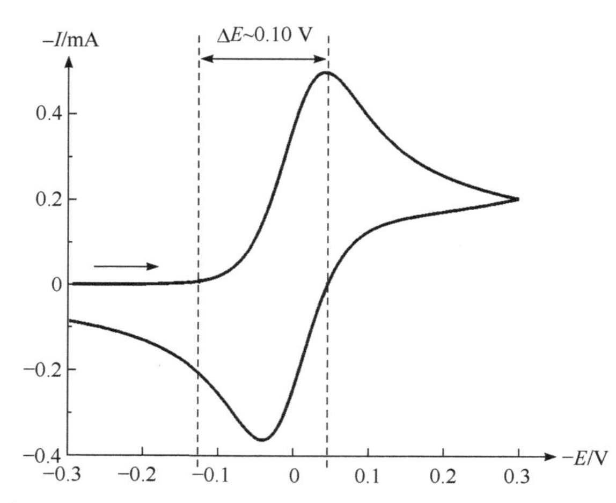

图 6.6　伏安图的电势“宽度”。经 Springer Science and Business Media 授权，转载自参考文献[1]。

现在可以合理地解释图 6.5 中所示的浓度分布曲线和图 6.4 中的伏安图了。首先，55 μm 大致对应的是电极活性区域上扩散层(沿 Z 方向)的厚度。其次，55 μm 也对应在径向方向上扩散的大致距离，因此对于情况(a)，与径向损耗的距离相比，阻塞区域的半径非常大，因此阻塞圆盘区域中的 A 几乎没有损耗，浓度不变。相比之下，对于情况(c)，阻塞物半径为 1 μm，比径向扩散的距离小得多，因此阻塞圆盘上的 A 很快耗尽，几乎与无阻塞的活性电极上的效率相同。于是，在情况(c)中，即使惰性材料覆盖住一半的电极面积，其伏安图与无阻塞的 4 mm × 4 mm 电极的伏安图几乎相同。相反，情况(a)的伏安图中，电流会按($1-\Theta$)的百分比缩小，与活性电极的占比相对应。情况(b)的阻塞物大小与扩散距离相当，显然在行为上介于两者之间。

现在，值得停下来审视一下扩散域近似处理的准确性和成功之处。Brookes 等[2]和 Davies 等[3]采用光刻制备了不同半径和覆盖率的方形和六方阵列的阻塞圆盘构成的部分阻塞电极。实验中得到的伏安图与扩散域理论的吻合度很高，证实了该方法在本章后面多处实验中确实是一种有效的分析方法。

为了进一步说明扩散域近似处理的好处，接下来讨论随机阻塞电极的问题。图 6.7 显示了在这种情况下如何运用近似处理，同样先把这些阻塞区域近似处理为没有电活性的圆盘区域。这里，第一步将电极表面划分为如图 6.7 所示的一系列 Voronoi(泰森)单元。

分解过程可以这样理解：表面上 N 个圆盘中的每个圆盘都简化为位于圆盘中心的一个点；找到每个点的所有相邻点，并作这些相邻点之间的垂直平分线；然后将围绕任一圆盘中心的所有垂直平分线连接在一起，就形成了多边形 Voronoi 单元。每个圆盘则包含在面积为 A_n 的 Voronoi 单元中，其中 n 是 N 个圆盘(点)的序号($n = 1, 2, \cdots, N-1, N$)，那么电极的总面积 $A_{电极}$ 为

$$A_{电极} = \sum_{n=1}^{N} A_n$$

接下来，与方形和六方阵列一样，很明显 Voronoi 单元因其不规则的形状而固有的三维特性使得它难以模拟，并且这些不规则形状单元的随机分布使问题更加复杂。因此，再次采用扩散域近似进行处理，将 Voronoi 单元替换为等面积的圆形域，如图 6.7 所示。将问题转变为在圆柱扩散域中进行扩散响应的模拟，将问题简化为二维模拟，易于处理。

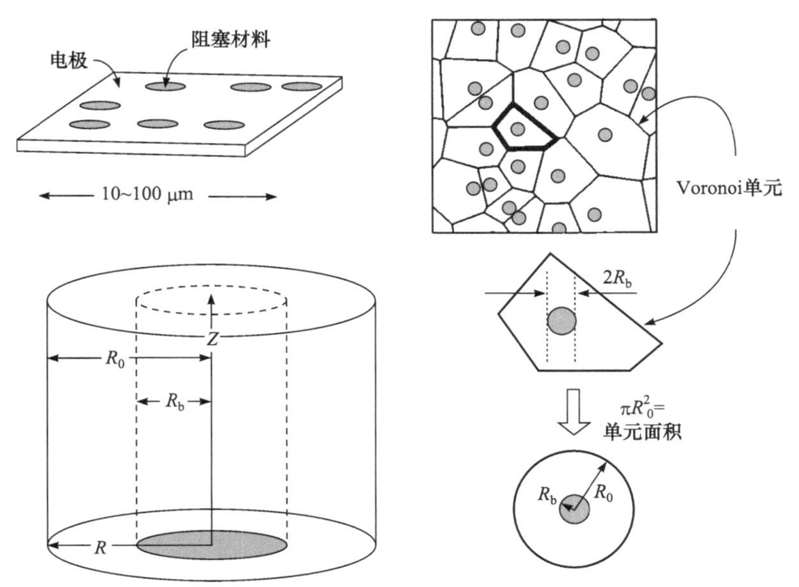

图 6.7 阻塞材料随机分布在电极表面和 Voronoi 单元的构造示意图。经 Springer Science and Business Media 授权，转载自参考文献[1]。

随机分布的模拟需要像之前一样求解扩散方程式(6.4)和式(6.5)，但现在需要在一定的 R_0 值区间内求解。在这种随机分布的阻塞物情况中，相邻的圆盘阻塞物遵循 Poisson(泊松)分布：

$$P(R_0)=\frac{2\pi R_0 N}{A_{电极}}\exp\left(\frac{-\pi R_0^2 N}{A_{电极}}\right) \tag{6.13}$$

其中找到半径 R_0 区域的概率由 $P(R_0)$ 给出，找到 R_0 和 $R_0+\mathrm{d}R_0$ 之间的半径区域的概率由 $P(R_0)\mathrm{d}R_0$ 给出。将针对不同 R_0 值模拟得到的循环伏安图进行相应地加权并求和，得到反映整个表面的最终伏安图；图 6.8 展示了此过程。

图 6.9(a)呈现了一个由光刻制备的随机阻塞阵列，绝缘性的圆盘“阻塞”了金电极，中心坐标通过随机数生成并分配。图 6.9(b)和(c)展示了通过在挑战性极大的阻塞随机分布的区域中使用扩散域近似的方法，实现了两种不同覆盖率条件下理论和实验之间高度的一致性。

为什么扩散域近似法如此成功？考察图 6.7 中 Voronoi 单元的边界。由于每个单元的每个边界与周围阻塞物的距离相等，每个边界两侧的 A 和 B 的浓度比较接近。因此，A 或 B 穿过

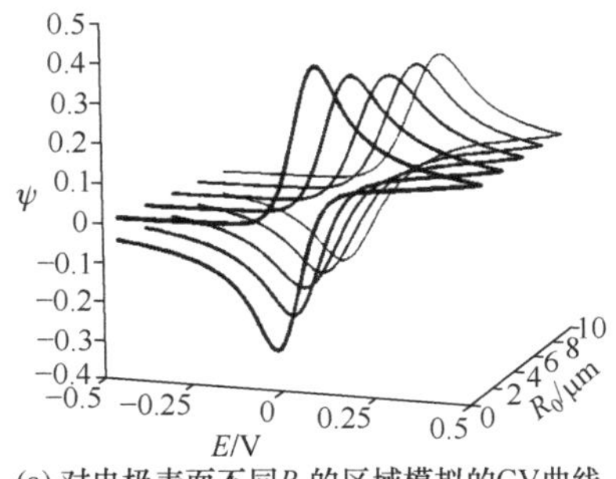

(a) 对电极表面不同R_0的区域模拟的CV曲线

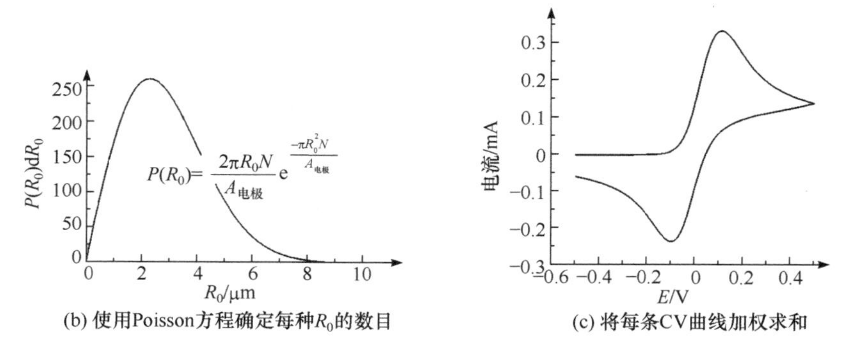

(b) 使用Poisson方程确定每种R_0的数目　　(c) 将每条CV曲线加权求和

图 6.8　对随机扩散域系综的循环伏安图进行模拟的步骤示意图。经 Springer Science and Business Media 授权，转载自参考文献[1]。

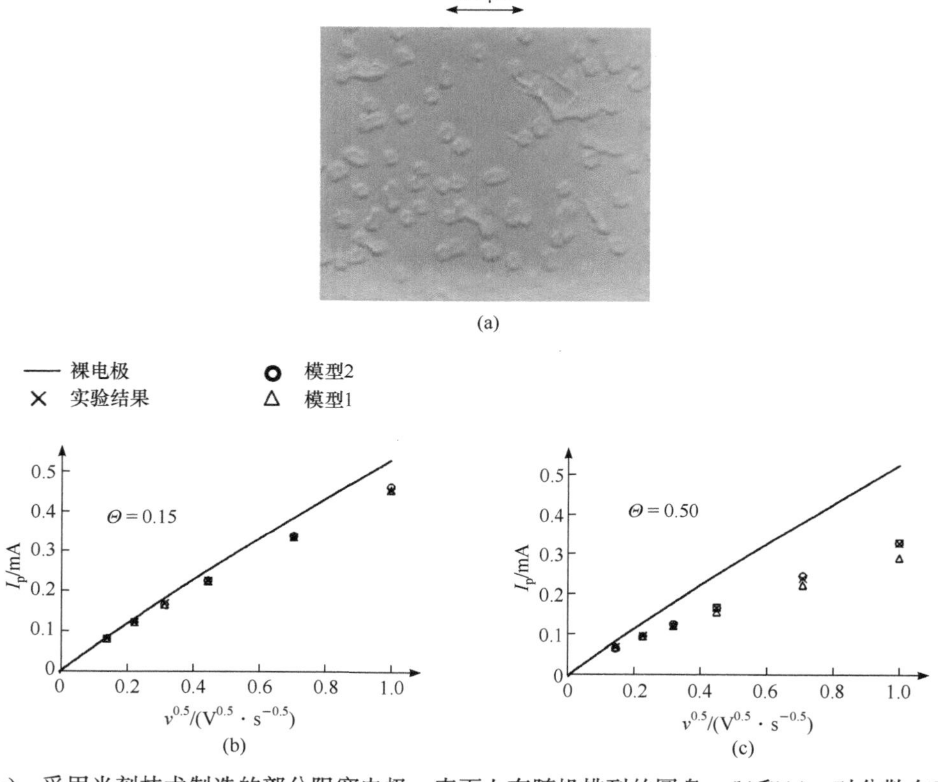

图 6.9　(a)：采用光刻技术制造的部分阻塞电极，表面上有随机排列的圆盘。(b)和(c)：对分散在乙腈中的 *N*, *N*, *N'*, *N'*-四甲基苯二胺的实验体系测得的峰电流与电势扫描速率的平方根成正比，以验证扩散域理论。经 Springer Science and Business Media 授权，转载自参考文献[1]。模型 1 是针对常规阵列进行的模拟，而模型 2 是针对随机阵列进行的模拟。

任意一个边界的净通量很少甚至为零。那么就可以将每个单元的扩散视为相互独立，但不能视为完全孤立的，因为零通量边界条件还须允许从单元边界处到本体浓度的显著改变，即整个表面的伏安图可以通过简单地将电极表面上每个单元的伏安图相加模拟出来。

最后，考虑到阻塞物半径和覆盖率对部分阻塞电极上循环伏安图的影响，最终确立了四种极限情况，如图 6.10 所示。

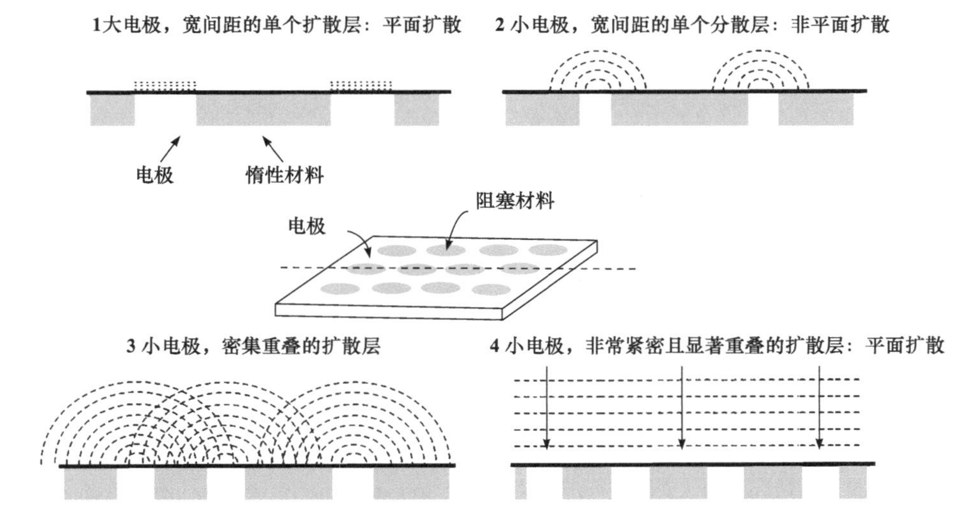

图 6.10　具有活性和惰性部分的异质电极的伏安行为，用以说明情况 1、2、3 和 4(参见正文)。

情况 1

在此极限下，表面阻塞和有电化学活性的部分具备“宏观”的尺寸。因此，电极的活性部分经受线性(平面)扩散，而在阻塞圆盘区域内电活性物种的浓度与本体溶液浓度基本保持一致。

图 6.4 中单个半径为 0.18 cm 的阻塞物对应的情形阐明了这种极限的含义。在此极限条件下的伏安图与在无阻塞电极上的伏安图完全相同，只是电流减小了$(1-\theta)$，其中θ为电极阻塞物的表面覆盖率。

情况 2

在此极限下，电活性区域处于“微观”尺度，而惰性阻塞物区域仍然为宏观尺度。因此，电极表现为一组孤立的微电极，每个微电极都经历径向扩散和法向扩散。

情况 3

这里，电极的电活性区域具有微电极特性(与情况 2 一样)，但表面的惰性(绝缘的和阻塞的)区域非常小，以致两个电极的扩散场开始发生重叠。这种情况可参考图 6.4 中半径为 50 μm 的阻塞物对应的情况。

情况 4

这是情况 3 的极限情况，此时电活性区域之间的距离非常小，以至于出现了扩散场的显著重叠，其结果是，异质表面的行为几乎与无阻塞电极一样。图 6.4 中半径 1 μm 的阻塞物就展示了这种情况，此时整个电极实际上处于平面扩散之中。使用近似分析理论[4]对这种极限情况进行探究，结果表明该电极响应就是相同大小的无阻塞电极的响应，但是很明显 Butler-Volmer 速率常数从 k^0 减小为$(1-\theta)k^0$。基于扩散域近似的模拟也充分证明了这一见解[1]。

对部分阻塞电极进行的一般性研究得出了两个重要的见解。首先，情况 3 在石墨电极的研究中具有重要意义，这将在本章后面讨论。情况 1 和情况 4 表现出平面扩散的特征，因此可以使用第 4 章的一维理论来模拟伏安图。情况 2 说明了孤立的微电极阵列的收敛扩散。情况 3 尤其值得关注，因为它的循环伏安图既无法用平面扩散模拟，又不与典型微电极的循环伏安图相似。图 6.11 是使用一维(平面)扩散模型对情况 3 的伏安图尝试进行的最优拟合。

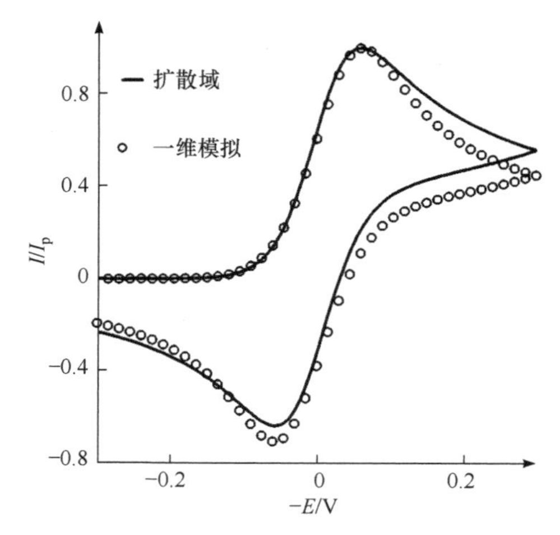

图 6.11 使用平面扩散对情况 3 的伏安图进行理论模拟。经 Springer Science and Business Media 授权，转载自参考文献[1]。

所得最优拟合中正向峰与情况 3 的伏安图匹配。在这些条件下可以看出，第一，一维模拟低估了扩散尾部中的电流；第二，与情况 3 相比，这种平面扩散模拟高估了反向峰的大小。这两个显著特征与依旧保留了一定微电极特性的电极的电活性区域一致——理论上纯粹的微电极在扩散控制的极端条件下应当趋向于产生一个平稳的稳态电流，并且没有反向峰，因此观察到的情况 3 的行为一定程度上符合预期。

第二个观点涉及先前提出的一个问题，即被阻塞、被污染或有物理缺陷的电极会在多大程度上偏离理想的电极行为。图 6.12 展示了由抬高的圆柱体阻塞物形成的部分阻塞电极的 SEM 图像；这些阻塞物按六方阵列排布。

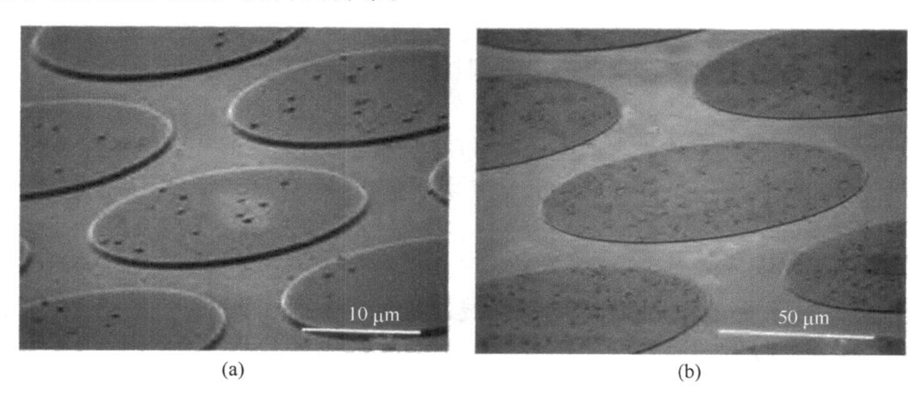

图 6.12 用于研究由抬高的圆柱体阻塞物形成的部分阻塞电极的 SEM 图像。经 Springer Science and Business Media 授权，转载自参考文献[1]。

每个圆柱体阻塞物的半径为 50 μm，高为 5.5 μm。中心到中心的距离 p 为 123 μm，因而在面积为 7.3×10^{-2} cm^2 的电极上有 550 个阻塞物。使用经典的氧化还原电对

$$\mathrm{Ru(NH_3)_6^{3+}(aq) + e^- \rightleftharpoons Ru(NH_3)_6^{2+}(aq)}$$

并在上述电极上进行电流-电势扫描[图 6.13(a)]。

研究发现峰电流随扫描速率的平方根而变化，如图 6.13(b)所示[5]。注意在扫描速率 0.01～3 V · s^{-1} 的整个范围内，预期的结果与利用扩散域方法模拟得到的结果几近完美地一致！更重

要的是，尽管伏安图是在这个很宽的扫描速率范围内测得的(数值改变了 300 倍)，且高为 5 μm 的惰性圆柱体阻塞物覆盖了大约 59%的电极表面，依然可以清楚地看到峰电流和电势扫描速率的平方根有良好的线性关系。当然，这种电极的峰电流-扫描速率平方根关系直线的斜率比无阻塞电极的小很多(见图 6.13)，但是对于实验初学者来说，如果仅仅只看这几组伏安数据可能会误认为电极是清洁、未被阻塞的，而 $Ru(NH_3)_6^{3+}$的扩散系数是实际情况的 1/4(因为峰电流与 $D^{1/2}$ 成正比)。这对此类实验的启示就显而易见了。

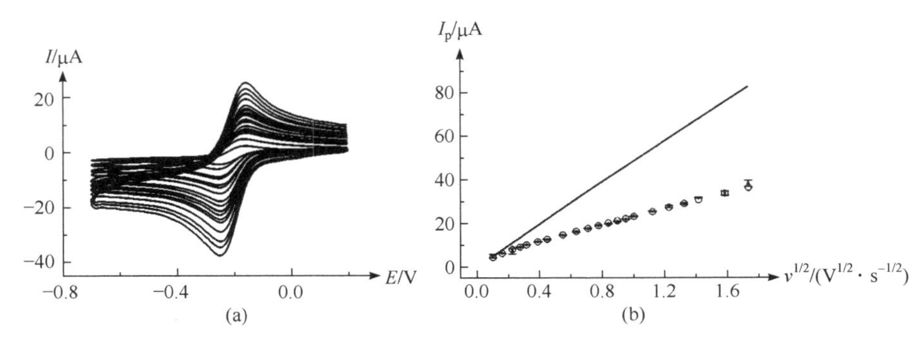

图 6.13 (a) 在 1.08 mmol · dm^{-3} $Ru(NH_3)_6^{3+}$ / 0.1 mol · dm^{-3} KCl 溶液中，不同扫描速率下部分阻塞电极的实验循环伏安图。(b) 实验结果与理论结果的比较。用于模拟的参数如下：$[A]_{本体}$ = 1.08 mmol · dm^{-3}，D = 6.2×10^{-6} cm^2 · s^{-1}，k_0 = 0.05 cm · s^{-1}。如(b)中所示，实线表示平面电极的响应，正方形(加上误差棒)是实验数据，而圆圈是模拟数据。经 Elsevier 授权，转载自参考文献[5]。

6.2 微电极阵列

如第 5 章所述，单个微电极的使用给伏安法带来了革命性的改进，能够在此前无法达到的短时间尺度上进行测量。尽管如此，在许多实际应用尤其是分析测定中，采用成百上千根平行的微盘电极阵列是一种既方便又有优势的做法。光刻技术可以制备这种阵列，如能够轻松地制备圆盘半径为微米级或更大的方形或六方微盘电极阵列(图 6.14)。

另一方面，Fletcher 和 Horne[6]采用了一种巧妙且相对廉价简单的方法制备了一种微电极阵列，这种方法称为“微盘的随机组装”(或 RAM™电极)，这里用“组装”而不是“阵列”，意在强调微盘并非等间距排列。在一个典型的 RAM 中，环氧树脂中植入大约 3000 个随机分散的直径几微米的碳微纤维。微盘就是碳纤维的切面末端，其中 20%～40%的微盘之间存在电性接触。无论采用什么制备方法，微电极阵列已经成为宏电极的有力替代品，因为它可以提供(见下文)与宏电极的伏安响应大小接近的信号，而同时具备非常小的背景电容电流。另一个极端做法是，在光刻方法制备的电极规则阵列中，可通过精心的设计和实验时间尺度的选择来确保各微电极的扩散行为相互独立。

图 6.15(a)显示了一个规则的微电极方形阵列，并使用扩散域近似法简化对向电极阵列的传质过程的描述。

根据第 5 章中的概念以及更前面的内容，在线性扫描伏安实验中，由于氧化还原反应由外加的电势驱动，电极表面的耗尽层(扩散层)会逐渐变厚。在由绝缘材料隔开的微盘电极阵列上，将形成各自电极上的扩散层，并在整个实验过程中持续增厚。这就意味着[7]阵列的伏安响应高度取决于单个扩散层厚度(δ)与圆盘本身的大小之比，以及扩散层的大小与圆盘的中心

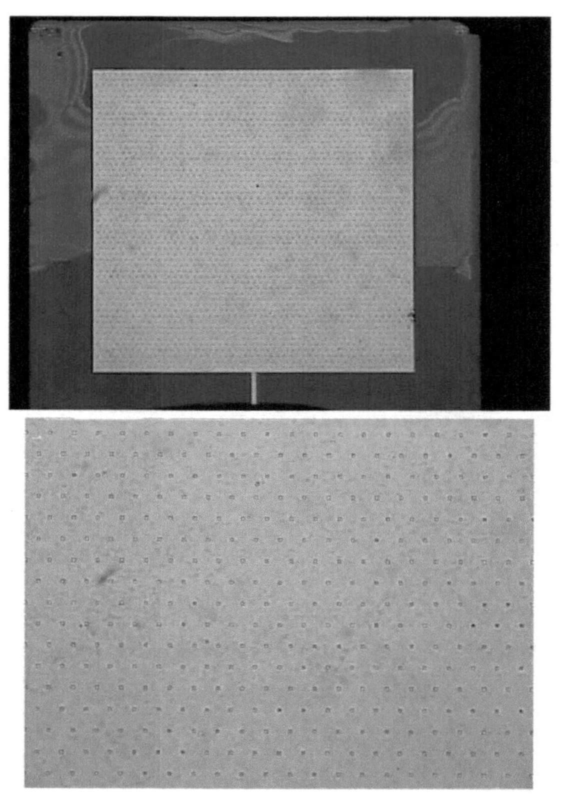

图 6.14 金微电极阵列(上图)；在局部放大(下图)中可以清楚地看到六方排布的微电极阵列。在六方排布中单个金超微电极半径为 2.5 μm，相邻间距为 55 μm。

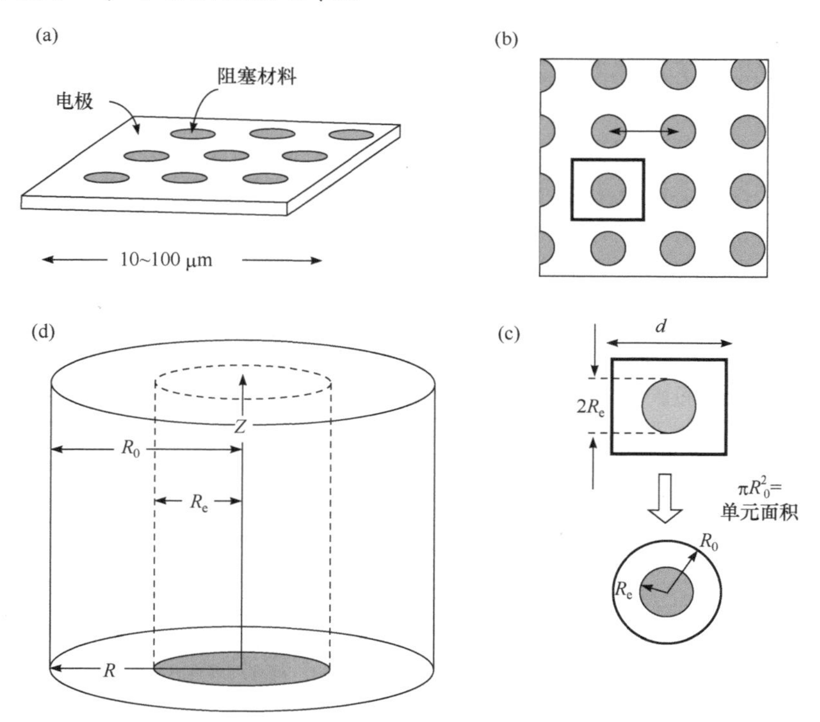

图 6.15 方形排列的微盘电极规则阵列的扩散域处理法。

间距 d 之比(见图 6.15)。基于这两个因素，图 6.16 列举了阵列对应的四种类型，而表 6.1 总结了与每种情况相关的线性扫描和循环伏安特征。接下来依次对其进行讨论，请注意这些内容与上节中讨论的部分阻塞电极情况的相互关联。

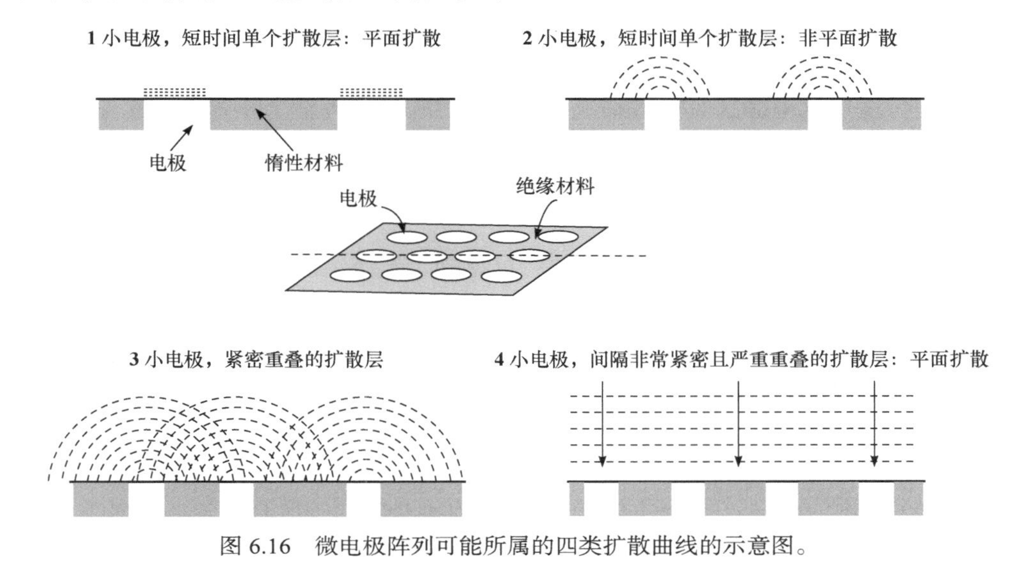

图 6.16 微电极阵列可能所属的四类扩散曲线的示意图。

表 6.1 图 6.16 中四种类型对应的线性扫描和循环伏安特性，其中 δ 是扩散区域的尺寸，R_e 是微圆盘半径，d 是圆盘中心间距，I_p 是峰电流，$I_{极限}$ 是极限电流，v 是扫描速率。

性质	类型			
	1	2	3	4
δ vs. R_e	$\delta < R_e$	$\delta > R_e$	$\delta > R_e$	$\delta > R_e$
δ vs. d	$\delta < d$	$\delta < d$	$\delta > d$	$\delta \gg d$
响应类型	峰形显著→I_p	稳态[a]→$I_{极限}$	弱峰到峰形显著→I_p	峰形显著→I_p
是否依赖扫描速率?	是	否	是	是
电流依赖关系	$I_p \propto v^{0.5}$	$I_{极限} \propto R_b$	—	$I_p \propto v^{0.5}$

a 只针对一定范围的扫描速率。

类型 1

在此极限下，微电极相距太远，导致扩散层完全独立，且伏安实验的时间尺度太短(电势扫描速率较高)，因此微电极只发生平面扩散。这需要 $\delta \ll R_e$，其中 R_e 是微电极的半径(图 6.15)，δ 是扩散层的大小。因此，在伏安图中出现了峰，并且阵列响应直接等于单个微电极响应乘以阵列中电极的总数。

类型 2

在这种情况下，电极依然间隔很大($\delta \ll d$)，保证了其独立性，但是这时通过调整测量伏安过程的时间尺度使得 $\delta > R_e$，因此在每个微电极上都会产生稳态行为。同样，阵列响应是单个微电极的响应与阵列中微盘总数的乘积。

类型 3

在此极限下，微电极之间足够近使得扩散场部分重叠。结果是在阵列的伏安响应中出现了峰，但这种响应不再与孤立微电极的伏安特性相关。类型 3 最容易理解为介于类型 2 和 4 之间的中间态。

类型 4

在这种情况下，$\delta \gg d$，表示扩散场有很强的重叠，导致整个阵列表现出与微盘加上绝缘体阵列具有相同总面积的单个宏电极的行为。从物理上讲，这是因为电极表面的物质可以在实验的时间尺度内从绝缘区域扩散到微盘表面。因此，假若整个阵列具有宏观尺度，则可以看到峰形响应，且峰电流与电势扫描速率的平方根成正比，这与单个宏电极上预期一致。如果其尺寸在微米级，就可以看到半径为 R_e 的微盘电极上给出预期的含有极限电流的稳态伏安图[8]。

上述剖析给出了两条深刻的信息。首先，这体现了上节中的结论，即如果选择了一个正确的伏安实验的时间尺度，就有可能得到一个宏电极表面上产生的响应信号，而事实上这个电极的大部分都绝缘，并非由活性的电极材料构成！这一认识正引导着当前的研究致力于设计相对少量的电催化剂修饰的电极表面，但它却具备与一个由该材料制成的宏电极相同的电化学活性。

其次，在微电极阵列的表征中，通常的做法是利用稳态测量来“读出”活性电极的数量。这通常很有必要，因为光刻过程一般不够完美，使得不是阵列中所有的微电极都能正常导通。这个问题对于 RAM^{TM} 电极来说更加严重。一般情况下认为这些阵列电极符合类型 2，因此可以通过将阵列总电流除以单个微电极的预期响应来推断出电极的数目：

$$I = 4nFDR_e[\mathrm{A}]_{本体} \tag{6.14}$$

实际上，有许多造出的阵列符合类型 3；这种情况在实验上很好判断，如发现了阵列中微盘的总数取决于电势扫描速率。通过使用更恰当的类型 3 对应的理论可以精确地测得规则阵列[9]和随机阵列[10]中的圆盘数量。

6.3 高度有序热解石墨电极的伏安法

边平面热解石墨(EPPG)和基平面热解石墨(BPPG)电极以高度有序热解石墨(HOPG)为材料制备而成。如图 6.17 所示，HOPG 由层间距为 3.35 Å 的石墨层构成。

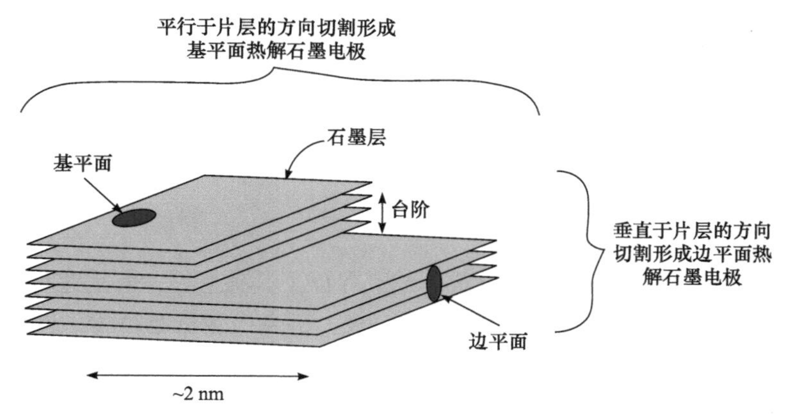

图 6.17 具有四层台阶边缘的高度有序热解石墨电极示意图。经英国皇家化学学会授权，转载自参考文献[11]。

如果将石墨晶体沿垂直于片层的方向切割(如图 6.17 所示)，就会形成“边平面”电极，而如果沿平行于片层的方向切割，将产生“基平面”电极。在后一种情况下，不能认为表面是完美的；而应该如图 6.17 所示，存在暴露出边缘的台阶状石墨层的表面缺陷。这些台阶的高度通常为 1～4 层石墨。在精心制备的基平面 HOPG 样品中，边缘台阶之间的距离有 1～10 μm 之大。根据化学键的性质，两个平面(边平面和基平面)表现出完全不同的电化学性质。与基平面相比，边平面在伏安法测量中通常表现出快得多的电极动力学。这意味着完全由边平面组成的电极，即“边平面热解石墨电极”，将表现出几乎可逆的伏安图，而主要由基平面组成的电极将表现出不可逆的行为，这取决于边平面上台阶表面缺陷的数量。因此，出于电分析的目的，边平面电极通常比基平面电极或其他电极更好[12]。图 6.18 展示了这种电极在硝酸水溶液中还原氯气(Cl_2)的优势。

$$1/2Cl_2(aq) + e^- \longrightarrow Cl^-(aq)$$

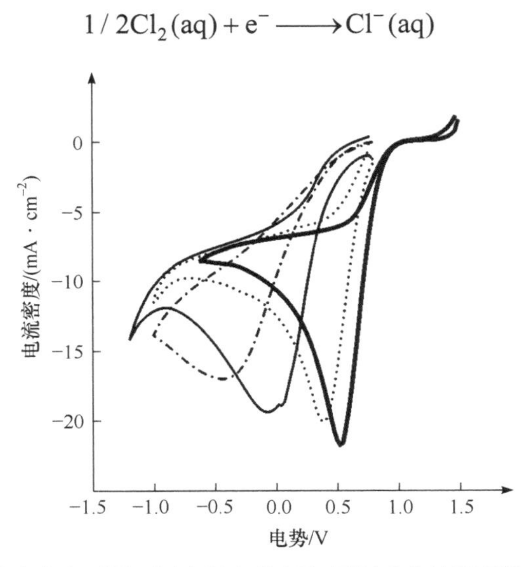

图 6.18　在 0.1 mol · dm^{-3} 硝酸溶液中不同石墨电极上的氯气还原反应的循环伏安图:边平面热解石墨电极(粗线)与玻碳电极(点虚线)、基平面热解石墨电极(细线)和掺硼金刚石电极(点划线)的比较。扫描速率均为 100 mV · s^{-1}(*vs*. SCE)。经 Springer Science and Business Media 授权，转载自参考文献[12]。

图中展示了该过程在 EPPG 电极、BPPG 电极、玻碳电极和掺杂硼的金刚石电极上的伏安图。注意，玻碳(图 6.19)是一种类似相互缠绕的绸带的石墨结构。

玻碳是石墨一种更坚硬的形态，通常由聚合物树脂通过热处理(1000～3000 ℃)且在一定压力下形成的极度共轭的 sp^2 杂化碳结构。掺硼金刚石(BDD)是另一种碳基电极，其中金刚石结构中硼原子取代了大约千分之一的碳原子，变成了一种具有金属导电性的材料。商业化 BDD 的 SEM 图像如图 6.20 所示。

图 6.18 中的伏安数据显示，与其他三种材料相比，Cl_2/Cl^-电对在 EPPG 电极上具有明显更快的电极动力学：还原峰出现在正得多的电势。

图 6.21 展示了在 bppg HOPG 电极和 EPPG 电极上记录的 1 mol · dm^{-3} 氯化钾水溶液中 1 mmol · dm^{-3} 亚铁氰化物氧化反应的典型循环伏安图。其中交叠的虚线是模拟的“纯线性扩散”机制下的伏安曲线，而它和实验中 bppg HOPG 电极的伏安曲线最为相近。

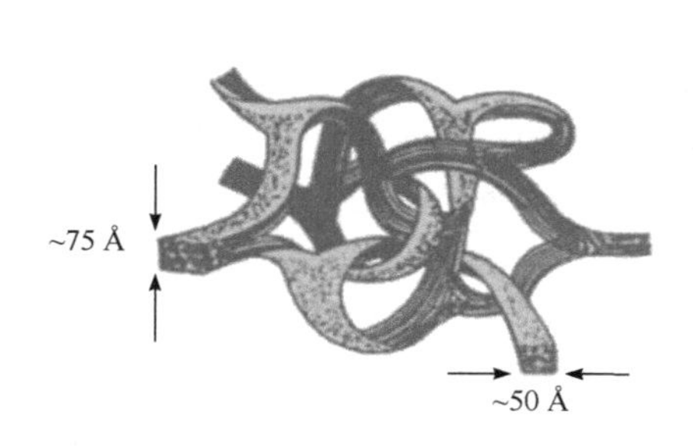

图 6.19 玻碳的结构。

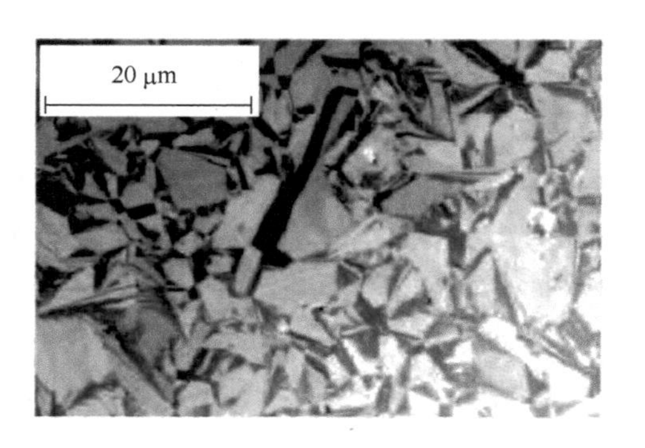

图 6.20 一片商业化 BDD 的 SEM 图像。

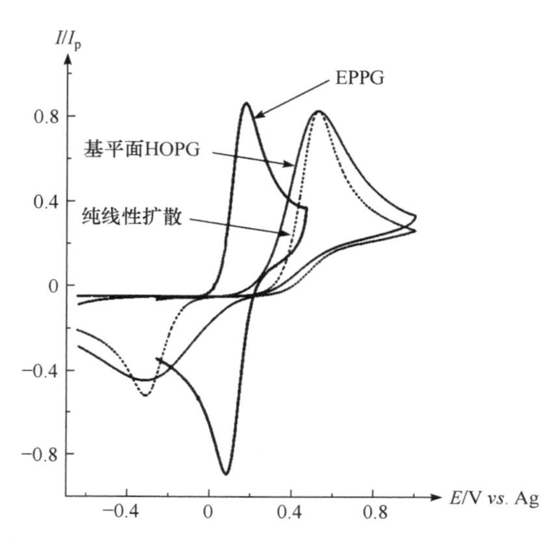

图 6.21 扫描速率为 1 V · s^{-1} 下在基平面 HOPG 电极和边平面热解石墨(EPPG)电极上、1 mol · dm^{-3} KCl 溶液中 1 mmol · dm^{-3} 亚铁氰化物氧化反应的循环伏安图。虚线伏安图是纯线性扩散机制下的模拟结果。经英国皇家化学学会授权，转载自参考文献[11]。

这种模拟方法仅考虑垂直于电极的空间维度上的扩散(如第 4 章所述)，为此需要假定电极的所有部分相同且具有均一的活性。该图说明了 BPPG 伏安法的两个主要特征。首先，与 EPPG 伏安图相比，峰间距显著增加，这与电极动力学大大减慢这一特征相符。其次，“纯线性扩散”理论在此处的适用性较差。很明显，实验得到的伏安曲线的扩散尾部电流比理论值更大，即峰值后的电流下降得不如预期急剧。同样，理论预测的反向扫描电流峰也偏高，或者说实验中的电流峰值明显小于采用线性扩散模型预测的峰值。这不禁让人联想到在 6.1 节中讨论的情况 3 中描述的现象。这就类似于一个部分阻塞电极，其表面上每个发生电化学反应的区域的尺寸及特征与微电极相似，并且互相间隔一定距离而产生一些不是很强的扩散域的重叠。

在参照如图 6.22 所示的基平面表面的情况下，可以正确且定量模拟出图 6.20 中 BPPG 的伏安图的准确形状。

在这种情况下，可以推断出边平面台阶处是电解过程发生的主要位点，而基平面的“岛状区域”则相对表现为电解惰性。因此，该表面表现为微带状电极的随机阵列，这样就可以完全模拟出 bppg HOPG 表面的伏安特性。这意味着 BPPG 的伏安图仅由整个电极表面上的一小部分区域(在边平面台阶处)发生的电解造成[11]。

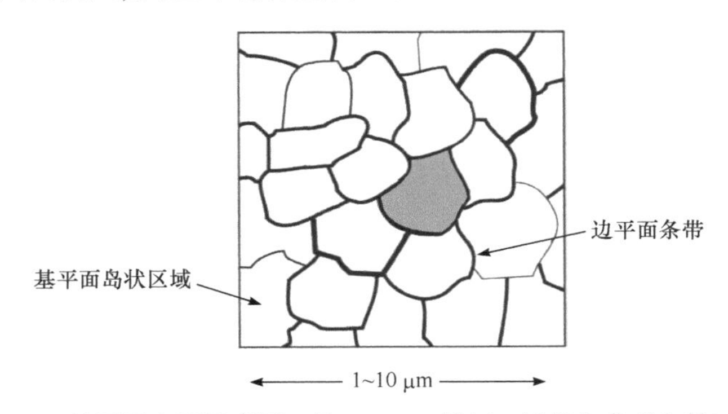

图 6.22 基平面表面示意图。经 Elsevier 授权，转载自参考文献[13]。

6.4 电化学异质电极

前面几节考虑了部分阻塞电极和微电极阵列。接下来，将通过引入“电化学异质”电极(如图 6.23 所示)的概念来一般化地描述这类电化学过程。

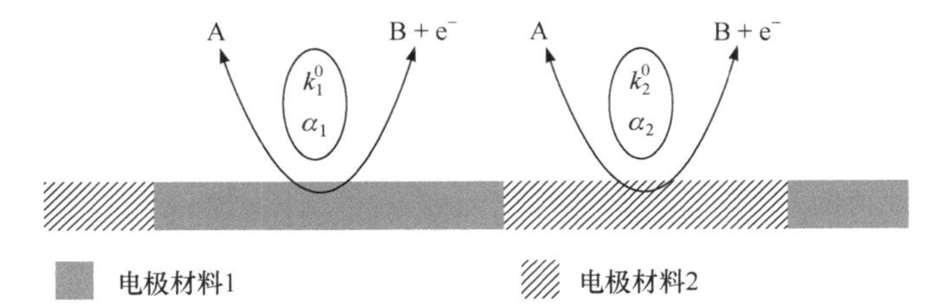

图 6.23 在同一电极表面发生的电化学反应在不同空间位置具有不同的 Butler-Volmer 特性。经 Springer Science and Business Media 授权，转载自参考文献[1]。

它包括具有两种或多种类型空间区域的宏电极，这两种或全部区域需具有电活性，但表现出 Butler-Volmer 型的不同电极动力学特征：$\{k_1^0,\alpha_1\},\{k_2^0,\alpha_2\}$，…。这类电极的伏安模拟可以通过使用扩散域近似法实现[3,14]。

为了说明电化学异质电极的行为，考察一个吸附了单层蒽醌分子的 EPPG 电极表面，在上面还修饰了不足一层的金颗粒。探究一下这种双重修饰的电极(如图 6.24 所示)对水溶液中亚铁氰化物 $Fe(CN)_6^{4-}$ 氧化过程的响应。

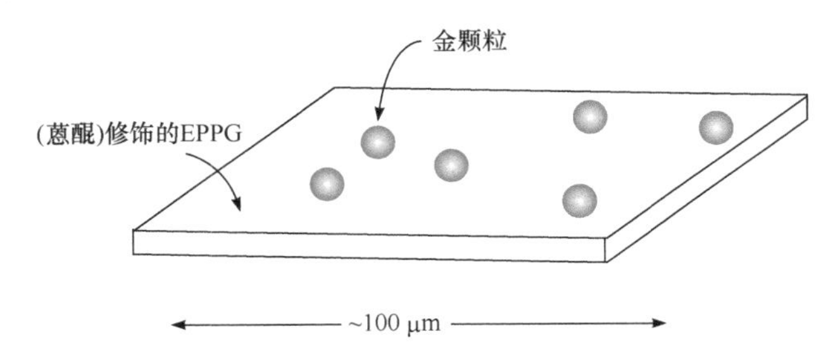

图 6.24 修饰的边平面热解石墨电极上的金颗粒阻塞示意图。经 Elsevier 授权，转载自参考文献[13]。

图 6.25 显示了纯金电极以及只用蒽醌修饰的 EPPG 电极的氧化伏安图。

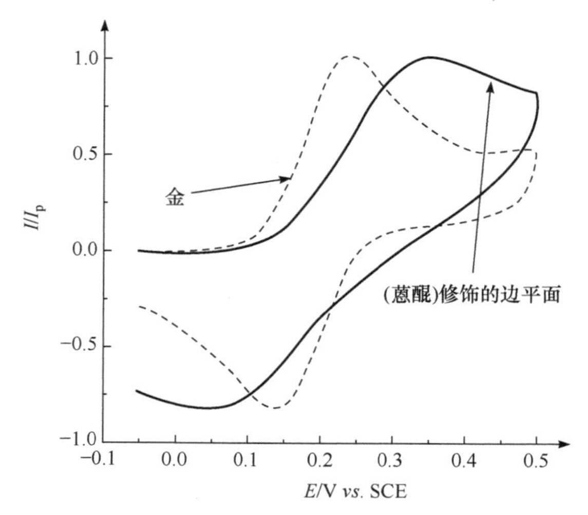

图 6.25 纯金和纯蒽醌修饰的边平面热解石墨电极上水溶液中亚铁氰化物的循环伏安响应。经 Springer Science and Business Media 授权，转载自参考文献[1]。

纯金电极对应的伏安图上峰间距更小，表明了金的电极动力学比修饰了蒽醌的碳电极快。两种情况下测得的标准电化学速率常数(25 ℃)分别为 0.013 $cm \cdot s^{-1}$ 和 0.0011 $cm \cdot s^{-1}$。那么复合电极(图 6.24)的行为就预计将介于纯金和只修饰蒽醌的碳电极之间，如图 6.26 所示。

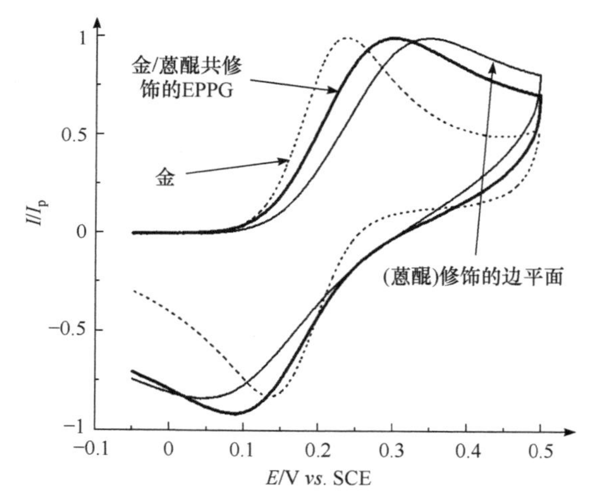

图 6.26 金/蒽醌共修饰、纯蒽醌修饰的边平面热解石墨电极和纯金电极对应的典型伏安响应。经 Springer Science and Business Media 授权，转载自参考文献[1]。

图 6.27 给出了基于扩散域的模拟结果，展示了计算的峰间距随电势扫描速率和金的电极覆盖率(Θ)如何变化，其中 $\Theta = 0$ 对应纯 EPPG 电极，而 $\Theta = 1$ 对应纯金电极。利用亚铁氰化物的伏安响应计算金覆盖率所得结果与从修饰电极表面的 SEM 图像中得到的数据高度吻合[15]。

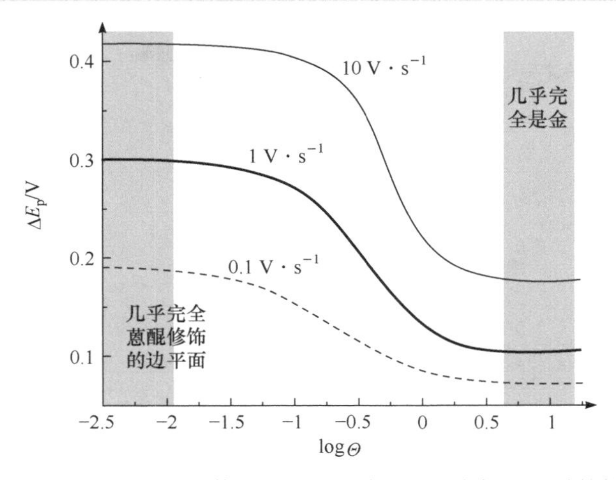

图 6.27 模拟工作曲线表明了在金颗粒/蒽醌修饰的边平面热解石墨电极上记录的循环伏安图中 $\Delta E_{\rm p}$ 和 $\log\Theta$ 的关系。经 Springer Science and Business Media 授权，转载自参考文献[1]。

6.5 多孔膜覆盖的电极

首先，有必要简单地考虑一根覆盖有绝缘表面涂层的平面宏电极的伏安响应，该绝缘涂层包含互不相通的圆柱形孔，因此电活性物种仅能通过这些孔扩散到电极表面。假设孔的半径为 $r_{\rm p}$ 且深度为 $Z_{\rm p}$，伏安行为取决于扩散层厚度(δ)相对于 $Z_{\rm p}$ 和 $r_{\rm p}$ 的大小[14]。如果$\delta < Z_{\rm p}$，那么到电极表面的扩散必然是线性的(平面的)，因为浓度变化被完全限制在孔壁内，阻止了径向扩散，而这与 $r_{\rm p}$ 的大小无关。因此，即使对于微电极尺寸大小的 $r_{\rm p}$，只要扩散层厚度小于孔深，就会观察到常规的一维循环伏安图。图 6.28(b)表明对于较深的孔，线性扩散占主导，而对于相对较浅的孔，径向扩散则可能会有贡献。

一旦$\delta > Z_{\rm p}$，则伏安响应对 $r_{\rm p}$ 以及电极表面上相邻孔之间的平均距离就变得敏感了。

其次，可以通过将一层纳米颗粒或纳米管固定在平面电极上以形成电极表面上不同类型的多孔涂层。或者也可以将聚合物膜涂在电极上，有时会有相似的效果。图 6.29 展示了纳米管修饰电极的图解。该表面可视为多孔层，其中电活性物种被困在纳米管之间。

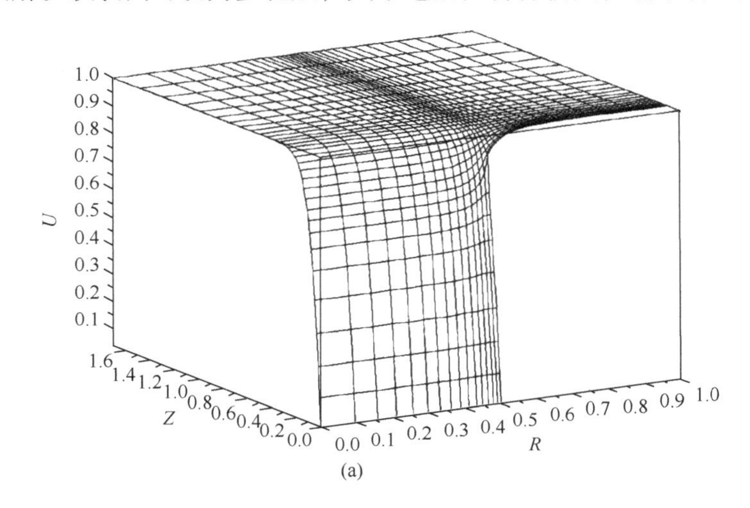

(a)

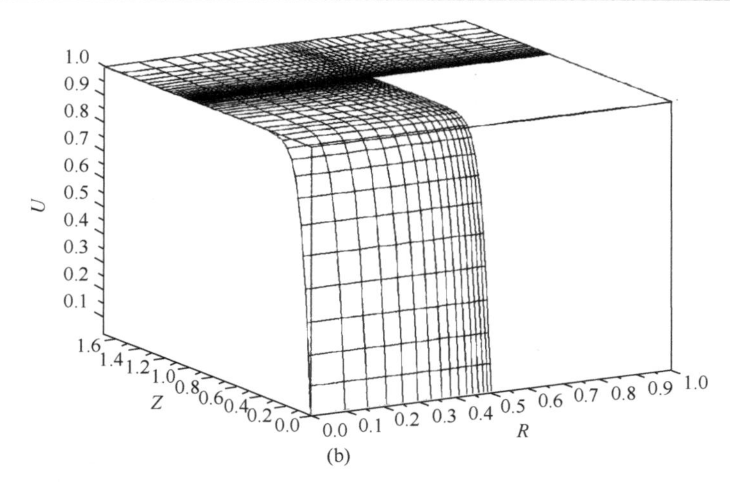

图 6.28　浓度分布说明了增加孔的高度对单个扩散域的传质特性的影响。孔的中心在 $R = 0$ 处，而 $0 < R < 0.5$ 的区域对应一半的孔宽度。电极在 $Z = 0$ 处。对于较深的孔($\delta < Z$)，可以看到线性扩散(b)，而对于$\delta > Z$，径向扩散也有贡献(a)。经 Elsevier 授权，转载自参考文献[15]。U 是一种无量纲浓度，而 Z 和 R 均是无量纲圆柱坐标。

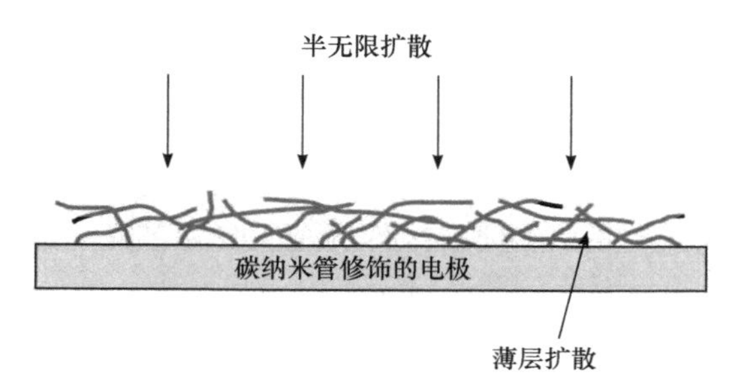

图 6.29　对碳纳米管修饰电极上的电流具有贡献的两种扩散类型示意图。经 Elsevier 授权，转载自参考文献[16]。

曾有人提出使用一种面积很大的薄层电解池模型能够有效地描述限制在这些孔道中的电活性物种的电解反应，而这里的大面积设定就反映出多孔层中的纳米管具有很大的表面积；此处需将电极设想为与一片厚度有限的“薄层”溶液相接触[16]。相比之下，未修饰电极的电解则采用第 4 章的半无限扩散模型。

图 6.30 展示了在反应体系遵循 Butler-Volmer 动力学且有 $k^0 = 10^{-4}\ \mathrm{cm \cdot s^{-1}}$，也符合 Fick 型扩散且电活性物种的扩散系数为 $10^{-5}\ \mathrm{cm^2 \cdot s^{-1}}$ 的假设下，使用半无限和薄层扩散模型模拟出的线性扫描伏安图的对比。假设多孔材料的表面积(薄层电极的面积)是基底支持电极几何面积的 30 倍。图 6.29 显示，与半无限模型相比，薄层模型产生的峰间距更小。在电化学可逆极限中也是如此：在电极厚度很小的薄层环境中，正向峰和反向峰将出现在相同的电势下；而在半无限扩散的情况下，298 K 时峰间距却有 57 mV(见 4.5 节)。然而，对于某些准可逆和不可逆体系，两个模型之间的差异可能更为显著，如图 6.30 所示。

因此，要特别留意以下几点。如果用多孔层修饰电极，其传质特性可能会发生改变。如果多孔层内材料的反应对伏安图的贡献占主导地位，可能会使经验不足的实验者误认为两峰间距的缩短反映了构成多孔层材料的电催化效应而并非来源于不同的传质现象。如图 6.30 所暗示的那样，两条电流-电势曲线使用的是相同的电化学速率常数。这些效应可能会对以下“电催化”(或其他方面)过程的理解有所启示：①碳纳米管电极[16,17]；②C_{60} 修饰的电极[18]；③一些聚合物修饰的电极[19]。

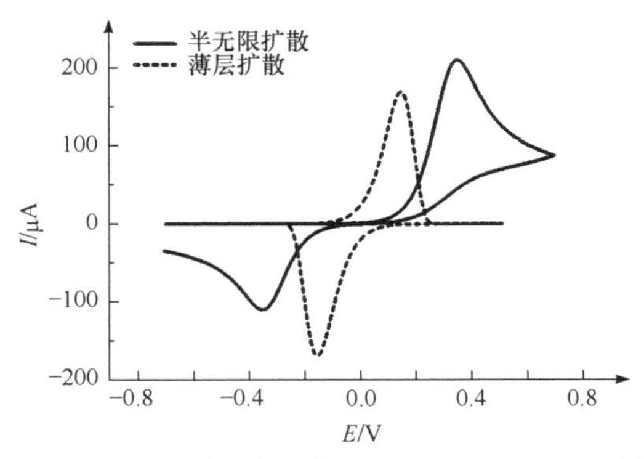

图 6.30 使用半无限和薄层平面扩散模型的线性扫描伏安图的对比。对于两类模型，k^0 = 10^{-4} cm · s^{-1}；D = 10^{-5} cm^2 · s^{-1}；v = 0.1 V · s^{-1}；c = 10^{-6} mol · cm^{-3}。半无限扩散电极面积，A = 1 cm^2；薄层面积，A = 30 cm^2；厚度，l = 1 μm。经 Elsevier 授权，转载自参考文献[16]。

6.6 伏安粒度分析

在本章和前两章中反复提到的一个事实是，可以通过改变电势扫描速率来控制电极扩散层的大小。这暗示伏安测量或许能够提供样品的空间尺度信息。本节及下节将说明如何实现这一点。

首先考察一个微盘电极的伏安响应，在该电极中心处有一个惰性的球体，如图 6.31 所示。

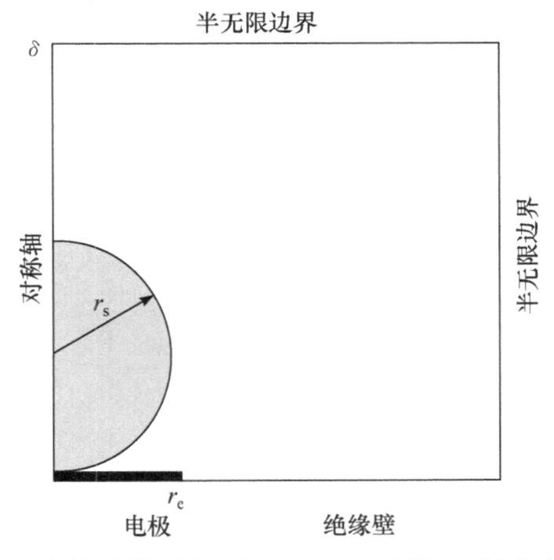

图 6.31 电极上的惰性球体示意图。经 Wiley 授权，转载自参考文献[20]。

假设此球体半径为 r_s，而微电极半径为 r_e。显然，球体的存在将减少向电极的扩散电流。然而，该电流相较于裸电极减小的程度取决于电势扫描速率。当电势扫描速率非常高时，微电极扩散层尺寸 δ 相较于 r_e 和 r_s 很小。在这些条件下，扩散层在电极表面上就是一层薄薄的“外皮”，因而在伏安图中可见电流峰。由于球体仅在一点上接触电极，因此来自球体的影响相对十分微小。但是，随着电势扫描速率的降低，扩散层将“变厚”，球体的更多部分将处于扩散层之中，因此与裸电极上未被球体阻挡的情况相比，峰电流减小得相对更多。最终，随着扫描速率减慢，使得 $\delta > r_e$，将得到一个比裸电极上测得的电流大大降低的稳态电流。图 6.32 展示了对于一根 r_e = 59 μm 的电极且半径为 125 μm 的球体，峰电流与扫描速率之间的函数关系。

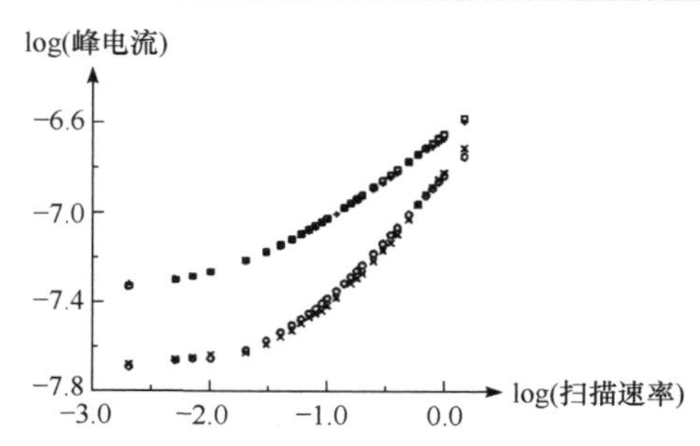

图 6.32 实验与理论结果之间的比较。微盘电极和球体位于中心的电极两种情况下的模拟参数如下：$[A]_{本体} = 3\times10^{-6}\ mol \cdot cm^{-3}$，$r_e = 59\ \mu m$，$\alpha = 0.5$，$D = 0.63\times10^{-5}\ cm^2 \cdot s^{-1}$，$k^0 = 0.05\ cm \cdot s^{-1}$，$E_{初始} = -0.2\ V$，$E_{停止} = 0.5\ V$，$E^0 = 0.19\ V$。此外，该模拟中位于电极中心的球体半径为 125 μm。十字符号是裸电极的实验数据，圆圈是电极加球体的实验数据，方形是裸电极的模拟数据，叉形是电极加球体的模拟结果。经 Wiley 授权，转载自参考文献[20]。

图 6.32 展示了实验和模拟数据[20]。可以看到裸电极和电极上有球体的情况下在高扫描速率下预期的数据收敛，以及在低扫描速率下二者明显不同的稳态数据(此时与扫描速率无关)。于是会看到有趣且非常重要的一点，经模拟和实验的对比表明该方法是一种对球体尺寸高度敏感的方法。

接下来在前文讨论内容的基础上展示如何通过伏安法测量微米尺寸颗粒的平均球形直径；该实验中，已知质量(m_b)的单分散、直径为 1 μm 的类球形氧化铝颗粒修饰在一根宏电极上，具体过程如图 6.33 所示。

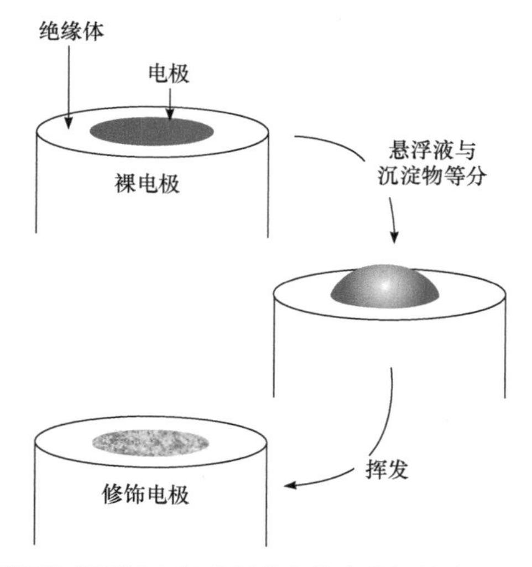

图 6.33 用氧化铝颗粒修饰边平面热解石墨电极进行伏安粒度分析的步骤。经 Springer Science and Business Media 授权，转载自参考文献[1]。

通过该方式制备的部分阻塞电极上的阻塞物是随机分散的氧化铝微球。由于后者不导电并且是电化学惰性的，因此它们仅起着改变宏电极扩散特性的作用。研究了水溶液中在这些修饰过的(部分阻塞)电极和相应的未阻塞电极上亚铁氰化物 $Fe(CN)_6^{4-}$ 的氧化反应。图 6.34 展示了一组具有代表性的伏安图。可以看到随着电极表面氧化铝总量的增加，峰电流有所减小，且伏安图的峰间距也增加。这与部分阻塞电极的形成是一致的(见 6.1 节)。

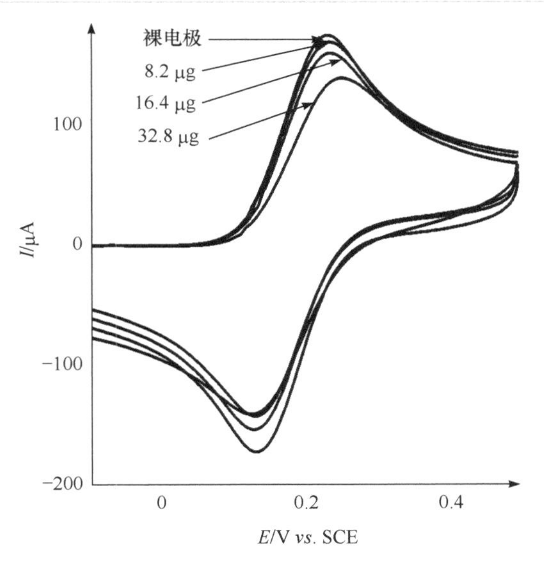

图 6.34 增加氧化铝的质量对伏安响应的影响。经 Springer Science and Business Media 授权，转载自参考文献[1]。

基于 6.1 节中扩散域理论分析了图 6.34 中的数据，假设阻塞物是半径为 r_b 的单分散惰性球体。对于给定半径和质量的电极修饰材料，球体的数量为

$$n_b = \frac{3m_b}{4\rho\pi r_b^3} \tag{6.15}$$

式中，ρ 是氧化铝的密度。如此，可以将伏安实验的数据与针对不同 m_b 和 r_b 值模拟所得的伏安图进行比较。假定 n_b 已知，则这两个参数并不独立，而是满足式(6.15)的关系。图 6.35 展示了不同 r_b 值时实验和模拟结果的对比。

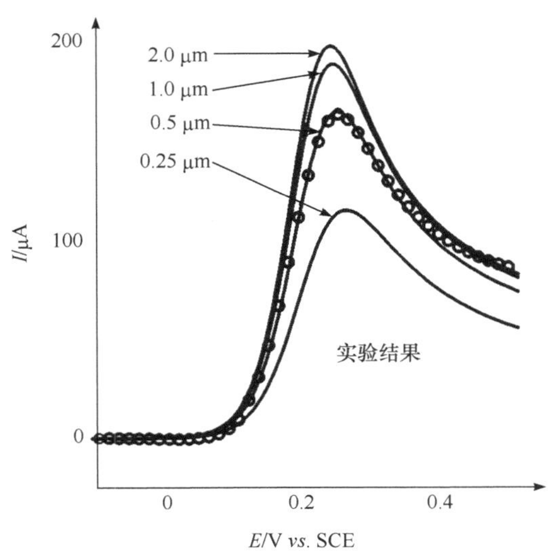

图 6.35 实验数据与针对不同 r_b 值生成的理论数据之间的对比。经 Springer Science and Business Media 授权，转载自参考文献[1]。

当粒度 $2r_b = 1$ μm 时可以看到非常好的拟合结果。

从上述内容中可以直观地感受到伏安法在研究形状、大小以及氧化还原化学方面的能力。下节将进一步探讨其潜在价值。

6.7 扫描电化学显微镜

扫描电化学显微镜(SECM)是一种在电解质溶液中使用可移动的微电极在固体表面附近的空间内扫描，以表征固-液界面的拓扑学和/或氧化还原活性的仪器。该技术起源于Engstrom(恩斯特龙)及其同事[21,22]的工作，他们最早展示了微电极可以用作局域探针，以绘制一个更大的活性电极表面附近物种的浓度分布。此后，该技术广泛地应用于其他界面，包括液-液和液-气界面[23,24]，再后来发展成为一种商业化的仪器技术。图 6.36 展示了一台典型的仪器装置。其最简单的用途就是监测这些界面对微电极上溶液相电活性物种的扩散控制电流的影响。

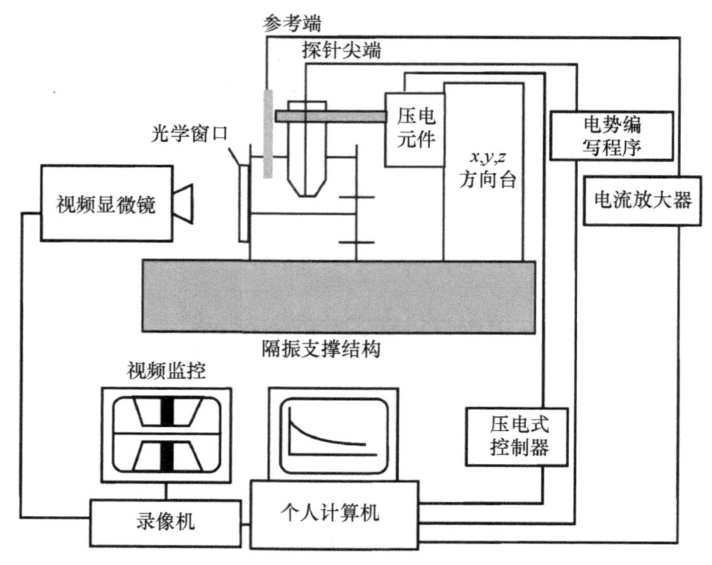

图 6.36 配备电流计的微电极探针的SECM仪器的模块示意图。探针尖端的位置可以用各种微型定位器控制，如正文所述(示意图中的压电元件)。尖端电势由一种相对于参比电极的电势编写程序控制，电流则通过一台简单的放大器设备进行测量。尖端位置可以透过一台视频显微镜观察。通常，相 1 为液相，相 2 为固相。经Elsevier 授权，转载自参考文献[23]。

通过考察图 6.37(a)和(b)可以初步了解 SECM 绘制表面形貌的能力，图中呈现了微电极浸没在溶液中和靠近绝缘表面时的状态——显然后一种情况会导致电流降低。因此理论上讲，通过电极在表面上的移动就能够解析待测表面形貌，其分辨率与电极半径尺度相当。

图 6.37(c)表明，如果将电极靠近一个导电表面，则来自表面的“正反馈”会导致微电极上进行额外的逆反应，从而导致电流增大。图 6.38 展示了利用水溶液中 $Ru(NH_3)_6^{3+/2+}$ 体系对微网成像的典型图像。

使用距离铜网上方约 10 μm 处半径为 5 μm 的电极采集到了此图。该方法还可用于测定氧化还原活性物质的通量。例如，图 6.39 描述了将 SECM 用于探测膜或表面上孔道的方法原理[21]。

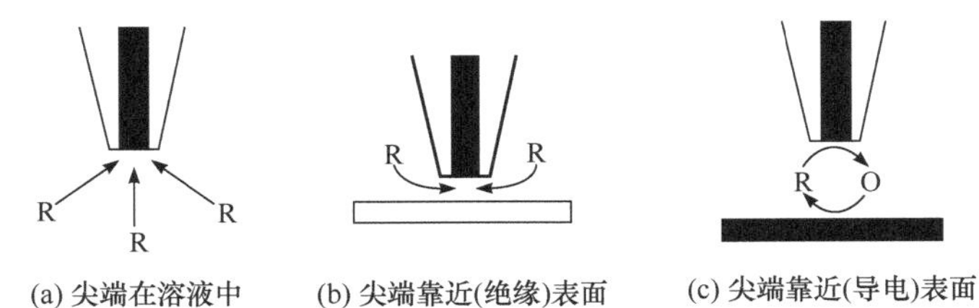

图 6.37 SECM 操作的反馈模式，(a) 微电极尖端远离基底时，稳态尖端电流由 R 扩散到尖端发生电极反应 $R \longrightarrow O + ne^-$ 产生。(b) 当微电极靠近一种绝缘基底时，R 向尖端的扩散受阻，导致电流减小(负反馈)。(c) 当微电极靠近一种导电基底时，R 在基底上发生的逆反应导致正反馈，引起电流增加。经 Elsevier 授权，转载自参考文献[23]。

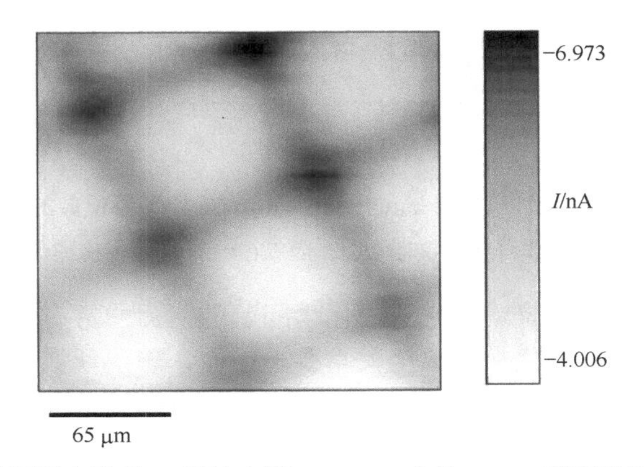

图 6.38 在六氨合钌溶液中测量电流的 Pt 探针尖端(a = 5 μm)在约 10 μm 高度对铜微网绘制的 SECM 图像。高电流(较暗的图像)是正反馈的结果。经 Elsevier 授权，转载自参考文献[25]。

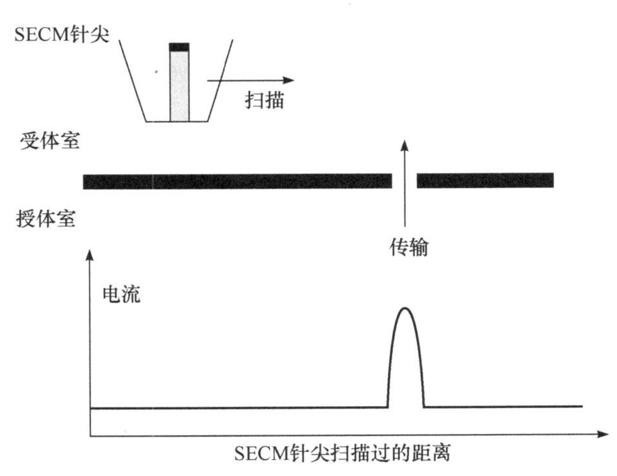

图 6.39 用 SECM 测定渗透性。可以检测到通过对流、扩散或迁移(受压力、浓度或电场梯度的推动)的物质传输，因为传质极限电流随尖端位置的增大可以转换为相应的目标界面的渗透性分布图。经 Elsevier 授权，转载自参考文献[23]。

SECM 另一个有意思的用途是能够非常明显地测出边平面和基平面石墨的电化学活性差异(图 6.17)。图 6.40 显示了 $Ru(NH_3)_6^{3+}$ 在边平面处的还原明显快于基平面处的还原。

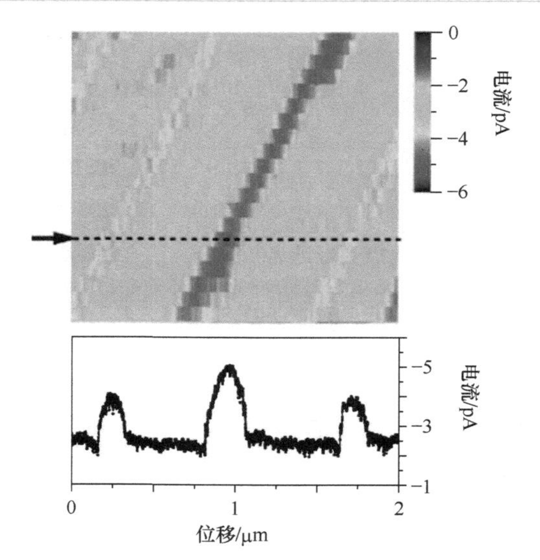

图 6.40 石墨电极上 KCl /磷酸盐缓冲液中 2 mmol · dm^{-3} $Ru(NH_3)_6^{3+}$ 还原反应的 SECM 图像，这展示出了在边平面部位增强的活性。经授权，转载自参考文献[26]。版权(2017)归属于美国化学会。

尽管 SECM 有很多应用前景，但它解决化学问题的能力非常有限。这是为什么呢？如 4.7 节所述，在恒温条件下进行电化学实验至关重要。然而，想要使如图 6.36 所示的整套装置维持恒温并非易事。事实上对此人们也鲜有尝试。这样的结果就是温差将促进对流(溶液的整体移动，参见第 8 章)，从而可能使最后的成像结果不太清晰，甚至模糊不堪[27]。通常对于异质表面成像时，这是一个尤为重要的因素，因为表面的不同部分具有不同的热导率，这可能导致很强的局部对流[28]。例如，边平面和基平面处石墨的热导率相差约 1000 倍！这样就不奇怪为什么使用一个刚搭建好的非恒温电解池记录的图像有时不大可靠了。绝大多数情况下，如果没有谨慎地控温，最好不要完全相信所记录的 SECM 数据。

参考文献

[1] T. J. Davies, C. E. Banks, R. G. Compton, *J. Solid State Electrochem.* **9** (2005) 797.

[2] B. A. Brookes, T. J. Davies, A. C. Fisher, R. G. Evans, S. J. Wilkins, K. Yunus, J. D. Wadhawan, R. G. Compton, *J. Phys. Chem. B* **107** (2003) 1616.

[3] T. J. Davies, B. A. Brookes, A. C. Fisher, K. Yunus, S. J. Wilkins, P. R. Greene, J. D. Wadhawan, R. G. Compton, *J. Phys. Chem. B* **107** (2003) 6431.

[4] C. Amatore, J. M. Savéant, D. Tenner, *J. Electroanal. Chem.* **147** (1983) 39.

[5] F. G. Chevallier, N. Fietkau, J. Del Campo, R. Mas, F. X. Muñoz, L. Jiang, T. G. J. Jones, R. G. Compton, *J. Electroanal. Chem.* **596** (2006) 25.

[6] S. Fletcher, M. Horne, *Electrochem. Commun.* **1** (1999) 502.

[7] T. J. Davies, S. Ward-Jones, C. E. Banks, J. Del Campo, R. Mas, F. X. Muñoz, R. G. Compton, *J. Electroanal. Chem.* **585** (2005) 51.

[8] N. Godino, X. Borrise, F. X. Muñoz, J. Del Campo, R. G. Compton, *J. Phys. Chem. C* **113** (2009) 11119.

[9] O. Ordeig, C. E. Banks, T. J. Davies, J. Del Campo, R. Mas, F. X. Muñoz, R. G. Compton, *Analyst* **131** (2006) 440.

[10] O. Ordeig, C. E. Banks, T. J. Davies, J. Del Campo, R. Mas, F. X. Muñoz, R. G. Compton, *J. Electroanal. Chem.* **592** (2006) 126.

[11] C. E. Banks, T. J. Davies, G. G. Wildgoose, R. G. Compton, *Chem. Comm.* **7** (2005) 829.
[12] C.E. Banks, R. G. Compton, *Anal. Sci.* **21** (2005) 1263.
[13] T. J. Davies, R. R. Moore, C. E. Banks, R. G. Compton, *J. Electroanal. Chem.* **574** (2004) 123.
[14] F. G. Chevallier, T. J. Davies, O. V. Klymenko, L. Jiang, T. G. J. Jones, R. G. Compton, *J. Electroanal. Chem.* **577** (2005) 211.
[15] F. G. Chevallier, L. Jiang, T. G. J. Jones, R. G. Compton, *J. Electroanal. Chem.* **587** (2006) 254.
[16] I. Streeter, G. G. Wildgoose, L. Shao, R. G. Compton, *Sens. Act. B* **113** (2008) 462.
[17] G. P. Keely, M. E. G. Lyons, *Int. J. Electrochem. Sci.* **6** (2009) 794.
[18] L. Xiao, G. G. Wildgoose, R. G. Compton, *Sens. Act. B* **138** (2009) 524.
[19] M. C. Henstridge, E. J. F. Dickinson, M. Aslanoglu, C. Batchelor-McAuley, R. G. Compton, *Sens. Act. B* **145** (2010) 417.
[20] N. Fietkau, F. G. Chevallier, L. Jiang, T. G. J. Jones, R. G. Compton, *Chem. Phys. Chem.* **7** (2006) 2162.
[21] R. C. Engstrom, M. Weber, D. J. Wunder, R. Burgess, S. Winquist, *Anal. Chem.* **58** (1986) 844.
[22] R. C. Engstrom, T. Meaney, R. Tople, R. M. Wightman, *Anal. Chem.* **59** (1987) 2005.
[23] A. L. Barker, M. Gonsalves, J. V. Macpherson, C. J. Slevin, P. R. Unwin, *Anal. Chimica Acta* **385** (1999) 223.
[24] M. V. Mirkin, B. R. Horrocks, *Anal. Chimica Acta* **406** (2000) 119.
[25] G. Nagy, L. Nagy, *Fres. J. Anal. Chem.* **366** (2000) 735.
[26] A. G. Guell, A. S. Cuharic, Y.-R. Kim, G. Zhang, S. Tan, N. Ebejer, P. R. Unwin, *ACS Nano* **9** (2015) 3558.
[27] J. K. Novev, R. G. Compton, *Phys. Chem. Chem. Phys.* **18** (2016) 29836.
[28] J. K. Novev, R. G. Compton, *Phys. Chem. Chem. Phys.* **19** (2017) 12759.

7 循环伏安法：耦合均相动力学和吸附现象

此前章节已经介绍了如下形式的简单电极过程的伏安特征：

$$A(aq) + e^- \rightleftharpoons B(aq)$$

其中 A 和 B 在实验的时间尺度上保持化学稳定。本章首先探究 B 组分可能存在的化学不稳定性如何影响伏安法的表观行为特征，并说明如何基于循环伏安法研究电致生成物种的反应动力学和反应机理。最后浅谈一下对吸附性物种的伏安法研究。

7.1 均相耦合反应：科学表述与示例

本章涉及的电极反应机理均使用 Testa(特斯塔)和 Reinmuth(赖因穆特)表示法进行描述[1]。在这种规约中，字母 E 表示异相电子转移步骤，而字母 C 表示均相电子转移步骤。

例 1：E 反应

一个很简单的例子：异相的单电子氧化(或还原)，从而形成一个稳定的自由基阳离子(或阴离子)。例如，二茂铁(二环戊二烯基铁)的氧化[2]：

$$FeCp_2 - e^- \longrightarrow FeCp_2^{\bullet+}$$

例 2：EC 反应

电子转移通常会产生不稳定的产物。在这些反应中，(异相的)电子转移之后会伴有一步均相的化学反应。EC 型反应的特征是，化学反应(如果化学步骤不可逆，有时就标记为 EC_{irr})发生在电子转移之后，进而产生电化学惰性的产物。例如，1,4-氨基苯酚在酸性水溶液中的氧化[3]：

$$HO-C_6H_4-NH_2 - 2e^- \longrightarrow O{=}C_6H_4{=}NH + 2H^+$$

$$O{=}C_6H_4{=}NH + H_2O \longrightarrow O{=}C_6H_4{=}O + NH_3$$

例 3：EC_2 反应

这种情况下，初始氧化或还原后的产物会发生二聚反应

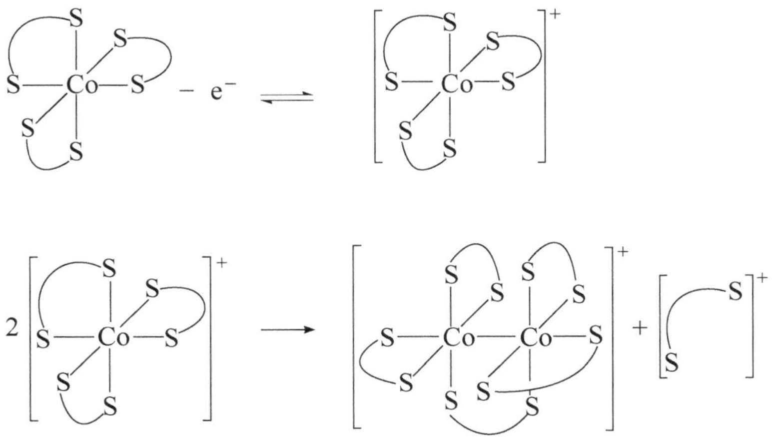

其中配体 S—S 指 S_2CNMe_2[4]。

例 4：ECE 反应

该反应类型的特征是在实验探究的电势区间内化学反应生成了电化学活性产物。例如，非质子溶剂中 1, 2-溴硝基苯的还原[5]：

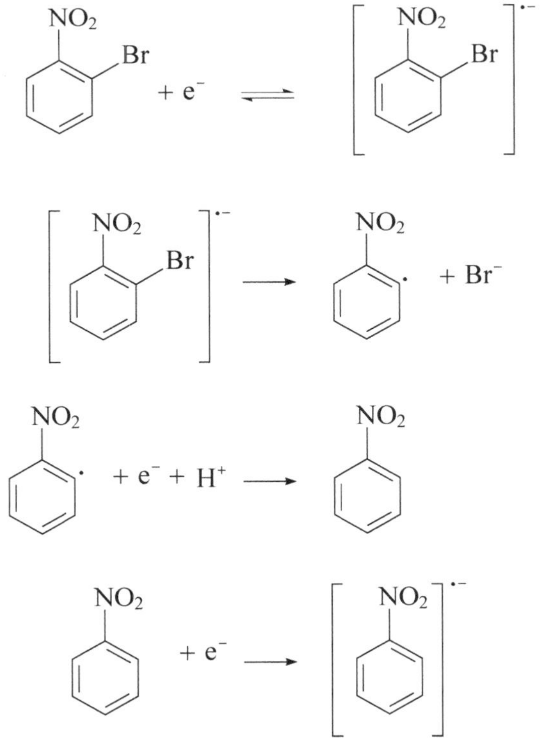

7.2 修正 Fick 第二定律以描述化学反应

在第 4 章中，看到如下简单的氧化还原过程

$$A(aq) + e^- \rightleftharpoons B(aq)$$

当 A 和 B 都是稳定物种时，对应的循环伏安图可以通过使用合适的边界条件求解 Fick 第二定律方程得出。一维模型(x)中，如适用于描述在平面宏电极上进行的循环伏安实验中相关的扩散行为，相应的方程为

$$\frac{\partial[\mathrm{A}]}{\partial t}=D_{\mathrm{A}}\frac{\partial^2[\mathrm{A}]}{\partial x^2}$$

和

$$\frac{\partial[\mathrm{B}]}{\partial t}=D_{\mathrm{B}}\frac{\partial^2[\mathrm{B}]}{\partial x^2}$$

如果这些物种具有化学反应活性，则必须对上述方程进行相应的修正。例如，如果在均相溶液中，B 组分发生了一个 n 级动力学的均相反应，且其速率常数为 k_n，那么

$$\frac{\partial[\mathrm{B}]}{\partial t}=D_{\mathrm{B}}\frac{\partial^2[\mathrm{B}]}{\partial x^2}-k_n[\mathrm{B}]^n$$

其中最后一项反映了其反应活性。此时 k_1 的单位为 s^{-1}，k_2 的单位为 $dm^3 \cdot mol^{-1} \cdot s^{-1}$。

7.3 EC 反应的循环伏安特征

EC 机理可以总结为如下一般形式：

$$\mathrm{A}+\mathrm{e}^- \rightleftharpoons \mathrm{B}$$

$$\mathrm{B} \underset{}{\overset{k_1}{\rightleftharpoons}} \mathrm{C}$$

其中 k_1 表示从 B 到 C 化学反应的一级或准一级反应速率常数，且其平衡常数

$$K=\frac{[\mathrm{C}]}{[\mathrm{B}]}$$

上述过程在宏电极上发生平面扩散时的传质方程为

$$\frac{\partial[\mathrm{A}]}{\partial t}=D_{\mathrm{A}}\frac{\partial^2[\mathrm{A}]}{\partial x^2}$$

$$\frac{\partial[\mathrm{B}]}{\partial t}=D_{\mathrm{B}}\frac{\partial^2[\mathrm{B}]}{\partial x^2}-k_1[\mathrm{B}]+\frac{k_1}{K}[\mathrm{C}]$$

$$\frac{\partial[\mathrm{C}]}{\partial t}=D_{\mathrm{C}}\frac{\partial^2[\mathrm{C}]}{\partial x^2}+k_1[\mathrm{B}]-\frac{k_1}{K}[\mathrm{C}]$$

大多数情况下，假设这些电极反应符合 Butler-Volmer 动力学模型，则可以对上述方程求解：

$$D_{\mathrm{A}}\left.\frac{\partial[\mathrm{A}]}{\partial x}\right|_{x=0}=k_{\mathrm{c}}[\mathrm{A}]_{x=0}-k_{\mathrm{a}}[\mathrm{B}]_{x=0}$$

$$D_{\mathrm{A}}\left.\frac{\partial[\mathrm{A}]}{\partial x}\right|_{x=0}=-D_{\mathrm{B}}\left.\frac{\partial[\mathrm{B}]}{\partial x}\right|_{x=0}$$

其中

$$k_{\mathrm{c}}=k^{0}\exp\left\{-\frac{\alpha F}{RT}[E-E_{\mathrm{f}}^{0}(\mathrm{A}/\mathrm{B})]\right\}$$

和

$$k_{\mathrm{a}}=k^{0}\exp\left\{\frac{\beta F}{RT}[E-E_{\mathrm{f}}^{0}(\mathrm{A}/\mathrm{B})]\right\}$$

假设 C 在电极表面无扩散通量，则边界条件为

$$x=0 \qquad D_{\mathrm{C}}\frac{\partial[\mathrm{C}]}{\partial x}=0$$

且在溶液本体中

$$x\to\infty \qquad [\mathrm{A}]\to[\mathrm{A}]_{\text{本体}} \qquad [\mathrm{B}]=[\mathrm{C}]=0$$

如果电势扫描范围足够宽，以保证初始电势或转换电势不会影响整体伏安行为，则循环伏安图仅取决于三个参数。设α为固定值(通常为 0.5 并假设 $D_{\mathrm{A}}=D_{\mathrm{B}}=D$)，它们是

$$\Lambda=k^{0}\sqrt{\frac{RT}{D\nu F}}$$

$$K_{1}=\frac{k_{1}}{\nu}\left(\frac{RT}{F}\right)$$

且

$$K=\frac{[\mathrm{C}]_{\mathrm{eqm}}}{[\mathrm{B}]_{\mathrm{eqm}}}$$

正如式中所定义的那样，下标“eqm”表示平衡浓度。在 $\mathrm{EC_{irr}}$ 类型反应的限制下，伏安过程与平衡常数 K 无关，因为此时相当于 $K\to\infty$，扩散问题可以简化为一个仅仅涉及两物种(A 和 B)的问题：

$$\frac{\partial[\mathrm{A}]}{\partial t}=D_{\mathrm{A}}\frac{\partial^{2}[\mathrm{A}]}{\partial x^{2}}$$

$$\frac{\partial[\mathrm{B}]}{\partial t}=D_{\mathrm{B}}\frac{\partial^{2}[\mathrm{B}]}{\partial x^{2}}-k_{1}[\mathrm{B}]$$

参数 Λ 控制伏安行为的电化学可逆性，与第 4 章中所述相似。无量纲参数 K_1 有效地描述了 B 分解的一级反应速率常数与电势扫描速率之比($K_1\propto k_1/\nu$)。图 7.1 展示了假设 E_{f}^{0}(A/B)= 0 V 时，处于可逆极限($\Lambda=100$，快速电极动力学)但是基于不同 K_1 值的条件下计算出的伏安图。

可以看出，随着 K_1 值的变化，电流峰在反向扫描时可能存在也可能不存在。在慢扫描速率下，即 K_1 值较大时，由于在正向扫描中产生的 B 在反向扫描完毕前就耗尽了，所以看不到反向峰。随着 K_1 值的降低[对应图 7.1(a)～(f)的顺序]，一旦循环伏安扫描所需时间与 B 的寿命相当时，反向峰就会出现。对于非常快的扫描速率[图 7.1(f)]，若 B 组分稳定，其伏安图没有变化，因为在这个伏安实验中 B 的消耗微乎其微。注意图 7.1 中 $K_1=10^{-1}$[图 7.1(c)]是完全可以实现的，如令速率常数 $k_1=4\ \mathrm{s^{-1}}$ 且电势扫描速率 $\nu=1\ \mathrm{V\cdot s^{-1}}$。另一方面，如果 $k_1=400\ \mathrm{s^{-1}}$，则需要 $100\ \mathrm{V\cdot s^{-1}}$ 的电势扫描速率才能获得如图 7.1(c)所示的伏安曲线。

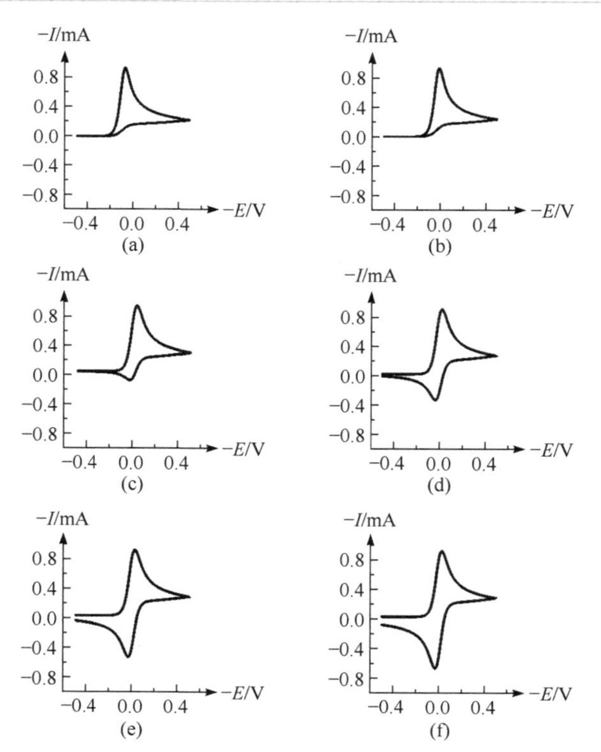

图 7.1 不同 K 值时 EC_{irr} 过程的循环伏安图。其中 $\Lambda = 100$，$E_f^0 = 0$ V；$\alpha = 0.5$，$k^0 = 1.973$ cm · s^{-1}；$[A]_{本体} = 1$ mmol · dm^{-3}；$A = 1$ cm^2；$D_A = D_B = D = 10^{-5}$ cm^2 · s^{-1}。(a) $K_1 = 10^3$；(b) $K_1 = 10^1$；(c) $K_1 = 10^{-1}$；(d) $K_1 = 10^{-1.5}$；(e) $K_1 = 10^{-2}$；(f) $K_1 = 10^{-3}$。

除反向峰存在与否外，图 7.1 中还表现出伏安法的另一个特征，即当 B 的消耗很快时，B 的还原峰出现在比 E_f^0 (A/B)更正的电势下！这种明显的反常来自 A/B 电对的电化学可逆性(Λ = 100)以及 B 通过化学反应的消耗将氧化还原平衡“拉了过去”(正如 Le Chatelier 原理所述)而产生的效应，因此它发生在一个不那么负的电势下(对于一个还原过程来说)：

$$A + e^- \rightleftharpoons B$$

$$B \xrightarrow{k_f} 产物$$

在这种“快速均相动力学且无反向峰”的极限条件下，正向峰电势 E_p 的变化遵循

$$\frac{\partial E_p}{\partial \log_{10} v} = \frac{2.303RT}{2F}$$

因此如果扫描速率降低为 1/10，还原峰向正电势方向移动约 30 mV (25 ℃下)。从 Le Chatelier 原理来看，扫描速率越慢，B 的动力学消耗就越多，因此 A/B 的平衡位置移动得越多。

图 7.2 展示了电化学不可逆情况(Λ = 0.01)下对应图 7.1 中的各模拟图。参数 K_1 依然控制着是否存在反向峰，且一个较大的 K_1 值，即 $K_1 \geqslant \dfrac{vF}{RT}$ 时，对应反向峰的消失。

注意，较低的 Λ 值意味着一定存在一个很大的将 B 还原为 A 反应的过电势，因此正向(还原)峰出现在比 E_f^0 (A/B)更负的电势下。同样，如果看到了反向(氧化)峰，则它会出现在比该形式电势更正的电势下。注意，对于不可逆电极动力学，即 $\Lambda \ll 1$，形式电势不会随着电势扫

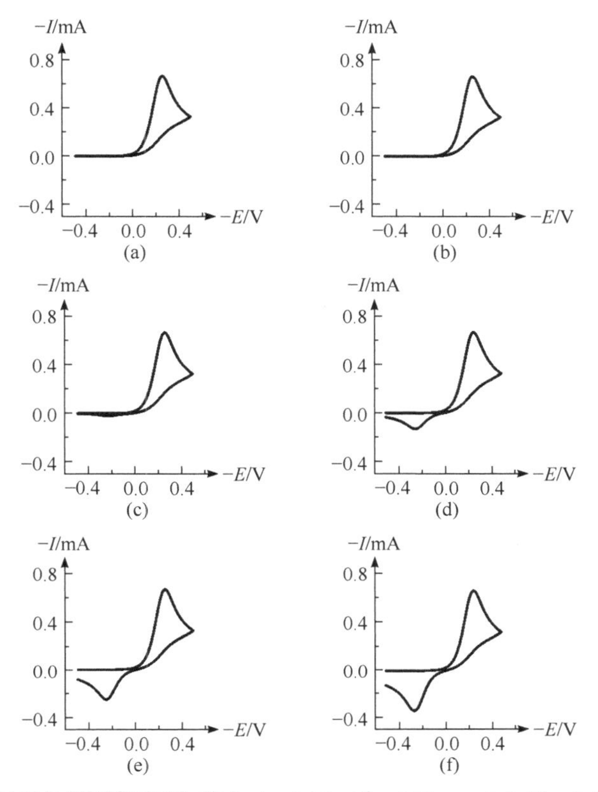

图 7.2 不同 K 值时 EC_{irr} 过程的循环伏安图。其中 $\Lambda = 0.01$，$E_f^0 = 0$ V；$\alpha = 0.5$，$k^0 = 1.973\times10^{-4}$ cm · s^{-1}；$[A]_{本体}$ = 1 mmol · dm^{-3}；$A = 1$ cm^2；$D_A = D_B = D = 10^{-5}$ cm^2 · s^{-1}。(a) $K_1 = 10^3$；(b) $K_1 = 10^1$；(c) $K_1 = 10^{-1}$；(d) $K_1 = 10^{-1.5}$；(e) $K_1 = 10^{-2}$；(f) $K_1 = 10^{-3}$。

描速率发生变化，这与可逆电极动力学过程中观察到的现象相反(图 7.1)：

$$\frac{\partial E_p}{\partial \log_{10} v} = 0$$

这是因为在电极表面尚未建立起氧化还原平衡，因此后续的反应对 A 到 B 的电化学不可逆还原反应没有影响。根据 Le Chatelier 原理，平衡没有建立，则无法通过电势移动来响应 B 的化学反应带来的扰动。

7.4 参数 K_1 和 Λ 是如何推导出来的？

为了理解 K_1 和 Λ 这两个控制 EC_{irr} 反应伏安特征的参数之由来，需要回顾一下此问题的数学推导过程。解出如下方程尤为重要

$$\frac{\partial[A]}{\partial t} = D_A \frac{\partial^2[A]}{\partial x^2}$$

和

$$\frac{\partial[B]}{\partial t} = D_B \frac{\partial^2[B]}{\partial x^2} - k_1[B]$$

受如下边界条件的限制

$$x \to \infty \qquad [\mathrm{A}] \to [\mathrm{A}]_{本体} \qquad [\mathrm{B}] \to 0$$

$$x = 0 \qquad D_{\mathrm{A}} \frac{\partial[\mathrm{A}]}{\partial x} = -D_{\mathrm{B}} \frac{\partial[\mathrm{B}]}{\partial x}$$

$$D_{\mathrm{A}} \frac{\partial[\mathrm{A}]}{\partial x} = k^0 \exp\left\{-\frac{\alpha F}{RT}[E - E_{\mathrm{f}}^0(\mathrm{A/B})]\right\}[\mathrm{A}]_{x=0} - k^0 \exp\left\{-\frac{(1-\alpha)F}{RT}[E - E_{\mathrm{f}}^0(\mathrm{A/B})]\right\}[\mathrm{B}]_{x=0}$$

其中

$$E = E_1 + vt \qquad (t < t_{转换})$$

$$E = E_1 + vt_{转换} - v(t - t_{转换}) \qquad (t > t_{转换})$$

对于还原反应($\mathrm{A + e^- \longrightarrow B}$)，扫描速率 v 为负，同时使用的所有参数均在第 4 章中介绍过。

在此处引入下列无量纲参数，并假设 $D_{\mathrm{A}} = D_{\mathrm{B}} = D$：

无量纲时间，$\tau = t\dfrac{Fv}{RT}$

无量纲距离，$\chi = x\sqrt{\dfrac{Fv}{RTD}}$

无量纲均相速率常数，$K_1 = \dfrac{k_1}{v}\dfrac{RT}{F}$

无量纲非均相速率常数，$\Lambda = \dfrac{k^0}{D}\sqrt{\dfrac{RTD}{Fv}}$

无量纲浓度，$a = \dfrac{[\mathrm{A}]}{[\mathrm{A}]_{本体}}$，$b = \dfrac{[\mathrm{B}]}{[\mathrm{B}]_{本体}}$

无量纲电势，$\Theta = \dfrac{FE}{RT}$

将这些无量纲常数代入，则传质方程变为

$$\frac{\partial a}{\partial t} = \frac{\partial^2 a}{\partial \chi^2}$$

和

$$\frac{\partial b}{\partial t} = \frac{\partial^2 b}{\partial \chi^2} - K_1 b$$

边界条件变为

$$\chi \to \infty, \quad a \to 1, \quad b \to 0$$

$$\chi = 0, \quad \frac{\partial a}{\partial \chi} = -\frac{\partial b}{\partial \chi}$$

$$\frac{\partial a}{\partial \chi} = \Lambda(\exp\{-\alpha[\Theta - \Theta_f^0(\mathrm{A/B})]\})a_{x=0}$$
$$-\exp\{(1-\alpha)[\Theta - \Theta_f^0(\mathrm{A/B})]\}b_{x=0}$$

其中

$$\Theta_f^0(\mathrm{A/B}) = \frac{F}{RT}E^0(\mathrm{A/B})$$

$$\Theta = \Theta_1 + \tau \qquad (0 < \tau < \tau_{转换})$$

$$\Theta = \Theta_1 + 2\tau_{转换} - \tau \qquad (\tau_{转换} < \tau)$$

$$\Theta_1 = \frac{FE_1}{RT}$$

并且

$$\tau_{转换} = t_{转换}\frac{Fv}{RT}$$

由于该问题的公式化表达仅涉及了有限个数的变量，因此无量纲浓度 a 和 b 仅是变量 τ、K、χ、$\Theta - \Theta_f^0(\mathrm{A/B})$、$\alpha$、$\Lambda$ 的函数，其中 Θ 本身取决于 $\tau_{转换}$ 和 Θ_1。假设先选定最后这两个参数从而为伏安图确定一个足够宽的电势窗口，以便峰电势、峰电流等参数不会受到影响(参阅第 4 章)。

注意到电极电流可用如下等式表示：

$$I = FAD\left.\frac{\partial[\mathrm{A}]}{\partial x}\right|_{x=0}$$

式中，A 是电极面积。上式将 Fick 定律定义的扩散通量转换为电流(参阅第 2 章)。故有

$$I = FAD[\mathrm{A}]_{本体}\sqrt{\frac{Fv}{RTD}}\frac{\partial a}{\partial \chi} \tag{7.1}$$

因此定义一个无量纲电流会很有帮助

$$\psi = \frac{I}{FA[\mathrm{A}]_{本体}\sqrt{D}\sqrt{\frac{Fv}{RT}}} = \left.\frac{\partial a}{\partial \chi}\right|_{x=0}$$

由于是在 $\chi = 0$ 处计算出了无量纲浓度梯度 ψ，因此 ψ-Θ 曲线，即无量纲电流与无量纲电势的关系，仅是 Λ 和 K_1 的函数。注意，τ 通过式(7.1)与 Θ 相关，因此它不是一个独立变量。在数学上

$$\psi = \psi(\Theta, \Lambda, K_1)$$

由此可知，在没有任何均相动力学($K_1 = 0$)的情况下，无量纲电流-电势(ψ-Θ)曲线仅取决于 Λ。而在有均相动力学($K_1 > 0$)的情况下，曲线(仅)取决于 Λ 和 K_1。

7.5 EC_2 反应的循环伏安特征

如果 B 的化学反应不可逆，则定义如下的 EC_2 反应机理：

$$\mathrm{A + e^- \rightleftharpoons B}$$

$$\mathrm{B + B \xrightarrow{k_2} 产物}$$

假设向宏电极平面扩散，则扩散方程为

$$\frac{\partial[\mathrm{A}]}{\partial t} = D_\mathrm{A}\frac{\partial^2[\mathrm{A}]}{\partial x^2}$$

和

$$\frac{\partial[\mathrm{B}]}{\partial t} = D_\mathrm{B}\frac{\partial^2[\mathrm{B}]}{\partial x^2} - k_2[\mathrm{B}]^2$$

假设 $D_\mathrm{A} = D_\mathrm{B} = D$ 且符合 Butler-Volmer 动力学特征，对于固定的α值，得到的循环伏安曲线仍是一个关于 Λ 和动力学参数 K_2 的函数；K_2 的定义与前面的 EC 过程示例中的略有不同：

$$K_2 = \frac{k_2}{v}\left(\frac{RT}{F}\right)[\mathrm{A}]_{本体}$$

注意，除引入了 A 的本体浓度外，K_2 与 K 的定义相同；在 K_2 中，k_2 是二级速率常数(单位：$\mathrm{dm^3 \cdot mol^{-1} \cdot s^{-1}}$)，因此参数 K_2 无量纲。

图 7.3 展示了 $\mathrm{EC_2}$ 过程的模拟结果，其计算基于在电化学可逆极限($\Lambda = 100$)下的不可逆化学步骤对应的一系列 K_2 值。注意，对于本章前面所述的 EC 机理，是否存在反向峰由无量纲动力学速率常数的大小控制，在 $\mathrm{EC_2}$ 过程中指 K_2。

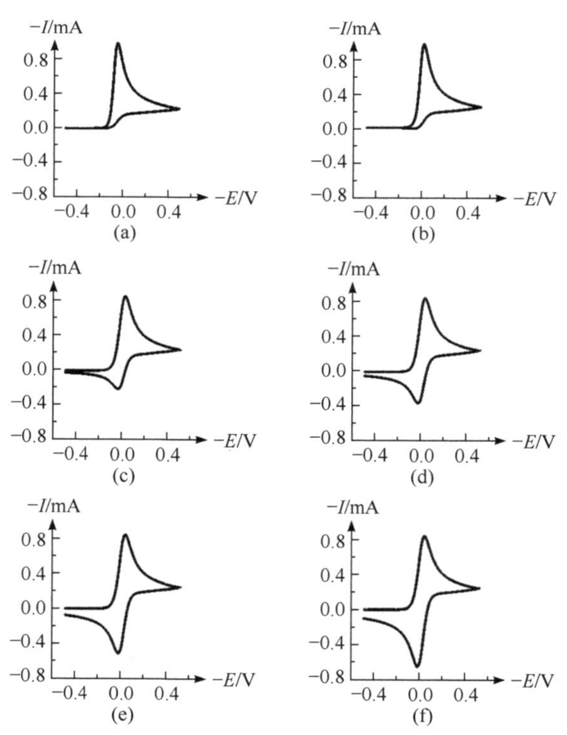

图 7.3 不同 K_2 值时 $\mathrm{EC_2}$ 过程的循环伏安图。其中 $\Lambda = 100$，$E_\mathrm{f}^0 = 0\ \mathrm{V}$；$\alpha = 0.5$，$k^0 = 1.973\ \mathrm{cm \cdot s^{-1}}$；$[\mathrm{A}]_{本体} = 1\ \mathrm{mmol \cdot dm^{-3}}$；$A = 1\ \mathrm{cm^2}$；$D_\mathrm{A} = D_\mathrm{B} = D = 10^{-5}\ \mathrm{cm^2 \cdot s^{-1}}$。(a) $K_1 = 10^3$；(b) $K_1 = 10^1$；(c) $K_1 = 10^{-1}$；(d) $K_1 = 10^{-1.5}$；(e) $K_1 = 10^{-2}$；(f) $K_1 = 10^{-3}$。

注意在较大的 K_2 值下，对应于 B 的快速耗尽(相对于循环伏安图的扫描时间)，无反向峰出现。相反，对于很小的 K_2，其循环伏安图与简单的 E 过程对应的伏安曲线基本相同。同样，在相对快速的动力学范围内，当 K_2 值较大时，伏安峰会偏移到更正的电势处。在这个极限条件下将此规律定量化，若 $K_2 \gg 1$，则

$$\frac{\partial E_{\mathrm{p}}}{\partial \log_{10} v} = \frac{2.303RT}{3F}$$

注意，这意味着电势扫描速率每发生一个 10 倍的变化，E_{p} 就偏移约 20 mV(25 ℃时)。这与 EC 过程在相应极限条件下得到的值不同。

图 7.4 描绘了在电化学不可逆极限(Λ = 0.01)下一个 EC_2 过程预期的伏安曲线。同样，K_2 控制了反向峰的存在与否，但是由于电化学不可逆意味着后续反应的动力学不会对决速步的的电子转移动力学产生影响，因此这时看不到形式峰电势的变化。

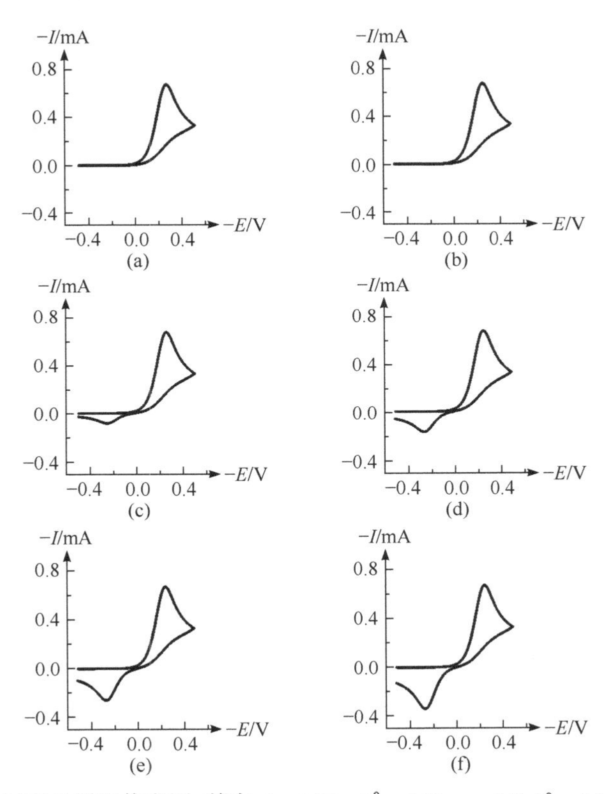

图 7.4 不同 K_2 值时 EC_2 过程的循环伏安图。其中 $\Lambda = 0.01$，$E_{\mathrm{f}}^0 = 0$ V；$\alpha = 0.5$，$k^0 = 1.973\times10^{-4}$ cm · s^{-1}；$[\mathrm{A}]_{本体}$ = 1 mmol · dm^{-3}；$A = 1$ cm^2；$D_{\mathrm{A}} = D_{\mathrm{B}} = D = 10^{-5}$ cm^2 · s^{-1}。(a) $K_1 = 10^3$；(b) $K_1 = 10^1$；(c) $K_1 = 10^{-1}$；(d) $K_1 = 10^{-1.5}$；(e) $K_1 = 10^{-2}$；(f) $K_1 = 10^{-3}$。

EC 和 EC_2 过程的显著差异在于伏安行为是否为 A 的浓度的函数。在 EC 过程中，Λ 和 K_1 都不依赖于$[\mathrm{A}]_{本体}$，因此电化学可逆性和反向峰的存在与否仅取决于作为实验参数的电势扫描速率，而不取决于$[\mathrm{A}]_{本体}$。然而，对于一个 EC_2 过程，由于

$$K_2 \propto \frac{[\mathrm{A}]_{本体}}{v}$$

因此观察到的伏安行为将同时受到电势扫描速率和 A 的浓度的影响。图 7.5 展示了在电化学可逆极限下 k_2～400 $dm^3 \cdot mol^{-1} \cdot s^{-1}$ 的过程，其伏安特征如何仅随 A 的浓度从 $10^{-3}mol \cdot dm^{-3}$ 变化到 10^{-2} $mol \cdot dm^{-3}$ 而变化；若其他参数不变，增大浓度将促进后续动力学过程，因而逐步导致反向峰的消失。

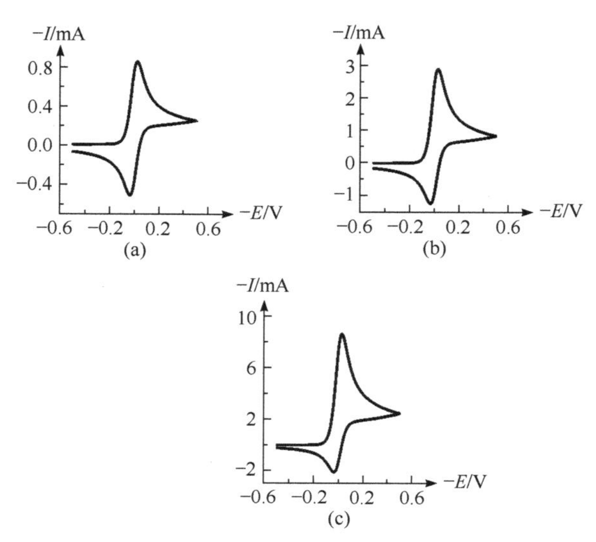

图 7.5　不同 K_2 值时 EC_2 过程的循环伏安图。其中 $\Lambda = 100$，$E_f^0 = 0$ V；$\alpha = 0.5$，$k^0 = 1.973$ $cm \cdot s^{-1}$；$A = 1$ cm^2；$D_A = D_B = D = 10^{-5}$ $cm^2 \cdot s^{-1}$；$k_2 = 389.3$ $dm^3 \cdot mol^{-1}$。(a) $\log K_2 = -2$，$[A]_{本体} = 1$ $mmol \cdot dm^{-3}$；(b) $\log K_2 = -1.5$；$[A]_{本体} = 3.16$ $mmol \cdot dm^{-3}$；(c) $\log K_2 = -1$，$[A]_{本体} = 10$ $mmol \cdot dm^{-3}$。

很明显，仅通过改变电活性物种的浓度可以“指纹鉴定”出与界面电子转移步骤耦合的二级，或更严谨地说，非一级反应过程。

7.6　EC 与 EC_2 过程的实例

本节用两个实例来印证前面小节中讨论出的结果。第一个是乙腈溶液中 2, 6-二苯基吡喃鎓阳离子的单电子还原。众所周知，在此过程中形成的自由基将迅速发生二聚，如图 7.6 所示。

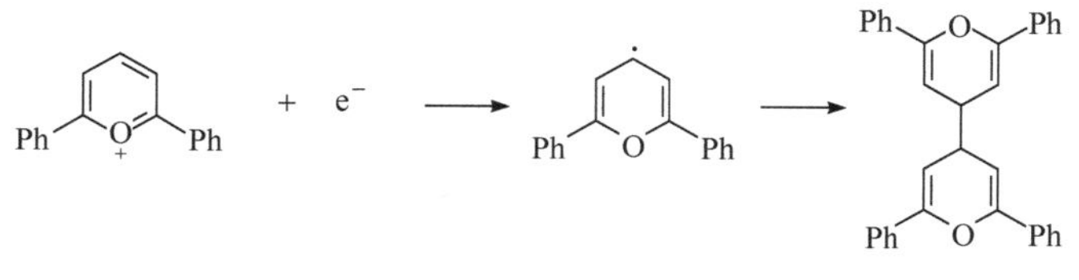

图 7.6　2, 6-二苯基吡喃鎓阳离子(DPP^+)的单电子还原。

第 5 章中已经提到有人曾使用快速扫描循环伏安法研究了该过程，其中电势扫描速率在 75 000～250 000 $V \cdot s^{-1}$ 范围内[6]，结果如图 7.7 所示。

可以看到只有在非常快的扫描速率下，才能看见完整的反向峰，该现象表明后续的二聚反应非常迅速。实验中使用了微电极，但是，考虑到扫描速率非常快，所以其扩散层非常薄，以至于形成了近似线性的扩散(参见第 5 章)。图 7.8 展示了这一平面扩散的模拟结果，且假设

速率常数为 $2.5 \times 10^7\ dm^3 \cdot mol^{-1} \cdot s^{-1}$。这些模拟图与图 7.7 中的结果有明显的相似之处。

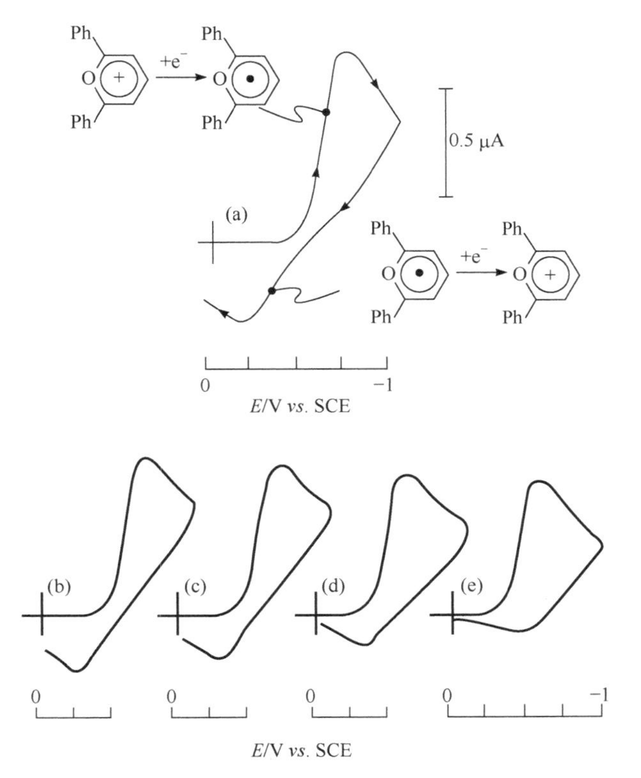

图 7.7 20 ℃时在铂圆盘超微电极(半径 10 μm)上，含 0.1 mol · dm^{-3} NBu_4BF_4 的乙腈中，10 mmol · dm^{-3} 2, 6-二苯基吡喃鎓高氯酸盐除去背景后的循环伏安图。扫描速率：(a) 250，(b) 200，(c) 150，(d) 100 和 (e) 75 kV · s^{-1}。经 Elsevier 授权，转载自参考文献[6]。

考察在第一个伏安循环之后立即扫描第二个循环时会发生哪些或许可以提供有关待测体系更多有意思的信息。相应的模拟结果如图 7.9 所示。

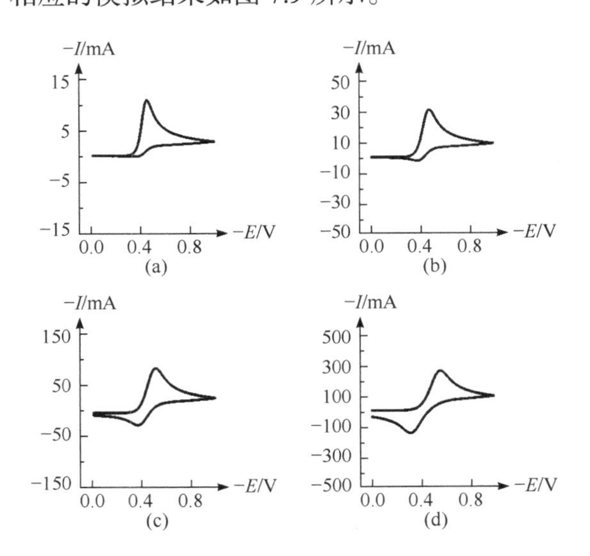

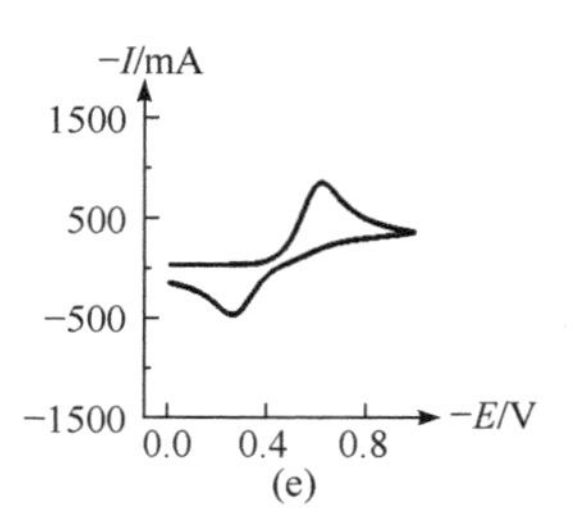

图 7.8 在乙腈中 2, 6-二苯基吡喃鎓高氯酸盐的 EC_2 还原的模拟循环伏安图。$E_f^0 = -0.435$ V；$\alpha = 0.5$，$k^0 = 1\ cm \cdot s^{-1}$；$[A]_{本体} = 1\ mmol \cdot dm^{-3}$；$A = 1\ cm^2$；$D_{DDP^+} = D_{DPP} = 1.438\times10^{-5}\ cm^2 \cdot s^{-1}$；$k_f[2DPP^\bullet \longrightarrow (DPP)_2] = 2.5\times10^7\ dm^3 \cdot mol^{-1} \cdot s^{-1}$。扫描速率$(V \cdot s^{-1})$分别为：(a) 10^2；(b) 10^3；(c) 10^4；(d) 10^5；(e) 10^6。

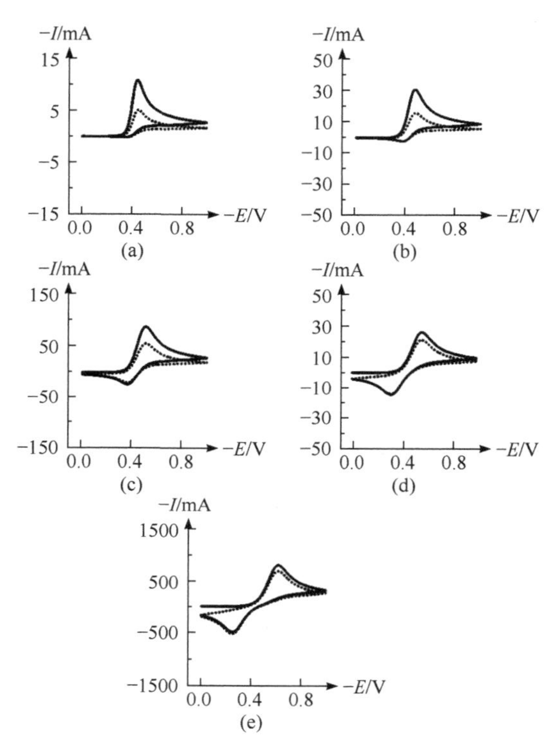

图 7.9 在乙腈中 2, 6-二苯基吡喃鎓高氯酸盐的还原反应的模拟循环伏安图(两个循环)。$E_f^0 = -0.435$ V；$\alpha = 0.5$，$k^0 = 1\ cm \cdot s^{-1}$；$[A]_{本体} = 1\ mmol \cdot dm^{-3}$；$A = 1\ cm^2$；$D_{DDP^+} = D_{DPP} = 1.438\times10^{-5}\ cm^2 \cdot s^{-1}$；$D_{(DPP)_2} = 9.485\times10^{-6}\ cm^2 \cdot s^{-1}$；$k_f[2DPP^\bullet \longrightarrow (DPP)_2] = 2.5\times10^7\ dm^3 \cdot mol^{-1} \cdot s^{-1}$。扫描速率$(V \cdot s^{-1})$为：(a) 10^2；(b) 10^3；(c) 10^4；(d) 10^5；(e) 10^6。实线表示第一圈的循环伏安曲线；虚线为第二圈曲线。

可以观察到，除了在最快的扫描速率下呈现出完整的反向峰外，与第一次扫描相比，第二次扫描中电流峰均大幅降低。这显然是因为，当在可以发生大量二聚反应的时间尺度上进行伏安扫描时，在第一个循环结束时，界面区域中的 B 将被大量消耗。同理，由于反向峰消失了，此时没有足够的 B 被氧化为 A，A 得不到补充，因此在第一张伏安图结尾处和第二次循环开始时，电极表面的 A 也已经被大量消耗掉了。因此，第二次循环中 A 的还原峰比第一次循环中的小得多。

图 7.10 展示了在两个循环中 $1000\ V \cdot s^{-1}$ 扫描速率下各点处的浓度分布图，其中伏安图中

仅有一个残留的反向峰。

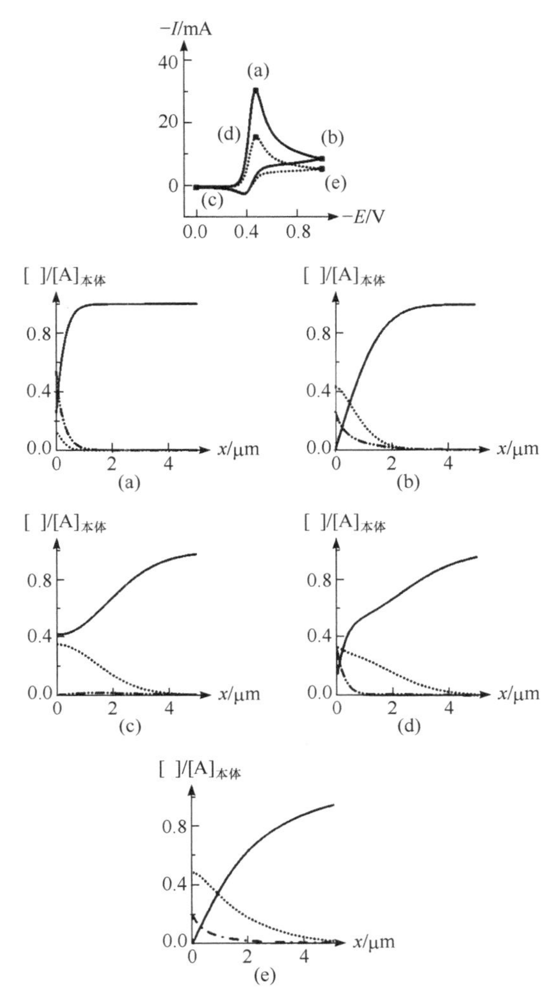

图 7.10 在乙腈中 2, 6-二苯基吡喃鎓高氯酸盐的还原反应的循环伏安图(两个伏安循环)和浓度分布图。$E_f^0 = -0.435$ V；$\alpha = 0.5$，$k^0 = 1$ cm · s^{-1}；$[A]_{本体} = 1$ mmol · dm^{-3}；$A = 1$ cm^2；$D_{DDP^+} = D_{DPP} = 1.438\times10^{-5}$ cm^2 · s^{-1}；$D_{(DPP)_2} = 9.485\times10^{-6}$ cm^2 · s^{-1}；k_f [2DPP$^{\bullet}$ ⟶ (DPP)$_2$] = 2.5×10^7 dm^3 · mol^{-1} · s^{-1}；扫描速率为 1000 V · s^{-1}。在浓度分布图中，实线表示 DPP$^+$的浓度，虚线表示(DPP)$_2$的浓度，点划线表示还原态 DPP 的浓度。(a)～(e)为循环伏安图中标出的各点的浓度分布图。

上述例子说明了在测量之间更新界面区域溶液的重要性。通常在新手学生的实验中会遇到的操作——反复进行电势循环以“稳定响应”的做法可以说几乎对研究毫无帮助！

第二个例子考察在含有四氟硼酸正四丁基铵作为支持电解质的二甲基甲酰胺溶剂中还原富马酸二乙酯(DEF)和马来酸二乙酯(DEM)。两种分子的结构如下所示

DEF= (H, CO_2Et / EtO_2C, H)　　DEM= (H, CO_2Et / H, CO_2Et)

目前已经报道了有人曾使用高达约 100 V · s^{-1} 的扫描速率在铂电极上进行这些分子的伏安实

验[7]。图 7.11 展示了在 50 mV · s^{-1} 的电势扫描速率下进行的 DEF 伏安实验。

该基底上明显发生了电化学可逆的单电子还原反应：

$$\mathrm{DEF} + \mathrm{e}^- \rightleftharpoons \mathrm{DEF}^{\bullet -} \qquad E_f^0 = -1.38\ \mathrm{V}$$

显然，阴离子自由基 DEF$^{\bullet -}$ 在循环伏安的时间尺度上一直很稳定。图 7.12 展示了在 5 V · s^{-1} 的扫描速率下测量的 DEM 相应的循环伏安曲线。这时的循环伏安图较为复杂。

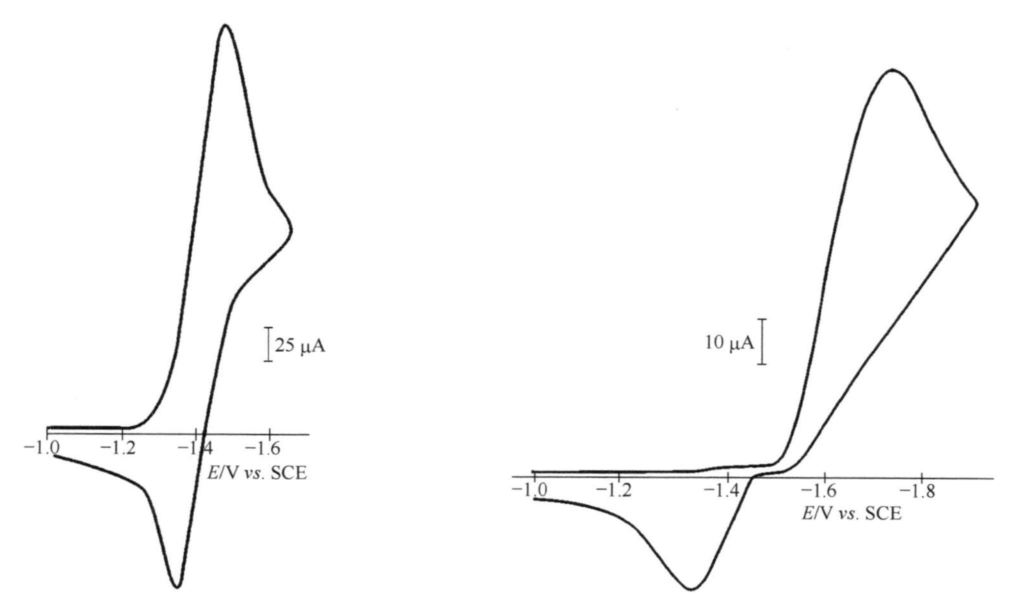

图 7.11 DEF 在 0.1 mol · dm^{-3} TBAF-DMF 中的循环伏安图(50 mV · s^{-1})。经英国皇家化学学会授权，转载自参考文献[7]。

图 7.12 DEM 在 0.1 mol · dm^{-3} TBAF-DMF 中的循环伏安图(5 V · s^{-1})。经英国皇家化学学会授权，转载自参考文献[7]。

可以参考以下机理来理解该图：

$$\mathrm{DEM} + \mathrm{e}^- \rightleftharpoons \mathrm{DEM}^{\bullet -} \qquad E_f^0 = -1.58\ \mathrm{V}$$

$$\mathrm{DEM}^{\bullet -} \xrightarrow{k} \mathrm{DEF}^{\bullet -}$$

$$\mathrm{DEF}^{\bullet -} - \mathrm{e}^- \rightleftharpoons \mathrm{DEF} \qquad E_f^0 = -1.38\ \mathrm{V}$$

其中 k～10 s^{-1}。在图 7.12 描述的条件下，循环伏安的时间尺度相较于 DEF$^{\bullet -}$ 的分解速率仍然较慢。那么在正向扫描 DEM$^{\bullet -}$ 自由基离子形成后，却在反向扫描之前就几乎定量地二聚为 DEF$^{\bullet -}$。因此，通过比较图 7.11 和图 7.12，可推测出反向扫描中出现的峰对应于

$$\mathrm{DEF}^{\bullet -} - \mathrm{e}^- \rightleftharpoons \mathrm{DEF}$$

图 7.13 展示了提高电势扫描速率的影响。在低扫描速率下[图 7.13(a)和(b)]，在反向扫描中只能看到 DEF$^{\bullet -}$ 的再氧化。

然而，在 10 V · s^{-1}[图 7.13 (c)]时，图上明显出现了两个峰：一个是由于 DEF$^{\bullet -}$ 的氧化，而另一个是由于 DEM$^{\bullet -}$ 中的一些分子由于电势扫描速率提高而幸存下来被再次氧化。在更快

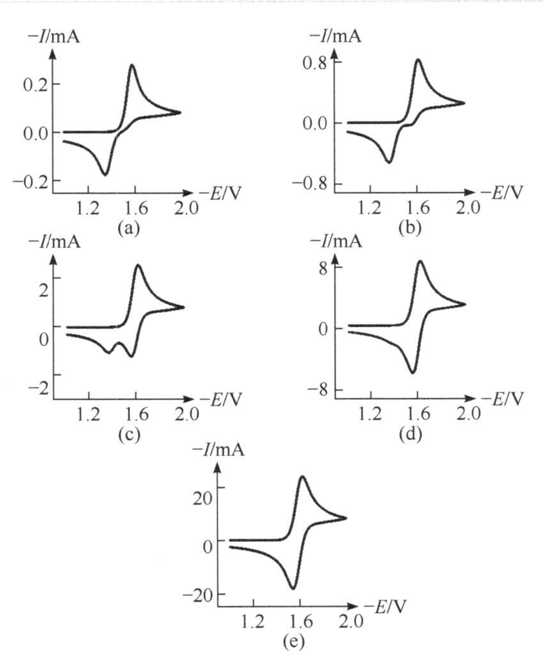

图 7.13 不同扫描速率下 DEM 在 DMF 中还原的模拟循环伏安曲线。$E^0_{f,\,DEM} = -1.58$ V，$E^0_{f,\,DEF} = -1.38$ V；$\alpha = 0.5$，$k^0 = 1\ cm \cdot s^{-1}$；$[DEM]_{本体} = 1\ mmol \cdot dm^{-3}$；$A = 1\ cm^2$；$D_{DEM} = D_{DEM^{\bullet-}} = D_{DEF} = D_{DEF^{\bullet-}} = 9.1 \times 10^{-6}\ cm^2 \cdot s^{-1}$；$k_f\,(DEM^{\bullet-} \longrightarrow DEF^{\bullet-}) = 10\ s^{-1}$。扫描速率：(a) = 0.1 V · s^{-1}；(b) = 1 V · s^{-1}；(c) = 10 V · s^{-1}；(d) = 100 V · s^{-1}；(e) = 1000 V · s^{-1}。

的扫描速率下，即图 7.13 (d)和(e)分别为 100 V · s^{-1}和 1000 V · s^{-1}时，伏安过程发生得非常快，以至于仅能看到唯一的反应

$$DEM + e^- \rightleftharpoons DEM^{\bullet-}$$

$DEM^{\bullet-}$ 的异构化反应动力学实际上已经相当于“超速”了。因此可以看出，在这个很宽的扫描速率范围内测得的伏安曲线的行为特性符合上面提出的反应机理。

同样，考察在第一个伏安循环之后立即扫描第二个伏安循环时会发生什么将很有意思。图 7.14 展示了叠加在各个第一次循环(实线)上的第二次循环(虚线)。

由上图可以看出，在快速扫描速率的极限下，伏安特征与在该时间尺度上不涉及均相动力学的简单单电子还原过程的预期特征基本相同。然而，在 10 V · s^{-1} 的扫描速率下，这番试验结果提供了很多信息，因为在第二次循环的还原扫描中观察到了两个峰。这是由于如果在伏安实验的时间尺度足够让 $DEM^{\bullet-}$ 形成 $DEF^{\bullet-}$，那么第一次循环的反向扫描将使 DEF 在电极表面附近生成。正是这个物种的再还原过程产生了第二个电势循环的正向扫描上的第一个还原峰。当然，扫描中的第二个峰是由于 DEM 的还原，这里的 DEM 将在第一个循环的反向扫描时间内从本体溶液扩散到电极表面。图 7.15 展示了在 1 V · s^{-1} 的扫描速率下两次扫描中的浓度分布曲线。因此，在第二个循环中观察到两个峰时便可以部分确认上述反应机理。

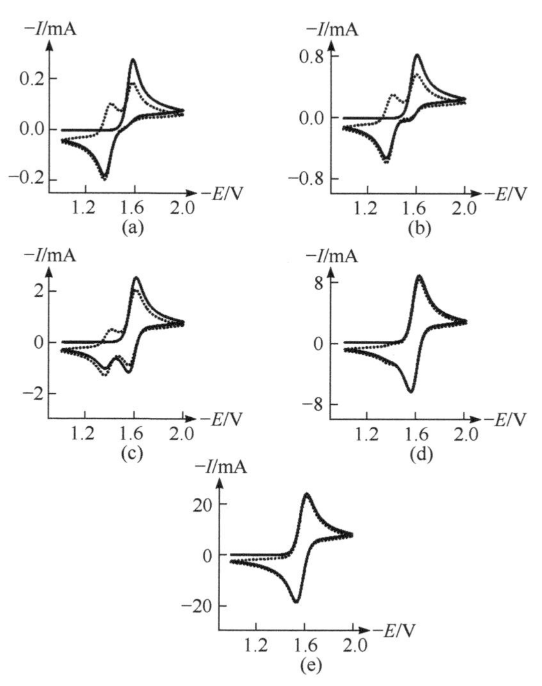

图 7.14　不同扫描速率下 DEM 在 DMF 中还原的模拟循环伏安曲线(两次循环)。$E^0_{f,\text{DEM}} = -1.58\ \text{V}$，$E^0_{f,\text{DEF}} = -1.38\ \text{V}$；$\alpha = 0.5$，$k^0 = 1\ \text{cm}\cdot\text{s}^{-1}$；$[\text{DEM}]_{本体} = 1\ \text{mmol}\cdot\text{dm}^{-3}$；$A = 1\ \text{cm}^2$；$D_{\text{DEM}} = D_{\text{DEM}^{\cdot-}} = D_{\text{DEF}} = D_{\text{DEF}^{\cdot-}} = 9.1\times10^{-6}\ \text{cm}^2\cdot\text{s}^{-1}$；$k_f(\text{DEM}^{\cdot-}\longrightarrow\text{DEF}^{\cdot-}) = 10\ \text{s}^{-1}$。扫描速率：(a) = $0.1\ \text{V}\cdot\text{s}^{-1}$；(b) = $1\ \text{V}\cdot\text{s}^{-1}$；(c) = $10\ \text{V}\cdot\text{s}^{-1}$；(d) = $100\ \text{V}\cdot\text{s}^{-1}$；(e) = $1000\ \text{V}\cdot\text{s}^{-1}$。实线表示第一次伏安循环，虚线表示第二次伏安循环。

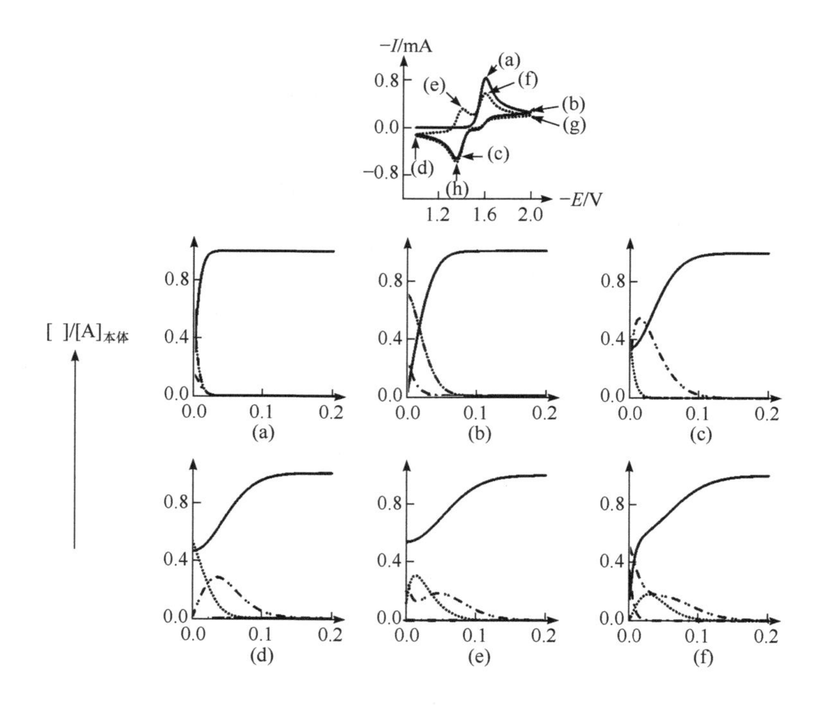

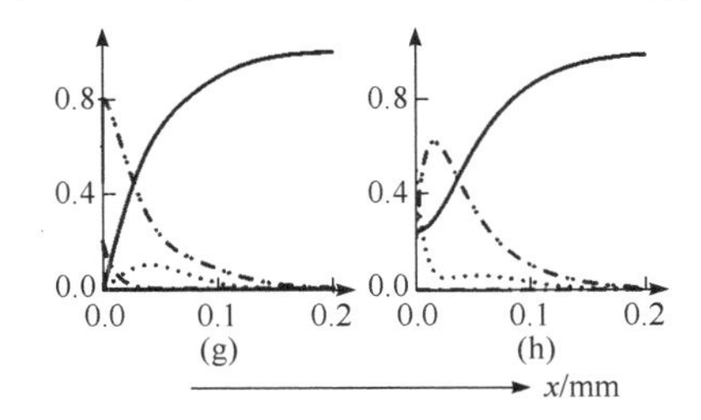

图 7.15 DEM 在 DMF 中还原反应的循环伏安图和浓度分布图。$E^0_{f,DEM} = -1.58$ V，$E^0_{f,DEF} = -1.38$ V；$\alpha = 0.5$，$k^0 = 1\ cm \cdot s^{-1}$；$[DEM]_{本体} = 1\ mmol \cdot dm^{-3}$；$A = 1\ cm^2$；$D_{DEM} = D_{DEM^{\cdot -}} = D_{DEF} = D_{DEF^{\cdot -}} = 9.1 \times 10^{-6}\ cm^2 \cdot s^{-1}$；$k_f(DEM^{\cdot -} \longrightarrow DEF^{\cdot -}) = 10\ s^{-1}$；扫描速率= $1\ V \cdot s^{-1}$。在伏安图中，实线和虚线分别对应第一次和第二次循环。8 条浓度曲线描述了 DEM(实线)、$DEM^{\cdot -}$ (点划线)、$DEF^{\cdot -}$ (短划-点-点-短划)和 DEF(点虚线)的浓度。

7.7 ECE 过程

根据 7.1 节中提到的 Reinmuth 和 Testa 表示法，对于一个 ECE 过程，可以写出下列一般机理：

$$A + e^- \rightleftharpoons B$$

$$B \xrightarrow{k_1} C$$

$$C + e^- \rightleftharpoons Z$$

即使是这样一个相对简单的动力学过程都充满了许多伏安行为的变化，这不仅取决于一级速率常数 k_1 和电势扫描速率，还取决于这两个涉及的氧化还原电对 A/B 与 C/Z 的热力学(E_f^0)以及它们的电极动力学；这些因素决定了电对在伏安实验的时间尺度内是否为电化学可逆的。在本节中，假设这两个电对都是电化学可逆的。

如果两个电对都表现出非常快的电极动力学，那么伏安行为就会极大地受到 E_f^0(A/B) 和 E_f^0(C/Z) 相对值的影响。如果 C 比 A 更容易被还原，即

$$E_f^0(A/B) < E_f^0(C/Z)$$

那么循环伏安图中只能看到一个峰，且这个峰的特征由 k_1 的大小决定，或者更严格地说由无量纲参数 K_1 的大小来决定

$$K_1 = \frac{k_1 RT}{vF}$$

图 7.16 展示了当

$$E_f^0(A/B) = 0\ V \qquad E_f^0(C/Z) = 0.4\ V$$

$$D_A = D_B = D_C = D_Z = 10^{-5}\ cm^2 \cdot s^{-1}$$

且电极面积为 1 cm^2、$[A]_{本体} = 1\ mmol \cdot dm^{-3}$ 时，k_1 (即为 K_1)对伏安行为的影响。六张伏安图中使用的电势扫描速率均为 $1\ V \cdot s^{-1}$。

当 k_1 值较低时，图 7.16(a)和(b)中，由于反应动力学相比于电势扫描速率较慢，因此可以观察到一个单电子可逆的伏安图，对应反应过程

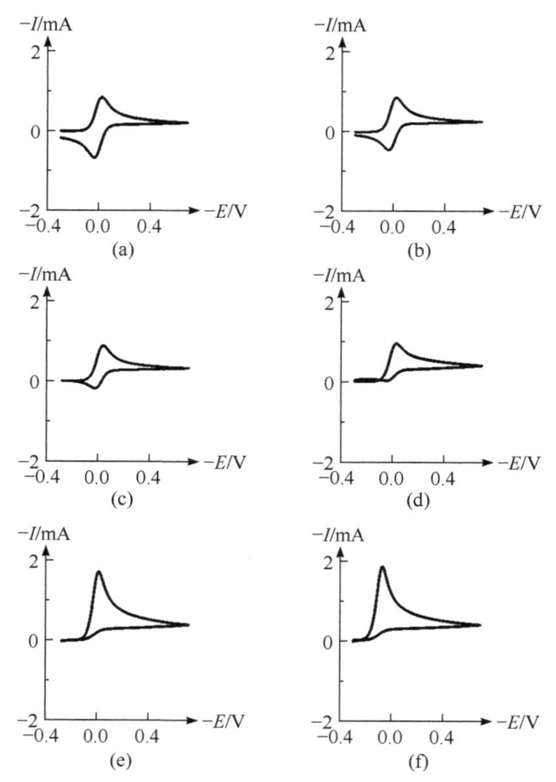

图 7.16 不同 k_1 值时 ECE 过程的模拟循环伏安图。参数：$\Lambda_{A/B} = \Lambda_{C/Z} = 100$。$E^0_{f,1} = 0$ V；$E^0_{f,2} = 0.4$ V，$\alpha = 0.5$，$k^0 = 1.973\ cm \cdot s^{-1}$；$[A]_{本体} = 1\ mmol \cdot dm^{-3}$；$A = 1\ cm^2$；$D_A = D_B = D_C = D_Z = 10^{-5}\ cm^2 \cdot s^{-1}$；扫描速率= $1\ V \cdot s^{-1}$。k_1 值：(a) = $0.0389\ s^{-1}$；(b) = $0.389\ s^{-1}$；(c) = $1.23\ s^{-1}$；(d) = $3.89\ s^{-1}$；(e) = $389\ s^{-1}$；(f) = $38\,930\ s^{-1}$；对应的 K_1 值：(a) = 10^{-3}；(b) = 10^{-2}；(c) = $10^{-1.5}$；(d) = 10^{-1}；(e) = 10；(f) =10^3。

$$A + e^- \rightleftharpoons B$$

但是，随着反应变快，反向峰逐渐变小，如图 7.16(c)、(d)和(e)所示，同时 A 的还原反应引发的正向峰逐渐变大，并且在(d)和(e)的极限条件下变成了一个两电子反应过程

$$A + 2e^- \longrightarrow Z$$

在实验中，均相动力学当然是确定的，但是可以通过改变电势扫描速率来改变 K_1 的值，从而降低反应从有完整反向峰的单电子还原反应(快扫描速率情况下)到无反向峰的两电子还原反应(相对慢扫描速率情况下)转变的可能。

图 7.16(d)展示了循环伏安行为在处于不同极限之间的过渡态时可以变得十分复杂。这张循环伏安图对应的是 $K_1 = 0.1$ 的情况。反常的是，反向扫描过程中没有出现任何峰，但是反向扫描的电流曲线与正向扫描的曲线在比 E_f^0 (A/B)稍正的电势处发生了交叉。这并非一种假象。这种交叉发生的原因是在前进扫描和电势负于 E_f^0 (A/B)的反向扫描过程中仍有少量的 B 反应生成 C，然后 C 被还原成 Z。这仅在正于 E_f^0 (A/B)的电势下可见，因为在这些电势下无法将 A 还原为 B，而当电势负于此阈值时，该过程(A ⟶ B)的电流淹没了 C 还原的微小电流。

接下来探究 C 比 A 更难被还原的情况，即

$$E_{\mathrm{f}}^{0}(\mathrm{A/B}) > E_{\mathrm{f}}^{0}(\mathrm{C/Z})$$

图 7.17 展示了在如下条件下模拟所得的循环伏安图

$$E_{\mathrm{f}}^{0}(\mathrm{A/B}) = 0\ \mathrm{V} \qquad E_{\mathrm{f}}^{0}(\mathrm{C/Z}) = -0.4\ \mathrm{V}$$

假设这两个氧化还原电对均为电化学可逆，且所有的化学物种都有一个共同的扩散系数 $10^{-5}\ \mathrm{cm^2 \cdot s^{-1}}$。在这六张循环伏安图中，电极面积为 $1\ \mathrm{cm^2}$，使用的电势扫描速率为 $1\ \mathrm{V \cdot s^{-1}}$。

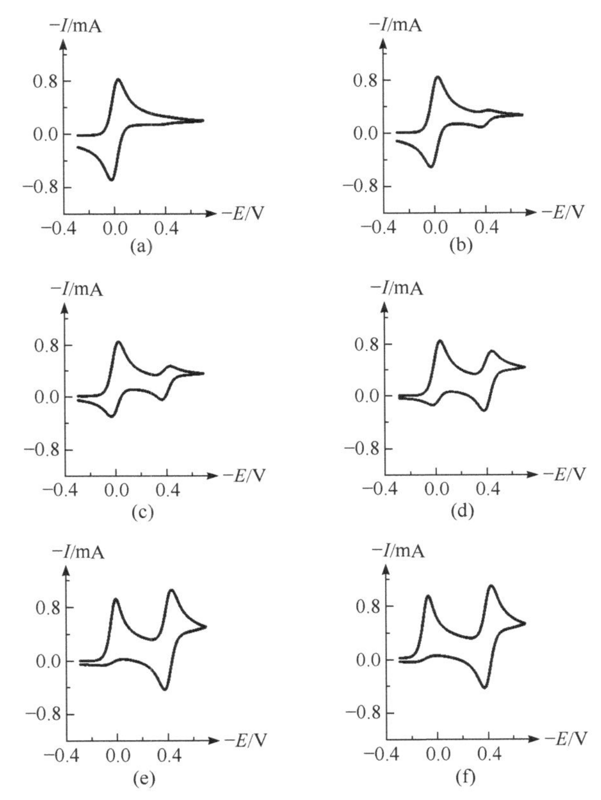

图 7.17　不同 k_1 值时 ECE 过程的模拟循环伏安图。参数：$\Lambda_{\mathrm{A/B}} = \Lambda_{\mathrm{C/Z}} = 100$。$E^0_{\mathrm{f,1}} = 0\ \mathrm{V}$；$E^0_{\mathrm{f,2}} = -0.4\ \mathrm{V}$，$\alpha = 0.5$，$k^0 = 1.973\ \mathrm{cm \cdot s^{-1}}$；$[\mathrm{A}]_{本体} = 1\ \mathrm{mmol \cdot dm^{-3}}$；$A = 1\ \mathrm{cm^2}$；$D_{\mathrm{A}} = D_{\mathrm{B}} = D_{\mathrm{C}} = D_{\mathrm{Z}} = 10^{-5}\ \mathrm{cm^2 \cdot s^{-1}}$；扫描速率= $1\ \mathrm{V \cdot s^{-1}}$。$k_1$ 值：(a) = $0.0389\ \mathrm{s^{-1}}$；(b) = $0.389\ \mathrm{s^{-1}}$；(c) = $1.23\ \mathrm{s^{-1}}$；(d) = $3.89\ \mathrm{s^{-1}}$；(e) = $389\ \mathrm{s^{-1}}$；(f) = $38\,930\ \mathrm{s^{-1}}$；对应的 K_1 值：(a) = 10^{-3}；(b) = 10^{-2}；(c) = $10^{-1.5}$；(d) = 10^{-1}；(e) = 10；(f) = 10^3。

在较慢的速率常数($K_1 \ll 1$)的情况下，只能明显看到一个伏安特征，对应

$$\mathrm{A} + \mathrm{e}^- \rightleftharpoons \mathrm{B}$$

如图 7.17(a)所示。若 B 的分解速率常数变大[图 7.17(b)、(c)和(d)]，则在比第一种情况需要的电势更负的电势下，第二个伏安特征逐渐明显，这是由于

$$\mathrm{C} + \mathrm{e}^- \rightleftharpoons \mathrm{Z}$$

第二个波随着 K_1 的增大而增大，这对应着在电极表面附近有越来越多的 C 生成。对于较大的 K_1 值[图 7.17(e)和(f)]，第二个波已经达到它的最大值，且其峰电流与 A 的还原峰电流相

当。但是请注意，由于仍有一些 A 到达电极并且在还原 C 需要的电势下被还原，所以第二个波的电流峰确实要高于第一个波。然而，更重要的是，第二个波的出现与第一个伏安特征的反向峰的减弱相关。后者是由于 B 氧化形成 A，由于 C 的形成直接来源于 B，因此第一个伏安特征的反向峰的减弱必然与 C/Z 峰的出现相关。

图 7.17 中的伏安图对应取值范围为 10^{-3}～10^{3} 的 K_1，其通过改变 k_1 值得到。然而，在实验中，k_1 值当然是固定的，但可以通过改变电势扫描速率实现从一个反应极限到另一个反应极限的切换；即快扫描速率下，只有 B 发生了氧化，因此只有 A/B 电对的单对波，而在慢扫描速率下，只有 Z 的氧化，因此可以看到缺失了第一个反向峰的两对波，分别对应 A/B 和 C/Z 过程。

图 7.18 展示了上述转变，在含 0.1 mol · dm^{-3} 高氯酸四丁基铵作为支持电解质的乙腈溶液中 4-溴二苯甲酮的还原反应[8]，其相应的 ECE 机理如下：

$$\text{4-BBP} + e^- \rightleftharpoons \text{4-BBP}^{\bullet -}$$

$$\text{4-BBP}^{\bullet -} \xrightarrow{k_1} Br^- + \cdot C_6H_4COC_6H_5$$

$$\cdot C_6H_4COC_6H_5 + HS \longrightarrow \text{BP}$$

$$\text{BP} + e^- \rightleftharpoons \text{BP}^{\bullet -}$$

其中 $E_f^0(\text{4-BBP/4-BBP}^{\bullet -}) \approx -1.21\ V$, $E_f^0(\text{BP/BP}^{\bullet -}) \approx -1.75\ V$ 。HS 表示溶剂/电解质体系。报道的 k_1 值约为 2400 s^{-1}。图 7.18 展示了在 10～10^5 V · s^{-1} 范围内不同电势扫描速率下的模拟循环伏安图。在更快的扫描速率下，只有 4-BBP / 4-BBP$^{\bullet -}$ 氧化还原电对引起的峰比较明显，因为脱溴步骤的动力学“超速”了。在这些条件下，由于反向扫描中 4-BBP$^{\bullet -}$ 的氧化而出现了反向峰。但是，随着扫描速率降低，BP / BP$^{\bullet -}$特征峰出现在大约−1.75 V 电势处，并且它的出现与 4-BBP / 4-BBP$^{\bullet -}$ 伏安波中反向峰的减弱相关。同样，去观察第二个伏安过程中会发生什么将具有一定的指导意义。图 7.19 展示了 4-BBP 体系的第一次和第二次扫描结果。

在更快的扫描速率下，4-BBP/4-BBP$^{\bullet -}$的特征在第二次扫描时几乎没有变化，这再次表明了自由基阴离子 4-BBP$^{\bullet -}$在该伏安实验时间尺度下的稳定性。相比之下，当扫描速率较慢时，还有 BP/BP$^{\bullet -}$的伏安特征，4-BBP 还原的电流峰在第二次扫描时大大降低，表明了 4-BBP/4-BBP$^{\bullet -}$的动力学损失，即无法通过在第一次循环的反向扫描中将 BBP$^{\bullet -}$氧化为 BBP 来补充消耗掉的

BBP。另一方面，第一次扫描与第二次扫描中的 $BP/BP^{\bullet-}$伏安特征保持相对一致，这体现了至少在该实验时间尺度下BP 和 $BP^{\bullet-}$的稳定性。

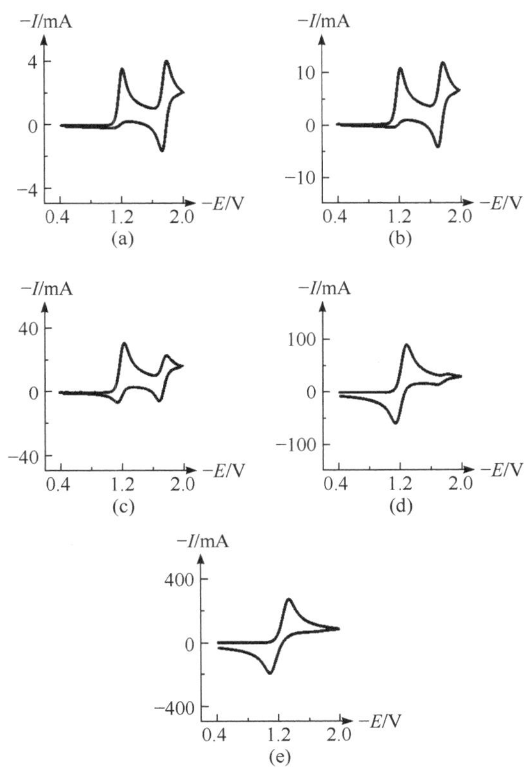

图 7.18　在不同扫描速率下 ECE 过程的循环伏安图。$E^0_{f,4\text{-BBP}} = -1.21\ V; E^0_{f,BP} = -1.75\ V, \alpha = 0.5, k^0 = 1\ cm \cdot s^{-1}$；$[4\text{-BBP}]_{本体} = 1\ mmol \cdot dm^{-3}$；$A = 1\ cm^2$；$D_{4\text{-BBP}} = D_{4\text{-BBP}^{\bullet-}} = 1.55 \times 10^{-5}\ cm^2 \cdot s^{-1}$；$D_{BP} = D_{BP^{\bullet-}} = 1.65 \times 10^{-5}\ cm^2 \cdot s^{-1}$。$k_f(4\text{-BBP}^{\bullet-} \longrightarrow BP^{\bullet-}) = 2400\ s^{-1}$；扫描速率：(a) = $10\ V \cdot s^{-1}$；(b) = $100\ V \cdot s^{-1}$；(c) = $1000\ V \cdot s^{-1}$；(d) = $10^4\ V \cdot s^{-1}$；(e) = $10^5\ V \cdot s^{-1}$。

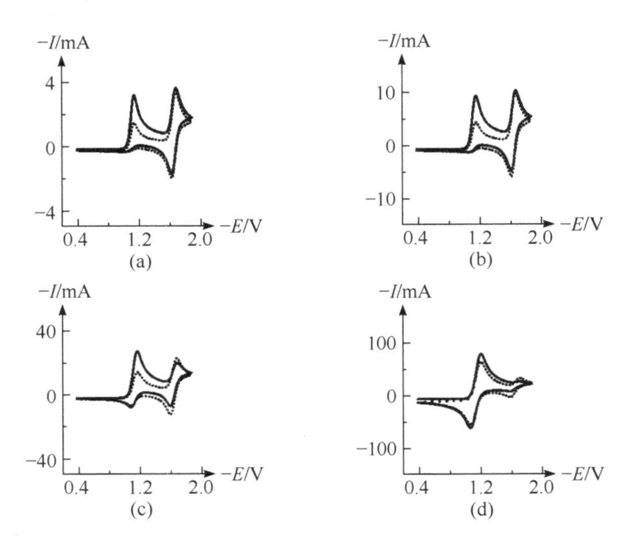

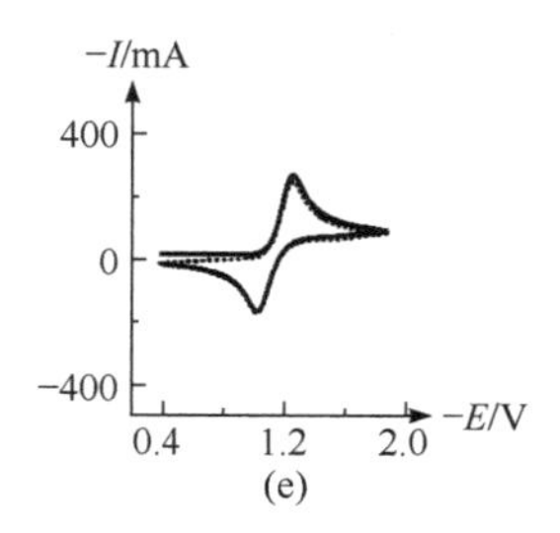

图 7.19　在不同扫描速率下 ECE 过程的两次循环伏安图。$E^0{}_{f,4\text{-BBP}} = -1.21$ V；$E^0{}_{f,BP} = -1.75$ V，$\alpha = 0.5$，$k^0 = 1\ cm \cdot s^{-1}$；$[4\text{-BBP}]_{本体} = 1\ mmol \cdot dm^{-3}$；$A = 1\ cm^2$；$D_{4\text{-BBP}} = D_{4\text{-BBP}^{\bullet-}} = 1.55 \times 10^{-5}\ cm^2 \cdot s^{-1}$；$D_{BP} = D_{BP^{\bullet-}} = 1.65 \times 10^{-5}\ cm^2 \cdot s^{-1}$。$k_f(4\text{-BBP}^{\bullet-} \longrightarrow BP^{\bullet-}) = 2400\ s^{-1}$；扫描速率：(a) = 10 V · s^{-1}；(b) = 100 V · s^{-1}；(c) = 1000 V · s^{-1}；(d) = 10^4 V · s^{-1}；(e) = 10^5 V · s^{-1}。实线表示第一次伏安扫描；虚线表示第二次伏安扫描。

7.8　ECE *vs*. DISP

本章已经讨论了一些相对简单的反应机理，但即便如此，也已经表明了它们属于非简单伏安过程的范畴！这表明，随着机理复杂程度的增加，最后可能难以区分不同的反应机理。

区分 ECE 机理和一种涉及歧化反应的机理时的困难很好地说明了目前出现的这种困境。它出现在许多同时转移两个(或多个)电子的电极反应中。例如，考虑一种反应机理，在该机理中，第一步电子转移之后紧接着一步化学反应，后者的产物比起始物更容易被还原，从而产生了一个总体两电子过程(参见表 7.1)。第二步电子转移可能通过反应(iii)在电极上发生(参见 7.7 节 ECE 过程)，或者通过反应(iv)经由歧化过程(DISP 机理)在本体溶液中发生。

表 7.1　ECE-DISP 的一般性机理。

反应		
$A + e^- \rightleftharpoons B$	$E_f^0(A/B)$	(i)
$B \rightleftharpoons C$		(ii)
$C + e^- \rightleftharpoons Z$	$E_f^0(C/Z)$	(iii)
$B + C \rightleftharpoons A + Z$		(iv)

机理	步骤				近似峰电势/mV	十进位
	(i)	(ii)	(iii)	(iv)	$\partial E_p / \partial \log v$	$\partial E_p / \partial [A]_{本体}$
ECE		rds		—	30	0
DISP 1		rds	—		30	0
DISP 2			—	rds	20	20

注：rds 指动力学决速步。

在 DISP 机理中，根据反应(ii)还是(iv)是决速步，也存在两种可能性：DISP 1 和 DISP 2。表 7.1 总结了由步骤(i)～(iv)构成的三种极限情况——ECE、DISP 1 和 DISP 2。此时把它们区分开很重要，这是因为此时存在大量电极反应，并且当其他反应(如 H 原子转移或二聚)与这类两电子过程发生竞争时，不同的机理可能有不同的动力学和合成的指导意义。

如表 7.1 所示，从正向峰电势对扫描速率和$[A]_{本体}$的依赖性可以很快识别出 DISP 2，但 ECE 和 DISP 1 却给出了完全相同的响应。这种机理的不确定性可以通过双电势阶跃计时电流法解决[8]。具体来说，采用以下施加电势的流程可以解决该问题。假设一个还原过程如表 7.1 所示，在 ECE/DISP 1 过程中，电势从一个正于$E_f^0(A/B)$和$E_f^0(C/Z)$的值开始，随后阶跃至负于这两个电势的值。然后，为了完成双阶跃，电势跃升到$E_f^0(A/B)$和$E_f^0(C/Z)$之间的一个值，这样电势就可以驱动 C 还原为 Z，但现在可以将 B 氧化为 A。于是，在 DISP 1 途径中：

$$A + e^- \rightleftharpoons B$$

$$B \xrightarrow{k_1} 1/2A + 1/2Z$$

由于 B 的再生，第二个阶跃中的电流必定是氧化电流，此时 C 的存在可忽略不计。另一方面，在 ECE 极限下

$$A + e^- \rightleftharpoons B$$

$$B \xrightarrow{k_1} C$$

$$C + e^- \rightleftharpoons Z$$

在第二个阶跃中，电流不仅有来自 B 的再氧化，也有来自 C 的还原的贡献。因此，电流的响应差异至少在理论上可能被区分开。事实上，如图 7.20 所示，在某些有利的情况下，在第二个(阳极)阶跃中，如果是 ECE 而不是 DISP，就会出现一个特征的电流“驼峰”[8]。

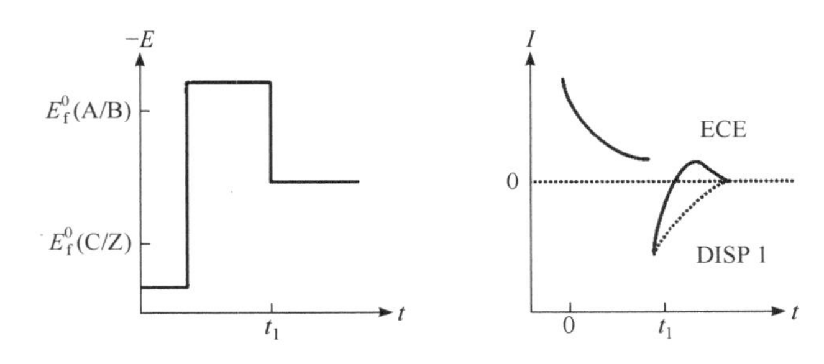

图 7.20 双电势阶跃计时电流法。如图所示的双电势阶跃可区分 ECE 和 DISP 1。

已用这种方法证明荧光素的还原在 pH=10 的水溶液中是通过 DISP 1 途径进行的。

$\xrightarrow[-2e^-,\ -H^+]{+2e^-,\ H^+}$

其中

$R \equiv$ (CO_2^- 取代苯基)

7.9 CE 机理

CE 是一类非常重要的电极反应机理，可以将其定义为如下一般形式：

$$Y \rightleftharpoons A$$

$$A + e^- \rightleftharpoons B$$

其中化学反应(C)必须先于电子转移(E)。典型实例包括水溶液中甲醛在汞电极上的还原。甲醛主要以水合形式存在，而这种形式不具有电活性，发生还原反应前必须脱水：

$$\text{C} \quad H_2C(OH)_2(aq) \rightleftharpoons H_2C=O(aq) + H_2O$$

$$\text{E} \quad 2e^- + 2H^+ + H_2C=O(aq) \rightleftharpoons CH_3OH(aq)$$

第二个例子有关羧酸的还原，如水溶液中的乙酸。

$$CH_3COOH(aq) \rightleftharpoons H^+(aq) + CH_3CO_2^-(aq)$$

$$H^+(aq) + e^- \rightleftharpoons 1/2H_2(g)$$

第三个特别有意思的例子是在含有 0.1 mol · dm^{-3} 高氯酸四丁基铵作为支持电解质的丁腈中 1,2,3-三甲基六氢哒嗪的单电子氧化[9]。丁腈是一种很好的低温电化学溶剂。待测分子以两种可能的构象 ee 或 ae 存在(e =平伏，a =直立)。ae 异构体的能量较低。该分子在金电极上经单电子氧化形成相应的阳离子自由基。ee 异构体比 ae 异构体更容易被氧化(约有 0.25 V 的电势差)。在室温下，此氧化通过 CE 途径进行，其机理如图 7.21 所示。

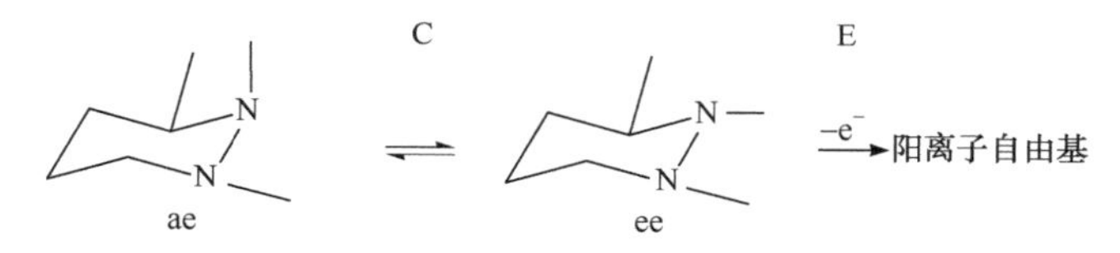

图 7.21　1, 2, 3-三甲基六氢哒嗪的氧化反应。

如图 7.22 所示，循环伏安图表明在约 0.3 V 处有一个单氧化峰。而当冷却到– 47 ℃时，可以看到两个峰：一个在+0.3 V，另一个更大的在+0.55 V。后一个峰对应 ae 形式的直接氧化：在较低的温度下，构象相互转化的速率较慢，所以并不是所有物质都能通过 CE 途径反应。如果扫描速率加快，这个更高电势下的峰就会增大，这是由于在伏安实验时间尺度上，留给 ae 转化为更容易氧化的 ee 形式的时间更少了。

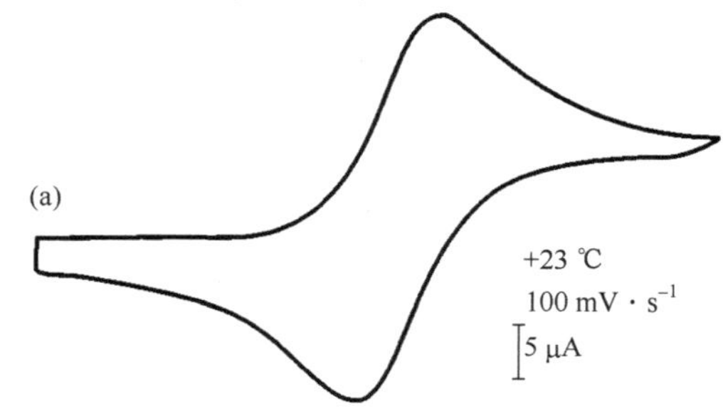

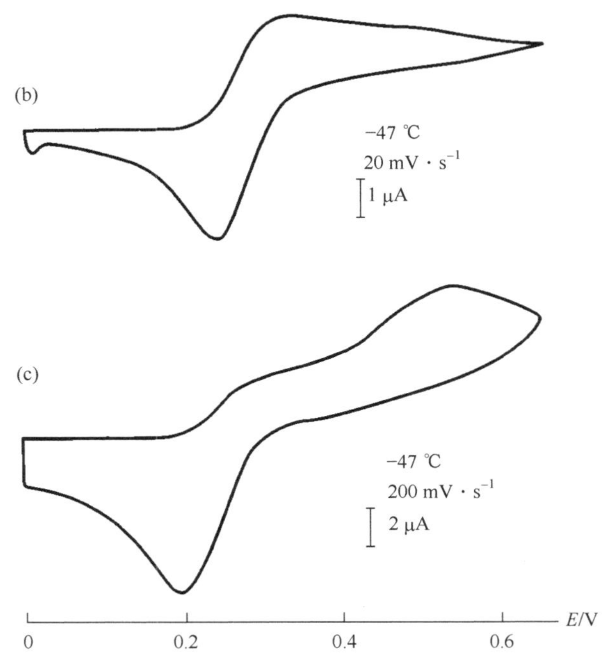

图 7.22 1, 2, 3-三甲基六氢哒嗪的循环伏安曲线，展示出在低温下出现了一个新的峰，并在更快的扫描速率下移向了更高的电势。经授权，转载自参考文献[9]。版权(1975)归美国化学会所有。

7.10 EC′(催化)机理

EC′催化机理可用以下一般动力学过程描述：

$$A + e^- \rightleftharpoons B$$

$$B + Z \xrightarrow{k_2} A + Y$$

“催化”一词的出现是因为 A 从 B 的化学反应中又再次生成了。与前几节中的讨论相似，这类反应的伏安波形预计将由三个参数控制：Λ，它决定电化学可逆程度；一个无量纲速率常数

$$K_2 = \frac{k_2[Z]}{v}\left(\frac{RT}{F}\right)$$

和

$$\rho = \frac{[Z]_{本体}}{[A]_{本体}}$$

为了阐明这类反应，首先来探究一下当 Z 大大过量时的极限，即$\rho \to \infty$。图 7.23 展示了在电化学可逆极限下将速率常数 k_2 从 0.1 $dm^3 \cdot mol^{-1} \cdot s^{-1}$ 逐步改变到 10^5 $dm^3 \cdot mol^{-1} \cdot s^{-1}$ 所产生的影响。其他条件为：扫描速率 $1\ V \cdot s^{-1}$，$\rho = 1000$；$[A]_{本体} = 10^{-3}\ mol \cdot dm^{-3}$；$[Z]_{本体} = 1\ mol \cdot dm^{-3}$。

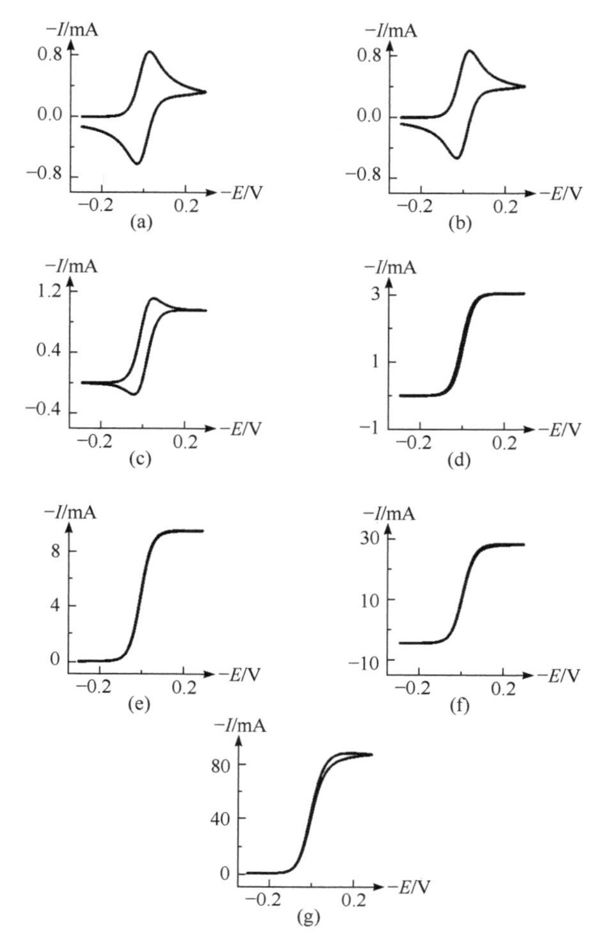

图 7.23 Z 远远多于 A 时在不同扫描速率下 EC′过程的循环伏安图。$\Lambda = 100$，$[Z]_{本体} = 1\ mol \cdot dm^{-3}$；$E^0_{f,AB} = 0\ V$；忽略 Z/Y 的电化学过程；$\alpha = 0.5$，$k^0 = 1.973\ cm \cdot s^{-1}$；$[A]_{本体} = 1\ mmol \cdot dm^{-3}$；$A = 1\ cm^2$；$D_A = D_B = D_Z = D_Y = 10^{-5}\ cm^2 \cdot s^{-1}$；扫描速率 $= 1\ V \cdot s^{-1}$。(a) $k_f = 0.1\ dm^3 \cdot mol^{-1} \cdot s^{-1}$；(b) $k_f = 1\ dm^3 \cdot mol^{-1} \cdot s^{-1}$；(c) $k_f = 10\ dm^3 \cdot mol^{-1} \cdot s^{-1}$；(d) $k_f = 100\ dm^3 \cdot mol^{-1} \cdot s^{-1}$；(e) $k_f = 1000\ dm^3 \cdot mol^{-1} \cdot s^{-1}$；(f) $k_f = 10^4\ dm^3 \cdot mol^{-1} \cdot s^{-1}$；(g) $k_f = 10^5\ dm^3 \cdot mol^{-1} \cdot s^{-1}$。

显然，在低速率常数下，所得的循环伏安图是不受(化学反应)干扰的 A/B 还原过程的预期伏安图。然而，随着 k_2 的增大，B 的再氧化反应的反向峰逐步消失，正向峰电流逐渐增大，并且当 k_2 足够大时，电流达到一个平台值，而不再经过一个最大值。所有这些特征与后续反应消耗 B 和再生 A 的行为一致。仅在ρ较大时可以看到电流平台；同时需要存在大量的 Z 以维持这个催化循环。只有当速率常数非常大时，如在图 7.23(g)的情况下，才能够刚刚看到 Z 的损耗，因为此时电流平台在反向扫描时略有下降。

图 7.24 展示了与图 7.23 在相同条件下的伏安响应，除了

$$\rho = 1;\quad [A]_{本体} = 10^{-3}\ mol \cdot dm^{-3};\quad [Z]_{本体} = 10^{-3}\ mol \cdot dm^{-3}$$

且此时速率常数的范围为 $10^2 \sim 10^8\ dm^3 \cdot mol^{-1} \cdot s^{-1}$，以增强重要的现象。

同样，k_2 的增大导致正向电流的增加，以及反向峰的减小。但是，由于 Z 的量有限，所以在 k_2 值较大时，可以看到伏安图发生了分裂而不再是一个平台：第一个峰对应催化过程以

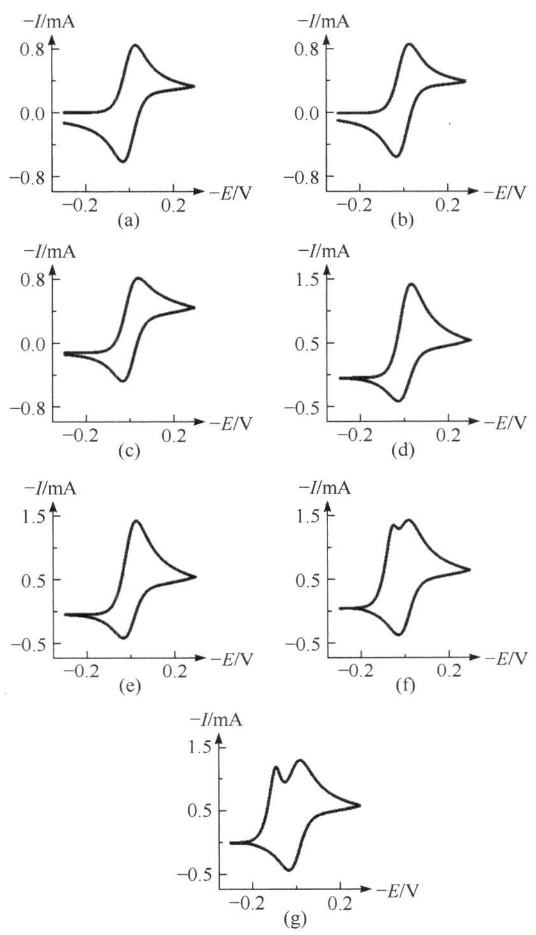

图 7.24 具有相当数量的 A 和 Z 在不同扫描速率下 EC′过程的循环伏安图。$\Lambda = 100$, $[Z]_{本体} = 1\ \mathrm{mmol \cdot dm^{-3}}$; $E^0_{f,AB} = 0\ \mathrm{V}$; 忽略 Z/Y 的电化学过程；$\alpha = 0.5$, $k^0 = 1.973\ \mathrm{cm \cdot s^{-1}}$; $[A]_{本体} = 1\ \mathrm{mmol \cdot dm^{-3}}$; $A = 1\ \mathrm{cm^2}$; $D_A = D_B = D_Z = D_Y = 10^{-5}\ \mathrm{cm^2 \cdot s^{-1}}$; 扫描速率= $1\ \mathrm{V \cdot s^{-1}}$。(a) $k_f = 100\ \mathrm{dm^3 \cdot mol^{-1} \cdot s^{-1}}$; (b) $k_f = 1000\ \mathrm{dm^3 \cdot mol^{-1}\ s^{-1}}$; (c) $k_f = 10^4\ \mathrm{dm^3 \cdot mol^{-1} \cdot s^{-1}}$; (d) $k_f = 10^5\ \mathrm{dm^3 \cdot mol^{-1} \cdot s^{-1}}$; (e) $k_f = 10^6\ \mathrm{dm^3 \cdot mol^{-1} \cdot s^{-1}}$; (f) $k_f = 10^7\ \mathrm{dm^3 \cdot mol^{-1} \cdot s^{-1}}$; (g) $k_f = 10^8\ \mathrm{dm^3 \cdot mol^{-1} \cdot s^{-1}}$。

及在电极表面附近 Z 几近完全的消耗，而第二个峰则反映了一般没有被催化的 A 到 B 的还原反应。

典型的 EC′反应如通过 $Fe(CN)_6^{4/3-}$的氧化还原循环来催化半胱氨酸(Z)的氧化：

$$Fe(CN)_6^{4-} \rightleftharpoons Fe(CN)_6^{3-} + e^-$$

$$Fe(CN)_6^{3-} + 半胱氨酸 \xrightarrow{k_2} Fe(CN)_6^{4-} + 胱氨酸$$

其中有报道发现当 pH=10 时，k_2 为 8000 $\mathrm{dm^3 \cdot mol^{-1} \cdot s^{-1}}$[10]。另一个类似的反应已被提出并且申请了专利，作为电流型硫化氢气体传感器的响应基础[11]：

$$Fe(CN)_6^{4-} \rightleftharpoons Fe(CN)_6^{3-} + e^-$$

$$2Fe(CN)_6^{3-} + H_2S \longrightarrow 2Fe(CN)_6^{4-} + S + 2H^+$$

7.11 吸附现象

到目前为止，在本章中一直假设所有参与电极过程的物质都存在于溶液相中。然而，有可能且并不罕见的是，溶液中存在一个或多个物种吸附在电极表面，而这可能会使伏安行为变得相当复杂。通常除非对吸附效应感兴趣，否则实验者会改变(“优化”)电极材料(Au、Pb、C、…)或溶剂(H_2O、$EtOH/H_2O$、$MeOH/H_2O$、…)以尽可能地消除这些效应。

首先假设化学物种 A 和 B 在整个下述氧化还原过程中都一直被吸附在电极表面上：

$$\mathrm{A(ads)} + \mathrm{e}^- \rightleftharpoons \mathrm{B(ads)}$$

注意 A 和 B 在电极上的量是通过表面覆盖度Γ确定的，Γ以 $\mathrm{mol \cdot cm^{-2}}$ 计量。如果总表面覆盖度一直恒定

$$\Gamma_{\mathrm{A}}(t) + \Gamma_{\mathrm{B}}(t) = \Gamma_{总}$$

式中，$\Gamma_{\mathrm{A}}(t)$是物种 A 的覆盖度，$\Gamma_{总}$ 是总覆盖度。

假设 A / B 电对的电极动力学很快，使该体系达到对外加电势有如下响应的 Nernst 平衡：

$$\frac{\Gamma_{\mathrm{A}}(t)}{\Gamma_{\mathrm{B}}(t)} = \exp\left\{+\frac{F}{RT}[E - E_{\mathrm{f}}^0(\mathrm{A/B})]\right\}$$

$$\frac{\Gamma_{\mathrm{A}}(t)}{\Gamma_{\mathrm{B}}(t)} = \exp\left\{+[\Theta - \Theta_{\mathrm{f}}^0(\mathrm{A/B})]\right\}$$

式中，$E_{\mathrm{f}}^0(\mathrm{A/B})$是吸附电对的形式电势，它通常与溶液相中 A 和 B 的形式电势不太相同。为了简单起见，做如下等效替换

$$\Theta = \frac{FE}{RT} \quad 和 \quad \Theta_{\mathrm{f}}^0 = \frac{F}{RT}E_{\mathrm{f}}^0(\mathrm{A/B})$$

故有

$$\Gamma_{\mathrm{A}}(t) = \frac{\exp\left\{+[\Theta - \Theta_{\mathrm{f}}^0(\mathrm{A/B})]\right\}}{1 + \exp\left\{+[\Theta - \Theta_{\mathrm{f}}^0(\mathrm{A/B})]\right\}}\Gamma_{总}$$

和

$$\Gamma_{\mathrm{B}}(t) = \frac{1}{1 + \exp\left\{+[\Theta - \Theta_{\mathrm{f}}^0(\mathrm{A/B})]\right\}}\Gamma_{总}$$

电流为

$$\frac{I}{FA} = \frac{\partial \Gamma_{\mathrm{B}}(t)}{\partial t} = -\frac{\partial \Gamma_{\mathrm{A}}(t)}{\partial t}$$

式中，A 是电极面积。

对于循环伏安实验

$$E = E_1 + vt \qquad (0 < t < t_{转换})$$

$$E = E_1 + vt_{转换} - v(t - t_{转换}) \qquad (t_{转换} \geqslant t)$$

其中 v 对于还原过程是负值。对于正向扫描

$$\frac{I}{FA}=\frac{vF}{RT}\Gamma_{总}\frac{\exp\left\{+[\Theta-\Theta_{\mathrm{f}}^{0}(\mathrm{A/B})]\right\}}{\left[1+\left\{\exp+[\Theta-\Theta_{\mathrm{f}}^{0}(\mathrm{A/B})]\right\}\right]^{2}}$$

图 7.25 展示了预测的伏安图形状。注意电流响应关于 E_{f}^{0} (A/B)对称，因此此时在溶液相伏安过程中超过峰电势之后电流呈 $1/\sqrt{t}$ 趋势衰减的“扩散尾”将不存在。

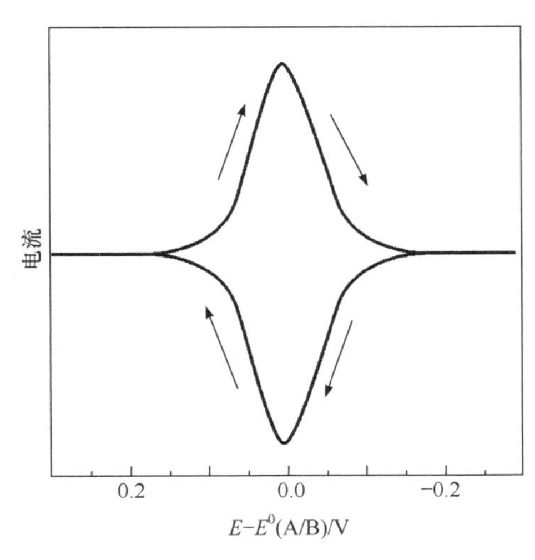

图 7.25 A 和 B 均吸附在电极表面上的可逆单电子 A/B 电对的典型循环伏安图。

注意峰电流由下式给出：

$$I_{\mathrm{p}}=\frac{F^{2}}{4RT}vA\Gamma_{总}$$

此外，与溶液相伏安过程中 I_{p} 与扫描速率的平方根成比例的行为不同，此时 I_{p} 与电势扫描速率成正比。半峰高的宽度由如下公式给出

$$3.53\frac{RT}{F}=90.6\,\mathrm{mV}\qquad 在25\,^{\circ}\mathrm{C}$$

在伏安图的反向扫描曲线上，电流倒了过来，且电流响应关于零电流轴对称。注意，因为没有扩散造成的电流滞后，此时正向和反向峰的电势完全相同。

最后，如果将正向扫描峰积分，则有

$$\int_{0}^{t_{转换}}I\mathrm{d}t=FA\Gamma_{总}$$

因此总覆盖度就可以简单地估算为伏安曲线下方的面积，当然前提是电流在 $t_{转换}$ 时已经衰减到零。

此时提出一个有意思的问题：A/B 在溶液相中和被吸附这两种状态下的正向电势是否可能存在联系。为此，假设如果 A、B 在电极表面处于平衡状态，且无任何净电流时

$$\Gamma_{\mathrm{A}}=b_{\mathrm{A}}[\mathrm{A}]\qquad \Gamma_{\mathrm{B}}=b_{\mathrm{B}}[\mathrm{B}]$$

其中吸附系数 b_A 和 b_B 分别反映了 A 和 B 吸附过程的标准 Gibbs 能：

$$\Gamma_A = \exp(-\Delta G_A^0 / RT)$$

$$\Gamma_B = \exp(-\Delta G_B^0 / RT)$$

由此可见，被吸附物种的形式电势

$$E_f^0(\text{A/B})(\text{ads}) = E_f^0(\text{A/B})(\text{aq}) - \frac{RT}{F}\ln\left(\frac{b_A}{b_B}\right)$$

这意味着吸附性 A/B 电对的伏安特性可以出现在相较于溶液相物种更正或更负的电势上。图 7.26 表明了这一点。

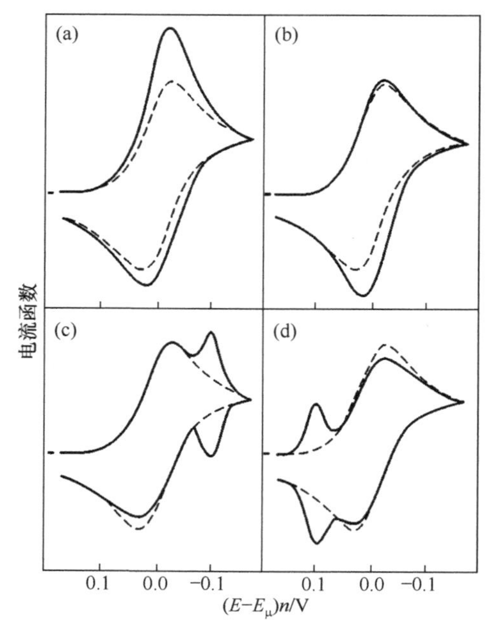

图 7.26 反应物和产物存在吸附现象的伏安图。(a) 对应反应物弱吸附的情形，(b) 对应产物弱吸附的情形，(c) 对应反应物强吸附的情形，(d) 对应产物强吸附的情形。短划线表示未被复杂化的 Nernst 溶液相电荷转移的行为。经授权，转载自参考文献[12]。版权(1967)归美国化学会所有。

注意，当产物(B)强吸附时，在溶液相的伏安峰之前出现了一个“前峰”[图 7.26(d)]，而当反应物强吸附时，吸附波出现在溶液相的峰之后。存在前峰的一个例子是染料亚甲基蓝在水溶液中滴汞电极上的伏安过程。电极过程是一个经过两电子还原形成无色亚甲基蓝的反应：

蓝色：

Me_2N — N — S^+ — NMe_2 $\xrightarrow{+2e^-,\ +2H^+}$ Me_2N — H N — S — NMe_2

图 7.27 为典型的含有前峰的循环伏安行为，此前峰对应强吸附的无色亚甲基蓝的生成。未被还原的亚甲基蓝的吸附则相对较弱。

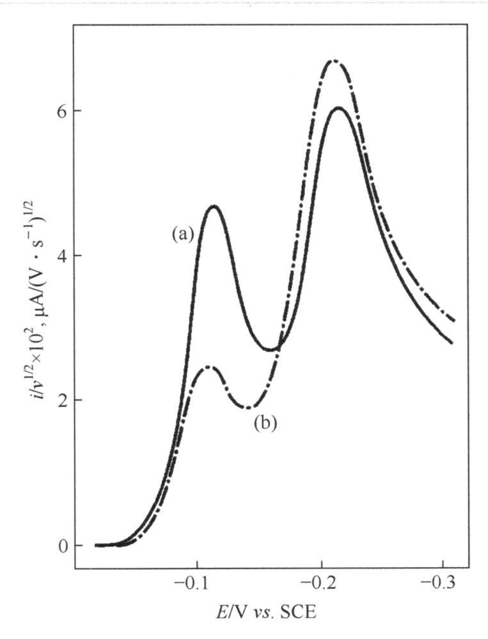

图 7.27 亚甲基蓝在两种扫描速率下的静态伏安图。浓度= 1 mmol · dm^{-3}，pH=6.5，50%(质量分数)乙醇-水，(a) 82.4 mV · s^{-1} 和(b) 22.4 mV · s^{-1}。经授权，转载自参考文献[13]。版权(1967)归美国化学会所有。

水溶液中对苯二酚在铂电极上的氧化伏安实验是一个反应物强吸附的例子。在这种情况下，溶液相伏安过程发生在比吸附物的氧化电势更负的电势下：

$$\mathrm{HO{-}C_6H_4{-}OH} \xrightleftharpoons{-2e^-,\ -2H^+} \mathrm{O{=}C_6H_4{=}O},$$

图 7.28 展示了此反应的典型数据。值得注意的是，为了区分这两个峰，伏安实验是在体积只有 4 μL 的“薄层电解池”中进行的，且采用了非常慢的 2 mV · s^{-1} 的电势扫描速率。

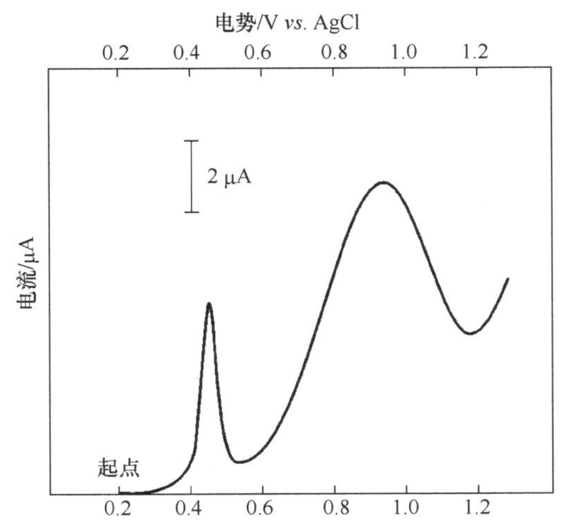

图 7.28 对苯二酚在一根多晶铂电极上的薄层伏安曲线。溶液中含有 0.15 mmol · dm^{-3} 反应物和 1 mol · dm^{-3} $HClO_4$。电解池体积为 4.08 μL。电极面积 1.18 cm^2，扫描速率 2 mV · s^{-1}，溶液温度 296 K。经授权，转载自参考文献[14]。版权(1982)归美国化学会所有。

在这些条件下，“吸附”层所观察到的上述电流-电势特性也适用于“薄层电解池”溶液相的伏安行为，因为此时扩散层厚度($\sim\sqrt{\pi Dt}$)相对于电解池厚度来说很大。因此，在这种“薄层”条件下观察到的溶液相的伏安行为具有对称的形状。

最后，强调一下上述针对吸附物种伏安行为的讨论已经在两个重要方面大大简化过了。首先，假设吸附物种的电极动力学是电化学可逆的，而事实不一定如此。图 7.29 展示了改变电化学速率常数产生的影响：和溶液相中的伏安行为一样，很明显峰间距不断增大。其次，忽略了吸附物种之间的引力和斥力；如果 A 分子之间、B 分子之间以及 A 与 B 分子之间的这些作用力互不相同，就会使如下反应的伏安图偏离理想情况。

$$A + e^- \rightleftharpoons B$$

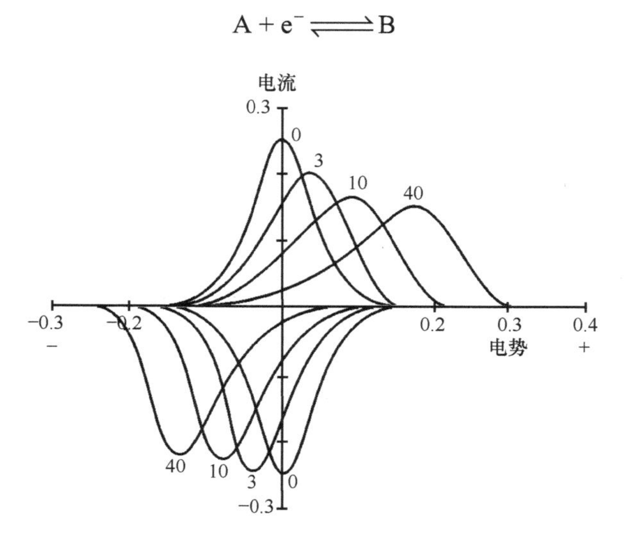

图 7.29　25 ℃、α = 0.6 时，一个表面催化反应在不同电化学反应速率下的伏安峰。数值 0、3、10 和 40 反映了非均相电化学速率常数的相对值。经 Elsevier 授权，转载自参考文献[15]。

由于在伏安扫描期间电极表面吸附的 A 和 B 的相对含量一直在变，因此不能像对待第 2 章中溶液相的非理想性那样，将这种非理想性简单地通过将其纳入形式电势的表达式中来处理。如果相似物种之间的力由 a_A 和 a_B 以及不同分子之间的力 a_{AB} 进行参数化，其中 $a>0$ 对应引力，$a<0$ 对应斥力，那么如果

$$a_A + a_B > 2a_{AB}$$

则其伏安峰相较于理想情况更尖锐，而如果

$$a_A + a_B < 2a_{AB}$$

峰将变得更宽钝。显然，下列情况

$$a_A + a_B = 2a_{AB}$$

对应上述中的理想极限。图 7.30 展示了峰的形状对 a 值的响应，其中

$$a = a_A + a_B - 2a_{AB}$$

有意思的是，如果 a 是一个很大的正值，则正向和反向峰不再具有相同的电势，如图 7.31 所示。Laviron(拉维龙)一系列令人钦佩的论文中总结性地且严谨地解释了这些现象和其他效应(见参考文献[15]中的例子)。

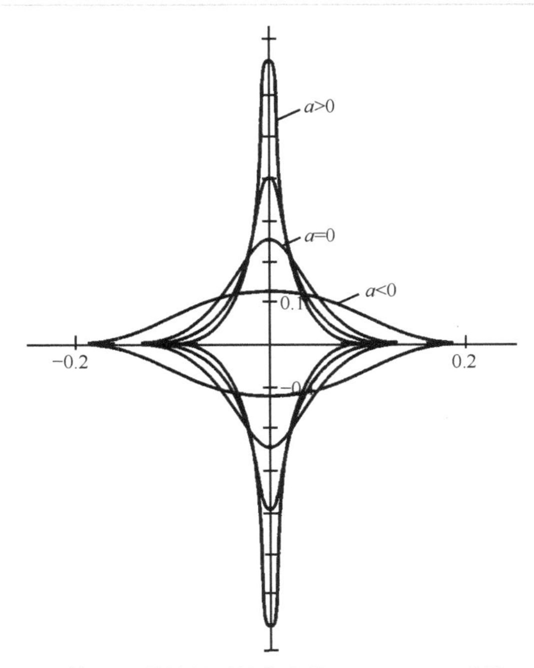

图 7.30 25 ℃时在 Frumkin 等温吸附情况下的伏安峰。经 Elsevier 授权，转载自参考文献[15]。

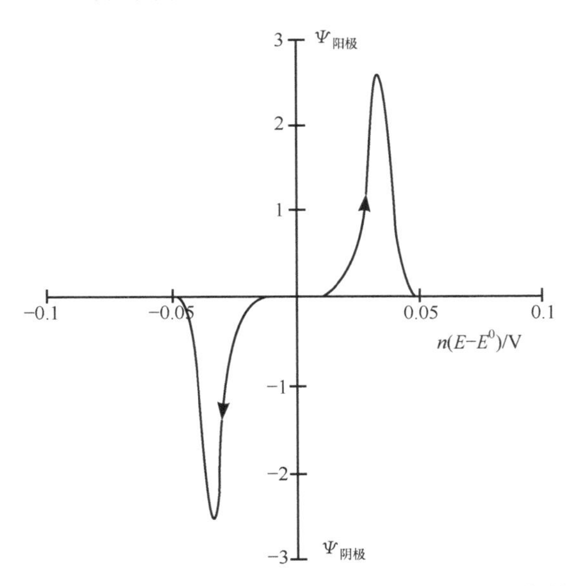

图 7.31 25 ℃时在 Frumkin 等温吸附情况下的伏安峰。当 $a \gg 0$ 时，表面反应限制的伏安行为出现了滞后现象，且正向峰和反向峰出现在不同电势。经 Elsevier 授权，转载自参考文献[15]。

Laviron 的工作表明，吸附物种的伏安行为反映了吸附物种的覆盖度(Γ, $mol \cdot cm^{-2}$)与电极附近溶液中物种浓度的相关程度。这样的覆盖度-浓度关系称为吸附等温式。

最简单的吸附等温式是 Langmuir(朗缪尔)等温式：

$$\Theta_A = \frac{\Gamma_A}{\Gamma_{A,max}} = \frac{K[A]}{1 + K[A]}$$

与平衡A(溶液)$\rightleftharpoons$A(吸附)相关，其中 K(浓度倒数单位，$dm^3 \cdot mol^{-1}$)是反映平衡的一个平衡常数。$\Gamma_{A,max}$ 是 Langmuir 假设下单层覆盖度内 A 的最大可能的覆盖度。因此，物理量Θ是覆盖率，$0 < \Theta < 1$，且当$[A] \gg K^{-1}$时达到完全覆盖($\Theta \sim 1$)。此外，假设在单层覆盖度最大的条件下，Langmuir 等温吸附认为吸附分子之间不存在相互作用，而吸附的“驱动力”来自吸附质和电极之间的吸引力。由此可见，吸附焓 $\Delta H_{ads}<0$，是放热的，且根据 Le Chatelier 原理，覆盖度Γ随温度升高而减小。

意识到平衡时物种 A 的吸附速率必须与 A 从表面脱附的速率相当，那么给出 Langmuir 吸附等温式的动力学推导就很有指导意义了。吸附速率为

$$吸附速率 = k_{ads}[A](1-\Theta_A)$$

式中，$(1-\Theta_A)$项反映了可被新的吸附物种占据的空位的比例。k_{ads}是吸附速率常数。脱附速率的相应表达式可写为

$$脱附速率 = k_{des}\Theta_A$$

式中，k_{des}是脱附速率常数。

因此，有

$$k_{ads}[A](1-\Theta_A) = k_{des}\Theta_A$$

可得

$$\Theta_A = \frac{(k_{ads}/k_{des})[A]}{1+(k_{ads}/k_{des})[A]}$$

从式中看到：$K = k_{ads}/k_{des}$，印证了 K 是一个平衡常数的事实。

Langmuir 等温式常用于近似地模拟吸附在电极上的分子行为。它在捕捉吸附质最大表面这一方面非常强大，尽管在现实中，吸附分子之间没有分子间作用力的近似是一种过度简化。影响深远的著名苏联电化学家 Alexander N. Frumkin(亚历山大 · 纳莫维奇 · 弗鲁姆金)(见第 10 章)放宽了这种近似，并提出了以他的名字命名的 Frumkin 等温式：

$$K[A] = \frac{\Theta_A}{1-\Theta_A}\exp(-2a\Theta_A)$$

其中，在此引入和上述讨论的相互作用参数 a 反映了吸附质-吸附质相互作用。当吸附分子大小相等，且相互作用相对较弱，使得吸附质随机地分布于可吸附位点处时，Frumkin 等温线十分有效。注意，当 $a = 0$ 时，对应于“理想状况”，有

$$K[A] = \frac{\Theta_A}{1-\Theta_A}$$

这就直接是 Langmuir 等温式的另一种形式。Frumkin 等温式在理解图 7.30 和图 7.31 所示的伏安数据方面得到了广泛的应用。

7.12 液滴和固体颗粒的伏安法研究

本章前面讨论的大多数伏安法研究是针对溶液相或分子吸附物种。然而，这并不是利用伏安法能够研究的物质种类的全部范围。例如，Scholz(肖尔茨)[16]和 Marken (马肯)[17]团队的

开拓性工作表明，研究固定的微粒和液滴是可行的。在此类典型的实验中，微粒“阵列”可通过“研磨附着”形成——将固体颗粒刮磨到如基平面石墨电极的表面上。液滴阵列也可以通过类似的方式形成，即在电极表面滴上与水不混溶的液滴介质(油类)的溶液，然后使挥发性载体溶剂(如二氯甲烷)蒸发掉。接着将液滴或微粒阵列浸入适当的电解质中，通常为浸有参比电极和对电极的水相。注意这里并不要求固体或液滴具有导电性，因为电解可以发生在电解质、油或固体颗粒与电极之间形成的三相界面上，如图 7.32 所示；下一步将给出一些一般性的例子予以说明。

例一，Wain(韦恩)等[18]研究了维生素 K_1 微滴在基平面热解石墨电极上的伏安行为。图 7.33 给出了维生素 K_1(一种醌类)的结构。

图 7.32　固定在电极表面的液滴示意图。

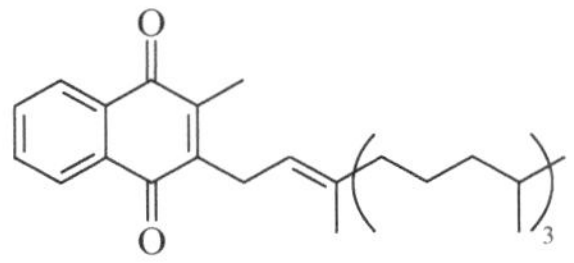

图 7.33　维生素 K_1 的结构。

图 7.34 中，从浸入酸性水溶液中的液滴可以获取有意义的伏安曲线，这归因于醌基的双电子、双质子还原过程：

$$VK_1(l) + 2H^+ + 2e^- \rightleftharpoons VK_1H_2(l)$$

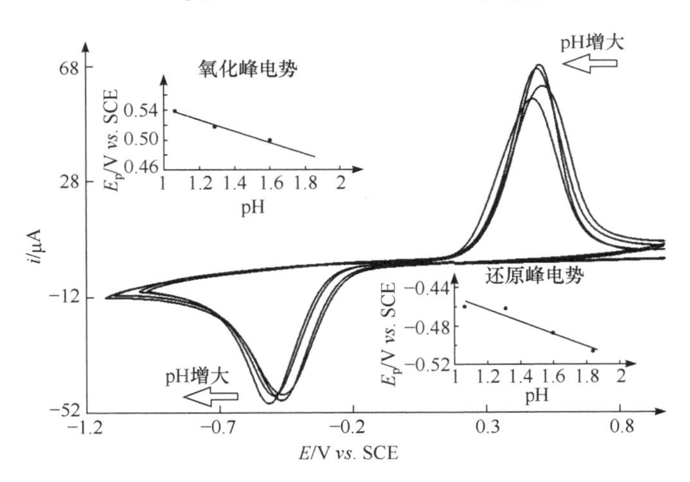

图 7.34　在不同 pH 的 HCl 水溶液中，固定在直径为 4.9 mm 的基平面热解石墨电极上的 5.3 nmol 维生素 K_1 的循环伏安图。插图展示了氧化峰和还原峰电势随溶液 pH 的变化。经 Wiley 授权，转载自参考文献[18]。

第二个例子[19]与维生素 E 中最具生物活性的成分 α-生育酚(α-TOH)的伏安行为有关。其结构如图 7.35 所示。

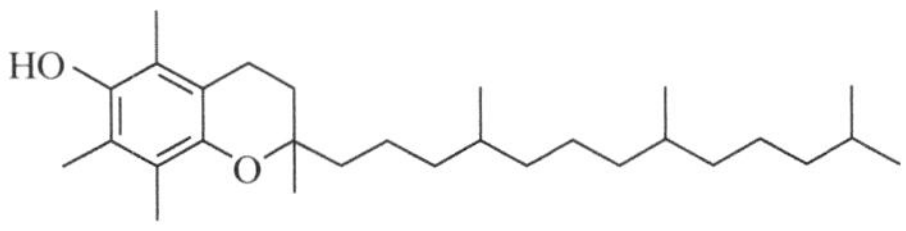

图 7.35　α-生育酚的结构。

图 7.36 展示了在 pH=2 的缓冲水溶液中氧化性液滴第一次和连续 10 次扫描的伏安曲线。

图中观察到了Ⅰ/Ⅰ′和Ⅱ/Ⅱ′两个峰。第一个峰Ⅰ/Ⅰ′归属于生育酚的反应。

而第二个峰Ⅱ/Ⅱ′是由上述化学反应生成的醌的还原和氧化。

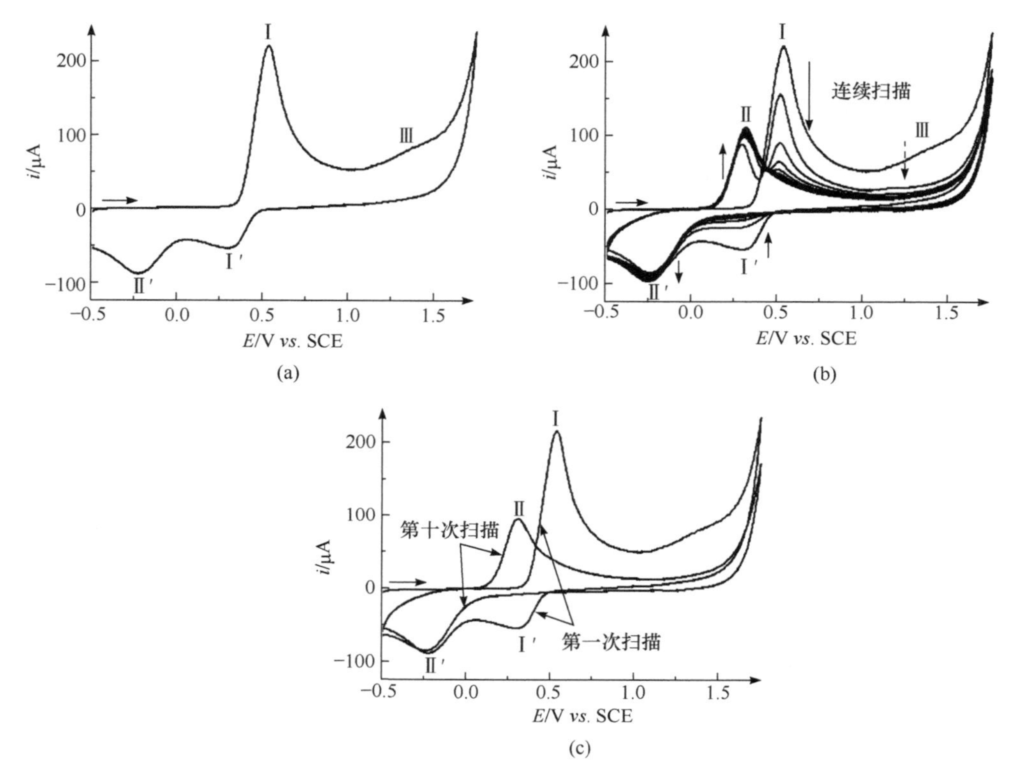

图 7.36　在 pH=2 的 0.12 mol · dm^{-3} Britton-Robinson(布里顿-罗宾森)缓冲水溶液中，固定在直径为 4.9 mm 的 BPPG 电极上的 5.5 nmol α-生育酚的循环伏安图(扫描速率为 200 mV · s^{-1})：(a) 第一次扫描，(b) 连续扫描的结果和(c) 重复循环实验中第一次扫描和第十次扫描的对比。经 PCCP 所有者协会授权，转载自参考文献[20]。

第三个例子涉及与氟化钠、高氯酸钠、硝酸钠和硫酸钠的水溶液相接触的甲苯微滴中溶解的 1, 3, 5-三{4-[(3-甲基苯基)苯氨基]苯基}苯(TMPB)的氧化反应的研究。图 7.37 展示了使用高氯酸盐和硝酸盐溶液时的典型伏安曲线，其中据推测，氧化过程伴随着从水相到甲苯相的阴离子嵌入[20]：

$$\text{TMPB(甲苯)} + X^-(aq) \rightleftharpoons (\text{TMPB}^{\bullet +}X^-)(\text{甲苯}) + e^-$$

实验发现 X^-(= NO_3^-或 ClO_4^-)的浓度每改变一个数量级，峰电势大约改变 60 mV，这与所提出的上述过程一致。而在强水合阴离子 SO_4^{2-}和 F^-的实验中，没有观测到阴离子嵌入现象；但发现了阳离子 $\text{TMPB}^{\bullet +}$溶解到水溶液中：

$$\text{TMPB(甲苯)} \rightleftharpoons \text{TMPB}^{\bullet +}(aq) + e^-$$

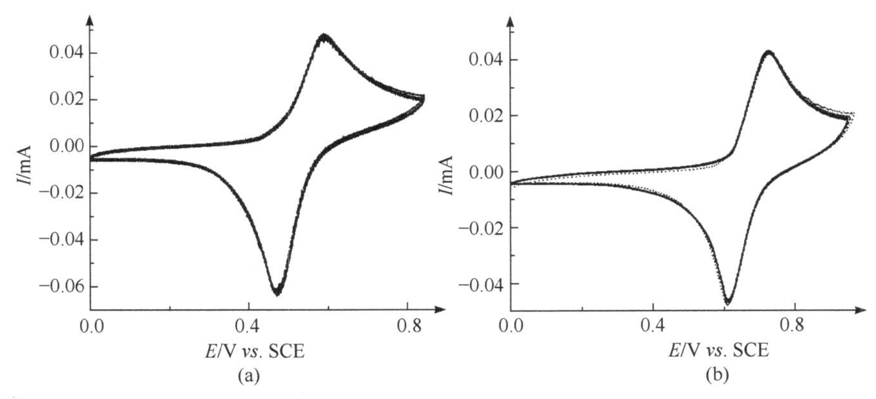

图 7.37 淤积在与(a) 1 mol · dm^{-3} $NaClO_4$(aq)和(b) 1 mol · dm^{-3} $NaNO_3$ (aq)相接触的 BPPG 电极上的 TMPB 甲苯液滴在扫描速率为 20 mV · s^{-1} 时记录的循环伏安图。经 Elsevier 授权，转载自参考文献[20]。

最后，研究了以微粒形式研磨附着在基平面热解石墨电极表面的 TMPB 的氧化反应。图 7.38 展示了其在高氯酸钠水溶液中的典型结果。推测是该固体的氧化导致了溶解：

$$\text{TMPB(s)} \rightleftharpoons \text{TMPB}^{\bullet+}\text{(aq)} + e^-$$

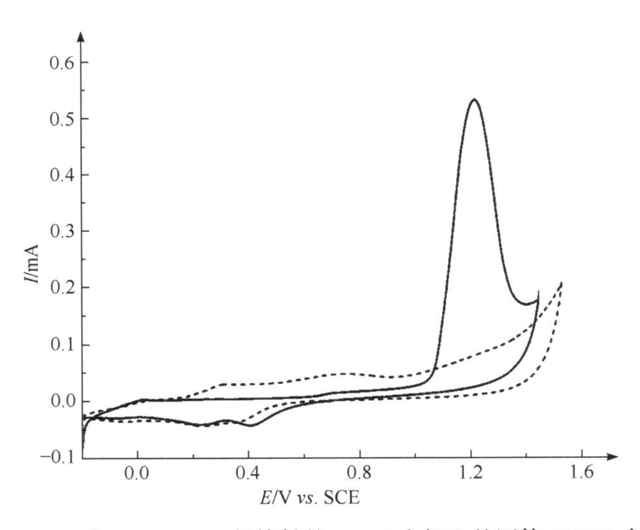

图 7.38 固定在与 0.1 mol · dm^{-3} $NaClO_4$(aq) 相接触的 BPPG 电极上的固体 TMPB 在扫描速率为 20 mV · s^{-1} 时记录的循环伏安图。经 Elsevier 授权，转载自参考文献[20]。

参 考 文 献

[1] A. C. Testa, W. H. Reinmuth, *Anal. Chem.* **33** (1961) 1320.
[2] M. E. Peover, *J. Chem. Soc.* (1962) 4540.
[3] J. B. Conant, M. F. Pratt, *J. Am. Chem. Soc.* **48** (1926) 3178.
[4] R. G. Compton, J. C. Eklund, L. Nei, A. M. Bond, R. Colton, Y. A. Mah, *J. Electroanal. Chem.* **385** (1995) 249.
[5] R. G. Compton, R. G. Wellington, P. J. Dobson, P. A. Leigh, *J. Electroanal. Chem.* **370** (1994) 129.
[6] C. Amatore, C. Lefrou, *Portugaliae Electrochimica Acta* **9** (1991) 311.
[7] A. J. Bard, V. J. Puglisi, J. V. Kenkel, A. Lormax, *Faraday Discuss. Chem. Soc.* **56** (1973) 353.
[8] L. Nadjo, J. M. Savéant, *J. Electroanal. Chem.* **30** (1971) 41.
[9] S. F. Nelson, L. Echegoyen, D. H. Evans, *J. Am. Chem. Soc.* **97** (1975) 3530.

[10] O. Nekrassova, G. D. Allen, N. S. Lawrence, L. Jiang, T. G. J. Jones, R. G. Compton, *Electroanalysis* **14** (2002) 1464.
[11] P. Jeroschewski, K. Haase, A. Trommer, P. Gründler, *Electroanalysis* **6** (1994) 769.
[12] R. H. Wopschall, I. Shain, *Anal. Chem.* **39** (1967) 1514.
[13] R. H. Wopschall, I. Shain, *Anal. Chem.* **39** (1967) 1527.
[14] M. P. Soriaga, A. T. Hubbard, *J. Am. Chem. Soc.* **104** (1982) 2742.
[15] E. Laviron, *J. Electroanal. Chem.* **100** (1979) 263.
[16] T. Grygar, F. Marken, U. Schröder, F. Scholz, *Coll. Czech. Chem. Commun.* **67** (2002) 163.
[17] F. Marken, R. D. Webster, S. D. Bull, S. G. Davies, *J. Electroanal. Chem.* **437** (1997) 209.
[18] A. J. Wain, J. D. Wadhawan, R. G. Compton, *Chem. Phys. Chem.* **4** (2003) 974.
[19] A. J. Wain, J. D. Wadhawan, R. R. France, R. G. Compton, *Phys. Chem. Chem. Phys.* **6** (2004) 836.
[20] N. V. Rees, J. D. Wadhawan, O. V. Klymenko, B. A. Coles, R. G. Compton, *J. Electroanal. Chem.* **563** (2004) 191.

8 流体动力学电极

到目前为止，我们已经讨论了静态电极在静态溶液中的伏安响应。在这种情况下，从本体溶液到电极表面的传质过程完全借助于扩散并遵循 Fick 定律(第 3 章)。在本章中，我们探讨扩散受到对流增强后的伏安行为。引入对流的原因主要有两个。首先，额外的传质方式提供了更高的电流密度，尤其是在用到宏电极的情况下。我们将在本章后面的内容中证明宏电极受到声波作用时可以赋予它微电极的传质特性，从而有利于研究在第 5 章中建立起的针对微电极的快速过程。其次，外加的强对流将伏安响应从平面扩散条件下具有峰形特征的电流-电势曲线变为如图 8.1 所示的典型的流体动力学电极的稳态响应。

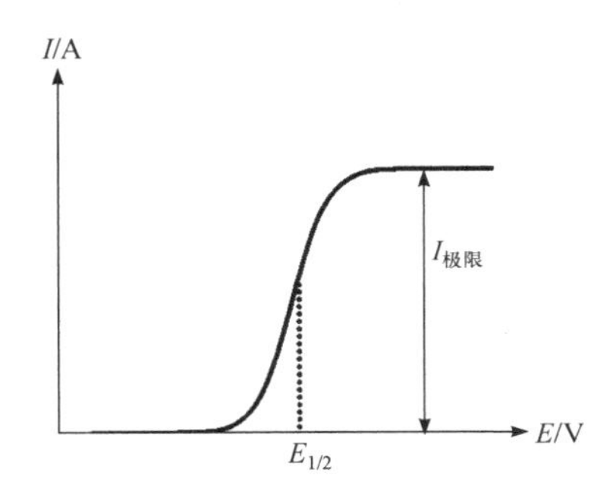

图 8.1　典型的流体动力学伏安图。

注意这时电流不再成峰，而是达到一个稳定的极限电流，因为对流把更多新的电活性物质从本体溶液中带到了电极上。而且，流体动力学伏安图的特征参数是传质极限电流 $I_{极限}$和半波电势 $E_{1/2}$，该电势对应于如下电流

$$I = I_{极限} / 2$$

8.1　对　流

对流有两种形式：自然对流和强制对流。自然对流是由于溶液中的密度梯度导致物质从高密度向低密度区域流动。这种情况可能由工作电极和(或)对电极上发生的电解过程所致，电极附近的化学变化必然会引起局域密度的差异。密度梯度也可由局部的热变化引起。这些热变化同样有可能是电解过程固有的性质：例如，一个强放热的耦合均相化学反应。或者是当用到体积较大的电解池时，不完善的恒温条件会诱导密度梯度的产生。自然对流通常在电化学实验中不可重现，并且没有规律。自然对流的影响一般可以通过控制伏安测量的时长不超过 10 s 而消除。严重超过此时长的持续电解很有可能导致显著的自然对流效应。值得注意的是，“无自然对流”的伏安实验的最大时间窗口意味着电流-电势实验中使用的电势扫描速率存在一个较低的下限值。

强制对流是指通过外力作用对溶液故意施加搅拌或搅动。实验中通常要专门引发强制对流，使它主导体系中的传质过程(除了在非常接近电极表面的空间区域内一般由扩散效应占据主导之外)；另外也需要把这种对流设计得遵循明确的运动规律，以便于解读数据结果。流体动力学伏安法是基于受控的对流性传质。常见的实现方式包括搅拌溶液(如超声伏安法)、旋转或振动电极(如旋转圆盘伏安法)，或者像在通道流体伏安法中，使溶液流过静态电极表面等。

如在下面内容中将看到的，溶液相对于电极的受控流动远快于自然对流，因此主导了体系中的传质过程，使我们能够定量地描述溶液中发生的电极过程。传质速率不仅可以被控制，还很容易被调控，从而拓宽了反应的时间尺度，并提供了用于探究动力学和反应机理的参数，例如改变通道电极中的流速或旋转圆盘电极的转速。此外，这种方法可以通过在稳态测量条件下产生有用的现象，防止出现数据失真，例如经常发生在快速扫描循环伏安法中电极表面的双电层电容充电过程而导致的数据失真。

8.2 修改 Fick 定律以用于描述对流

描述一维(x)空间中对流等效的 Fick 第一定律将有如下形式

$$j_{\text{conv}} = [\text{B}]V(x) \tag{8.1}$$

式中，$j_{\text{conv}}/(\text{mol} \cdot \text{cm}^{-2} \cdot \text{s}^{-1})$是物种 B 在 x 位置浓度为[B]时的对流通量，其中局部流速用 $V(x)/(\text{cm} \cdot \text{s}^{-1})$ 表示。为了推导对流等效的第二定律，先考虑如图 8.2 所示的一维传质。

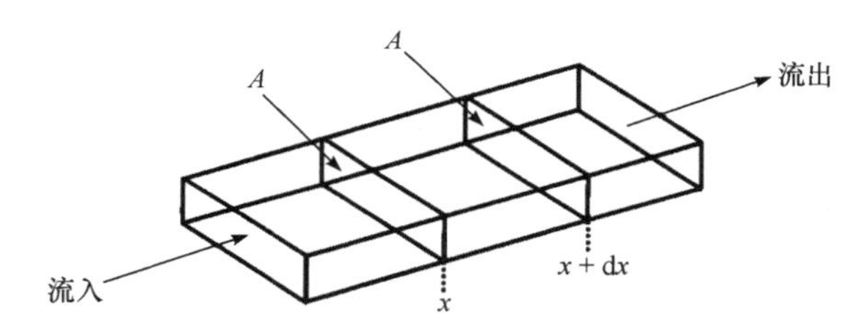

图 8.2　x 方向上的平面传质。

假设在 x 处流入平面，在 $x + \mathrm{d}x$ 处流出平面，那么通过考虑这两个位置的通量差值就可以得到在 x 处物种 B 的浓度随时间的变化。由于质量守恒

$$[\text{B}](x,t+\mathrm{d}t)A\mathrm{d}x - [\text{B}](x,t)A\mathrm{d}x = j(x,t)A\mathrm{d}t - j(x+\mathrm{d}x,t)A\mathrm{d}t \tag{8.2}$$

式中，A 为如图 8.2 所示的面积。式(8.2)经整理后为

$$\frac{\partial[\text{B}]}{\partial t} + \frac{\partial j}{\partial x} = 0$$

代入式(8.1)可得

$$\frac{\partial[\text{B}]}{\partial t} = -V(x)\frac{\partial[\text{B}]}{\partial x} \tag{8.3}$$

式(8.3)构成了一维对流-扩散传质方程的基础：

$$\frac{\partial[\text{B}]}{\partial t} = D\frac{\partial^2[\text{B}]}{\partial x^2} - V(x)\frac{\partial[\text{B}]}{\partial x} \tag{8.4}$$

使用矢量算符可将以上一般化的三维形式表示为

$$\vec{j} = -D\nabla[\mathrm{B}] + [\mathrm{B}]\vec{V} \tag{8.5}$$

且有

$$\frac{\partial[\mathrm{B}]}{\partial t} = D\nabla^2[\mathrm{B}] - \vec{V}\nabla[\mathrm{B}] \tag{8.6}$$

若函数 $V(x)$已知，那么只需要利用式(8.4)就能够解析旋转圆盘电极上的伏安过程。了解所研究电极上主导的流体动力学显然是理解对流条件下伏安过程的前提。

8.3 旋转圆盘电极：简介

旋转圆盘电极由一个嵌在绝缘材料(如聚四氟乙烯)圆柱体中的圆盘形导电材料(如铂、金、玻碳等)构成，如图 8.3 所示。

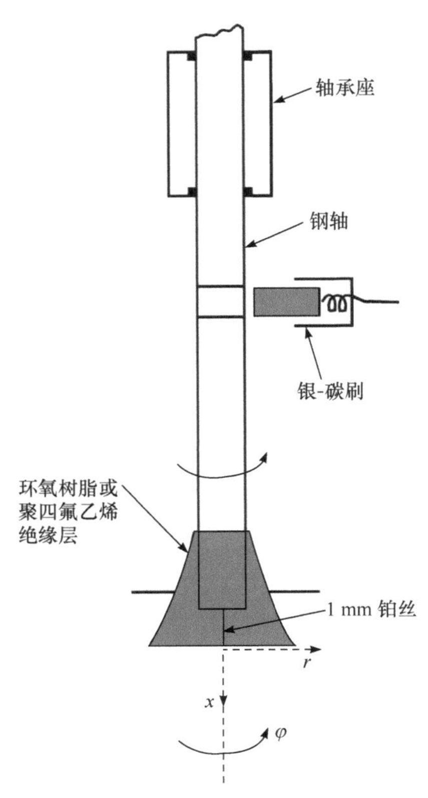

图 8.3 经典的 Riddiford 设计的旋转圆盘电极。电极是一根半径为 1～3 mm 的铂丝抛光后的末端。图中也显示了坐标系。

研究时电极在溶液中旋转；一般使用的转速为 0～50 Hz，尽管目前已经设计出了转速更快的电极[1]。图 8.4 展示了一种气体驱动的高速旋转圆盘(HSRD)，它能够在水溶液中以约 650 Hz 的转速旋转。

这类器件的传质特性的增强如图 8.5 所示：图中对比了 0.1 mol · $\mathrm{dm^{-3}}$ KCl 水溶液中，金电极上的亚铁氰化物在静态和利用 HSRD 在约 650 Hz 旋转模式下的伏安氧化。

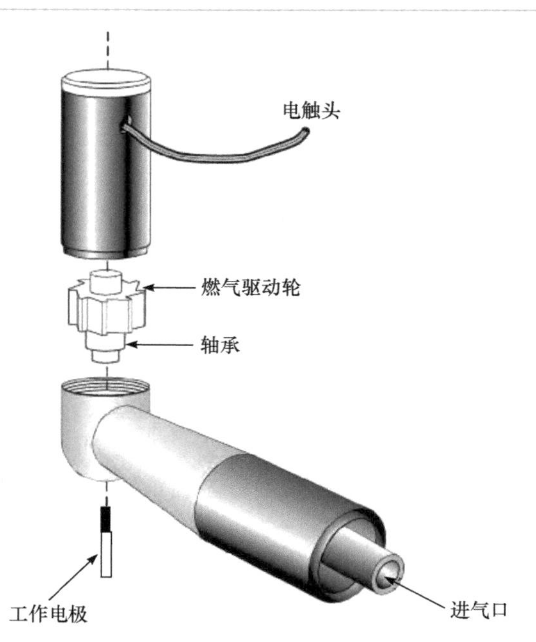

图 8.4 气体驱动高速旋转圆盘示意图。经授权，转载自参考文献[1]。版权(2005)归美国化学会所有。

利用阳极溶出伏安法实现在 0.1 mol · dm^{-3} 硝酸中 1 μmol · dm^{-3} 砷(Ⅲ)的分析检测可以进一步说明旋转圆盘电极的特性。我们将在本书第 9 章更全面地讨论溶出伏安法。在本实例中，As (Ⅲ)在−0.5 V 下被还原，并在 60 s 的时间内在电极上生成一定的 As(0)沉积，之后进行了正方向的线性电势扫描，如图 8.6 所示。结果在～+0.16 V 处观察到一个“溶出”信号：

$$1/3\text{As(s)} \longrightarrow 1/3\text{As(Ⅲ)(aq)} + e^-$$

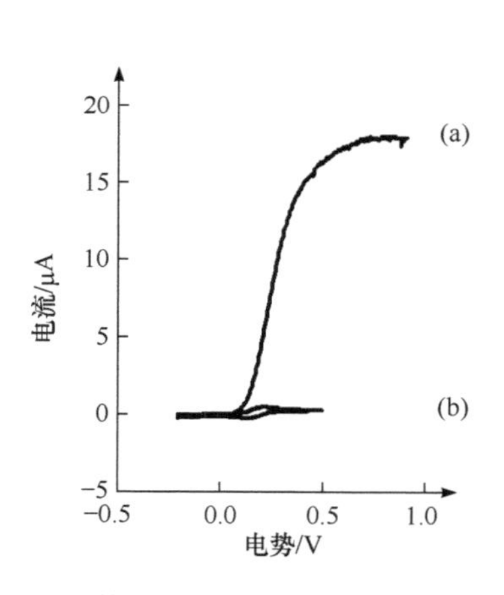

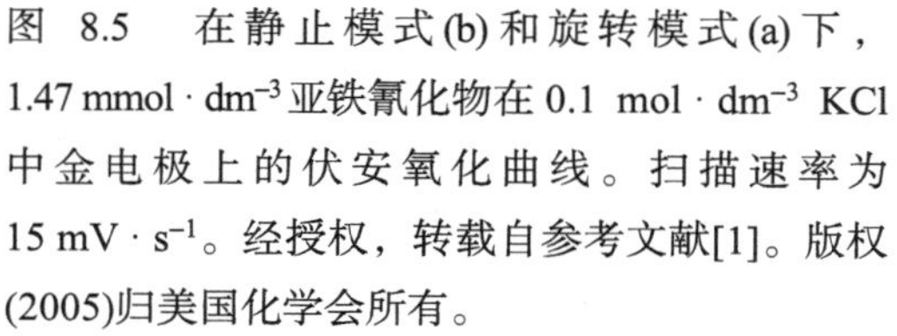
图 8.5 在静止模式(b)和旋转模式(a)下，1.47 mmol · dm^{-3} 亚铁氰化物在 0.1 mol · dm^{-3} KCl 中金电极上的伏安氧化曲线。扫描速率为 15 mV · s^{-1}。经授权，转载自参考文献[1]。版权(2005)归美国化学会所有。

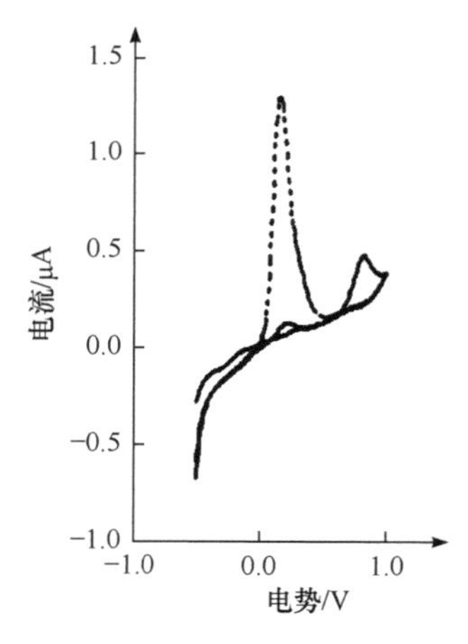

图 8.6 富集步骤期间 0.1 mol · dm^{-3} 硝酸溶液中 1 μmol · dm^{-3} 砷(Ⅲ)在静态模式(粗线)和 HSRD 上的旋转模式(虚线)下获得的线性扫描伏安图。参数：在 −0.5 V 处持续 60 s，然后以 50 mV · s^{-1}(*vs.* SCE)进行电势扫描。经授权，转载自参考文献[1]。版权(2005)归美国化学会所有。

本实验在 As 富集期间对比了静止(无搅拌)和使用高速旋转的圆盘电极两种反应环境条件。后者溶出峰的电量(电流随时间的积分)增大了约 16 倍，一个小的伏安信号转换成一个很大且容易量化的信号，这得益于旋转引起的传质增强。

8.4 旋转圆盘电极理论

当旋转圆盘电极在大体积的溶液中旋转时，就形成了一个确定的流动模式：电极如同一个泵，将溶液垂直向上地拉向圆盘，搅动并导流向外，如图 8.7 所示。

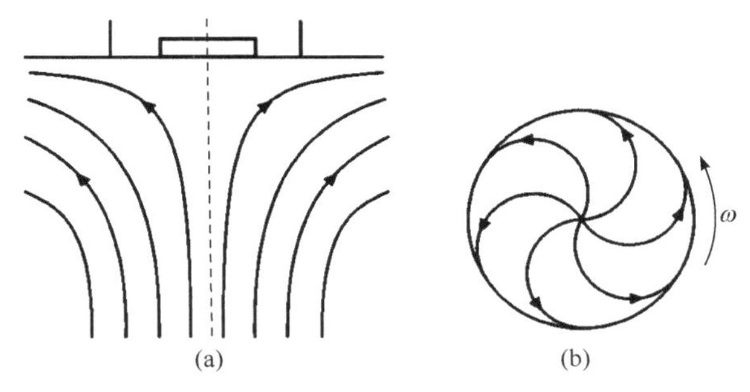

图 8.7 旋转圆盘电极造成的流动模式示意图，(a) 侧面视角展示了溶液如何泵向圆盘，然后导流向外；(b) 从下往上看的视角展示了接近电极表面的溶液流动。

Reynolds(雷诺)数定义如下

$$Re = \frac{\omega r^2}{\upsilon} \tag{8.7}$$

若其不超过临界值约 2×10^3，溶液将保持层流。在式(8.7)中，ω 是以 Hz 为单位的转速，r 是电极的半径，υ 是运动黏度($m^2 \cdot s^{-1}$)。注意

$$\text{运动黏度}\upsilon(m^2 \cdot s^{-1}) = \frac{\text{黏度}(Pa \cdot s)}{\text{流体密度}(kg \cdot m^{-3})}$$

水在 25 ℃时的运动黏度在 10^{-6} $m^2 \cdot s^{-1}$(10^{-2} $cm^2 \cdot s^{-1}$)数量级。尽管这表明在高达 1000 Hz 的转速下仍可能不会引起湍流(当 Reynolds 数超过临界值时就会出现)，但除了上节提到的 HSRD 实验外，这类实验依然几乎总是在 0～50 Hz 范围内进行。

1883 年英国曼彻斯特的 Reynolds 在他的开创性工作中首次对层流和湍流进行了区分。他在实验中将染料细丝引入流过玻璃管的水中(图 8.8)。

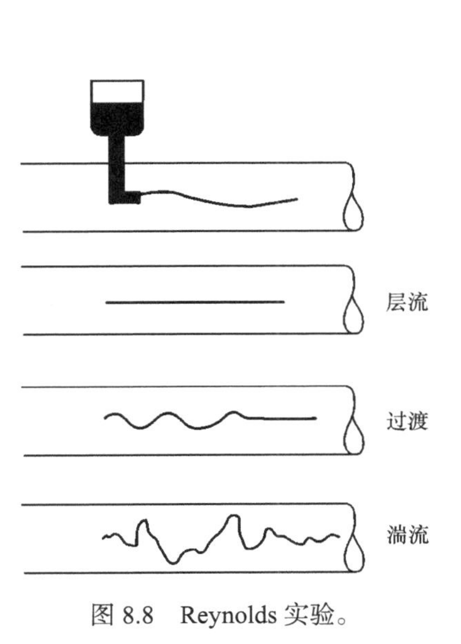

图 8.8 Reynolds 实验。

在层流中，当流速较小时，染料沿着一条直线流动，只有扩散导致的一点轻微的模糊。在非常快的流速下，染料变得模糊，看上去像是充满了整个管道；这就是湍流的状态。如果这时测量染料分子在某一点的瞬时速度，便可

以清楚地区分这两种情形。在层流条件下，主要的流动方向有一个主导速度，而湍流有一个很大的与主要流动方向垂直的速度分量。

8.5 Osborne Reynolds (1842—1912)

Reynolds

Reynolds 在剑桥大学学习数学，并于 1867 年毕业，此前他曾于 1861 年在爱德华 · 海斯工程公司做过实习。Reynolds 获得过王后学院的奖学金，毕业后当了一年的土木工程师。1868 年，Reynolds 成为曼彻斯特第一位工程学教授，也是英格兰第二位工程学教授。

Reynolds 一直担任这个职位，直到 1905 年退休。他早期的工作专注于磁学和电学，但他很快集中在水力学和流体动力学。他也研究太阳和彗星的电磁特性，并探究过河流中的潮汐运动。1873 年后，Reynolds 主要集中在流体力学方面，正是在这一领域，他的贡献具有引领世界的重要意义。1873 年前后，Reynolds 主要研究流体动力学，具体为管道中由层流变为湍流的液体流动(见上文)。他因引入“Reynolds 数”而闻名，这已是模拟流体流动时常用的变量了。1877 年，他当选为皇家学会会士，并于 1888 年获得皇家勋章。Reynolds 于 1905 年退休。关于 Reynolds 的许多传记都透露出他并不是最好的讲师；他的课程很难跟得上，因为授课主题的跳跃性非常大。关于 Reynolds 生平的资料总结可参见参考文献[2]。

8.6 旋转圆盘电极理论的延伸

层流条件下旋转圆盘的流体动力学已经由 Von Karman[3]和 Cochran[4]推导得出。这些方程最适合用流体动力层厚度来描述

$$x_{\mathrm{H}} = \sqrt{\frac{\upsilon}{2\pi\omega}} \tag{8.8}$$

式中，υ 是运动黏度，ω 是转速，单位为 Hz。因此 $2\pi\omega$ 就是单位为弧度每秒的旋转角速度。

在三种柱坐标 x、r 和 ϕ (图 8.3)中，速度分量分别为

$$\begin{aligned} V_r &= 2\pi\omega r F(x/x_{\mathrm{H}}) \\ &= 2\pi\omega r\left[0.510\left(\frac{x}{x_{\mathrm{H}}}\right) - \frac{1}{2}\left(\frac{x}{x_{\mathrm{H}}}\right)^2 + \frac{0.616}{3}\left(\frac{x}{x_{\mathrm{H}}}\right)^3 + \cdots\right] \end{aligned} \tag{8.9}$$

$$V_\phi = 2\pi\omega r G(x/x_{\mathrm{H}}) = 2\pi\omega r\left[1 - 0.616\left(\frac{x}{x_{\mathrm{H}}}\right) + \frac{0.510}{3}\left(\frac{x}{x_{\mathrm{H}}}\right)^3 + \cdots\right] \tag{8.10}$$

$$V_x = \sqrt{2\pi\omega\upsilon}\,H(x/x_{\mathrm{H}}) = -\sqrt{2\pi\omega\upsilon}\left[0.510\left(\frac{x}{x_{\mathrm{H}}}\right)^2 - \frac{1}{3}\left(\frac{x}{x_{\mathrm{H}}}\right)^3 + \cdots\right] \tag{8.11}$$

函数 F、G 和 H 如图 8.9 所示。可以看出，在圆盘表面，即 $x = 0$ 处，有

$$G(0)=1; \quad F(0)=0; \quad H(0)=0$$

换句话说，溶液随着圆盘旋转

$$V_\phi = 2\pi\omega_r$$

对应圆盘在半径 r 处的角速度。

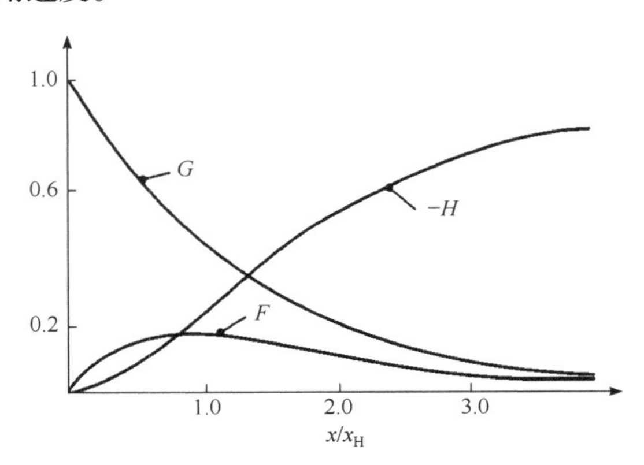

图 8.9 在静止液体中旋转的圆盘周围的速度分布。F 是径向分量，G 是方位分量，H 是轴向分量。

角速度随着(垂直方向)远离圆盘而减小。离心速度在大约 $x \sim x_H$ 时达到最大。从本体流向电极的溶液代替了径向抛出的溶液。在离电极～$3x_H$ 的距离，角速度和径向速度都在很大程度上平息了下来，因而只有一个朝着圆盘方向稳定的、与 x 无关的速度。对于后者，引用 Albery[5] 的评述，“就像是一个泵，将溶液吸向它，旋转它，然后又抛向一旁。”

上文中出现了两个重要特征。第一，考虑到一般旋转速度的范围为 1～50 Hz，则 x_H 的尺度为 0.1～1 mm，如此流体动力层的厚度可以从式(8.8)推出。注意到这个尺度比一般的扩散层厚度至少大一个数量级。

第二，式(8.11)表明，垂直于电极界面的速度分量 V_x 与 r 和 ϕ 无关，只取决于 x。因此，将新溶液带到电极表面的溶液速度分量在整个电极表面上都是均匀的。这就是“均匀传质”，与其他流体动力学电极相比，这一概念大大简化了对旋转圆盘的理论处理。

了解了旋转圆盘流体动力学之后，就有可能通过求解传质(对流-扩散)方程来预测旋转圆盘电极上的电流。Fick 第二定律的适用形式如下：

$$\frac{\partial[\mathrm{B}]}{\partial t} = D\frac{\partial^2[\mathrm{B}]}{\partial x^2} - V_x\frac{\partial[\mathrm{B}]}{\partial x} \tag{8.12}$$

式中，B 是被电解的物种，且溶液中有足够多的支持电解质可以完全抑制住(电)迁移现象。在实际实验中，人们常常对考察稳态条件比较感兴趣，即

$$\frac{\partial[\mathrm{B}]}{\partial t} = 0$$

在实验中这对应相较于建立扩散层中稳态浓度分布所需的时间更慢的电势扫描速率。那么就有

$$D\frac{\partial^2[\mathrm{B}]}{\partial x^2} = V_x\frac{\partial[\mathrm{B}]}{\partial x} \tag{8.13}$$

其中根据 Levich(列维奇)方程有

$$V_x \approx -0.510\sqrt{2\pi\omega\upsilon}\left(\frac{x}{x_{\mathrm{H}}}\right)^2$$

$$V_x \approx -0.510(2\pi\omega)^{3/2}\upsilon^{-1/2}x^2 \tag{8.14}$$

使用变量代换

$$u=\left(\frac{0.510}{D}\right)^{1/3}(2\pi\omega)^{1/2}\upsilon^{-1/6}x \tag{8.15}$$

将式(8.13)改写成如下形式

$$\frac{\mathrm{d}^2[\mathrm{B}]}{\mathrm{d}u^2}=-u^2\frac{\mathrm{d}[\mathrm{B}]}{\mathrm{d}u} \tag{8.16}$$

这个方程可以采用变量代换 $p=\dfrac{\mathrm{d}[\mathrm{B}]}{\mathrm{d}u}$，并通过积分得到

$$\frac{\mathrm{d}[\mathrm{B}]}{\mathrm{d}u}=\left(\frac{\mathrm{d}[\mathrm{B}]}{\mathrm{d}u}\right)_{u=0}\exp\left(\frac{-u^3}{3}\right) \tag{8.17}$$

再次积分得

$$[\mathrm{B}]_x-[\mathrm{B}]_{x=0}=\left(\frac{\mathrm{d}[\mathrm{B}]}{\mathrm{d}u}\right)_{u=0}\int_0^{u(x)}\exp\left(\frac{-u^3}{3}\right)\mathrm{d}u \tag{8.18}$$

当 $x\to\infty$时

$$[\mathrm{B}]_{本体}-[\mathrm{B}]_{x=0}=\left(\frac{\mathrm{d}[\mathrm{B}]}{\mathrm{d}u}\right)_{u=0}3^{1/3}\Gamma\left(\frac{4}{3}\right) \tag{8.19}$$

因为

$$\int_0^{\infty}\exp\left(\frac{-u^3}{3}\right)\mathrm{d}u=3^{1/3}\Gamma\left(\frac{4}{3}\right)=1.288 \tag{8.20}$$

式中，$\Gamma(x)$是Γ函数，且$\Gamma(4/3)=0.893$。进一步得

$$[\mathrm{B}]_{本体}-[\mathrm{B}]_{x=0}=1.288\left(\frac{D}{0.510}\right)^{1/3}(2\pi\omega)^{-1/2}\upsilon^{1/6}\left(\frac{\partial[\mathrm{B}]}{\partial x}\right)_{x=0} \tag{8.21}$$

因此

$$\left.\frac{\partial[\mathrm{B}]}{\partial x}\right|_{x=0}=\frac{[\mathrm{B}]_{本体}-[\mathrm{B}]_{x=0}}{\delta_{\mathrm{D}}} \tag{8.22}$$

式中，δ_{D}是扩散层厚度

$$\delta_{\mathrm{D}}=0.643\omega^{-1/2}\upsilon^{1/6}D^{1/3} \tag{8.23}$$

其中 $0.643=1.288\times0.510^{-1/3}\times(2\pi)^{-1/2}$。注意扩散层厚度与流体动力层厚度的比值

$$\frac{\delta_{\mathrm{D}}}{x_{\mathrm{H}}}=1.61\left(\frac{D}{\upsilon}\right)^{1/3} \tag{8.24}$$

通常，对于在水中进行的实验

$$D \approx 10^{-5}\ \mathrm{cm^2 \cdot s^{-1}};\ \ \upsilon = 0.01\ \mathrm{cm^2 \cdot s^{-1}}$$

所以

$$\frac{\delta_{\mathrm{D}}}{x_{\mathrm{H}}} \approx 0.16 \tag{8.25}$$

表明扩散层明显比流体动力层薄得多，从而印证了在写式(8.14)中第一个公式时对式(8.11)的截断。

图 8.10 展示了如何将旋转圆盘电极附近的溶液有效地分为搅拌良好的本体区域和厚度为 δ_{D} 的静止的“扩散层”，电活性物种的浓度仅在扩散层区域与本体浓度明显不同。

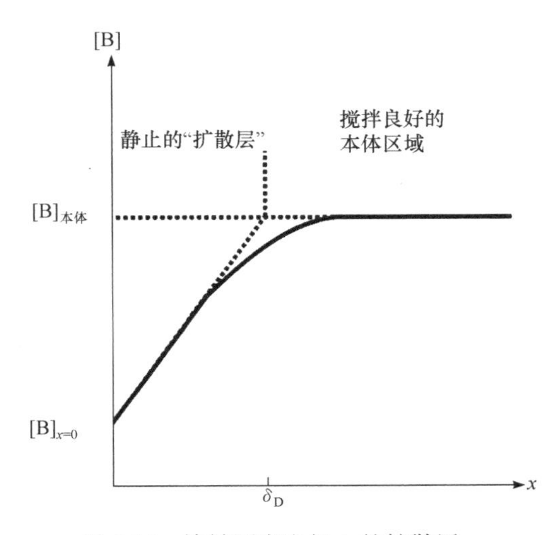

图 8.10 旋转圆盘电极上的扩散层。

图 8.10 表明，当$[\mathrm{B}]_{x=0}=0$ 时，将出现最大电流(电极表面上的最大浓度梯度)，对应于足够大的电极电势，可以电解所有扩散到电极表面的 B，其对应的电流是传质极限电流

$$I_{极限} = nFAD\left(\frac{\partial[\mathrm{B}]}{\partial x}\right)_{x=0} \tag{8.26}$$

$$I_{极限} = 1.554 nFAD^{2/3}\upsilon^{-1/6}[\mathrm{B}]_{本体}\,\omega^{1/2} \tag{8.27}$$

式中，A 是电极面积，n 是 B 电解过程中每个分子转移的电子数。式(8.27)(即 Levich 方程)的一个重要特征是 $I_{极限}$ 对转速 $\omega^{1/2}$ 的依赖性。这为实验者提供了改变电极上浓度分布的方法：旋转速度越快，扩散层的压缩程度越高，受传质限制的通量越大。图 8.11 显示，每当转速增大四倍时，扩散层厚度减半，因而电极表面的浓度梯度增加一倍。

Levich 方程的预测结果也得到了很好的实验验证。例如，图 8.12 展示了荧光素染料 FH^- 在 pH 接近 6 时发生双电子还原的极限电流分析：

$FH^- \equiv$ （O^-，O，O，R）　　—R= （CO_2^-）

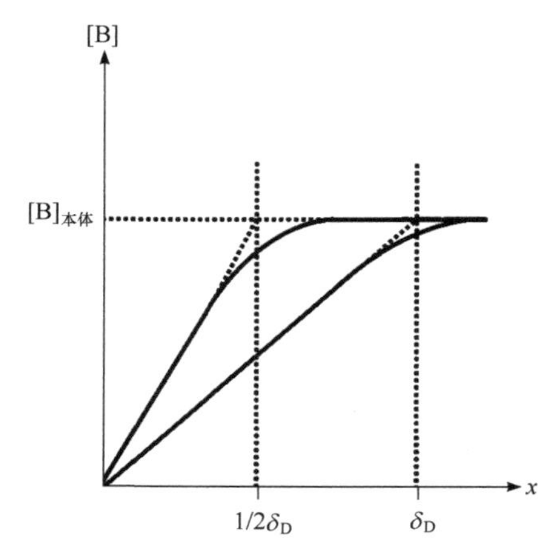

图 8.11 转速增大四倍，扩散层厚度减半。

$$FH^- + 2e^- + H^+ \longrightarrow L$$

双电子产物为无色荧光素[6]：

HO–(xanthene, O, H R)–O$^-$ ≡ L

如图 8.12 所示，在 1～50 Hz 的转速范围内，极限电流与 $\omega^{1/2}$ 成正比。图上的斜率与如下结果一致：

$$n = 2 \qquad D = 3.2\times10^{-6}\text{cm}^2\cdot\text{s}^{-1}$$

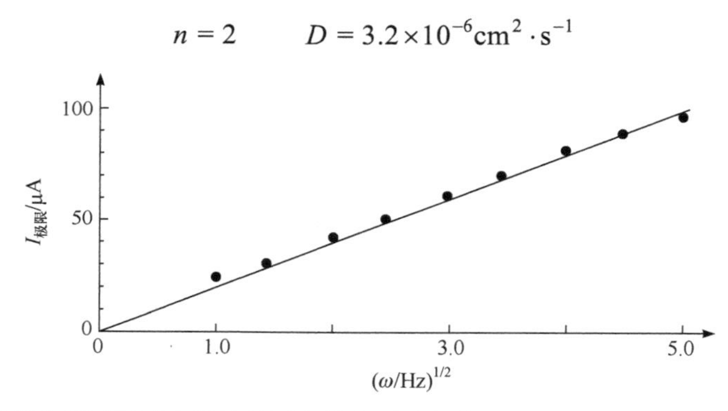

图 8.12 pH 为 5.88 时荧光素还原对应的旋转圆盘伏安图分析表明了双电子 Levich 行为。经英国皇家化学学会授权，转载自参考文献[7]。

最后，我们指出旋转圆盘的 Levich 理论已经发展到不仅仅只是截断式(8.11)中第一项的水平。特别要提到的是，Newman[7]已经用如下表达式：

$$\delta_D = 1.61\left(\frac{D}{\upsilon}\right)^{1/3}\left(\frac{\upsilon}{2\pi\omega}\right)^{1/2}\left[1+0.2980\left(\frac{D}{\upsilon}\right)^{1/3}+0.14514\left(\frac{D}{\upsilon}\right)^{2/3}\right] \tag{8.28}$$

以等于或优于 0.1%的准确度成功地预测了受传质限制的通量

$$Sc = \frac{\upsilon}{D} > 100 \tag{8.29}$$

式中，Sc 是 Schmidt(施密特)数。

8.7 旋转圆盘电极上的计时电流法：展示模拟研究重要性的一个例证

为了增进理解，可以了解一下如何使用数值模拟很快地计算出旋转圆盘电极上计时电流的瞬态响应形式；而这种瞬态响应来源于电势阶跃，即从一个对应无电流流动的电势阶跃到一个能引发受传质极限电流的电势。后者对应于电极表面上电活性物种浓度为零的边界条件。

与时间相关的对流-扩散方程为

$$\frac{\partial[\mathrm{B}]}{\partial t}=D\frac{\partial^2[\mathrm{B}]}{\partial x^2}+Cx^2\frac{\partial[\mathrm{B}]}{\partial x} \tag{8.30}$$

其中 $C=0.51\times(2\pi)^{3/2}=8.032$。可以用下列变量将式(8.30)写成无量纲的形式

$$w=\left(\frac{C}{D}\right)^{1/3}x \tag{8.31}$$

$$t^*=(C^2D)t \tag{8.32}$$

$$b=\frac{[\mathrm{B}]}{[\mathrm{B}]_{本体}} \tag{8.33}$$

故有

$$\frac{\partial b}{\partial t^*}=\frac{\partial^2 b}{\partial w^2}+w^2\frac{\partial b}{\partial w} \tag{8.34}$$

根据 Hale 变换，现在引入 w^*坐标代替 w[8,9]：

$$w^*=\frac{\int_0^w \exp\left(-\frac{1}{3}w^3\right)\mathrm{d}w}{\int_0^\infty \exp\left(-\frac{1}{3}w^3\right)\mathrm{d}w} \tag{8.35}$$

则式(8.34)变为

$$\frac{\partial b}{\partial t^*}=\frac{\exp\left(-\frac{2}{3}w^2\right)}{1.65894}\frac{\partial^2 b}{\partial w^{*2}} \tag{8.36}$$

其中

$$1.65894=\left[\int_0^\infty \exp\left(-\frac{1}{3}w^3\right)\mathrm{d}w\right]^2 \tag{8.37}$$

注意，Hale 变换将式(8.34)中对应扩散和对流的两项合并到一个表达式。并且，x 坐标的范围为 0(在圆盘表面上)到无穷远，而变换后的坐标 w^*范围为 0 到 1。因此，对某一浓度分布造成的瞬态响应的模拟可以通过以下方法建立，即将该单位区间分成 N 个“格子”，对应于 $N+1$ 个网格点{0, 1, 2, 3, ⋯, N–1, N}。同样，如果探究时间区间 $t^*=0$ 到 l 的瞬态响应，则可以把该区间分成 lM 个间隔，故有

$$\mathrm{d}t^* = \frac{1.0}{M} \tag{8.38}$$

取 $b(m, n)$表示 $w^* = \frac{n}{N}$ 和 $t^* = \frac{m}{M}$ 处的浓度，计算浓度变化 $\mathrm{d}b(m, n)$时可用如下公式：

$$b(m+1,n) = b(m,n) + \mathrm{d}b(m,n) \tag{8.39}$$

其中

$$\mathrm{d}b(m,n) = \frac{\mathrm{d}b^* N^2 \exp\left(-\frac{2}{3}w^2\right)}{1.65894M}[b(m,n-1) - 2b(m,n) + b(m,n+1)] \tag{8.40}$$

注意方括号中的项是下列二阶导数的有限微分形式

$$\frac{\partial^2 b}{\partial w^{*2}} = \frac{\partial}{\partial w^*}\left(\frac{\partial b}{\partial w^*}\right)$$

$$\frac{\partial^2 b}{\partial w^{*2}} = \frac{1}{1/N}\left\{\left[\frac{b(m,n+1) - b(m,n)}{1/N}\right] - \left[\frac{b(m,n) - b(m,n-1)}{1/N}\right]\right\}$$

$$\frac{\partial^2 b}{\partial w^{*2}} = N^2[b(m,n-1) - 2b(m,n) + b(m,n+1)] \tag{8.41}$$

其中 $\mathrm{d}w^*=1/N$。

式(8.38)和式(8.39)可以用来计算浓度分布的变化，前提是要有明确的初始分布和电极表面($n = 0$)以及溶液本体($n = N$)中主要的边界条件。在电极电势从没有电流流过对应的数值阶跃到与传质极限电流对应的数值这种具体情况中，边界条件可采用以下形式

$$m = 0: \quad b(0, n) = 1$$

$$m > 0: b(m, 0) = 0; \quad b(m, N) = 1$$

时间 t^*的电流可以推导为

$$I(t^*) = nFAD^{2/3}C^{1/3}[\mathrm{B}]_{\text{本体}} \frac{\exp\left(-\frac{1}{3}N^{-3}\right)}{(1.65894)^{1/2}}\left[\frac{b(m,1)}{1/N}\right] \tag{8.42}$$

式中，A 是电极面积，且方括号中的项是

$$\frac{\partial b}{\partial w^*} = \frac{b(m,1) - b(m,0)}{1/N}$$

$$\frac{\partial b}{\partial w^*} = Nb(m,1)$$

由于

$$b(m,0) = 0$$

注意只要在 Hale 空间中设置适当数量($N \gg 10$)的格子，式(8.42)中的 $\exp\left(-\frac{1}{3}N^{-3}\right)$ 项一般可以

近似为 1。图 8.13 展示了以上述方式产生的瞬态电流[10]，其中 $M = 1000$，$N = 20$。注意，电流已相对于其稳态值归一化了。

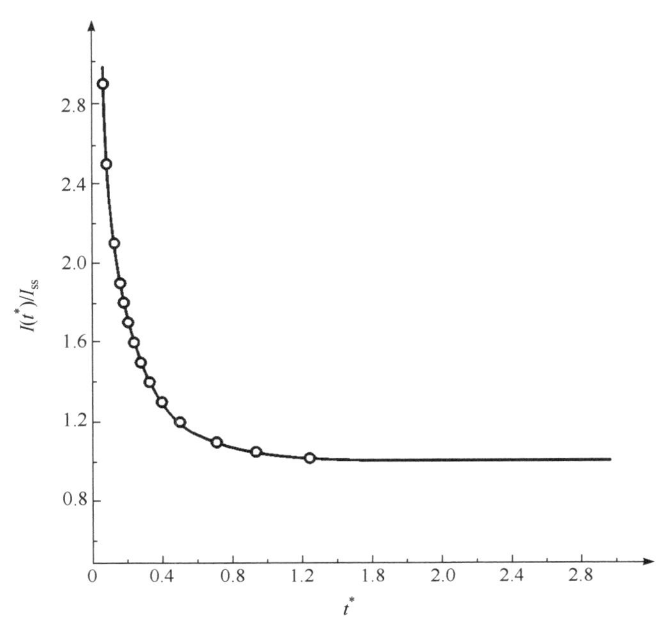

图 8.13　当电极反应仅涉及一步简单的电子转移，没有任何动力学的复杂情形时，旋转圆盘电极上单电势阶跃下计算出来的计时瞬态电流。电流已经相对于最终的稳态值 I_{ss} 归一化了。经英国皇家化学学会授权，转载自参考文献[10]。

8.8　旋转圆盘和耦合均相动力学

在旋转圆盘电极上，可通过调整圆盘转速(ω/Hz)来改变传质速率。我们接下来考察一下如何使用可控传质作为一个变量来引导对电极过程的反应机理探究，并同时提供一些量化的信息。作为示例，我们来探讨 CE 和 EC 过程(见第 7 章)的行为。假设该过程是一个还原反应，且电子转移步骤(E)是电化学可逆的(快速电极动力学)。图 8.14 给出的所测流体动力学伏安图由半波电势 $E_{1/2}$ 和传质极限电流 $I_{极限}$定义。这两个物理量对圆盘转速的依赖性使我们能够推知反应机理，如图 8.14 所示。对于一个没有任何因耦合均相化学带来复杂性的电极反应，$I_{极限}$随 $\omega^{1/2}$(见上节)变化，而 $E_{1/2}$ 则与 ω 无关。

对于 CE 过程，由于电活性物种(A)的前体(B)在电极表面的停留时间不足而无法完全转化为电活性形式(A)，因此在快速旋转时极限电流低于简单 E 反应所预期的极限电流。在较低的转速下，穿过圆盘表面的“运输时间”增加，使电活性物质得以充分还原，因此可以基本观察到“单电子”行为，如图 8.14 所示。完整 $I_{极限}/\omega^{1/2}$ 行为的定量分析可以进一步确认 CE 机理[11-13]。

接下来考虑 EC 过程，从图 8.14 可以明显看出化学步骤对 $I_{极限}$没有影响，因为它发生在电子转移之后。然而，化学步骤的影响表现在 $E_{1/2}$-ω行为中；特别是对于快速动力学，在 298 K，当 C 为一级反应时，还原电势正向移动约 30 mV/$\log_{10}\omega$，而当 C 为二级不可逆过程时，还原电势移动约 20 mV/$\log_{10}\omega$[7]。相反，从图 8.14 中可以看出，在化学步骤先于电子转移的 CE 情况中，还原过程有额外的 Gibbs 能垒，且 $E_{1/2}$ 移到更负的电势处。

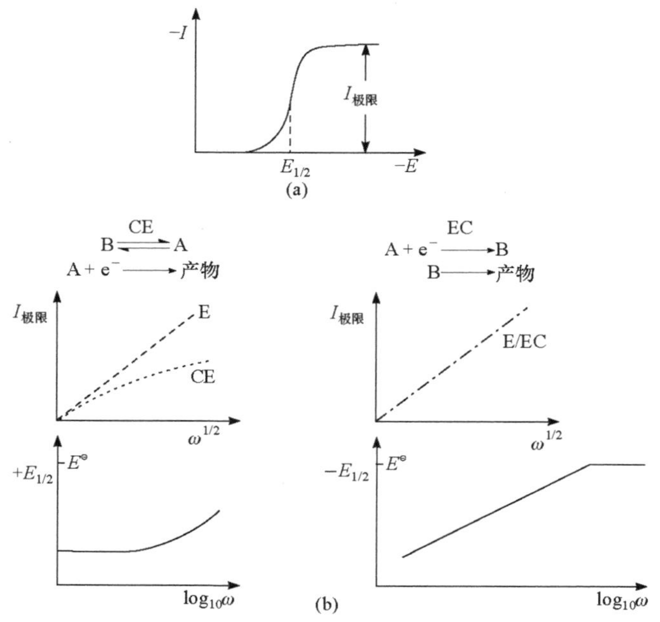

图 8.14　旋转圆盘电极上的 CE 和 EC 过程。(a) 以半波电势 $E_{1/2}$ 和传质极限电流 $I_{极限}$ 为特征的可逆电子转移引起的电流-电势曲线。(b) 耦合均相动力学(在反应层近似下)对参数 $E_{1/2}$ 和 $I_{极限}$ 的影响。注意两个 $E_{1/2}$-$\log_{10}\omega$ 关系图之间 y 轴符号的变化。

最后，我们考察在旋转圆盘电极上发生的 ECE 和 DISP 过程。这些反应可以通过荧光素在 pH 9.5～9.7 条件下的还原来阐明：

$$电极 \quad F \underset{-e^-}{\overset{+e^-}{\rightleftharpoons}} S^{\bullet}$$

$$溶液 \quad S^{\bullet} + H^+ \longrightarrow SH^{\bullet +}$$

$$溶液 \quad S^{\bullet} + SH^{\bullet +} \rightleftharpoons F + L$$

其中

F=

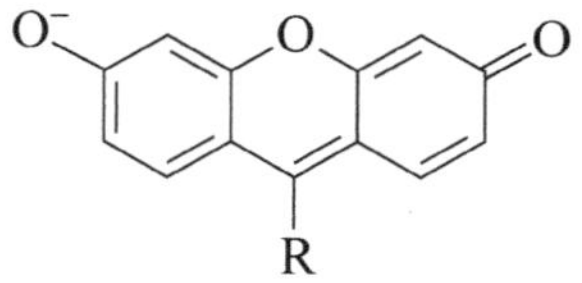

$S^{\bullet}$= 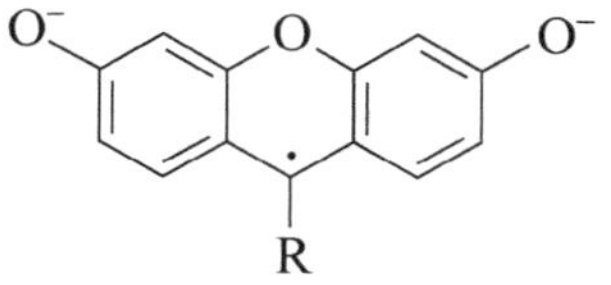　　　　R=

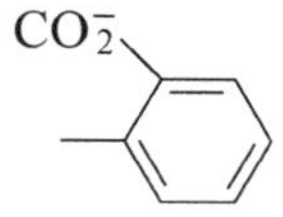

L=

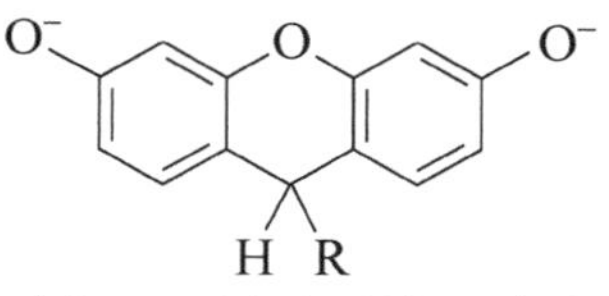

这里的反应过程写为 DISP 1 反应的形式。图 8.15 展示了该反应在旋转圆盘电极上获得的实验数据[14]。

图中还展示了使用 Levich 方程计算出的纯单电子和双电子行为，以及当反应没有复杂的动力学干扰，只是一步简单的 F 单电子还原为 $S^{\bullet}$的反应时，在高 pH(0.1 mol · dm^{-3} NaOH)下测得的 F 的扩散系数。图 8.14 展示了随着转速增加，反应从双电子行为平稳地过渡到单电子行为。这种过渡是 DISP(和 ECE)过程的典型特征。在非常快的旋转速度下，C 步骤的动力学被超越，即在可能发生化学反应形成 $SH^{\bullet+}$之前，电致生成的 $S^{\bullet}$就在电极上被冲走了。因此，可以看到一个单电子过程。相反，在低转速下，电致生成的 $S^{\bullet}$在电极附近存在更长的时间，有足够的时间发生反应，随后歧化并伴随着 F 的生成，导致了更多的 F 还原。因此，在低转速下观察到了双电子过程。更加细致的分析可以使我们继续探究化学步骤反应速率的影响。需要注意的是，如图 8.15 所意指，旋转圆盘技术无法区分 ECE 和 DISP 1 机理，即使是在化学步骤的均相速率常数可独立测量的情况下，使用光谱方法也无法区分(参见第 7 章的讨论)。

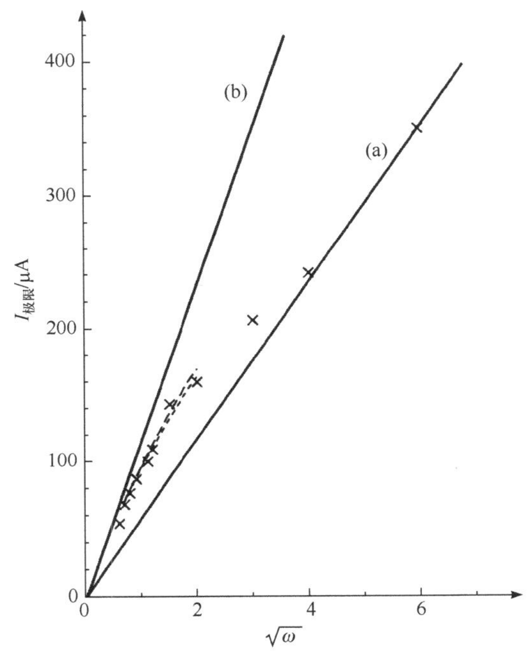

图 8.15　实验测定的极限电流 *vs.* 转速的数据结果(×)，与理论预测的 ECE(···)和 DISP 1(---)行为的对比。直线显示了单个 E 反应在(a) $n = 1$或(b) $n = 2$时的预期行为。经英国皇家化学学会授权，转载自参考文献[14]。

8.9　通道电极：简介

在通道电极中，溶液流过如图 8.16 所示的流通池，该池含有一个长度为 x_e、宽度为 w 的矩形电极，与某一面池壁齐平。

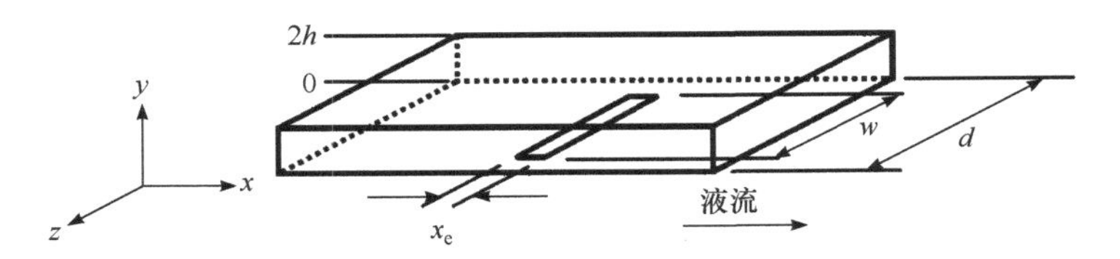

图 8.16　带有维度和坐标系的通道电极示意图。

流通池的设计通常使电极上的流动类型为层流，因此在所采用的流速范围内很好确立其特征。液流的层流或湍流特征由 Reynolds 数确定：

$$Re = \frac{2hV_0}{\upsilon} \tag{8.43}$$

式中，V_0 (cm · s^{-1})是通道中心的溶液速度，h 是流通池高度的一半，υ (cm^2 · s^{-1}) 是溶液的运动黏度。如果 Reynolds 数超过～2000，流动就会变成湍流，这种情况下很难建立模型。当 $Re <$ 2000 时，流通池连接处的缺陷周围仍可能存在局部湍流，但如果该池构造良好，就可以避免这种情况。

Re 较小时能够保证池内主要为层流，池壁和溶液之间的摩擦导致速度分布不一，进入流通池时为平推流，而进入流通池后的速度分布为抛物线形，后者需要在下述表达式中描述进口长度之后才能完全建立起来：

$$l_e = 0.1hRe \tag{8.44}$$

如图 8.17 所示。

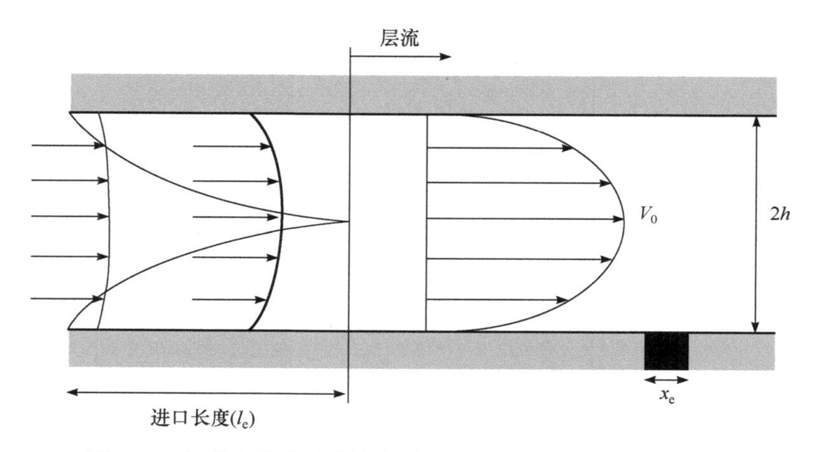

图 8.17　通道中的流动特性表明了抛物线形速度分布的形成。

在层流稳态下，各速度分量由下式给出：

$$V_x = V_0\left[\frac{h^2-(y-h)^2}{h^2}\right];\ \ V_y = V_z = 0 \tag{8.45}$$

式中，坐标 x、y、z 的定义如图 8.16 所示。注意通道中心的溶液速度 V_0 与体积流速 V_f(cm^3 · s^{-1})相关，二者关系可由下式描述：

$$V_f = V_0\int_0^d\int_0^{2h}\left[\frac{h^2-(y-h)^2}{h^2}\right]\mathrm{d}y\mathrm{d}z = \frac{4}{3}V_0hd \tag{8.46}$$

式中，d 是通道宽度(图 8.16)。

以上流通池的流体动力学理论使我们能够写出 B 传质的对流-扩散方程：

$$\frac{\partial[\mathrm{B}]}{\partial t} = D_\mathrm{B}\nabla^2[\mathrm{B}] - \left(V_x\frac{\partial[\mathrm{B}]}{\partial x} + V_y\frac{\partial[\mathrm{B}]}{\partial y} + V_z\frac{\partial[\mathrm{B}]}{\partial z}\right) \tag{8.47}$$

式中，∇^2 是 Laplace 算符。式(8.47)可以通过以下假设简化：

(1) 流通池的几何形状决定了式(8.45)中给出的 $V_y = V_z = 0$。

(2) 如果测量是在稳态下进行的，则导数 $\frac{\partial[\mathrm{B}]}{\partial t} = 0$ 。

(3) 对于宏电极(而非微电极)和设计合理的流通池，在一般流速下，轴向和横向的扩散可以忽略

$$V_x \frac{\partial[\mathrm{B}]}{\partial x} \gg D_{\mathrm{B}}\left(\frac{\partial^2[\mathrm{B}]}{\partial x^2} + \frac{\partial^2[\mathrm{B}]}{\partial z^2}\right) \tag{8.48}$$

因此，式(8.47)变为

$$0 = D_{\mathrm{B}}\frac{\partial^2[\mathrm{B}]}{\partial y^2} - V_x \frac{\partial[\mathrm{B}]}{\partial x} \tag{8.49}$$

那么对于一个宏电极来说，只有两种传质形式，分别是轴向的对流和垂直于电极表面的扩散。

可以使用 Lévêque 近似法[15](最初的引入是在热传递的相应问题上)进一步简化式(8.49)：

$$V_x = V_0\left[\frac{h^2 - (y-h)^2}{h^2}\right] = V_0\left[1 - \frac{(h-y)}{h}\right]\left[1 + \frac{(h-y)}{h}\right] \tag{8.50}$$

$$V_x \approx \frac{2V_0 y}{h} \qquad (y = 0)$$

从物理意义上讲，这种近似是将抛物线形的速度分布在接近电极处($y = 0$)减为线性分布。显然，这种近似在快流速下更合适，因为在这些条件下电解引起的物质 B 的浓度扰动非常小，导致该浓度变化被限制在靠近池壁的地方。根据已知的实验和流通池参数，通过 Lévêque 近似能够得到一个对简单电极反应(包括没有均相动力学复杂性的 n 电子转移过程)产生的传质极限电流的解析表达式。这个表达式就是 Levich 方程：

$$I_{极限} = 0.925nF[\mathrm{B}]_{本体}\, w(x_{\mathrm{e}} D_{\mathrm{B}})^{2/3}\left(\frac{V_{\mathrm{f}}}{hd}\right)^{1/3} \tag{8.51}$$

下节将给出该方程的推导过程。

8.10 通道电极：Levich 方程的推导

从结合式(8.49)和式(8.50)开始：

$$D_{\mathrm{B}}\frac{\partial^2[\mathrm{B}]}{\partial y^2} = \frac{2V_0 y}{h}\frac{\partial[\mathrm{B}]}{\partial x} \tag{8.52}$$

然后进行变量代换

$$\eta = \left(\frac{V_0}{xhD}\right)^{1/3} y \tag{8.53}$$

解出通道电极上的传质极限电流问题需要在下列边界条件下求解式(8.53)

$$y \to \infty,\ \eta \to \infty,\ [\mathrm{B}] \to [\mathrm{B}]_{本体} \tag{8.54}$$

$$y = 0,\ \eta = 0,\ [\mathrm{B}] = 0 \tag{8.55}$$

使用变量代换

$$p = \frac{\mathrm{d}[\mathrm{B}]}{\mathrm{d}\eta} \tag{8.56}$$

代入式(8.53)得

$$\frac{1}{p}\frac{\mathrm{d}p}{\mathrm{d}\eta} + \frac{2}{3}\eta^2 = 0 \tag{8.57}$$

所以

$$p = p_{\eta=0}\exp\left(-\frac{2}{9}\eta^3\right) \tag{8.58}$$

因此

$$\frac{[\mathrm{B}]}{[\mathrm{B}]_{本体}} = \frac{\int_0^\eta \exp\left(-\frac{2}{9}\eta^3\right)\mathrm{d}\eta}{\int_0^\infty \exp\left(-\frac{2}{9}\eta^3\right)\mathrm{d}\eta} \tag{8.59}$$

通过变量代换

$$s = \eta^3 \tag{8.60}$$

推导得到式(8.59)中分母的积分为

$$\int_0^\infty \exp\left(-\frac{2}{9}\eta^3\right)\mathrm{d}\eta = \frac{1}{3}\int_0^\infty s^{-2/3}\exp\left(-\frac{2}{9}s\right)\mathrm{d}s = \frac{\Gamma(1/3)}{3(2/9)^{1/3}} \tag{8.61}$$

通道电极的平均扩散通量由下式给出

$$J_{\mathrm{av}} = \frac{1}{x_{\mathrm{e}}}\int_0^{x_{\mathrm{e}}} D_{\mathrm{B}} \left.\frac{\partial[\mathrm{B}]}{\partial y}\right|_{y=0} \mathrm{d}x \tag{8.62}$$

这可以通过将式(8.59)中的不定积分展开为 η 中的幂级数并逐项积分估算，得到

$$J_{\mathrm{av}} = \frac{1}{x_{\mathrm{e}}}\frac{3\left(\frac{2}{9}\right)^{1/3}}{\Gamma\left(\frac{1}{3}\right)}\int_0^{x_{\mathrm{e}}} D_{\mathrm{B}}[\mathrm{B}]_{本体}\left(\frac{V_0}{xhD}\right)^{1/3}\mathrm{d}x \tag{8.63}$$

$$J_{\mathrm{av}} = \frac{\left(\frac{9}{2}\right)^{2/3}}{\Gamma\left(\frac{1}{3}\right)} D_{\mathrm{B}}^{2/3} x_{\mathrm{e}}^{-1/3}\left(\frac{V_0}{h}\right)^{1/3}[\mathrm{B}]_{本体} \tag{8.64}$$

最终有

$$I_{极限} = nFx_{\mathrm{e}}wJ_{\mathrm{av}}$$

$$I_{极限} = \left(\frac{9}{2}\right)^{2/3}\frac{[\mathrm{B}]_{本体}}{\Gamma\left(\frac{1}{3}\right)}\left(\frac{V_0 D^2 x_{\mathrm{e}}^2}{h}\right)^{1/3} nFw \tag{8.65}$$

其中 $\Gamma(1/3) = 2.6789$。代入式(8.46)得到 Levich 方程[式(8.51)]。

8.11 通道流通池和耦合均相动力学

通道电极已被证明是探究电化学反应机理十分有效的装置。部分原因是其基本构造能够相对方便地进行改装，从而适合同时进行光谱测量，识别反应中间体。换句话说，这种通道设计本质上比旋转圆盘电极更适合与各种类型的光谱仪联用。因此，与原位紫外/可见、红外、荧光和 ESR 光谱仪兼容的流通池设计已有报道(详见综述，参考文献[16])。图 8.18(a)展示了典型的用于纯电化学测量的实用通道流通池，而图 8.18(b)展示了一种已被广泛且非常成功地用于光谱电化学研究的石英通道流通池设计。

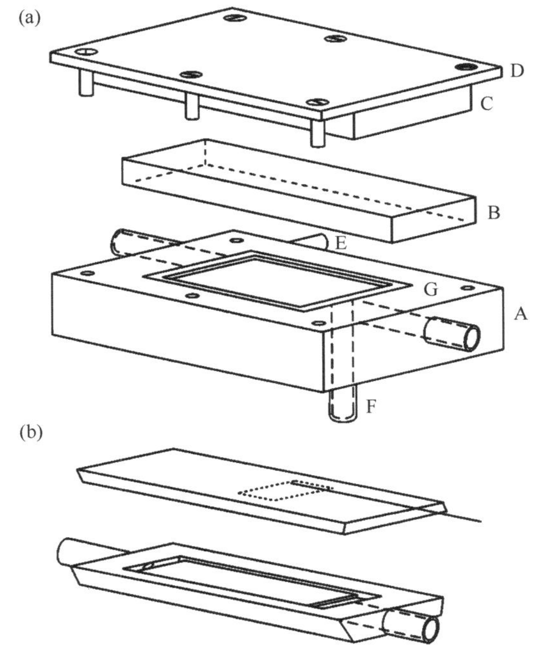

图 8.18 (a) 有机玻璃通道电极流通池。A：通道单元，B：盖板，C：橡胶块，D：金属板，E：工作电极，F：可能的参比电极位置，G：硅胶垫片。(b) 用于光谱电化学研究的石英通道流通池(未组装)，图中显示了带有电极和引出线的盖板以及通道单元。经 Wiley 授权，转载自参考文献[16]。

图 8.19 展示了一种适用于电致生成物种的紫外/可见光谱分析的改进型通道流通池。

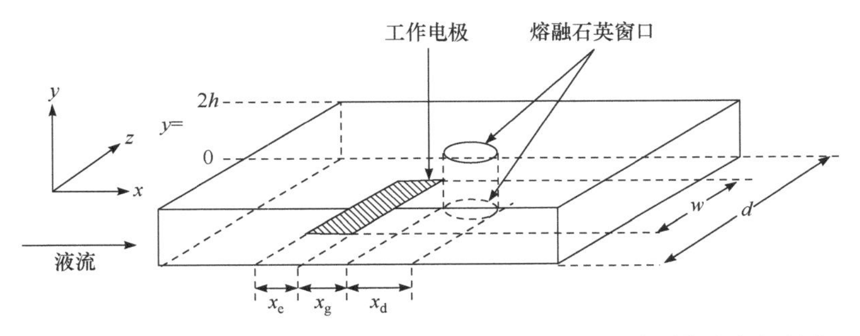

图 8.19 用于原位紫外/可见光谱分析的改进型通道流通池。标记的长度分别代表电极长度、电极与窗口之间的距离以及窗口本身的直径。经 Wiley 授权，转载自参考文献[16]。

考虑到通道电化学技术在机理研究方面的强大功能，接下来以 ECE 反应为例阐述针对通道电极相关问题的伏安理论的发展；反应可以写为还原过程：

$$\mathrm{A} + \mathrm{e}^- \rightleftharpoons \mathrm{B}$$

$$\mathrm{B} \xrightarrow{k} \mathrm{C}$$

$$\mathrm{C} + \mathrm{e}^- \rightleftharpoons \mathrm{D}$$

假设 C 比 A 更容易还原，那么取决于速率常数 k、流速 V_f 以及流通池和电极尺寸的极限电流是简单的单电子过程对应的极限电流($I_{单电子}$)的 1～2 倍(参见 8.6 节)。在更快的流速下，其他因素保持不变，在溶液流过电极之前，B 反应生成 C 的时间更少，则 C 还原为 D 的可能性也更小，所以电流 I 相对降低。可以定义一个有效电子转移数 N_{eff} 为

$$N_{eff} = \frac{I}{I_{单电子}} \quad (1 \leqslant N_{eff} \leqslant 2) \tag{8.66}$$

忽略轴向扩散(见 8.7 节)，采用 Lévêque 近似，可得到 ECE 过程的稳态传质方程

$$D\frac{\partial^2[\mathrm{A}]}{\partial y^2} - \frac{2V_0 y}{h}\frac{\partial[\mathrm{A}]}{\partial x} = 0 \tag{8.67}$$

$$D\frac{\partial^2[\mathrm{B}]}{\partial y^2} - \frac{2V_0 y}{h}\frac{\partial[\mathrm{B}]}{\partial x} - k[\mathrm{B}] = 0 \tag{8.68}$$

$$D\frac{\partial^2[\mathrm{C}]}{\partial y^2} - \frac{2V_0 y}{h}\frac{\partial[\mathrm{C}]}{\partial x} + k[\mathrm{B}] = 0 \tag{8.69}$$

其中 $V_0 = 3V_f/4hd$，且假设 $D_A = D_B = D_C = D$。如果引入以下无量纲变量

$$\chi = \frac{x}{x_e};\quad \xi = \left(\frac{2V_0}{hDx_e}\right)^{1/3} y;\quad K_{norm} = k\left(\frac{h^2 x_e^2}{4V_0^2 D}\right)^{1/3} \tag{8.70}$$

则以上方程组可简化为

$$\frac{\partial^2[\mathrm{A}]}{\partial \xi^2} - \xi\frac{\partial[\mathrm{A}]}{\partial \chi} = 0 \tag{8.71}$$

$$\frac{\partial^2[\mathrm{B}]}{\partial \xi^2} - \xi\frac{\partial[\mathrm{B}]}{\partial \chi} - K_{norm}[\mathrm{B}] = 0 \tag{8.72}$$

$$\frac{\partial^2[\mathrm{C}]}{\partial \xi^2} - \xi\frac{\partial[\mathrm{C}]}{\partial \chi} + K_{norm}[\mathrm{B}] = 0 \tag{8.73}$$

因此，我们可以得出结论，[B]和[C]仅取决于 ξ、χ、K_{norm}。因为通道电极电流

$$I \propto \int_0^{\chi=1}\left(D\left.\frac{\partial[\mathrm{A}]}{\partial \xi}\right|_{\xi=0} + D\left.\frac{\partial[\mathrm{C}]}{\partial \xi}\right|_{\xi=0}\right)\mathrm{d}\chi \tag{8.74}$$

那么作为电流之比的 N_{eff} 仅取决于 K_{norm}。因此就有可能通过绘制 N_{eff} 的理论值与无量纲参数 K_{norm} 之间的函数关系这样的“工作曲线”，总结出任意几何形状的通道宏电极在任意流速下的电流响应。图 8.20 展示了 ECE 过程的工作曲线。

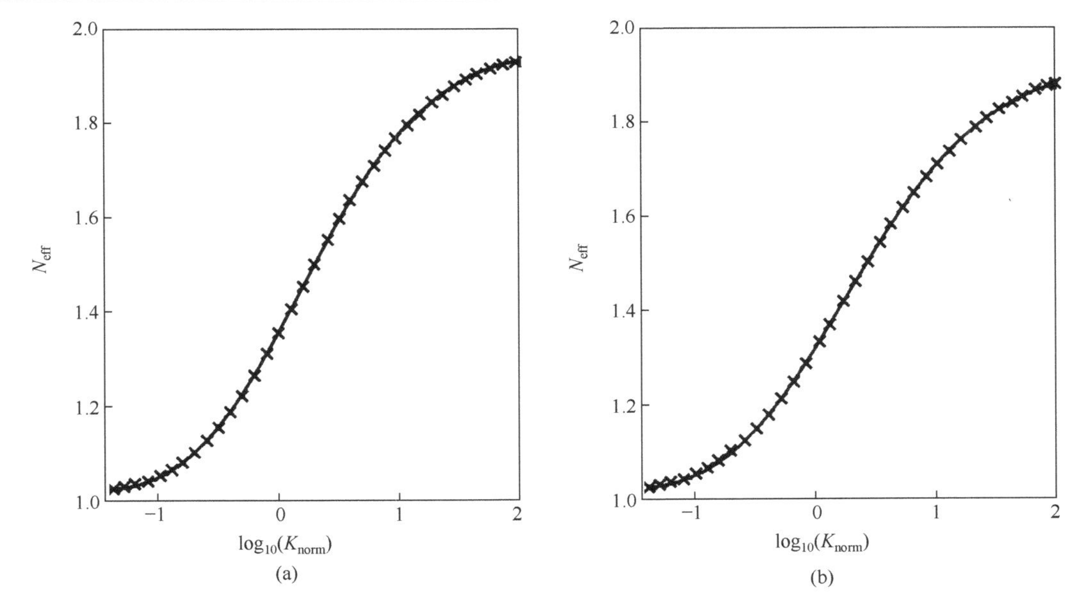

图 8.20 (a) ECE 和(b) DISP 1 过程的 N_{eff}-K_{norm} 工作曲线。经 Wiley 授权，转载自参考文献[16]。

对于不同的电极反应机理，能够得到类似的工作曲线。在每种情况下，N_{eff} 都表示为无量纲速率常数的函数，该速率常数的确切形式因机理而异。例如，在 DISP 2 过程中，其无量纲速率常数为

$$k_{\text{DISP 2}} = k_2 K_{\text{BC}}[\text{A}]_{\text{本体}} \left(\frac{4x_e^2 d^2 h^4}{9DV_f^2} \right)^{1/3} \tag{8.75}$$

其中 k_2 和 K_{BC} 的定义见如下反应机理：

$$\text{A} + \text{e}^- \rightleftharpoons \text{B}$$

$$\text{B} \overset{K_{\text{BC}}}{\rightleftharpoons} \text{C} \qquad K_{\text{BC}} = \frac{[\text{C}]}{[\text{B}]}$$

$$\text{B} + \text{C} \xrightarrow{k_2} \text{D}$$

对于 DISP 1

$$\text{A} + \text{e}^- \rightleftharpoons \text{B}$$

$$\text{B} \xrightarrow{k_1} \text{C}$$

$$\text{C} + \text{B} \xrightarrow{\text{快}} \text{D}$$

则其无量纲速率常数为

$$k_{\text{DISP 1}} = k_1 \left(\frac{4x_e^2 d^2 h^4}{9DV_f^2} \right)^{1/3} \tag{8.76}$$

这与 ECE 相同，除了该定义用到了 V_f 而不是 V_0。DISP 1 过程的工作曲线如图 8.20 所示。

上述工作曲线将 N_{eff} 与 K_{norm} 联系了起来，为通道宏电极相关实验的分析提供了可行性。各流速下的 K_{norm} 值由电流测量实验和按下述方式获取的工作曲线得到。首先，通过实验测得极限电流，将此极限电流与仅考虑单电子过程预测的电流比较得到 N_{eff}。然后，工作曲线可以给出其对应机理相应的 K_{norm} 值，将所得 K_{norm} 对流速的适当次幂(依据 K_{norm} 的定义)作图。例如，对于 ECE 过程，K_{norm} 对 $V_{\text{f}}^{-2/3}$ 作图[见式(8.70)]。若出现与式(8.70)中一致的线性相关趋势，便能佐证该待定机理。如果该关系图不是一条直线，就要考虑其他待定机理。这一过程不断重复，直到实验和模拟数据“吻合”，才可确定动力学和反应机理。

接下来，我们考察一个 EC 机理

$$\text{A} + \text{e}^- \rightleftharpoons \text{B}$$

$$\text{B} \longrightarrow \text{产物}$$

在这种情况下，极限电流与耦合动力学无关。不过，可以通过考察半波电势 $E_{1/2}$ 与传质速率的相关性获取动力学数据和机理方面的见解。相关的对流-扩散方程为

$$\frac{\partial^2[\text{A}]}{\partial \xi^2} - \xi \frac{\partial[\text{A}]}{\partial \chi} = 0 \tag{8.77}$$

$$\frac{\partial^2[\text{B}]}{\partial \xi^2} - \xi \frac{\partial[\text{B}]}{\partial \chi} - K_{\text{norm}}[\text{B}] = 0 \tag{8.78}$$

其中ξ、χ、K_{norm} 都取自式(8.70)。下一步假设 A/B 氧化还原电对具有足够快的电极动力学以保证其反应为电化学可逆。在这些条件下可通过 $E_{1/2}$ 的位移判断是否有均相动力学存在；A 到 B 的还原电势比没有这一动力学步骤时观察到的电势更正。这个电势位移定义为

$$\Delta E_{1/2} = \left| E_{1/2} - E_{\text{f}}^0(\text{A/B}) \right| \tag{8.79}$$

式中，$E_{\text{f}}^0(\text{A/B})$ 是 A/B 电对的形式电势。假设使用了 Lévêque 近似且扩散系数相等，则此时 $\Delta E_{1/2}$ 仅是 K_{norm} 的函数。二者的关系由数值模拟得到的工作曲线描述，如图 8.21 所示。

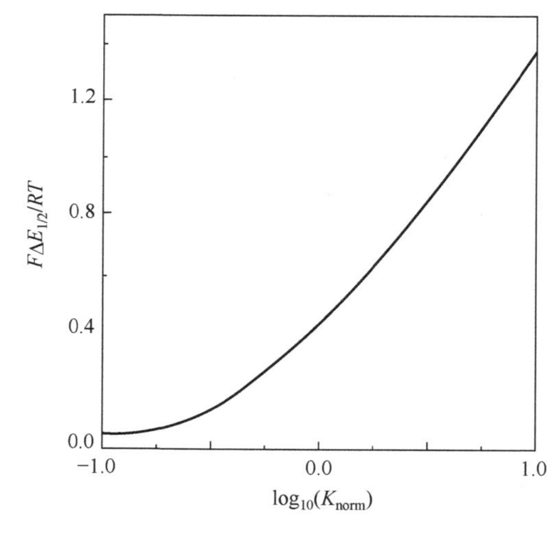

图 8.21 Lévêque 条件下由无量纲电势位移与 K_{norm} 的函数关系代表的 EC 反应的工作曲线。经 Wiley 授权，转载自参考文献[16]。

如图 8.21 所示的工作曲线可以根据 EC 机理分析在 Lévêque 条件下通道宏电极上测得的实验数据。通常，将测得的$\Delta E_{1/2}$值与工作曲线结合使用以获得不同流速 V_0(或 V_f)下相应的 K_{norm}值。若观察到推测出来的 K_{norm} 值与 $V_0^{-2/3}$ 存在直接的(线性)相关性，则表明实验数据与待定机理一致。注意图 8.21 意味着在非常快的流速下，$\Delta E_{1/2}$ 趋近于零，这与耦合均相动力学会被“超越”的推论一致，并且在实验上可以确定 $E_f^0(A/B)$，这是较慢的流速下估算$\Delta E_{1/2}$所需的参数。

8.12 通道电极上的计时电流法

我们简要探究一下描述通道电极上施加阶跃电势产生的瞬态响应所需的理论基础，并具体考察电极电势从没有电流流动的位置阶跃到引发传质极限电解的相应电势的情况。

其理论描述的基础如下所述。首先以类似上节中引入标准化速率常数 K_{norm} 的方式定义一个无量纲时间变量 τ。因此，对于传质方程有

$$\frac{\partial[A]}{\partial t} = D_A \frac{\partial^2[A]}{\partial y^2} - \frac{2V_0 y}{h}\frac{\partial[A]}{\partial x} \tag{8.80}$$

下列变量

$$\chi = \frac{x}{x_e}; \quad \xi = \left(\frac{2V_0}{hD_A x_e}\right)^{1/3} y; \quad \tau = \left(\frac{4DV_0^2}{h^2 x_e^2}\right)^{1/3} t \tag{8.81}$$

将式(8.80)简化为

$$\frac{\partial[A]}{\partial \tau} = \frac{\partial^2[A]}{\partial \xi^2} - \xi\frac{\partial[A]}{\partial \chi} \tag{8.82}$$

这个方程可以对任何尺寸、任何流速的流通池求解。当电势阶跃如上所述时，相对于稳态值进行归一化的电流

$$\frac{I(\tau)}{I(\tau \to \infty)} \tag{8.83}$$

仅为参数 τ 的函数。图 8.22 展示了该模拟行为[17]。

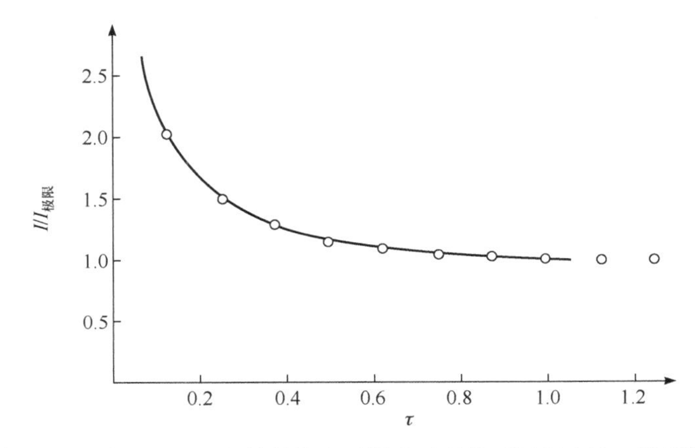

图 8.22 在 Lévêque 条件下通道电极上一个简单的电子转移过程的无量纲电流-时间瞬态响应，该模拟计算使用了向后隐式有限微分方法。经授权，转载自参考文献[17]。版权(1991)归美国化学会所有。

8.13　通道电极不是“均一可及的”

在 8.4 节中，我们指出旋转圆盘电极的扩散层厚度由式(8.23)给出，且是一个仅依赖于扩散系数 D、运动黏度 υ 和圆盘转速 ω 的常数。由于这个厚度不变，因此在圆盘表面所有部分上的电流密度($\mathrm{A \cdot m^{-2}}$)都相同。这类电极就称为是“均一可及的”。

如果考察式(8.58)且记为 A 的电活性物种

$$\frac{\partial[\mathrm{A}]}{\partial \eta}=\left(\frac{\partial[\mathrm{A}]}{\partial \eta}\right)_{\eta=0} \exp\left(-\frac{2}{3}\eta^3\right) \tag{8.84}$$

积分得

$$[\mathrm{A}]_{\eta=\infty}-[\mathrm{A}]_0=\left(\frac{\partial[\mathrm{A}]}{\partial \eta}\right)_{\eta=0} \int_0^\infty \exp\left(-\frac{2}{3}\eta^3\right)\mathrm{d}\eta \tag{8.85}$$

$$[\mathrm{A}]_{\eta=\infty}-[\mathrm{A}]_0=\frac{\Gamma\left(\frac{1}{3}\right)}{3\left(\frac{2}{9}\right)^{1/3}}\left(\frac{\partial[\mathrm{A}]}{\partial \eta}\right)_{\eta=0} \tag{8.86}$$

然后有

$$\left.\frac{\partial[\mathrm{A}]}{\partial y}\right|_{y=0}=\frac{3\left(\frac{2}{9}\right)^{1/3}([\mathrm{A}]_{本体}-[\mathrm{A}]_{y=0})}{\Gamma\left(\frac{1}{3}\right)\cdot\left(\frac{xhD}{V_0}\right)^{1/3}} \tag{8.87}$$

且扩散层厚度

$$\delta_{\mathrm{d}}=\frac{\Gamma\left(\frac{1}{3}\right)}{\sqrt[3]{6}}\left(\frac{xhD}{V_0}\right)^{1/3} \tag{8.88}$$

这是个有意思的结果：扩散层厚度取决于 $\sqrt[3]{x}$ 。在电极的上游边缘，扩散层厚度极为微小，但越往下游移动，扩散层越厚。由此可见，电极上的电流密度并不均匀，而是上游边缘处最大，下游边缘处最小。在传质极限条件下，扩散通量与 $x^{-1/3}$ 成比例，尽管实际上有限的电极动力学会阻止电流密度在上游边缘处变得无穷大。因此，通道电极是一种“非均一可及”电极。

进一步考察式(8.88)可知，随着流速的增加，扩散层厚度随 $V_0^{-1/3}$ 的增大而减小。因此，通道电极上的传质极限电流

$$I_{极限} \propto (流速)^{1/3} \tag{8.89}$$

式(8.88)还有一处有意思的地方在于，与旋转圆盘电极的相应表达式不同，通道电极的扩散层厚度并不取决于运动黏度。这是因为穿过通道电极的液流呈抛物线形，而每一层溶液都以稳定的速度移动。相比之下，当一个溶液接近旋转圆盘时，它改变了运动方向和速度，旋转并沿径向抛出。因此，旋转圆盘电极的电流响应取决于溶液的运动黏度，通道电极则不是。

8.14 通道微电极

当通道电极制作得足够小，轴向扩散(沿着溶液流动方向的扩散)变得显著，它们称为微电极。这使通道电极变得更加简化，但也更加复杂。简化是由于浓度分布在溶液中展开的距离更小，因此 Lévêque 近似就更为合理。复杂是因为，式(8.47)中包含的$\partial^2[\mathrm{B}]/\partial x^2$项不再能被忽略。

为了把轴向扩散讲清楚，接下来使用如下变量重写式 (8.47)

$$\chi=\frac{x}{x_{\mathrm{e}}};\quad \Psi=\frac{y}{x_{\mathrm{e}}};\quad P_{\mathrm{s}}=\frac{3x_{\mathrm{e}}^2V_{\mathrm{f}}}{2h^2dD} \tag{8.90}$$

式中，P_{s}是剪切 Peclet(佩克莱)数，它采用了 Lévêque 近似处理并描述了对流和扩散之间的平衡，稳态传质方程

$$\frac{\partial[\mathrm{A}]}{\partial t}=D_{\mathrm{A}}\frac{\partial^2[\mathrm{A}]}{\partial y^2}+D_{\mathrm{A}}\frac{\partial^2[\mathrm{A}]}{\partial x^2}-\frac{2V_0 y}{h}\frac{\partial[\mathrm{A}]}{\partial x}=0 \tag{8.91}$$

变为

$$\frac{\partial^2[\mathrm{A}]}{\partial \chi^2}+\frac{\partial^2[\mathrm{A}]}{\partial \Psi^2}-3P_{\mathrm{s}}\Psi\frac{\partial[\mathrm{A}]}{\partial \chi}=0 \tag{8.92}$$

如果电极电势足够大，使 A 在电极表面的浓度变为零，则电流由下列表达式给出

$$I=nFwD_{\mathrm{A}}[\mathrm{A}]_{本体}\frac{1}{x_{\mathrm{e}}}\int_0^1\left.\frac{\partial\left(\dfrac{[\mathrm{A}]}{[\mathrm{A}]_{本体}}\right)}{\partial\Psi}\right|_{\Psi=0}\mathrm{d}\chi \tag{8.93}$$

然后因为Ψ作为常数出现在式(8.93)中，而χ在积分时被消掉了，则

$$I=nFwD[\mathrm{A}]_{本体}f(P_{\mathrm{s}}) \tag{8.94}$$

因此，传质极限电流仅是P_{s}的函数，且这个方程可以用$I_{极限}$-P_{s}的工作曲线来表示。

在可以忽略轴向扩散的极限条件下(对于宏电极)，Levich 方程[式(8.51)]可重写为

$$I_{\mathrm{Levich}}=0.925nFwD[\mathrm{A}]_{本体}\left(\frac{2}{3}\right)^{1/3}P_{\mathrm{s}}^{1/3} \tag{8.95}$$

另外，Akerberg 等[18]推导出了轴向扩散主导时传质极限电流的解析表达式。此表达式在低剪切 Peclet 数($P_{\mathrm{s}}\ll 1$)下有效：

$$I_{\mathrm{Akerberg}}=nFwD[\mathrm{A}]_{本体}\pi g(P_{\mathrm{s}})\left[1-0.04632P_{\mathrm{s}}g(P_{\mathrm{s}})\right] \tag{8.96}$$

其中

$$g(P_{\mathrm{s}})=\left\{\ln[4(P_{\mathrm{s}})^{-1/2}]+1.0559\right\}^{-1} \tag{8.97}$$

对于其他P_{s}值，就必须用到数值模拟[19]。在实践中，已经有大量在稳态和瞬态条件下针对通道电极相关的多种问题(见 Cooper 和 Compton[16]的综述)所对应的特征伏安波形的模拟。可以说，通道电极以及与其相似的管状电极(如图 8.23 所示)是当今表征得最充分的流体动力学电

极，这在一定程度上反映了它们不仅在分析方面有广泛的应用，更体现了它们在日益重要的微流体领域中的重要性。下面两节将介绍通道电极技术的强大功能。

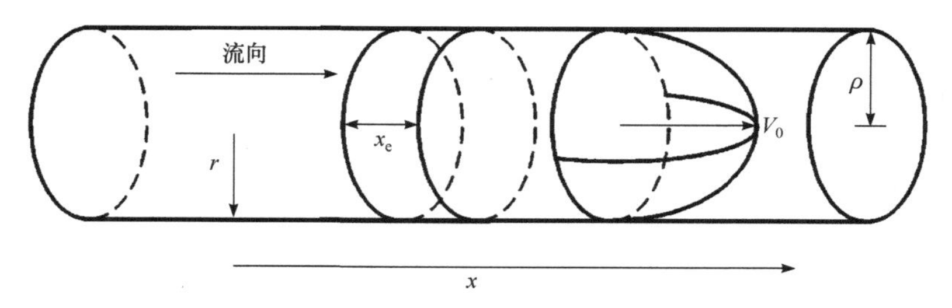

图 8.23　管状电极中表现出层流模式。

8.15　用于机理电化学的通道微带电极阵列

我们在本章中已见识到可以利用各种不同的传质过程推测电解质反应的机理(ECE、DISP、EC′等)。在本章开头，我们看到通过各种不同的对流方式实现机理研究，如改变通道电极的溶液流速或旋转圆盘电极的转速。另一种方法是在仅有扩散传质的条件下使用微电极(第 5 章)，这种情形下电极尺寸的变化会改变伏安特征的动力学范围。若使用含有从毫米到亚微米的不同尺寸电极的通道电极阵列，则有可能在同一实验中同时用到不同的对流和电极尺寸，因此可以说是通过这种“二维伏安法”实验增强对机理的辨识力[20]。这类工作已经完成，其中就使用了图 8.24 和图 8.25 所示的通道微带阵列。该阵列由 13 个不同尺寸的电极组成，

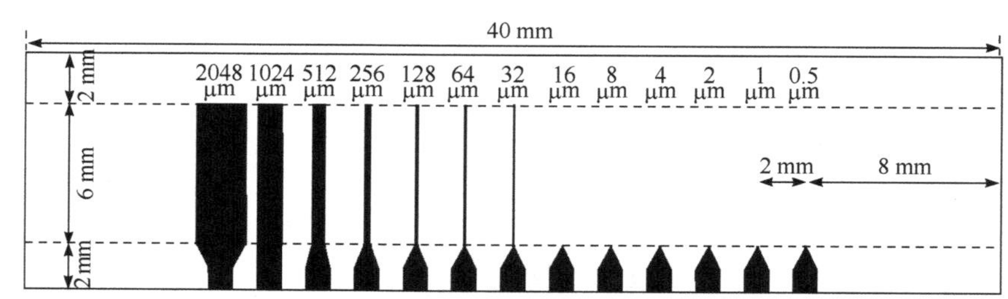

图 8.24　13 电极阵列。虚线标明了流通池的位置。电极长度(x_e值)从 0.5 μm 至 2 mm 呈倍数增长。经授权，转载自参考文献[20]。版权(1998)归美国化学会所有。

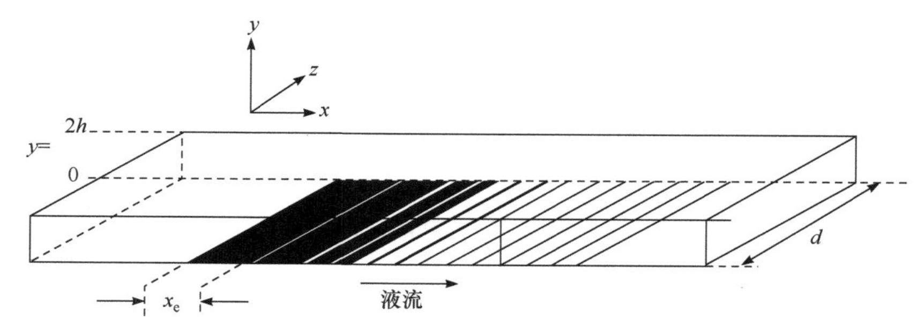

图 8.25　组装好的通道电极阵列示意图，并显示了用于表征流通池的坐标系。注意，有些作者，特别是在仅有扩散的研究工作中，使用“宽度”指电极带的最短尺寸。这里我们使用流体动力学的惯例：“长度”是指在流动方向上的距离 x_e，“宽度”则在 z 方向上。经授权，转载自参考文献[20]。版权(1998)归美国化学会所有。

其长度(x_e)从 2 mm 到小于 0.5 μm 不等。

此二维伏安法实验按如下方式进行。首先，在每个电极上依次进行不同溶液流速下稳态流体动力学伏安图的测量，生成三维图，这就涉及极限电流(因而 N_{eff})对流速(V_f)和电极长度(x_e)的函数。在高流速和小电极长度下传质最快，因此任何对传质过程响应灵敏的数据都应沿着图 8.26 中所示的对角线呈现出一个系统性的趋势。

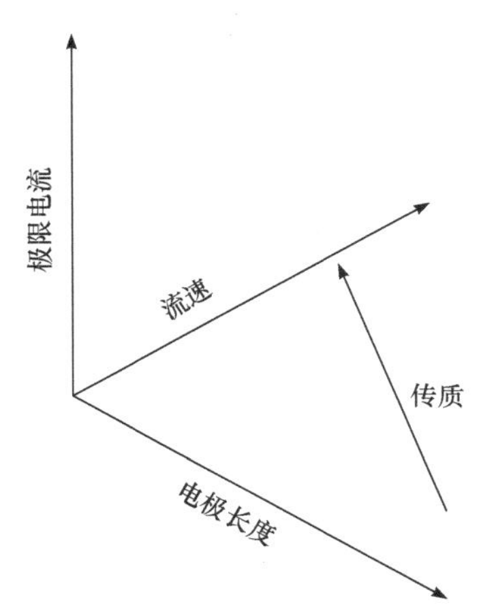

图 8.26　用于显示二维伏安法结果的曲面。对角线表示在更快的流速和更小的电极尺寸下，传质速率加快。

接下来，通过模拟(见上节)可以给出任何选定机理对应的 V_f 和 x_e 的预期电流函数的理论预测。然后，为了检验实验和理论是否吻合，将实验结果与预测结果之比绘制为一张对 V_f 和 x_e 的曲面：如果吻合，则将得到一张平坦、无特征的均匀平面；否则，通常情况下，生成的曲面将沿着图的对角线呈现出系统性的变化趋势(图 8.26)。获得一张平坦的二维面是支持其反应过程符合某一特定机理的有力证据，而一个明显且系统性倾斜的曲面则是与某一特定机理相悖的更加有力的证据。

图 8.27 展示了在含高氯酸四正丁基铵作为支持电解质的乙腈中还原 4-氯二苯甲酮的二维伏安实验结果。

表 8.1 展示了将实验传质极限电流数据拟合到一系列工作曲面上的结果。通过评估平均比例绝对偏差(MSAD)来获得拟合度：

$$\mathrm{MSAD} = \left(\frac{1}{N}\right)\sum_{N}\left|\frac{I_{极限}(实验) - I_{极限}(理论)}{I_{极限}(理论)}\right| \tag{8.98}$$

式中，N 是实验数据点数目。根据定义，实验值和理论值的最佳拟合对应于最小 MSAD 的情况。表 8.1 给出了对 4-氯二苯甲酮(4-Cl—Ar)的还原反应，假设其符合 E、EC、ECE 或 ECEE 机理时的最佳拟合参数；需要求解的参数是 4-Cl—Ar 的扩散系数 D(假定与机理中涉及的其他重要物种的扩散系数相同)，而对于后两种机理，还有化学步骤的一级速率常数 k。表 8.1 中的 MSAD 值指出该反应符合 ECEE 机理。图 8.27 中的各个对比性曲面支持了这一论点。该图中所示的三维图都具有相同的垂直尺度，而且除了 ECEE 机理(它很平坦且没有任何特征)外，所有这些图都表现出曲面在传质加快的对角线方向存在系统性变化。可能的 ECEE 机理如下：

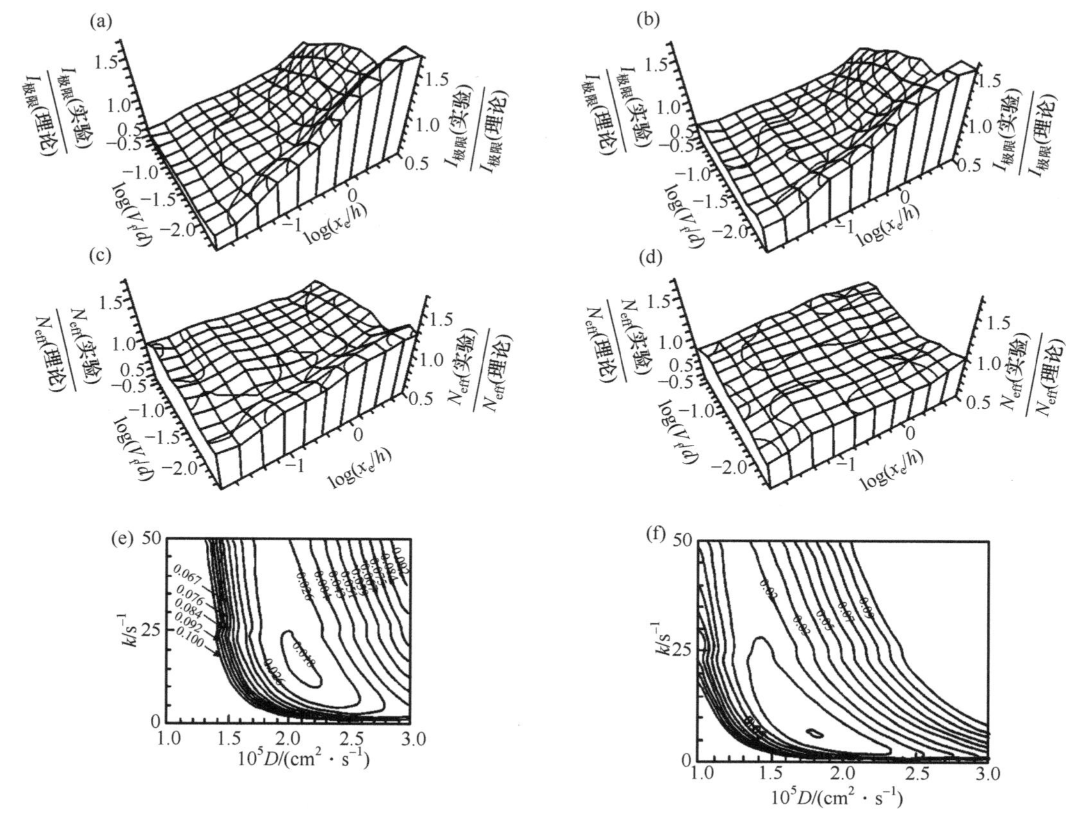

图 8.27 对 4-氯二苯甲酮的还原反应所得数据的分析。曲面展示了：(a) 假设符合 E 机理时的 $I_{极限}$(实验)/$I_{极限}$(理论)，等高线间距为 0.04；(b) 假设符合 EE 机理时的 $I_{极限}$(实验)/$I_{极限}$(理论)，等高线间距为 0.02；(c) 假设符合 ECE 机理时的 N_{eff}(实验)/N_{eff}(理论)，等高线间距为 0.03；(d) 假设符合 ECEE 机理时的 N_{eff}(实验)/N_{eff}(理论)，等高线间距为 0.025；(e) 假设符合 ECE 机理时对应于优化后的扩散系数和速率常数值的最小 MSAD；(f) 假设符合 ECEE 机理时对应于优化后的扩散系数和速率常数值的最小 MSAD，等高线间距=0.01。经授权，转载自参考文献[20]。版权(1998)归美国化学会所有。

$$\text{4-Cl—Ar} + e^- \rightleftharpoons [\text{4-Cl—Ar}]^{\bullet -}$$

$$[\text{4-Cl—Ar}]^{\bullet -} \longrightarrow Cl^- + Ar^{\bullet}$$

$$Ar^{\bullet} + HS \longrightarrow ArH + S^{\bullet}$$

$$ArH + e^- \longrightarrow [\text{Ar—H}]^{\bullet -}$$

$$S^{\bullet} + e^- \longrightarrow S^-$$

式中，Ar—H 表示二苯甲酮，而 $S^{\bullet}$表示$\cdot CH_2CN$ 自由基或从支持电解质衍生而来的物种。

表 8.1 4-氯二苯甲酮在可能的反应机理下的还原反应数据分析。

机理	$D/(cm^2 \cdot s^{-1})$	k/s^{-1}	MSAD
E	3.578×10^{-5}		1.06×10^{-1}
EE	1.308×10^{-5}		8.39×10^{-2}

续表

机理	$D/(cm^2 \cdot s^{-1})$	k/s^{-1}	MSAD
ECE	2.096×10^{-5}	15.7	1.66×10^{-2}
ECEE	1.827×10^{-5}	7.45	3.95×10^{-3}

这些曲面给出了在 ECE 和 ECEE 机理分析时的最佳扩散系数和速率常数(25 ℃)，如图 8.27(e)和(f)所示。ECEE 机理时这些参数的值分别为 $1.827\times10^{-5}\ cm^2 \cdot s^{-1}$ 和 $7.45\ s^{-1}$。

8.16 高速通道电极

使用高达 500 个大气压的压力使电解质溶液在电极上实现极高的流速，这样的通道流通池已被用于研究非常快速的电极反应，其标准电化学速率常数可达 $1\ cm \cdot s^{-1}$ 或更高。这种方法可以在流通池中心产生高达 $270\ km \cdot h^{-1}$ 的流速(V_0)。这类用到的流通池在设计上与传统的通道流通池有很大的不同，它们在电极上方($2h$)的高度小得多，并且需要更厚、更坚固的池壁，如图 8.28 所示。

该方法使用的电极是微带电极，而流通池由两部分融合在一起，中间夹着这个薄电极。

为了正确地模拟该条件下的伏安法，如本章前面所讨论，必须在整个流速范围内保持层流特性。Reynolds 数 Re 由如下等式表示：

$$Re = \frac{3V_f}{2hd\upsilon} \tag{8.99}$$

式中，υ 是运动黏度，在高速通道设备通常采用的流速下，Re 值可高达 9000。这将在稳态条件下引发湍流。不过，流通池的设计使得 Reynolds 数从层流很快变为湍流。由于这个过渡发生在一段有限的时间内，所以溶液原本的层流能够在垮掉而变为湍流之前通过电极。这种形成湍流所需要的“引入”长度 x_e 可以估算为

$$x_t = \frac{4h(3.04\times10^5)}{Re(1+\eta_t)} \tag{8.100}$$

式中，$\eta_t = (V_0 - \bar{V})/\bar{V}$，这里 V_0 是轴中心线的速度，而 $\bar{V}$ 是平均速度[21,22]。

在迄今为止报道的最高流速下，湍流的“引入”长度大约需要 4 mm。因此，直到溶液经过电极很久之后才开始形成湍流，并且沿着出口管向下行进。因此，电极上的液流完全是层流，且根据 Levich 方程，此时极限电流与 $V_f^{1/3}$ 成比例。

高速通道电极的一个主要用途是准确测量高达 $3\ cm \cdot s^{-1}$ 的快速标准电化学速率常数 k_0(如参考文献[22])。关于这点，该方法可能相较于快速扫描循环伏安法有诸多优势(参阅第 5 章)；后者虽然已被广泛使用，但很受 Ohm(IR)降尤其是电容充电过程的影响。这些影响可以通过使用不太常见的高浓度支持电解质和提供在线 IR 降补偿的恒电势电路而部分抵消。在快速电极动力学测量所需的扫描速率下，Faraday 电流经常被电容充电电流大大掩盖，并且为了正确地推演出动力学参数，必须将 IR 降补偿设置在适当的水平。这需要高水平的实验技能才能正确地操作，因而通常很难得到一致且重复的数据。高速通道电极吸引人的地方在于，它

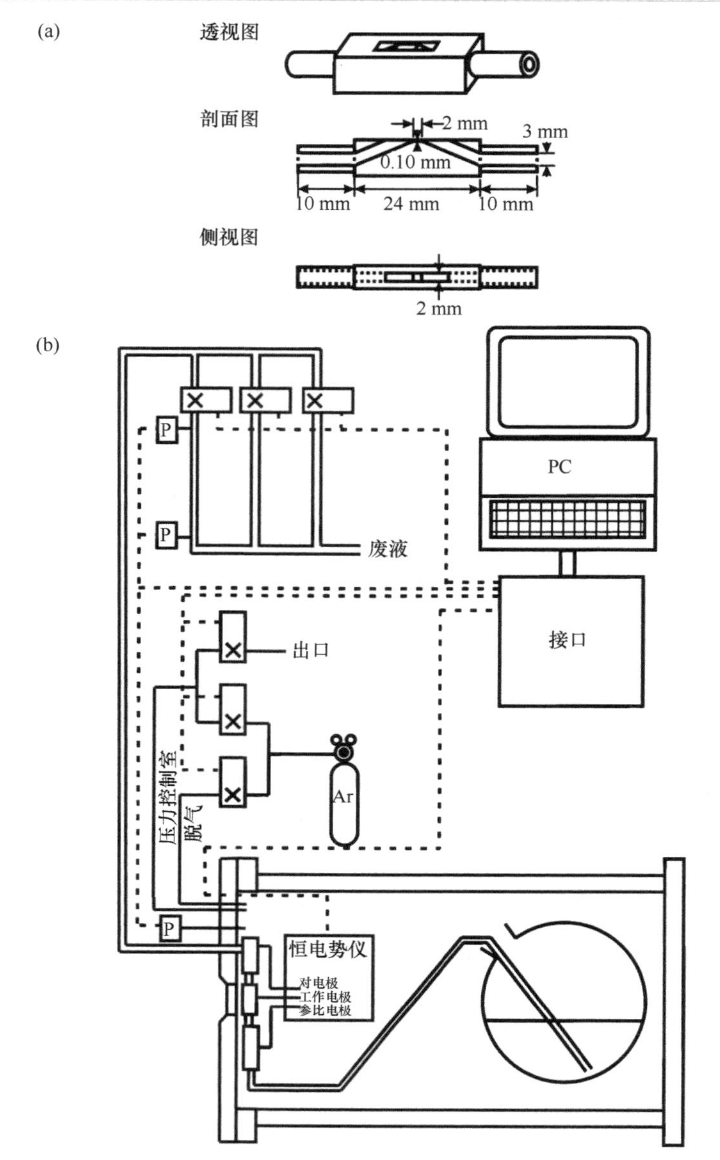

图 8.28 (a) 改进的快流速通道微电极，用于测量非常快的速率常数。(b) 能够控制高压并将其施加到电解液上的设备。经授权，转载自参考文献[21]。版权(1995)归美国化学会所有。

只要求稳态测量，因此完全消除了电容充电过程带来的问题。

使用高速通道电极的案例之一是测定二茂铁及其相关衍生物的氧化反应的标准电化学速率常数[23]

$$Cp_2Fe - e^- \longrightarrow Cp_2Fe^+$$

其中 Cp 是环戊二烯基。有意思的是，使用循环伏安法测定的标准电化学速率常数，其值的范围从 0.02 $cm \cdot s^{-1}$ 到 12 $cm \cdot s^{-1}$ 不等，这就反映了如上所述的难题。图 8.29 表明在高速通道电极上获取的典型数据可推算出 $k_0 = (1.0\pm0.2)\ cm \cdot s^{-1}$。

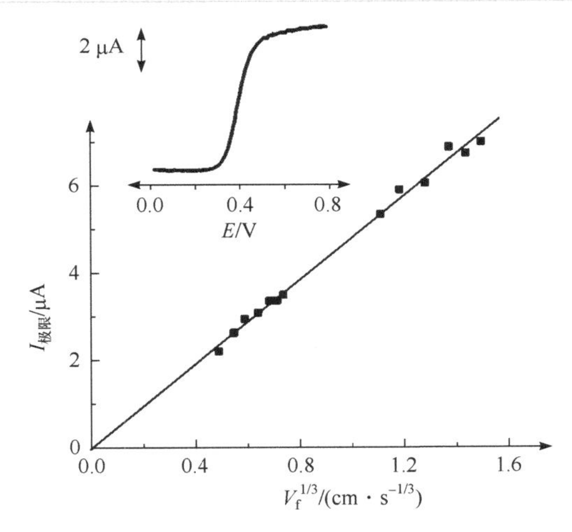

图 8.29 在含有 0.1 mol · dm^{-3} TBAP 的 MeCN 中，1.14 mmol · dm^{-3} 二茂铁的单电子氧化反应对应的 Levich 图。插图展示了 $V_f = 2.101$ cm^3 · s^{-1} 时的稳态线性扫描伏安图。$I_{极限}$是稳态极限电流，V_f是体积流速。经 Elsevier 授权，转载自参考文献[23]。

8.17 基于碰撞喷射的流体动力学电极

壁射流电极是一种基于圆盘的结构。与旋转圆盘电极不同，该圆盘保持静止，且控制一股溶液喷向该圆盘；此圆盘浸在与喷射流组分相同的静止溶液中。这就形成了圆柱状对称的“伞形”液流分布，如图 8.30 所示。在传质速率方面，壁射流电极比旋转圆盘电极有很大的提升，可以获得更高的对流速率，尽管失去了其均一可及性带来的简化效果。当喷射流尺寸相较于电极半径很小时，扩散层厚度与 $r^{5/4}$ 成比例，其中 r 为从圆盘中心出发的径向柱坐标。

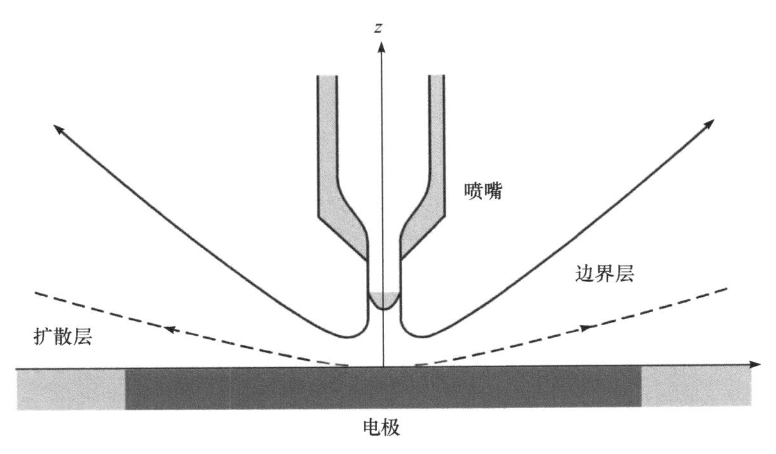

图 8.30 壁射流电极上的液流分布。

对应的传质极限电流为

$$I_{极限} = 1.35nFD^{2/3}\upsilon^{-5/12}a^{-1/2}R^{3/4}V_f^{3/4}[\mathrm{A}]_{本体} \tag{8.101}$$

式中，R 是圆盘半径，a 是喷嘴直径，V_f是体积流速。尽管已经建立了对应一些常见机理(如 ECE)分析的模拟方法，但是大多数使用壁射流几何学的情况还仅限于电分析方面的应用。

Macpherson 和 Unwin[24]开发了一种“微型喷射电极”，它将溶液喷向微盘电极。喷射流半径比圆盘半径大几倍，因此对流基本上是一维的，并且在电极表面均匀分布。通过这种方式，可有效地把电极做成均一可及的状态。尽管在使用比水黏度更小的溶剂(如乙腈)时存在一些问题，但是这种类型的装置能够提供很高的传质系数，几乎媲美高速通道电极[25]。

8.18 超声伏安法

研究表明，超声与电化学过程，特别是电分析方法的协同使用大有益处。下一章中有一节专门介绍这类方法对电分析的影响；本部分内容旨在介绍由声波作用引起的物理效应，并展示宏电极也可以赋予微电极的传质特性！

功率超声是指频率为 20～100 kHz 的超声波；图 8.31 给出了相关的声波频谱。

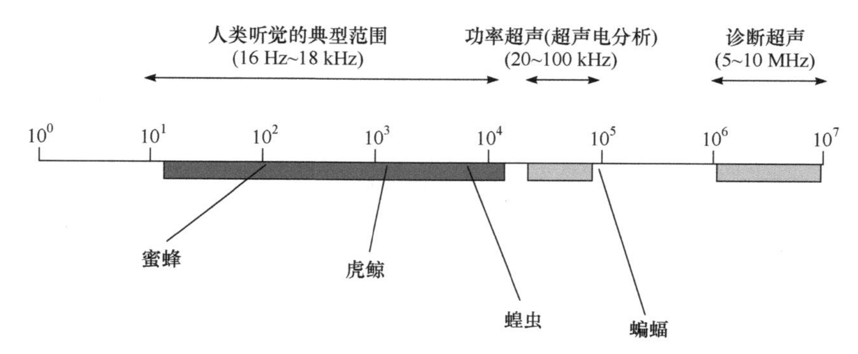

图 8.31　超声频谱详细描述了超声波频率范围。

此频谱显示人类听觉的范围为 16 Hz 到约 18 kHz 之间(视年龄而定)。高频超声(1～10 MHz)虽然经常用于医疗用途，但在伏安法中却很少使用。而电化学研究几乎全部采用了功率超声。这种超声一般通过超声变幅器尖端进入液体，如图 8.32 所示。

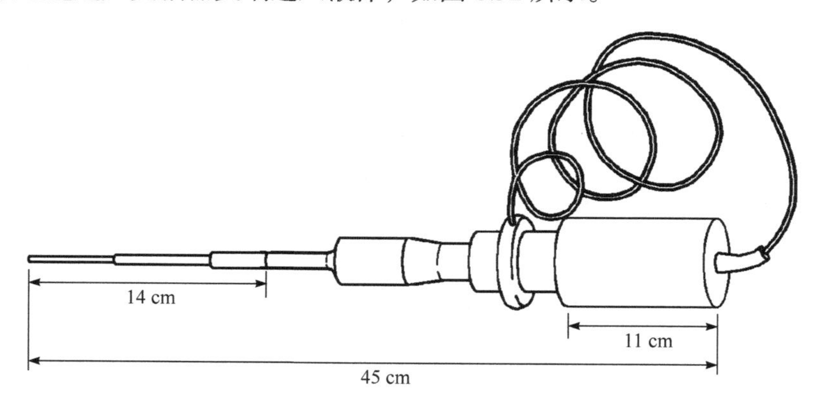

图 8.32　来自(1) Sonics and Materials, Inc. Newtown, CT 06470, USA 或(2) Jencons-PLS, Bedfordshire, England 的商业化的超声变幅器。

将变幅器元件浸入液体中就可以实现超声的高效传输。在超声伏安实验中，已有两种证明确有实效的电极/变幅器构型，如图 8.33 所示。

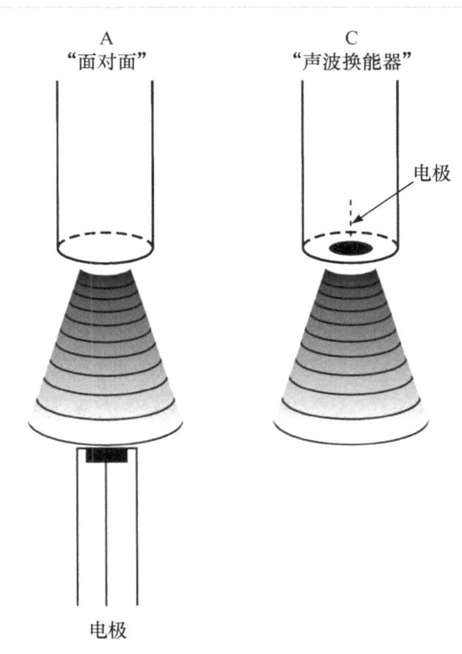

图 8.33 超声电化学的电极几何形状。经 Elsevier 授权，转载自参考文献[26]。

第一种实验装置是“面对面”模式[26]，该模式中将变幅器尖端放置在一个其他方面依旧是传统伏安电池中的工作电极的正对面。这种情况下，电极与变幅器尖端之间的距离以及功率超声的强度都是很重要的变量。第二类采用一种“超声电极”，它也许可以作为一种替代[27]。这种装置将声波换能器和工作电极组合成单个元件，如图 8.34 所示；其优化版可在市场上买到。

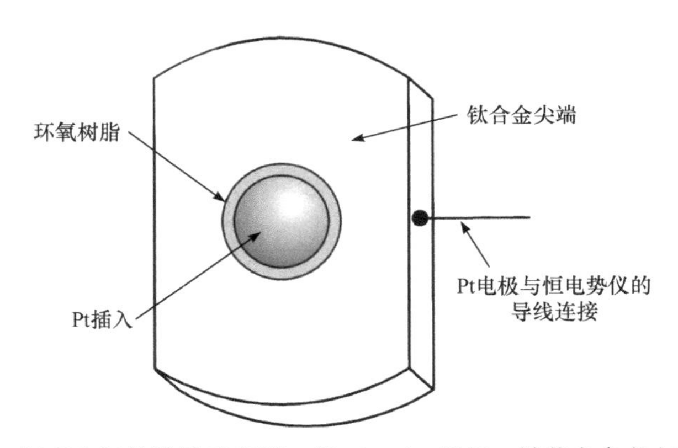

图 8.34 超声电极的设计示意图。经 Elsevier 授权，转载自参考文献[27]。

图 8.35 展示了一个典型的超声伏安图和一个其他条件完全相同但没有声波干预时的常规循环伏安图。两种情况下研究的体系都是二茂铁在含有支持电解质的乙腈溶液中直径为 2 mm 的铂圆盘电极上的氧化反应。

这些声波数据是在面对面模式、使用 50 W · cm^{-2} 相对较低的功率以及 4 mm 变幅器-电极间距这些条件下获得的。图 8.35 中两张伏安图的比较表明，在无声条件下记录的电化学可逆循环伏安图转化为流体动力学伏安图，没有前/后扫描滞后现象。而且，在声波作用下的最大电流显著大于无声时的信号。注意，极限电流并非完全平滑，正如在通道或旋转圆盘电极上测量的流体动力学伏安图所预期的那样。相反，电流平台处存在不规则的尖峰，其大小与施加的超声波的功率相关。

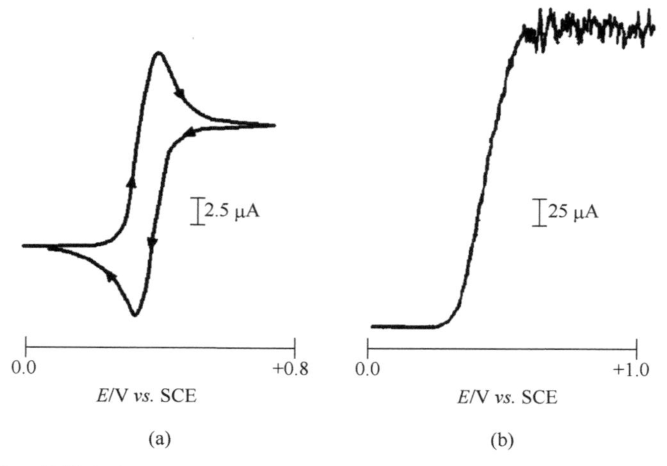

图 8.35　2 mmol · dm^{-3} 二茂铁在含 0.1 mol · dm^{-3} NBu_4ClO_4 的乙腈中 2 mm 直径铂电极上，无声条件下(a)和 50 W · cm^{-2} 声波作用下(b)氧化的循环伏安图；扫描速率为 20 mV · s^{-1}，电极和变幅器尖端的间距为 40 mm。经 Elsevier 授权，转载自参考文献[27]。

通过思考电极所经受的传质模式(图 8.36)，可以理解超声伏安图的形状。在无声条件下，传质仅通过扩散，而在声波条件下出现了两种新的传输方式。第一种是强湍流对流，这称为声流，由超声变幅器在液体介质中引发。这种液流的平均速率通常可达几十厘米每秒量级。因此，无论是作为(超声电极)一部分的电极还是置于变幅器尖端下方(面对面模式)的电极，都会经受显著的对流，致使所观察到的伏安图具备流体动力学特征。

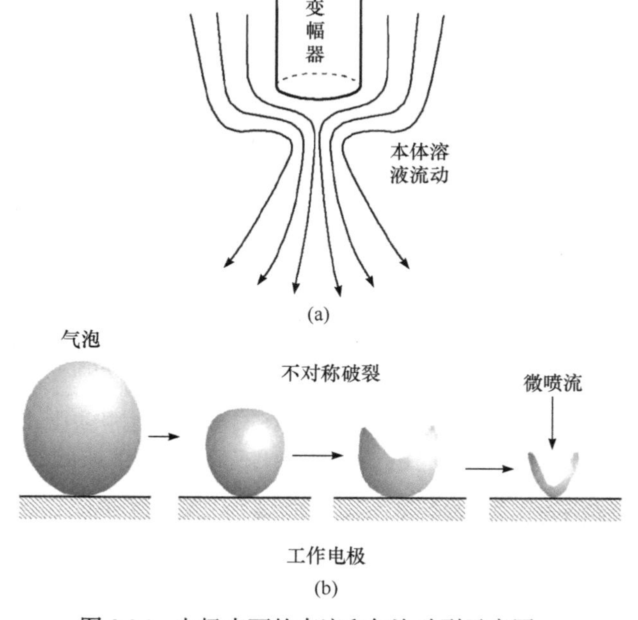

图 8.36　电极表面的声流和气泡破裂示意图。

Banks 等[28]指出，在面对面模式中，由这种液流引起的极限电流为

$$I_{极限} = C(h,\upsilon)D^{2/3}AC_{本体}P_{w}^{1/2} \tag{8.102}$$

式中，A 是电极面积，$C_{本体}$ 是电活性物种的浓度，D 是扩散系数，P_w 是超声功率，C 是运动黏度 υ 和电极-变幅器间距 h 的函数，且随着 h 增大而快速减小。

除了声流的贡献外，当超过一个最小的超声功率阈值时，可能会发生空化现象(气泡形成)[29]，并且这种现象更容易发生在电极表面上，很少在本体溶液内发生。注意，该空化阈值取决于外部施加的压力。

微电极对空化和气泡动力学的基本特性研究提供了大量的信息[30-34]。例如，图 8.37 展示了以 20 kHz 超声时水溶液中铁氰化物/亚铁氰化物电对在 30 μm 铂微盘电极上的电流-时间响应。

这里利用一种“纳秒”伏安法以第 5 章所述的方式给电极施加一个对应铁氰化物受传质速率限制的条件下发生还原反应的固定电势，由于涉及相应的时间尺度；注意图 8.37 的时间轴以微秒(μs)为单位。该图显示，稳定的背景上出现了尖峰信号，而这些尖峰可归因于电极表面的气泡形成。这些尖峰可能非常大，比在无声条件下看到的稳态电流大了约 200 倍。细看图 8.37 会发现存在不同类型的电流信号。信号的时间尺度从 50 μs 到几毫秒不等，涵盖了瞬时空化(一个声波周期)到稳定空化(许多声波周期)的范围。还要注意某些尖峰的周期性；图中可观察到 10 kHz 和 20 kHz 的频率以及 20 kHz 驱动力下的高次谐波。

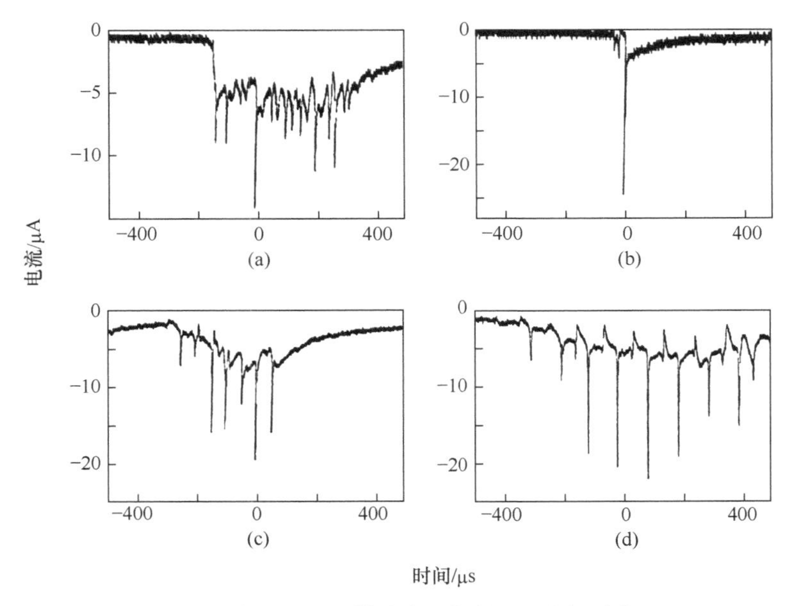

图 8.37 在超声(8.9 W · cm^{-2})下，在 29 μm 铂电极(直径)上观察到在 0.1 mol · dm^{-3} KNO_3 中还原 50 mmol · dm^{-3} $K_3[Fe(CN)_6]$的计时电流曲线。声纳到电极的距离：1 cm[(a)、(c)、(d)]或 1.5 mm[(b)]。图(c)、(a)和(d)是在相同条件下得到的不同瞬变。经授权，转载自参考文献[30]，版权(2001)归美国化学会所有。

如上所述，由于声流的参与，尖峰信号所处的背景电流比在无声条件下预期的微盘电极的扩散极限电流大得多。有意思的是，当将微电极的直径从 25 μm 逐步变为 400 μm 时，实验发现该电流与电极面积而非半径成比例，这表明扩散机制从无声条件下的收敛扩散模式切换到了有声条件下一种快速的均匀传质模式，正如式(8.102)所描述的那样。这可以认为是源于

声流引发的朝向电极的一种非常强的对流。应用简单的 Nernst 扩散层模型表明，甚至在功率仅为 10 W · cm^{-2} 的温和超声下，30 μm 直径的微电极的扩散层厚度也仅为 8 μm。并且，使用更高功率时还能实现薄到 0.7 μm 的扩散层[26]。

由此可见，对宏电极的超声可以赋予其微电极的传质特性[34]。这可以用 3 mm 玻璃碳电极在 DMF 中还原 3-溴二苯甲酮(RBr)的研究来进行说明。此过程遵循 ECE 机理。

$$\mathrm{R-Br} + e^- \rightleftharpoons [\mathrm{R-Br}]^{\cdot -}$$

$$[\mathrm{R-Br}]^{\cdot -} \xrightarrow{k} \mathrm{R}\cdot + \mathrm{Br}^-$$

$$\mathrm{R}\cdot + \mathrm{HS} \longrightarrow \mathrm{RH} + \mathrm{S}\cdot$$

$$\mathrm{RH} + e^- \rightleftharpoons [\mathrm{RH}]^{\cdot -}$$

其中，HS 是溶剂/支持电解质体系，RH 是二苯甲酮。

如图 8.38 所示为一张循环伏安图,并与在固定功率但不同电极-变幅器间距条件下得到的三张超声伏安图对比。

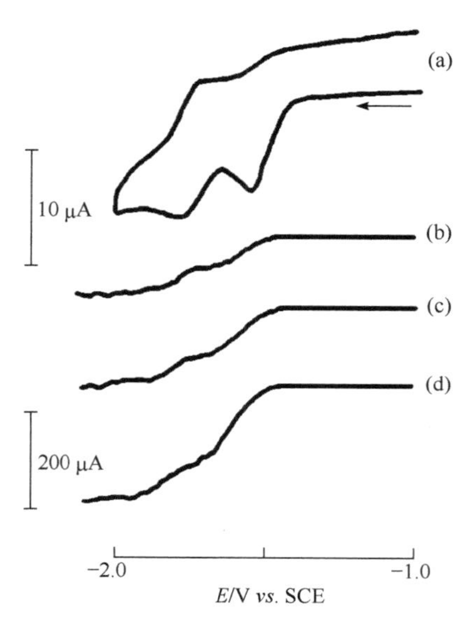

图 8.38 (a) 二甲基甲酰胺(含 0.1 mol · dm^{-3} NBu_4ClO_4)中在 3 mm 直径的玻碳电极上还原 0.5 mmol · dm^{-3} 3-溴二苯甲酮的循环伏安图。(b)～(d) 在 25 W · cm^{-2}功率和(b) 27 mm、(c) 15 mm、(d) 8 mm 变幅器-电极间距条件下获得的超声伏安图。扫描速率：50 mV · s^{-1}。经英国皇家化学学会授权，转载参自考文献[34]。

第一步化学不可逆还原过程伴随着第二步二苯甲酮的还原过程。在无声条件下观察到的是峰形响应，而超声条件下得到的是电流大得多的 S 形伏安图。控制电极和变幅器之间的距离可以改变扩散层的厚度。对于 ECE 过程，第二步与第一步还原过程的极限电流之比对应于电子转移的有效数目 N_{eff}(见 8.6 节)。对于厚度为 δ_d、构造简单的 Nernst 扩散层[35]

$$N_{\mathrm{eff}} = 2 - \frac{\tanh\left(\frac{\delta_d^2 k}{D}\right)^{1/2}}{\left(\frac{\delta_d^2 k}{D}\right)^{1/2}} \tag{8.103}$$

式中，k 是从$[\mathrm{R-Br}]^{\cdot -}$中失去 Br^-的一级反应速率常数。图 8.39 展示了测得的 3-溴苯酮还原的极限电流对 δ^{-1} 的曲线，且使用了 k 的预期值 600 s^{-1}(ECE)，以及对应简单的单电子和双电子过程的模拟结果。

因此，该数据与 ECE 过程一致，在较小的扩散层厚度下趋于 $N_{eff} = 1$，而在较厚的扩散层时(随着变幅器-电极间距的增加)$N_{eff} = 2$。这里 600 s^{-1} 的速率常数接近独立测量的结果。我们得出结论，超声伏安法可以用来考察置于超声场中宏电极上的快速电极过程。

微电极阵列可用于测定气泡的大小。图 8.40 显示了由五个电极组成的阵列，通过一台 5 通道“纳秒”恒电势仪可以独立且同时地操控每个电极(见 Banks 和 Compton 的综述)[36]。因此就有可能将不同电极上的信号关联起来。

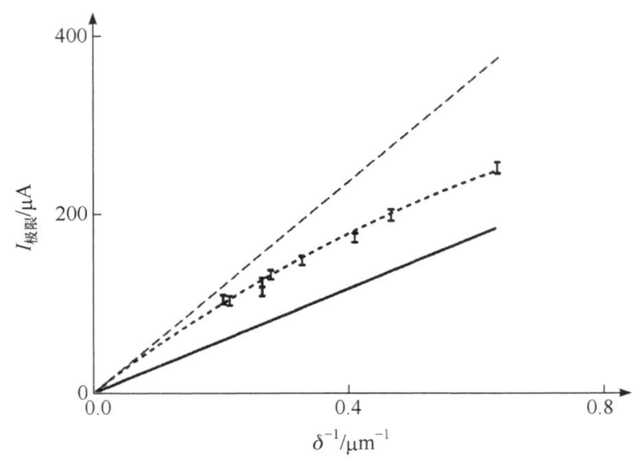

图 8.39 在 3 mm 直径的玻碳电极上，0.5 mmol · dm^{-3} 3-溴二苯甲酮在二甲基甲酰胺中发生还原反应，利用超声伏安法测得的极限电流与扩散层厚度的倒数之间的关系图。图中同时给出了 $k\to\infty$(短划线)和 $k=6\times10^2\ s^{-1}$(点虚线)条件下的理论预测曲线。经英国皇家化学学会授权，转载自参考文献[34]。

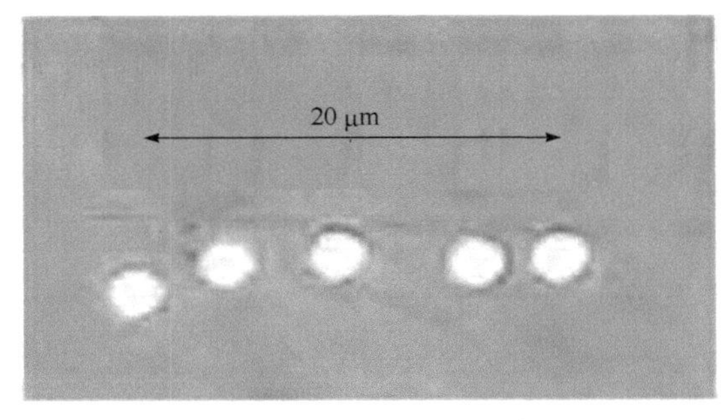

图 8.40 密封在环氧树脂中由 5 个微电极组成的阵列，每个电极的直径均为 29 μm。经授权，转载自参考文献[30]。版权(2001)归美国化学会所有。

图 8.41 展示了在直径为 29 μm 的三个电极上同时记录的计时电流数据；实验条件为 9 W · cm^{-2} 的超声，h～1 cm，含有 50 mmol · dm^{-3} 亚铁氰化钾的 0.1 mol · dm^{-3} KCl 水溶液，以及一个引发受传质速率限制的亚铁氰化钾还原反应的电势。在图 8.41(a)～(c)中，电极间距为 104 μm，而在(d)～(f)中，电极间距小于 5 μm。

在第一组信号(a)～(c)中，从一个电极到另一个电极的气穴化活性有很强的相关性，而在第二组信号(d)～(f)中，中心电极(d)上看到的伏安信号在与其距离均仅为 5 μm 的另两个电极(e)和(f)上竟看不到了！由此得出的结论是，在一段时间内电极表面肯定存在一个非常宽泛的气泡尺寸范围——在小于 1 μm 到大于 400 μm 之间。另外[30,31]，可以观察到在一系列快速计时电流瞬时响应中的空化电流尖峰的大小基本上在同一数量级。这对理解空化电流尖峰的物理性质有所启示；如图 8.36 所示的微喷流机理，即在界面处的气泡破裂引发了快速移动的液体微喷流(以每秒几十米的速度移动)，撞击电极表面，这种机理违背了某些常识，很可能并不合理。如果微喷流占主导，则信号将取决于微电极是位于微喷流和气泡内、微喷流外但气泡内，还是气泡之外，会得到非常不一样(大小)的信号。无论空化尖峰的起源机理是什么，超声在清洁甚至气蚀表面方面的有效性已是众所周知，并且在电分析中也得到了重要的应用。我们将在本书的下一章和最后一章中再回到这一主题。

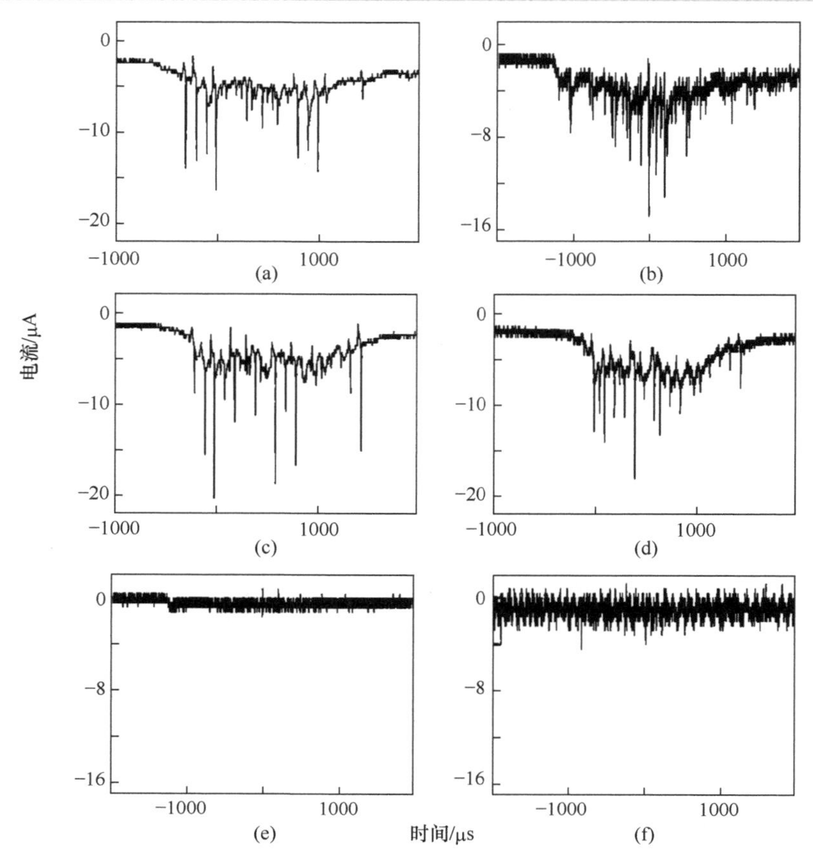

图 8.41 在 8.9 W · cm^{-2} 的超声下 50 mmol · dm^{-3} 铁氰化物在 0.1 mol · dm^{-3} 硝酸中三个直径为 29 μm 的电极上同时记录[(a)、(b)和(c)或(d)、(e)和(f)]的计时电流曲线。变幅器-电极间距：1 cm。电极间距：104 μm[(a)、(b)、(c)]或小于 5 μm[(d)、(e)、(f)]。经授权，转载自参考文献[30]。版权(2001)归美国化学会所有。

参 考 文 献

[1] C. E. Banks, A. O. Simm, R. Bowler, K. Dawes, R. G. Compton, *Anal. Chem.* **77** (2005) 1928.
[2] www-history.mcs.st-andrews.ac.uk/Mathematicians/Reynolds.html (accessed Jan 2007).
[3] T. Von Karman, *Z. Angew. Math. Mech.* **1** (1921) 233.
[4] W. G. Cochran, *Proc. Camb. Phil. Soc. Math. Phys. Soc.* **30** (1934) 365.
[5] W. J. Albery, *Electrode Kinetics*, Oxford University Press, 1975.
[6] R. G. Compton, D. Mason, P. R. Unwin, *J. Chem. Soc. Faraday Trans.* **84** (1988) 483.
[7] J. Newman, *J. Phys. Chem.* **70** (1966) 1327.
[8] J. M. Hale, *J. Electroanal. Chem.* **6** (1963), 187.
[9] J. M. Hale, *J. Electroanal. Chem.* **8** (1964), 332.
[10] R. G. Compton, M. E. Laing, D. Mason, R. J. Northing, P. R. Unwin, *Proc. R. Soc. Lond.* **A418** (1988) 113.
[11] J. Koutecky, V. G. Levich, *Dokl. Akad. Nauk. ssse* **117** (1957) 441.
[12] J. Koutecky, V. G. Levich, *Zh. Fiz. Khim.* **32** (1958) 1565.
[13] W. Vielstich, D. Jahn, *Z. Elecktrochem.* **64** (1960) 43.
[14] R. G. Compton, R. G. Harland, P. R. Unwin, A. M. Waller, *J. Chem. Soc. Faraday Trans. 1* **83** (1987) 1261.
[15] M. A. Lévêque, *Ann. Mines. Mem. Ser.* **12** (1928) 201.
[16] J. A. Cooper, R. G. Compton, *Electroanalysis* **10** (1998) 141.

[17] A. C. Fisher, R. G. Compton, *J. Phys. Chem.* **95** (1991) 7538.
[18] R. C. Akerberg, R. D. Patel, S. K. Gupta, *J. Fluid Mech.* **86** (1978) 49.
[19] J. A. Alden, R. G. Compton, *J. Electroanal. Chem.* **404** (1996) 27.
[20] J. A. Alden, M. A. Feldman, E. Hill, F. Prieto, M. Oyama, B. A. Coles, R. G. Compton, *Anal. Chem.* **70** (1998) 1707.
[21] N. V. Rees, R. A. W. Dryfe, J. A. Cooper, B. A. Coles, R. G. Compton, *J. Phys. Chem.* **99** (1995) 7096.
[22] A. D. Clegg, N. V. Rees, O. V. Klymenko, B. A. Coles, R. G. Compton, *J. Am. Chem. Soc.* **126** (2004) 6185.
[23] A. D. Clegg, N. V. Rees, O. V. Klymenko, B. A. Coles, R. G. Compton, *J. Electroanal. Chem.* **580** (2005) 78.
[24] J. V. Macpherson, S. Marcar, P. R. Unwin, *Anal. Chem.* **66** (1994) 2175.
[25] N. V. Rees, O. V. Klymenko, B. A. Coles, R. G. Compton, *J. Phys. Chem. B* **107** (2003) 13649.
[26] F. Marken, R. P. Akkermans, R. G. Compton, *J. Electroanal. Chem.* **415** (1996) 55.
[27] R. G. Compton, J. C. Eklund, F. Marken, T. O. Rebbitt, R. P. Akkermans, D. N. Waller, *Electrochemica Acta* **42** (1997) 2919.
[28] C. E. Banks, R. G. Compton, A. C. Fisher, I. E. Henley, *Phys. Chem. Chem. Phys.* **6** (2004) 3147.
[29] C. E. Banks, R. G. Compton, *Chem. Phys. Chem.* **4** (2003) 169.
[30] E. Maisonhaute, P. C. White, R. G. Compton, *J. Phys. Chem. B* **105** (2001) 12087.
[31] E. Maisonhaute, B. A. Brookes, R. G. Compton, *J. Phys. Chem. B* **106** (2002) 3166.
[32] E. Maisonhaute, F. J. Del Campo, R. G. Compton, *Ultrasonics Sonochem.* **9** (2002) 275.
[33] E. Maisonhaute, C. Prado, P. C. White, R. G. Compton, *Ultrasonics Sonochem.* **9** (2002) 297.
[34] R. G. Compton, F. Marken, T. O. Rebbitt, *Chem. Commun.* (1996) 1017.
[35] S. Karp, *J. Phys. Chem.* **7** (1968) 1082.
[36] C. E. Banks, R. G. Compton, *Chem. Anal.* (*Warsaw*) **48** (2003) 159.

9　用于电分析的伏安法

在本章中，我们简要介绍伏安技术在分析中的应用，也就是对已经提出的伏安技术进行调整改进，以便能够检测到低浓度的电活性物质。本章内容建立在前述章节中对伏安法深刻理解的基础之上。想对分析电化学进行详细了解的读者，我们推荐参阅 Joseph Wang 那本很有启发性且文笔优美的概述专著[1]以及 K. H. Brainina 和 E. Neyman 的权威著作[2]。

9.1　电势阶跃伏安技术

电势阶跃技术广泛应用于分析电化学中，并与数字化的电化学工作站自然兼容。下面几节中将介绍包括微分脉冲伏安法和方波伏安法在内的多种电势阶跃方法。这些方法都是通过增大 Faraday 电流(相较于电容电流)的响应来提高灵敏度。

图 9.1 展示了一个电势阶跃下的 Faraday 响应是一个随时间逐渐下降的电流脉冲，因为电极附近的电活性物质在不断消耗。

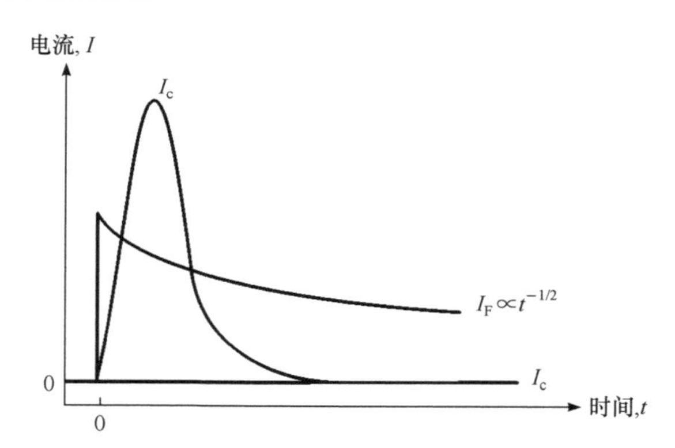

图 9.1　应用电势阶跃下电容电流 I_c 和 Faraday 电流 I_F 随时间的响应。

叠加在这个响应上的电流是一种来源于双电层充电(离子在电极表面的来回运动，见第 2 章)的电容电流。电容电流衰减比 Faraday 响应快得多，通常在 1 ms 或 2 ms 以内。电容电流(I_c，见图 9.1)衰减至消失后，在传质受限的线性扩散条件下，Faraday 电流可以用 Cottrell 方程(第 3 章)描述，即电流 $I_F \propto t^{-1/2}$，电荷 $Q \propto t^{1/2}$。在脉冲和阶跃技术中设置合适的参数，在电容电流消失后再对电流进行采样，并确保时间上来不及发生自然对流(第 8 章)，从而避免对预期的扩散响应造成干扰。

微分脉冲和方波技术广泛应用于痕量分析，是灵敏度最高的直接测量浓度的方法之一。这两种技术还可以为鉴别氧化态和识别络合效应提供信息[3]。

9.2　微分脉冲伏安法

微分脉冲伏安法(DPV)是一种浓度检测限通常能够达到 10^{-7} mol · dm^{-3} 数量级的技术。

DPV 实验过程中所使用的电势波形如图 9.2 所示，为脉冲波与阶梯波叠加的波形。

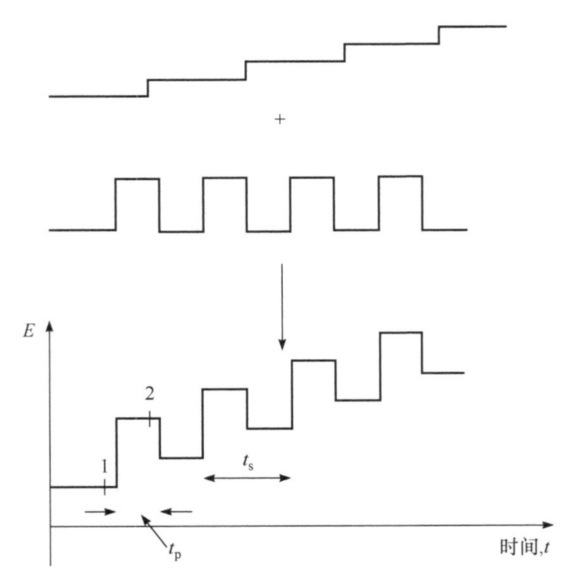

图 9.2　脉冲波与阶梯波叠加的波形示意图，其中 t_s 为 0.5～5 s，t_p 为 5～100 ms。脉冲高度通常为～50 mV，阶梯高度为～10 mV 或以下。

实验中，电流 I_2 在每个脉冲即将结束前(如图 9.2 中的点 2)测量，而电流 I_1 在每个脉冲即将开始前(点 1)测量，将两者的差值

$$\Delta I = I_2 - I_1 \tag{9.1}$$

与对应的阶梯电势作图可得如图 9.3 所示的峰形电流图。

注意脉冲时长 t_p 至少是阶梯波形周期 t_s 的 1/10。DPV 大大减少了非 Faraday 过程(主要是电容性过程)对所记录信号的贡献，因为通过 I_2 减去 I_1 可以将其几乎完全抵消。这样之所以可行，是因为这些非 Faraday 电流在第一个采样点和第二个采样点上的值相差不大。

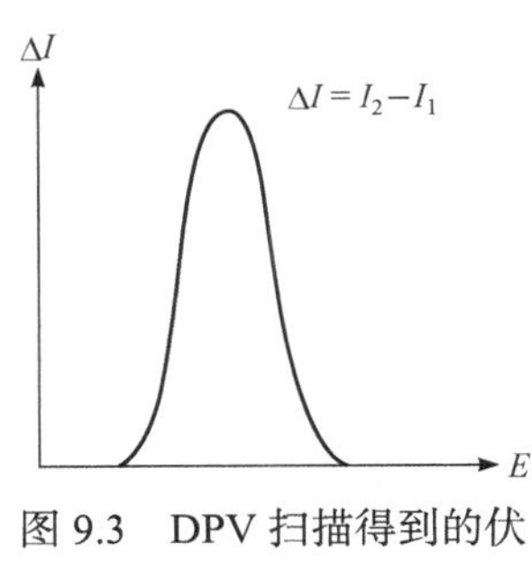

图 9.3　DPV 扫描得到的伏安曲线示意图。

9.3　方波伏安法

方波伏安法(SWV)于 1952 年由 Barker 和 Jenkins[4]发明，但当时其应用程度受到可用仪器的限制。现在，随着合适的恒电势仪电子器件的普及，方波伏安法因其出色的检测灵敏度，通常被作为诸多分析研究中的检测方法。

SWV 波形，顾名思义，如图 9.4 所示，由一个方波电势和一个阶梯电势叠加而来。

该方波由脉冲高度或方波幅度ΔE_p、阶梯高度ΔE_s、脉冲时间 t_p 以及循环周期 t_s 描述。其中，脉冲时间还可以用方波频率表示，$f = 1/2t_p$。阶梯在每个循环开始时移动ΔE_s，因此扫描速率为

$$\frac{\Delta E_s}{2t_p} = f\Delta E_s \tag{9.2}$$

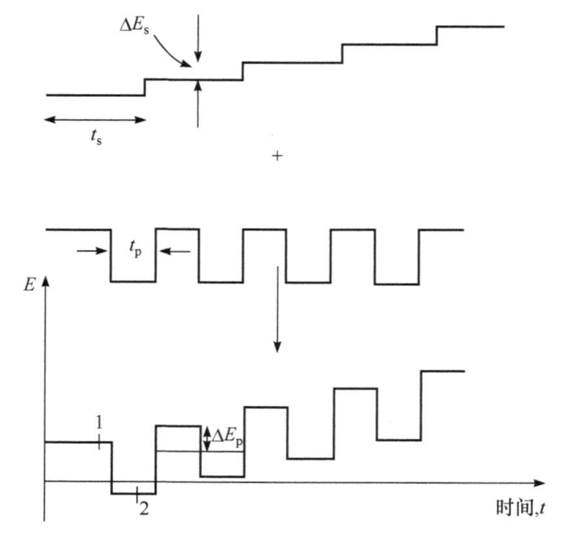

图 9.4 SWV 的波形和测量示意图，展示了阶梯电势与方波电势的叠加过程。

通常在实验操作中[5]，ΔE_s远小于ΔE_p，因此后者定义了伏安特征的分辨率。如同在 DPV 中一样，需要在每个循环中的两个点处测量电流——例如，图 9.4 中的点 1 和点 2 分别对应于正向峰和反向峰的末端。实验主要绘制两者的差值

$$\Delta I = I_2 - I_1 \tag{9.3}$$

与阶梯电势的关系曲线。但事实上单个 SWV 电势扫描会生成三条伏安曲线，图 9.5 展示了 I_1、I_2 和ΔI 与阶梯电势的函数关系。

SWV 可用于分析溶液相以及与电极表面结合的物种。后者的一个重要应用为醌基以及各种不同碳材料表面存在的很多类其他官能团(图 9.6)的伏安研究，这些碳材料包括边平面石墨[6]、玻碳[7]甚至含有石墨杂质的金刚石[8]。醌(Q)的两电子、两质子还原过程：$Q(表面) + 2H^+ + 2e^- \rightleftharpoons QH_2(表面)$ 可作为 pH 传感器的基本原理。图 9.7 展示了一种石墨表面(边平面热解石墨，EPPG)在各种缓冲溶液中的 SWV 响应，图 9.8 表明该响应为 Nernst 响应。

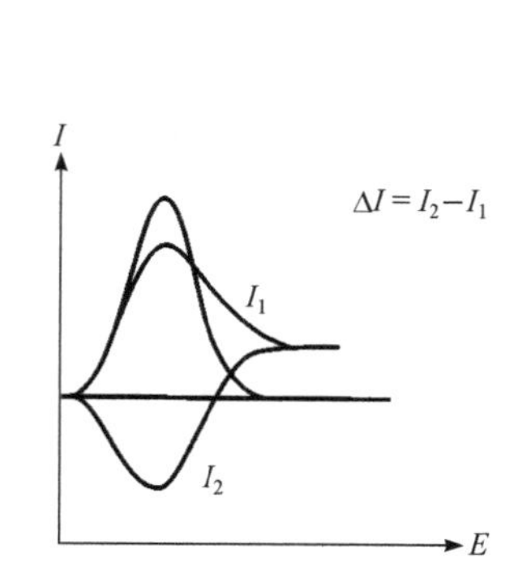

图 9.5 在正向和反向脉冲期间测得的电流以及两者的差值ΔI 与阶梯电势 E 的伏安曲线示意图。

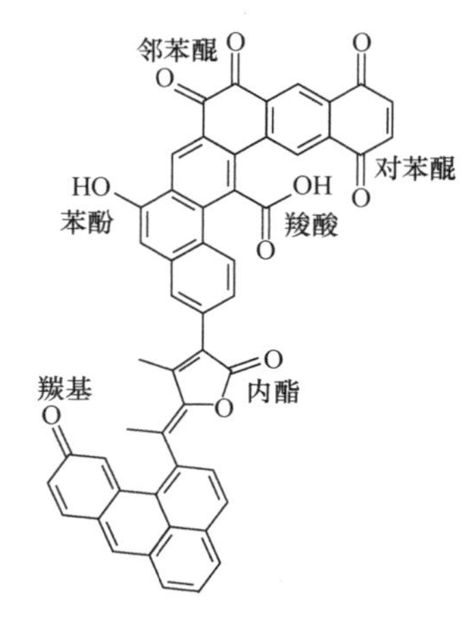

图 9.6 石墨碳表面存在的各种官能团示意图。图片经英国皇家化学学会授权，转载自参考文献[6]。

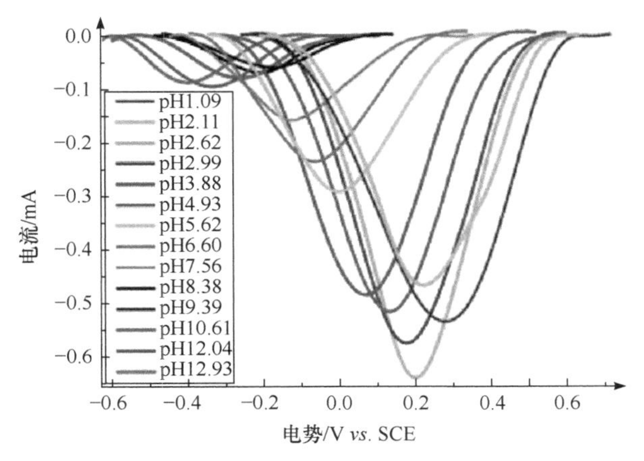

图 9.7 方波(SWV)中醌的还原峰，于不同介质(HCl/KCl 缓冲溶液、柠檬酸盐缓冲溶液、磷酸盐缓冲溶液、碳酸盐缓冲溶液和 NaOH 缓冲溶液)中浓度为 0.01 mol · dm^{-3} 时得到，pH 范围为 2.11～12.04，0.1 mol · dm^{-3} HCl/KCl 缓冲溶液的 pH 为 1.09，0.1 mol · dm^{-3} NaOH 的 pH 为 12.93。SWV 测量在最佳条件下进行：频率 150 Hz，阶梯电势 2 mV，脉冲高度 200 mV。

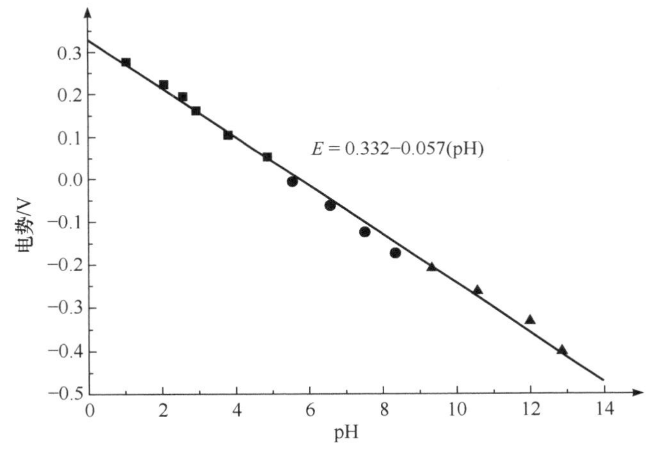

图 9.8 在 0.01 mol · dm^{-3} 缓冲溶液(0.1 mol · dm^{-3} HCl/KCl 缓冲溶液的 pH 为 1.09，0.1 mol · dm^{-3} NaOH 缓冲溶液的 pH 为 12.93)中 EPPG 上测得的 SWV 的峰电势对 pH 的校准曲线，表现出一种斜率为 57.0 mV · pH^{-1} 的线性响应，对应 Nernst 行为。方块：低 pH 区间，圆圈：中性 pH 区间，三角形：高 pH 区间。

SWV 的主要优点在于该方法极大降低了电容对电流的影响。这是因为ΔI 由 I_2 减去 I_1 得到，且在正向和反向脉冲之间的很小电势范围内界面电容近似恒定。这一事实也使 SWV 相比于其他脉冲技术(如 DPV)能够采用更短的脉冲和更快的扫描速率。在最佳情况下，SWV 的检测限约为 10^{-8} mol · dm^{-3}，比 DPV 低一个数量级。因此，大多数现代常用的恒电势仪已经将 SWV 功能纳入，例如由 Eco-Chimie(荷兰)制造的仪器。最后，有句评论：对 SWV 曲线的解析并不总是直接明了的，特别是在电极动力学不可逆的情况下，当ΔI 响应可能出现两个峰时，会导致实验者得出存在两个化学物种的错误结论[3]！

9.4 溶出伏安法

溶出伏安法是一种灵敏度很高的方法，广泛用于各种金属和有机物的电分析检测，其检测限很低，在某些有利情况下可以达到 10^{-10} mol · dm^{-3}。该研究方法分为三类，分别为阳极溶出伏安法(ASV)、阴极溶出伏安法(CSV)和吸附溶出伏安法(AdsSV)。在每种方法中，首先有一个“预富集步骤”：

ASV：
$$M^{n+}(aq) + ne^- \longrightarrow M(电极)$$

CSV：
$$2M^{n+}(aq) + mH_2O \longrightarrow M_2O_m(电极) + 2mH^+ + 2(m-n)e^-$$

或

$$M + L^{m-} \longrightarrow ML^{(n-m)-}(吸附) + ne^-$$

AdsSV：
$$A(aq) \longrightarrow A(吸附)$$

或

$$M(aq) + L(aq) \longrightarrow ML(吸附)$$

在合适的预富集步骤形成物质沉积后，通过溶出步骤在工作电极上施加电势进行扫描，电极上已富集的物质将发生 Faraday 反应而被消耗。

ASV：
$$M(电极) \longrightarrow M^{n+}(aq) + ne^-$$

CSV：
$$M_2O_m(电极) + 2mH^+ + 2(m-n)e^- \longrightarrow 2M^{n+}(aq) + mH_2O$$

或

$$ML^{(n-m)-}(吸附) + ne^- \longrightarrow M + L^{m-}$$

AdsSV：
$$A(吸附) \pm ne^- \longrightarrow B(aq)$$

或

$$ML(吸附) \pm ne^- \longrightarrow B'(aq)$$

在 ASV 中，溶出步骤是使工作电极向相对于沉积(预富集步骤)所需电势更正的方向进行扫描，产生一个特征峰，可用于目标痕量离子的定量。图 9.9 展示了一个典型的阳极溶出峰的例子，

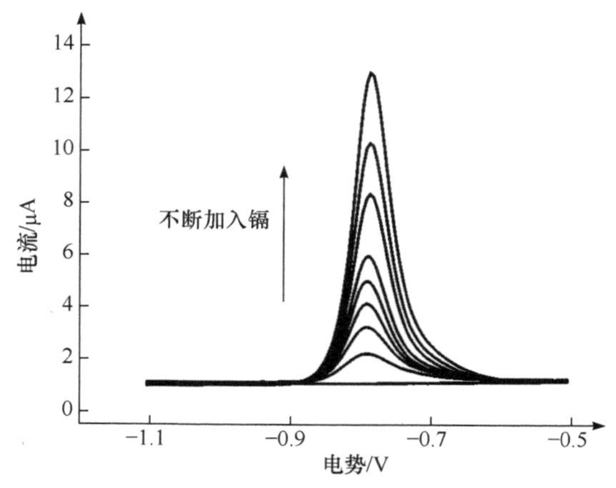

图 9.9 0.5 mol · dm^{-3} 乙酸缓冲溶液中不断加入镉(Ⅱ)的方波阳极溶出伏安曲线。参数：在−1.8 V *vs.* SCE 下沉积 60 s，随后从−1.1 V 扫到−0.5 V。经授权，转载自参考文献[5]。

其中使用了掺硼金刚石电极对镉进行阳极溶出伏安测量。注意该过程中使用 SWV 是为了提高灵敏度(见上节)，且溶出峰出现的相应电势是镉的固有特性，其他金属会在不同的电势下溶出。

在该例子中对加入 0.5 mol · dm^{-3} 乙酸缓冲溶液中的镉(Ⅱ)进行研究，使用了 60 s 预富集过程将金属镉沉积到电极表面[5]，如图 9.10 所示。

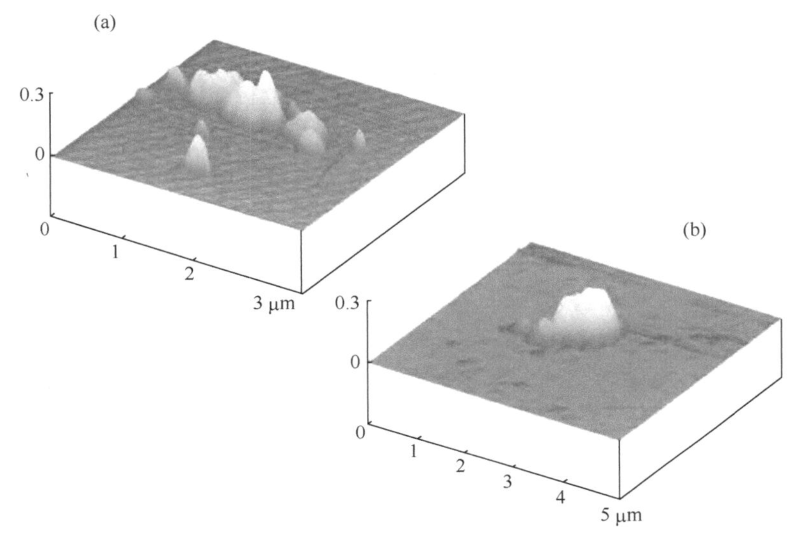

图 9.10　使用−1.8 V *vs.* SCE 从含有 2.1 mmol · dm^{-3} Cd^{2+}的 0.5 mol · dm^{-3} 乙酸盐缓冲溶液中沉积镉 60 s 后的 AFM 图像。(a) 不存在表面活性剂，(b) 溶液中存在 3 μmol · dm^{-3} 的 Triton X-100 中性表面活性剂。经授权，转载自参考文献[5]。

图 9.9 展示出明确的方波阳极溶出曲线的特征，轻松实现了 2.5×10^{-8} mol · dm^{-3} 的检测限。值得注意的是，如果使用(液体)汞电极而不是固体电极，同样可以很容易地实现金属的较低检测限。这是因为金属通常溶解在汞中形成汞齐，而不是在电极表面以金属粒子的形式成核和生长。后者的动力学能垒通常比汞齐化过程的大。但是，出于当前以及未来可能的环境规范考虑，汞的使用并不是很有吸引力。

溶出伏安法的几个示例如下：

(1) 使用金电极和 ASV 检测饮用水中的 As(Ⅲ)：

预富集：
$$\text{As(Ⅲ)(aq)} + 3e^- \longrightarrow \text{As(电极)}$$

溶出：
$$\text{As(电极)} \longrightarrow \text{As(Ⅲ)(aq)} + 3e^-$$

在这个例子中，在适当的还原电势下进行预富集后，工作电极向正电势扫描，因此而产生的峰可用于定量分析痕量水平的 As(Ⅲ)。

(2) 利用 CSV 与掺杂硼的金刚石电极分析河流沉积物中的铅。铅以二氧化铅(PbO_2)的形式预富集：

预富集：
$$Pb^{2+}\text{(aq)} + 2H_2O\text{(aq)} \longrightarrow PbO_2\text{(电极)} + 4H^+ + 2e^-$$

溶出：
$$PbO_2\text{(电极)} + 4H^+ + 2e^- \longrightarrow Pb^{2+}\text{(aq)} + 2H_2O\text{(aq)}$$

(3) TNT(三硝基甲苯)的分析对于安全监管的炸药和恐怖武器检测非常重要。可利用多壁碳纳米管修饰的玻碳电极通过 AdsSV 实现分析：

预富集：
$$\text{TNT(aq)} \longrightarrow \text{TNT (吸附)}$$

溶出：
$$\text{TNT(吸附)} + ne^- \longrightarrow \text{还原TNT (aq)}$$

(4) 辣椒的“辣度”与其辣椒素含量相关，其可利用基于碳纳米管的传感器通过 AdsSV 测定。

尽管上文已经提到了汞电极在 ASV 中的优势，这里仍需要注意一点：使用固体电极的 ASV 进行定量分析测量时，可能会面临一些普遍性的限制，即使在校准的过程中有望抵消这些限制的影响，但潜在的电分析工作者仍然需要对其有所了解[9]。

第一，电极存在均一性和形貌方面的问题，导致金属在工作电极表面的沉积很可能不均一。图 9.11 展示了铅在掺杂硼的金刚石电极和玻碳电极上沉积的微观图像，沉积密度可在数百微米的尺度上仍表现出很大差异。

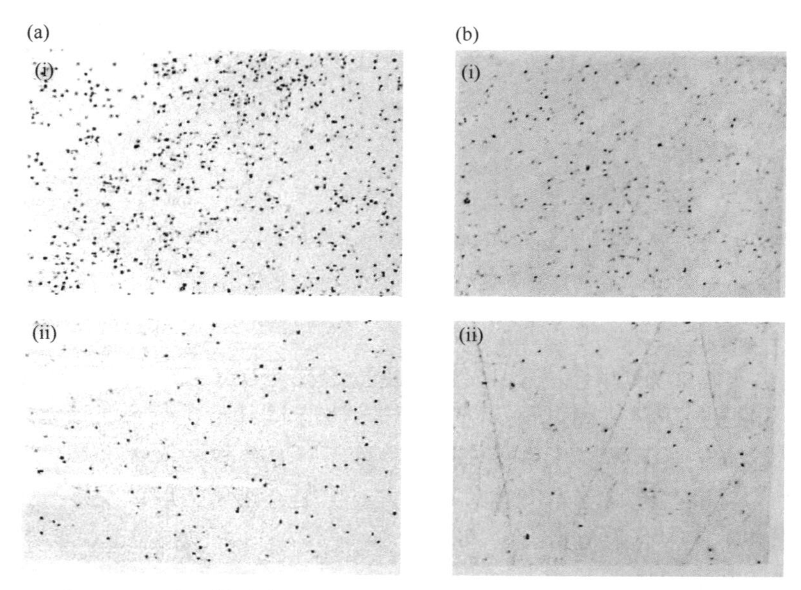

图 9.11 在 (a) BDD 和 (b) GC 上，从含有 5 mmol · dm^{-3} $Pb(NO_3)_2$/0.1 mol · dm^{-3} HNO_3 的溶液中沉积铅的显微图像，分别展示了(a) 沉积密度最高的区域和(b) 沉积密度最低的区域(见正文)。沉积条件：在−0.48 V *vs.* SCE 处保持 60 s。图像显示的总面积为 540 μm× 400 μm。经授权，转载自参考文献[9]。

同样，图 9.12 展示了银和铅在相同掺杂硼的金刚石上不同位置的沉积情况，也能发现明显的非均一性。

此外，对于玻碳电极，研究表明在人为抛光时产生的“划痕”处，电沉积有优先发生的趋势。图 9.13 给出了明确的原子力显微证据。

第二，ASV 过程中会发生“不完全溶出”的现象。在进行 ASV 实验时，一个重要的前提条件是溶出电流直接代表沉积阶段电极表面积累的物质的量。然而，实际情况并不总是如此。

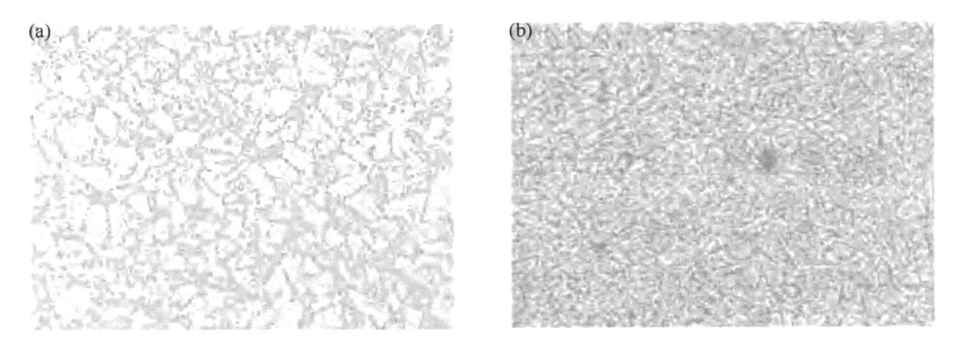

图 9.12 (a) 银从含有 5 mmol · dm^{-3} $AgNO_3$/0.1 mol · dm^{-3} HNO_3 的溶液中在 BDD 上以−0.3 V *vs.* Ag 沉积 5 s 后得到的显微图像；(b) 铅从含有 5 mmol · dm^{-3} $Pb(NO_3)_2$/0.1 mol · dm^{-3} HNO_3 的溶液中在 BDD 上以−0.6 V *vs.* SCE 沉积 5 s 后得到的显微图像。图像面积为 540 μm× 400 μm。经授权，转载自参考文献[5]。

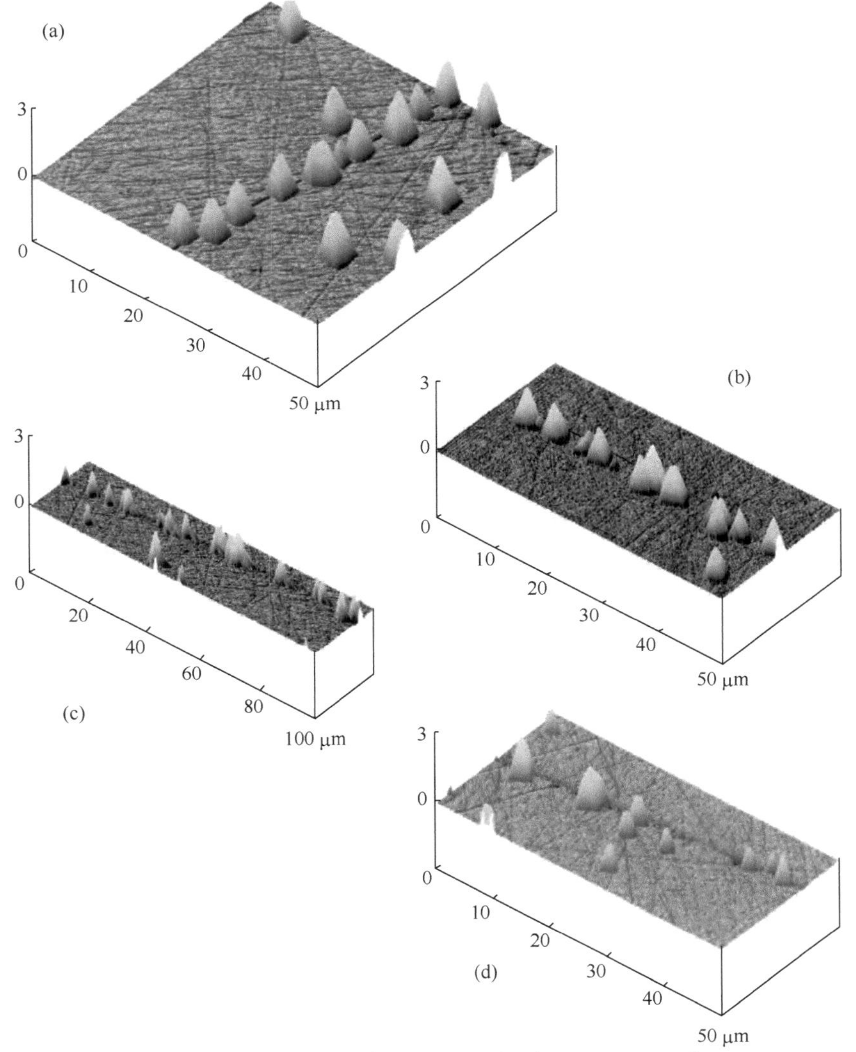

图 9.13 金属优先在 GC 划痕处沉积的 AFM 图像。(a)～(c) 银从 5 mmol · dm^{-3} $AgNO_3$/0.1 mol · dm^{-3} HNO_3 的溶液中在−0.05 V *vs.* Ag 沉积 120 s；(d) 铅从 5 mmol · dm^{-3} $Pb(NO_3)_2$/0.1 mol · dm^{-3} HNO_3 的溶液中在−0.5 V *vs.* SCE 沉积 120 s。经授权，转载自参考文献[5]。

不完全溶出在高浓度时尤其突出。然而，即使在与分析级别 ASV 所需的类似条件下，此现象也可能明显存在。例如，图 9.14 展示了(a)银从含有 50 μmol · dm^{-3} $AgNO_3$ 的 0.1 mol · dm^{-3} 硝酸水溶液中在掺杂硼的金刚石电极上沉积 10 min 后以及(b)沉积的银在合适的阳极电势下“溶出”后的原子力显微镜图像：大约 20%的银仍留在电极表面。

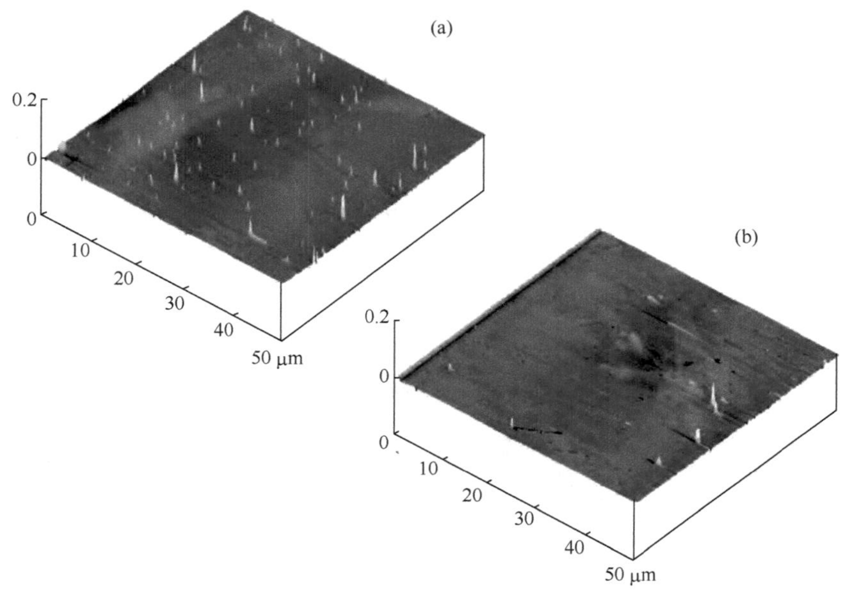

图 9.14 BDD 电极相似区域的连续 AFM 图像。(a) 银从 50 μmol · dm^{-3} $AgNO_3$/0.1 mol · dm^{-3} HNO_3 的溶液中在 −0.5 V *vs.* Ag 沉积 10 min 后。(b) 从− 0.15 V 到+0.2 V 以 20 mV · s^{-1} 进行线性扫描后。经授权，转载自参考文献[5]。

铅的 ASV 测量使用了 50 μmol · dm^{-3} 的低浓度 $Pb(NO_3)_2$，也得到了如图 9.15 所示的类似结果。

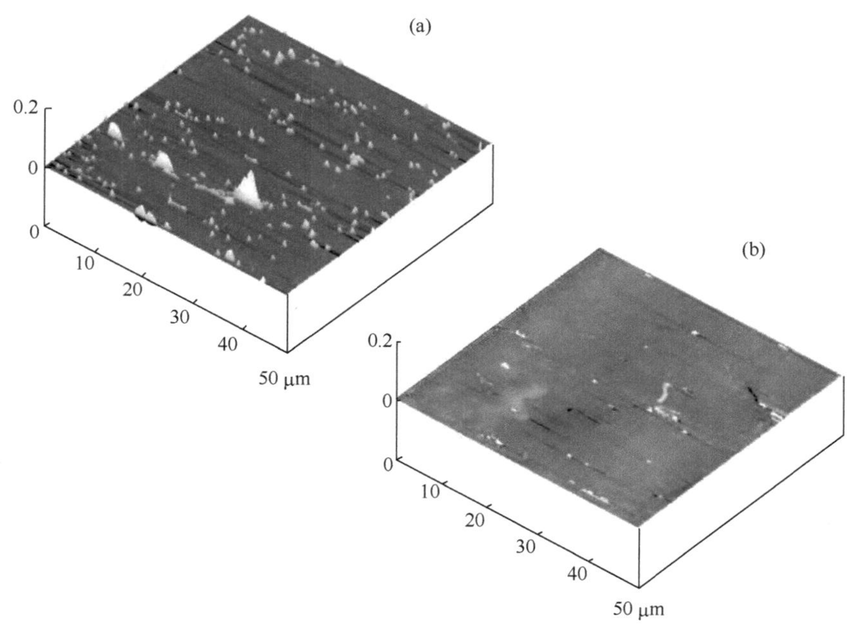

图 9.15 BDD 电极相似区域的连续 AFM 图像。(a) 铅从 50 μmol · dm^{-3} $Pb(NO_3)_2$/0.1 mol · dm^{-3} HNO_3 的溶液中在−0.8 V *vs.* Ag 沉积 10 min 后。(b) 从 0 V 到+0.4 V 以 20 mV · s^{-1} 进行线性扫描后。经授权，转载自参考文献[5]。

第三，只有在电极各部分均匀反应或具备完全不可逆电极动力学的情况下，才可以认为在定量步骤电极表面上沉积的金属是均匀溶出的。模拟表明，对于电极各部分并非均匀反应的情况，如通道电极和壁射流电极(见第 8 章)，以及电化学可逆或接近可逆的 M^{n+}/M 氧化还原电对，金属的溶出以空间上非均匀的方式发生。这是由于液流会使电极的上游边缘(在通道电极中)或圆盘电极的中心(在壁射流电极中)位置上沉积的材料先溶出，或者相比于下游边缘(通道电极)或圆盘边缘(壁射流电极)不那么正的电势。此外，在与常用分析实验中使用的流速及扫描速率相似的壁射流电极[10]中，还会发现在电极中心氧化的材料可以重新沉积在扩散层较厚的靠近电极边缘的位置上，随后又在电势扫描中于更正的电势下被再度氧化。

9.5 超声电分析

上节中讨论的溶出伏安法在谨慎操作的情况下，与其他方法相比具有较好的准确性和重现性，且仪器廉价、构造简单又易于操作。然而，尽管对“典型体系”已进行了许多吸引人的研究，溶出伏安法在实际分析应用中仍未充分发挥其潜力，限制因素有二。第一，与典型样本相比，实际检测中不可避免地会存在大量不同的分子，其中有些会具有表面活性。例如，许多生物样品都含有蛋白质，环境样品则通常带有表面活性剂。这些分子会导致严重干扰和电极钝化问题。虽然它们可以通过适当的样品预处理而除去，但也会导致方法缓慢而烦琐。第二，如前所述，溶出伏安法很大程度上依赖于汞电极而实现最佳检测限，但无论从环境压力还是法律法规的角度，都强烈反对使用汞材料。表 9.1 展现了这些压力真实存在的现实，图 9.16 则说明了汞的使用对美国社会造成的影响。

表 9.1 与汞有关的美国国内立法、法规和协议。

年份	事件
1971	汞被指定为有害污染物
1972	杀虫剂、杀菌剂、灭鼠剂法案禁止了许多含汞农药。《水污染控制法》授权环境保护署(EPA)监管下水道中的汞排放
1973	汞被指定为有毒污染物 颁布了汞矿石加工和氯碱工厂标准 禁止向海洋倾倒汞和汞化合物
1978	《资源保护和回收法案》(RCRA)制定了处理汞废物的法规
1992	EPA 禁止对由氯碱设施产生的高汞含量废物进行填埋处置
1993	EPA 应制造商的要求取消了最后 2 种含汞杀菌剂的注册
1994	因为 EPA 表示了对毒素有关的环境问题的担忧，国会中止了对国防储备汞的销售
1995	EPA 颁布了关于城市垃圾燃烧器的新法规。法规旨在将这些设施的汞排放量在 1990 年的排放水平上减少 90%
1996	《含汞和可充电电池管理法》：禁止出售没有可回收或填埋标签的电池，并逐步淘汰大多数含汞电池
1997	EPA 颁布了医疗废物焚烧炉的新标准，一旦在 2002 年全面实施，这些设施的汞排放量将会在 1990 年的水平上减少 94% 制定了《美国/加拿大五大湖区双边有毒物质战略》。该协议设定了到 2006 年大幅减少人类使用和排放到五大湖流域中的汞的目标 氯研究所和美国汞电池氯碱生产商自愿承诺到 2005 年将汞使用量减少 50%的目标，并向 EPA 提供年度进展报告
1998	《1998 年远距离跨界空气污染公约的重金属议定书》：涉及美国、加拿大和所有欧洲国家
1999	EPA 颁布了有害废物燃烧器新标准，旨在将这些设施的汞排放量在 1990 年的排放水平上减少 50%
2000	EPA 降低了《有毒物质排放清单》中汞排放的阈值水平。根据北美环境合作协议，第二阶段的汞的北美区域计划包括美国、加拿大和墨西哥
2002	氯研究所报告了氯碱已提前三年实现了减少 50%排放的目标，并承诺继续减少汞的排放

续表

年份	事件
2003	EPA 根据《清洁空气法案》颁布了限制汞电池氯碱工厂排放的最终规则。新规则要求在现有规定的基础上进一步降低排放限制
2004	EPA 正在为包括汞在内的小部分空气毒素源制定排放标准。氯研究所报告称，迄今为止，八年间汞使用总量减少了 76%
2005	EPA 计划发布最终规则来规范发电厂的汞排放

节选自美国政府报告“汞的未来”。

图 9.16 美国一处关于汞污染的告示牌。节选自美国政府报告“汞的未来”。

为克服电极钝化效应，我们提出超声作用和溶出伏安法相结合的方法。由于声波的使用可显著提高灵敏度，此方法还能使可替代汞材料的固体电极得以开发推广。通常情况下，超声程序在预富集过程中实施，然后在施加电势扫描进行目标物定量分析之前停止。该方法的实用性可以通过使用超声-阳极溶出伏安法检测未经处理的工业废水中的铜来举例说明，该废水仅用含有 1 mol · dm^{-3} KCl 的酸稀释，以消除样品中氯化物含量不定的问题，否则氯的存在会与作为中间体出现的 Cu(I)形成复合物而影响溶出信号。

图 9.17 展示了在常规无超声条件下，玻碳电极上的阳极溶出伏安法信号只是一个微小又无法重现的溶出峰，而在铜沉积过程中施加超声就可以将此响应转换为一个很大且可重现的峰，非常适合定量分析[11]。表 9.2 展示了两个废水样品的分析结果，两个样品中都含有各种高浓

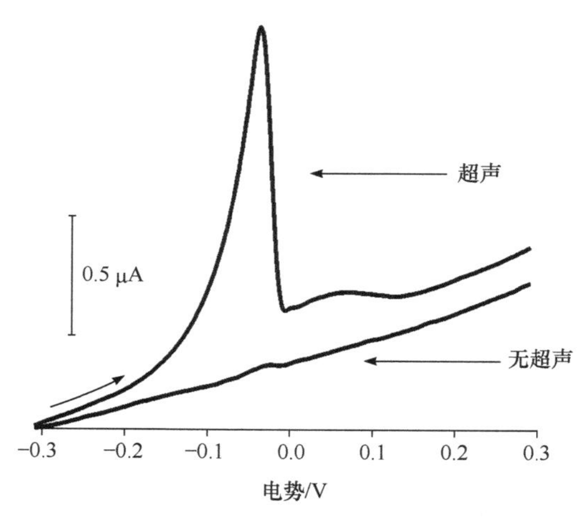

图 9.17 在稀释后的工业废水中使用裸玻碳电极，分别在有、无超声的条件下沉积铜 30 s 后的溶出线性扫描伏安图。版权(2001 年)来自《工业废水中铜的超声电化学检测：一份重要的评估报告》。经 Taylor & Francis Group, LLC. 授权，转载自参考文献[11]。

度的有机物质，包括杀虫剂、除草剂、甲醇、二甲苯和丙酮。可以看出，该结果与独立的盲分析结果具有高度的一致性，从而证实了超声-阳极溶出伏安法可成功应用于定量检测。

表 9.2 工业废水中铜的超声电分析与原子吸收光谱分析的比较。

	样品-铜/ppm	
	1	2
超声 ASV	2.3	8.6
现场使用的现有方法	3.0	9.0
独立分析 (AAS)	2.5	8.1

类似的实验报道中将超声-阳极溶出伏安法用于检测啤酒中的铜[12]。在实验中使用了玻碳(所以不含汞)电极对未经预处理的样品(除了用酸稀释)进行检测。图 9.18 展示了超声-方波阳极溶出伏安法的实验结果；同样，在预富集步骤中使用超声可将一个几乎可以忽略的、无法用于分析的信号转化为可进行定量电分析的依据。该方法通过独立的盲分析成功验证。

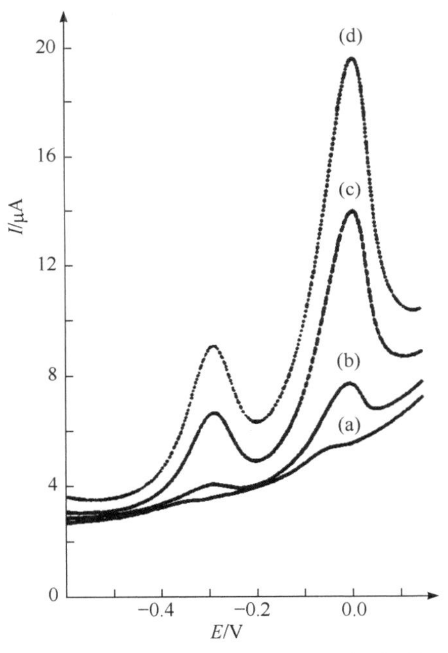

图 9.18 啤酒水溶液的方波 ASV 测量，沉积时间为 240 s，变幅器到电极的距离为 5 mm。(a)“空白”样本，无超声沉积；(b) 标准加入 48 $\mu g \cdot L^{-1}$ 的铜，无超声沉积；(c) 标准加入 143 $\mu g \cdot L^{-1}$ 的铜，在 200 $W \cdot cm^{-2}$ 超声下沉积；(d) 标准加入 191 $\mu g \cdot L^{-1}$ 的铜，在 200 $W \cdot cm^{-2}$ 超声下沉积。经英国皇家化学学会授权，转载自参考文献[8]。

从上文可以明显看出，在预富集步骤中使用超声对 ASV 极为有利。这是为什么？我们在前一章中看到，电极上施加超声会导致声流产生的强对流，同时，当声波功率高于空化阈值时，电极表面会形成气泡。前者导致在预富集步骤中沉积了更多的材料，从而非常有效地提高了溶出方法的灵敏度。而后者提供了一种原位清洁电极表面的机制，去除了可能引发钝化的物质，使得 ASV 过程中的金属沉积物不受抑制地生长。这种表面清洁的机制可能包括如图 9.19 所示的微喷流和/或如图 9.20 所示通过振荡气泡在电极表面产生剧烈的剪切流。

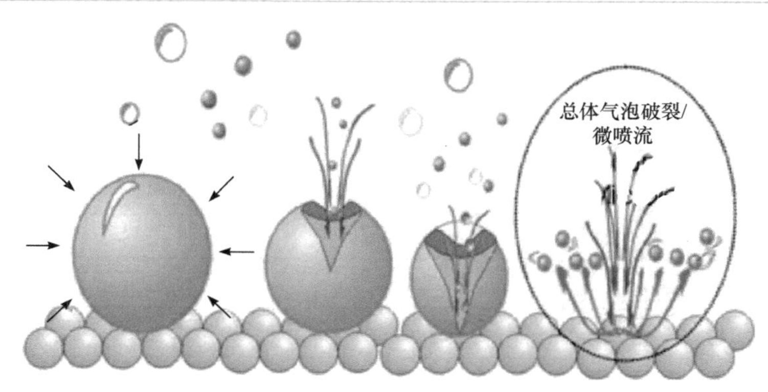

图 9.19 电极表面气泡破裂的示意图，经典观点认为这是通过微喷流原位激活电极表面。经诺丁汉特伦特大学授权，转载自参考文献[13]。

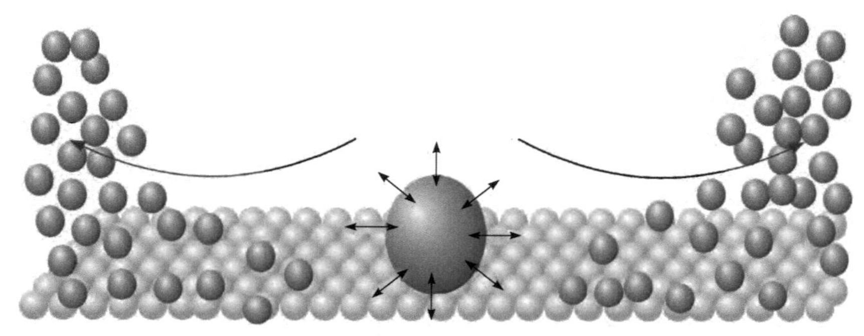

图 9.20 通过振荡(20 kHz)气泡产生朝向电极表面的剧烈剪切流进行电极清洗。经英国皇家化学学会授权，转载自参考文献[14]。

超声波对工作电极进行原位激活(清洗)的功能可以通过一个实验来说明[15,16]，在该实验中，一只鸡蛋(!)在与等体积的水相电解质混合后进行超声波均质化。在超声存在的情况下，只要在整个扫描过程中持续使用声波，就可以成功地进行线性扫描伏安测量。图 9.21 展示了

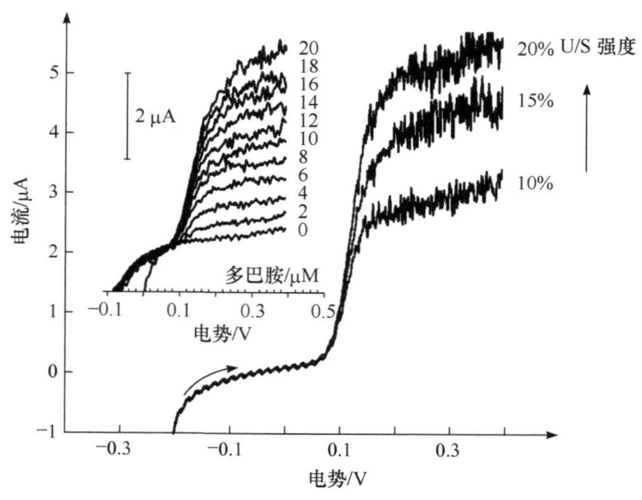

图 9.21 碳电极上多巴胺(2 μmol · dm^{-3} 等分试样)氧化反应对应的超声线性扫描伏安图。扫描速率为 50 mV · s^{-1}。经 Elsevier 授权，转载自参考文献[16]。

在鸡蛋/电解质介质中用玻碳电极对多巴胺的伏安曲线；线性扫描伏安法的检测限可以低至 20 μmol · dm^{-3}。

当然，在“超声打散的鸡蛋”中进行无超声伏安测量毫无意义。上述检测方法已成功用于定量分析鸡蛋中的亚硝酸盐：将 1, 3, 5-三羟基苯加入经超声处理后的混合液中，并在酸存在下与亚硝酸盐反应形成亚硝基化合物，该化合物具有电活性，因而可以定量检测鸡蛋中的亚硝酸盐(图 9.22)。

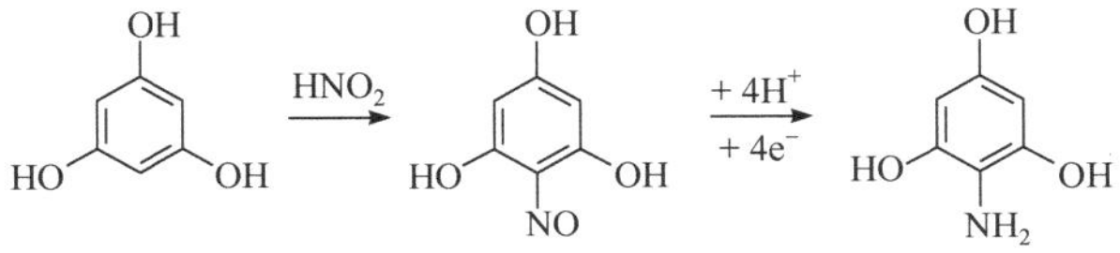

OH　HNO$_2$　OH　+4H$^+$ +4e$^-$　OH
HO　OH　HO　OH　HO　OH
NO　NH$_2$

图 9.22　用于亚硝酸盐检测的电化学反应途径。

最后，使用掺杂硼的金刚石电极对锰(Ⅱ)进行 CSV 检测可以很好地说明新型固体电极在超声溶出伏安法中的应用。掺杂硼的金刚石电极在水溶液中具有很宽的电势窗口，因此可以实现锰以 MnO_2 形式的预富集。用这种方法，锰(Ⅱ)的超声-CSV 检测可达到 10^{-11} mol · dm^{-3} 的极低检测限。溶出步骤为

$$MnO_2 + 2e^- + 4H^+ \longrightarrow Mn^{2+} + 2H_2O$$

该方法已用于环境分析[17]。

参考文献

[1] J. Wang, *Analytical Electrochemistry*, Wiley-VCH, 2nd ed., 2000.
[2] K. H. Brainina, E. Neyman, *Electrochemical Stripping Methods*, Wiley, 1993.
[3] A. Molina, J. Gonzalez, *Pulse Voltammetry in Physical Electrochemistry and Electroanalysis*, Springer, 2016.
[4] G. C. Barker, I. L. Jenkins, *Analyst* **77** (1952) 685.
[5] J. L. Hardcastle, DPhil. Thesis, University of Oxford, 2002.
[6] M. Lu, R. G. Compton, *Analyst* **139** (2014) 2397.
[7] M. Lu, R. G. Compton, *Analyst* **139** (2014) 4599.
[8] Z. J. Ayres, S. J. Cobb, M. E. Newton, J. V. Macpherson, *Electrochem. Commun.* **72**(2016) 59.
[9] M. E. Hyde, C. E. Banks, R. G. Compton, *Electroanalysis* **16** (2004) 345.
[10] J. C. Ball, R. G. Compton, C. M. A. Brett, *J. Phys. Chem. B* **102** (1998) 162.
[11] J. Davis, M. F. Cardosi, I. Brown, M. J. Hetheridge, R. G. Compton, *Anal. Letters* **34** (2001) 2375.
[12] C. Agra-Gutierrez, J. L. Hardcastle, J. C. Ball, R. G. Compton, *Analyst* **124** (1999) 1053.
[13] Reproduced with permission from J. Davis, Nottingham Trent University.
[14] C. E. Banks, R. G. Compton, *Analyst* **129** (2004) 678.
[15] J. Davis, R. G. Compton, *Anal. Chim. Acta* **404** (2000) 241.
[16] E. L. Beckett, N. S. Lawrence, Y. C. Tsai, J. Davis, R. G. Compton, *J. Pharm. Biomed. Anal.* **26** (2001) 995.
[17] A. Goodwin, A. L. Lawrence, C. E. Banks, F. Wantz, D. Omanovic, Š. Komorsky-Lovrić, R. G. Compton, *Analytical Chimica Acta* **533** (2005) 141.

10　弱支持介质中的伏安法：电迁移和其他效应

至此本书已经讨论过由扩散(第 3 章)和/或对流(第 8 章)引起的溶液中的传质过程。本章将探讨由非均匀电势(ϕ)引起的离子运动。也就是当存在电场或电势梯度时，即当

$$电场 = -\nabla\phi \tag{10.1}$$

或者在一维(x)情形下

$$电场 = -\frac{\partial\phi}{\partial x} \tag{10.2}$$

这样的外加电场将根据离子的电荷促使离子沿电场方向或其逆方向运动。

10.1　充分支持伏安法中的电势和电场

在 2.5 节中，可以看出伏安法通常在高浓度的支持电解质中进行测量，该浓度大大超过所研究电活性物质的浓度。例如，在典型的非水体系(如乙腈)伏安法中，待测物质可能以大约毫摩尔每升的水平存在，而支持电解质(如四丁基四氟硼酸铵)将以至少大约 0.1 $mol \cdot dm^{-3}$ 的浓度存在，与待测组分相比接近或超过大约两个数量级。在这些条件下，支持电解质中的自由离子按照其电荷符号被工作电极吸引或排斥，因此在很短距离(不超过 10～20 Å)范围内，电势从(金属)电极的特性值 ϕ_M 下降到本体溶液的特性值 ϕ_S。在这个狭窄的界面区域内存在一个非常强的电场，但在这个界面区域之外，电势大致为常数 ϕ_S，电场强度为零。图 10.1 说明了这种情况。值得注意的是，界面处的电场强度可以高达 10^8～10^9 $V \cdot m^{-1}$ 数量级。

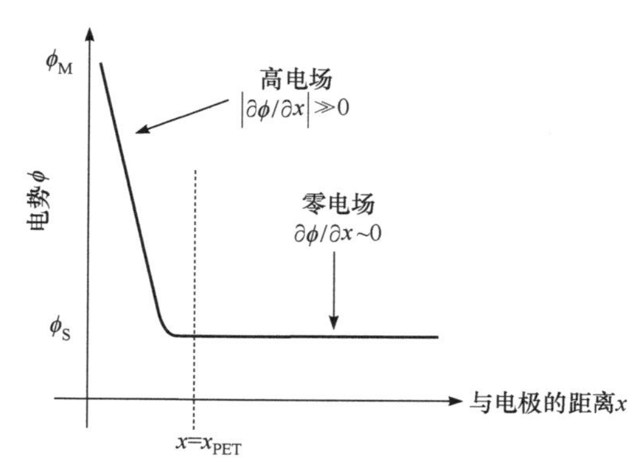

图 10.1　“充分支持”伏安法的电势分布，其中电子转移的位置 x_{PET} 为 10～20 Å。

在如图 10.1 所示的条件下，在电极($x = 0$)上被电解的分子可以不经受任何电场扩散到 $x = x_{PET}$ 的位置。相应地，从本体溶液(x～∞)到 x_{PET} 处的唯一传输方式是扩散。如果假设 x_{PET} 对应于电子转移平面(PET)，也就是对应一个足够接近电极、使分子与电极之间的电子转移可以通过量子隧穿发生的位置，则在 x_{PET} 处施加的全部电势差($\phi_M - \phi_S$)就可以用来“驱动”电子转移。

注意，因为隧穿效应只在较短距离范围内有效，即 x_{PET} 为 10～20 Å(见第 2 章)，如果使用低浓度的支持电解质，那么溶液中只有很少离子会被电极表面吸引或排斥。如图 10.2 所示。结果是与“充分”支持的情况相比，其电极-溶液界面处的电势从 ϕ_M 变为 ϕ_S 需要更远的距离，这会带来双重的影响：其一，在有效的电子隧穿距离($x \leqslant x_{PET}$)下，可能的最大电势差 $\phi_M - \phi_S$ 中只有一部分可用来驱动电极反应；其二，当电活性物质从本体溶液扩散到电子转移的位置时，它会受到一定的电场作用，并且如果该物质携带电荷，它自身会因所处的电场而被电极吸引或排斥。对于缺乏相关经验的人来说，这似乎是个奇怪的现象：只有不够充分“支持”的电解质条件下，在电极上经受电解的物种才会受到电极上电荷的影响；而通常在充分支持的电解质条件下，待电解的分子将扩散到 x_{PET}，再进行电子转移，其间不受电极的吸引或排斥。正是由于这个原因，如果热力学合适，带正电荷的物质才可能在带有绝对正电荷(正电势)的电极上发生氧化或还原。例如，这个水溶液中的还原反应

$$Fe^{3+}(aq) + e^- \rightleftharpoons Fe^{2+}(aq)$$

发生在正电势下。此反应的标准电极电势为 $E^0(Fe^{3+}/Fe^{2+}) = +0.77$ V。Fe^{3+}还原的伏安图如图 10.3 所示。注意图中的电势是相对于饱和甘汞电极(SCE)的。后者相对氢标准电极的电势为 +0.242 V[a]。

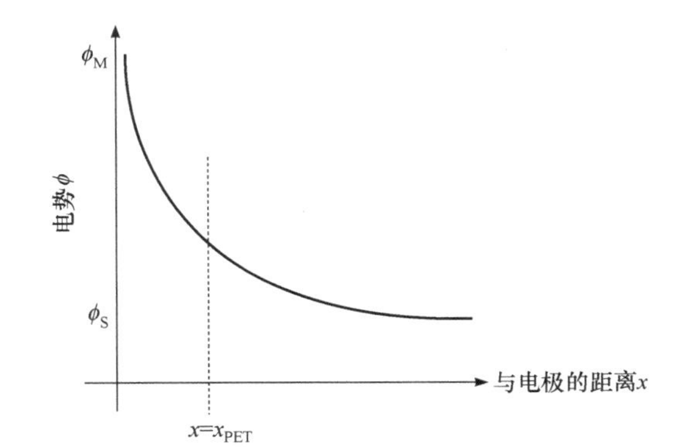

图 10.2 不够充分“支持”的伏安法中对应的电势分布。

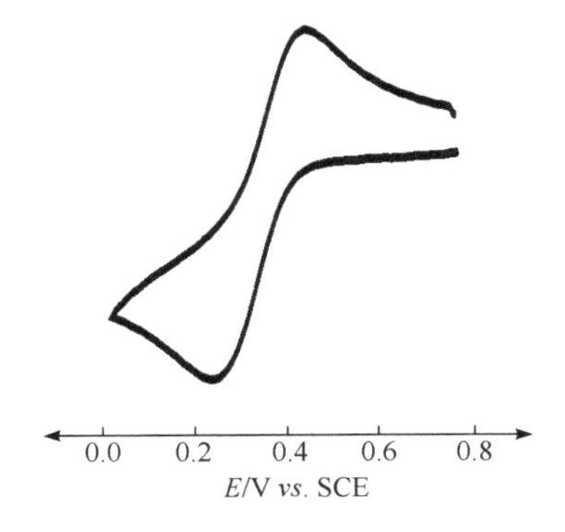

图 10.3 在 1.0 mol · dm^{-3} H_2SO_4 中，10^{-3} mol · dm^{-3} Fe(Ⅲ)在铂电极上还原的循环伏安图。

在接下来的章节中，首先将讨论电极周围离子的分布，然后讨论电场驱动下溶液中(电荷)离子的传输。

10.2 带电电极周围的离子分布

我们已经注意到，如果对浸没在含离子的溶液中的电极施加电势，即使假设没有发生电解，溶液中的离子也将根据电势被电极吸引或排斥。图 10.4 表明，在电极上施加一个负电势会致使阳离子被界面吸引而阴离子被排斥，因此在靠近电极的局部区域内存在阳离子多于阴离子的过量现象。

---

a 当然，标准电极电势是相对于标准氢电极的电势值。虽然不能测量绝对电势(见第 1 章)，但可以通过热力学循环来估算。Trasatti[1]代表 IUPAC，建议标准氢电极在 298 K 时的绝对电势值为(4.44±0.02) V。

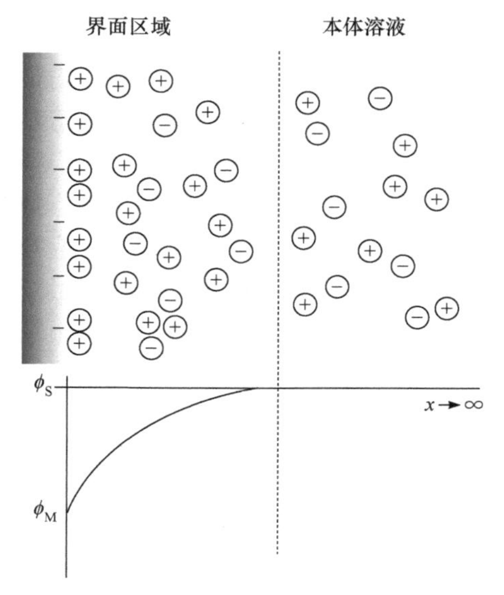

图 10.4 带负电荷的电极上的离子分布。

电势的定义为：假设将单位正电荷从无穷远处转移到所讨论的位置时所做的功。如图 10.4 所示，在本体溶液中的 ϕ_S 与电极处的 ϕ_M 之间，电势变化较为平缓，其中 $\phi_M < \phi_S$ 对应于电极上是负电荷。图 10.5 展示了对电极施加正电势时对应的情况，会导致阴离子被吸引而阳离子被排斥。在这种情况下，靠近电极的局部区域内的溶液就携带了过量的负电荷。

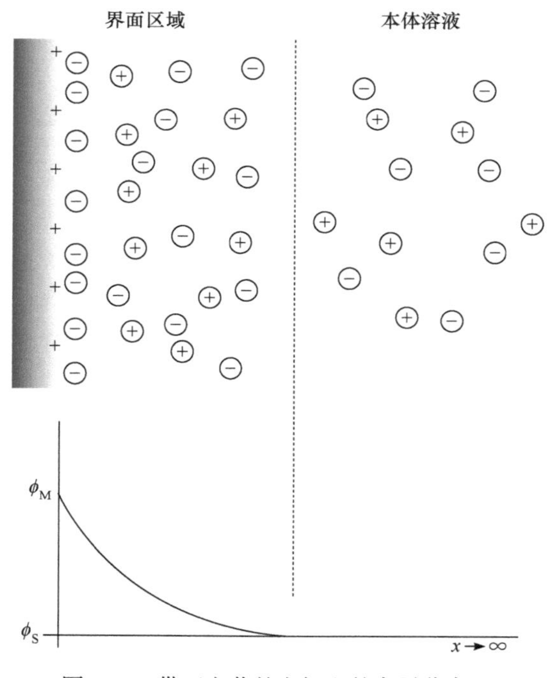

图 10.5 带正电荷的电极上的离子分布。

一般情况下，溶液中的电荷密度(单位体积电荷) $\rho(x)$可由下式定义

$$\rho(x) = \sum_i Z_i F c_i(x) \tag{10.3}$$

式中，这个求和符号包括了溶液中的所有离子，而 Z_iF(库仑每摩尔)是指浓度为 c_i(单位体积物质的量)的 1 mol 离子 i 所携带的电荷量。图 10.6 展示了图 10.4 和图 10.5 中各个情况下$\rho(x)$如何随着其与平面电极间的距离 x 变化。注意电极附近的溶液中所有的过量电荷都将与电极表面上完全等量的相反电荷相抵。

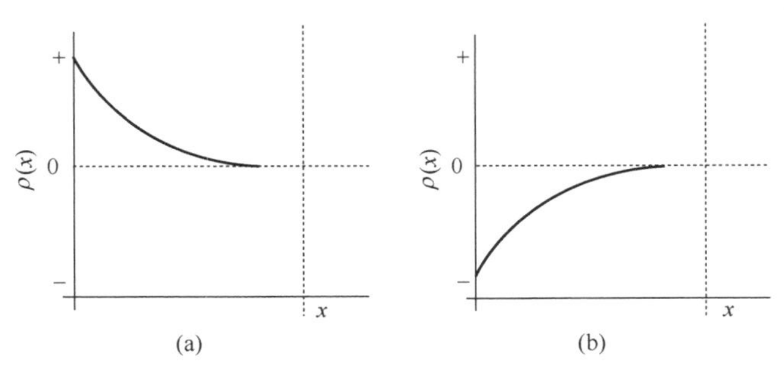

图 10.6　溶液中的电荷密度，对应于图 10.4 (a)和图 10.5 (b)所示的电势和离子分布。注意电极($x < 0$)将携带与溶液中总过量电荷数量相等但符号相反的电荷。该电荷将位于或非常接近电极表面。

图 10.4 和图 10.5 中所示的离子分布当然不是静态的；相反，离子在溶液中四处流动，由于一般情况下(见下文)，至少在离电极足够远的地方，与离子热运动的能量相比，外加电势所引入的能量相对较小。因此，图 10.4 和图 10.5 中的离子分布图应视为一种时域平均状态。假设这些离子的时域平均分布服从 Boltzmann 分布定律，可以得出

$$c_i(x) = c_i(x \to \infty)\exp[-Z_iF(\phi_x - \phi_S)/RT] \tag{10.4}$$

式中，$c_i(x\to\infty)$和ϕ_S分别是离子 i 的浓度和本体溶液的电势。故有

$$\rho(x) = \sum_i Z_iFc_i(x \to \infty)\exp[-Z_iF(\phi_x - \phi_S)/RT] \tag{10.5}$$

物理学中常通过 Poisson 方程将电荷密度$\rho(x)$与电势ϕ_x联系起来：

$$\frac{\partial^2\phi_x}{\partial x^2} = -\frac{\rho}{\varepsilon_0\varepsilon_r} \tag{10.6}$$

式中，ε_0是真空介电常数($8.854 \times 10^{-12}\ C^2 \cdot J^{-1} \cdot m^{-1}$)，$\varepsilon_r$是介电常数(相对介电常数；见 2.13 节)。将式(10.5)代入式(10.6)得

$$\frac{\partial^2\phi_x}{\partial x^2} = -\frac{1}{\varepsilon_0\varepsilon_r}\sum_i Z_iFc_i(x \to \infty)\exp[-Z_iF(\phi_x - \phi_S)/RT] \tag{10.7}$$

此时可以通过假设电解质为 1 : 1 型的 $M^{z+}X^{z-}$来简化这个问题。式(10.7)还可以变成无量纲形式

$$\frac{\partial^2\Theta}{\partial\chi^2} = \sinh(\Theta) \tag{10.8}$$

其中

$$\Theta = \frac{ZF}{RT}(\phi_x - \phi_S) \tag{10.9}$$

$$\chi = \frac{x}{\kappa^{-1}}$$

$$\sinh\Theta = \frac{1}{2}[\exp(\Theta) - \exp(-\Theta)] \tag{10.10}$$

且参数

$$\kappa^{-1} = \frac{1}{ZF}\left[\frac{\varepsilon_0\varepsilon_r RT}{2c(x\to\infty)}\right]^{1/2} \tag{10.11}$$

称为 Debye 长度，并且

$$c(x\to\infty) = c_M(x\to\infty) = c_x(x\to\infty) \tag{10.12}$$

对于 25 ℃的水

$$\kappa \approx 10^{-8}[c(x\to\infty)]^{1/2} \tag{10.13}$$

如果测量 c 的单位为 $mol \cdot m^{-3}$(或 $mmol \cdot dm^{-3}$ 或 10^{-3} $mol \cdot dm^{-3}$)，当 c 从 1 $mmol \cdot dm^{-3}$ 变到 1 $mol \cdot dm^{-3}$ 时，κ^{-1} 从大约 100 Å 变为 3 Å。

式(10.8)的解为

$$\tanh(\Theta) = \tanh(\Theta_0)\exp(-\chi) \tag{10.14}$$

其中

$$\tanh\Theta = \frac{\sinh\Theta}{\cosh\Theta} = \frac{\exp(\Theta) - \exp(-\Theta)}{\exp(\Theta) + \exp(-\Theta)}$$

且

$$\Theta_0 = \frac{ZF}{RT}(\phi_M - \phi_S) \tag{10.15}$$

接下来将式(10.14)重新修改为量纲形式并假设 $F(\phi_M - \phi_S)$与 RT 相比不是太大，可以得到如下近似关系：

$$\phi = (\phi_M - \phi_S)\exp\ker - 1pt(-\kappa x) \tag{10.16}$$

该式表明当κ在一个κ^{-1} 量级的距离上从零开始不断增大时，电势从 ϕ_M 下降到 ϕ_S，如图 10.7 所示，图中展示了三个不同浓度下的水溶液中ϕ如何随 x 变化。

显然，这种下降近似指数形式。图 10.8 展示了本体浓度为 10^{-2} $mol \cdot dm^{-3}$ 时的阳离子和阴离子分布。

上述理论建立在 Gouy[2,3]和 Chapman[4]各自独立的工作基础之上。这解释了在伏安实验中为什么以及何时需要向待测溶液中加入支持电解质，也更有利于对实验结果的解读。第一，对于较大的电解质浓度(>0.1 $mol \cdot dm^{-3}$)，电极和本体溶液之间的电势降 $\phi_M - \phi_S$ 将发生在仅仅几埃(Å)的距离内，因而所有热力学驱动力就可以用来驱动与电极相隔此距离的物种的电极反应，因为与电极之间的电子隧穿只在几埃的距离内生效。相反，如果是稀电解质溶液，$\phi_M - \phi_S$ 的电势降发生在较远的距离，因此当物质被传输到接近电极的有效隧穿距离的位置上进行电子转移时，只有一小部分 $\phi_M - \phi_S$ 被用来“驱动”反应了。

第二，在充分支持的电解质条件下，待电解物种完全只通过扩散转移到适合发生电子隧穿的位点。这是因为隧穿距离外的电场强度基本为零，所以即使该物种是带电荷的，也不会发生电迁移。

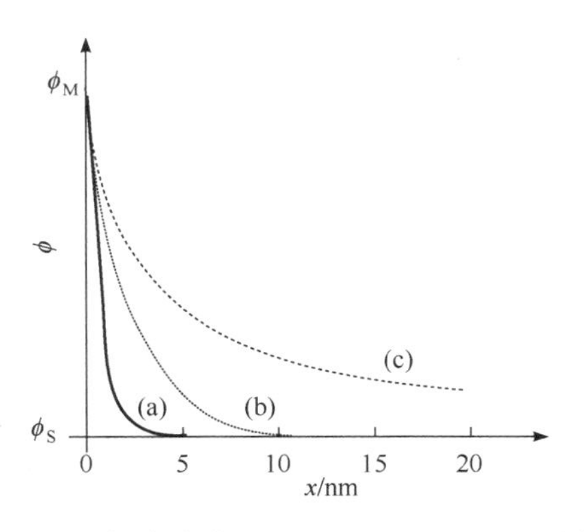

图 10.7 在水溶液中且 $\phi_M-\phi_S=100$ mV 的情况下，三种不同浓度下电势随与电极之间距离的变化。(a) = 0.1 mol · dm^{-3}，(b) = 0.01 mol · dm^{-3}，(c) = 0.001 mol · dm^{-3}。

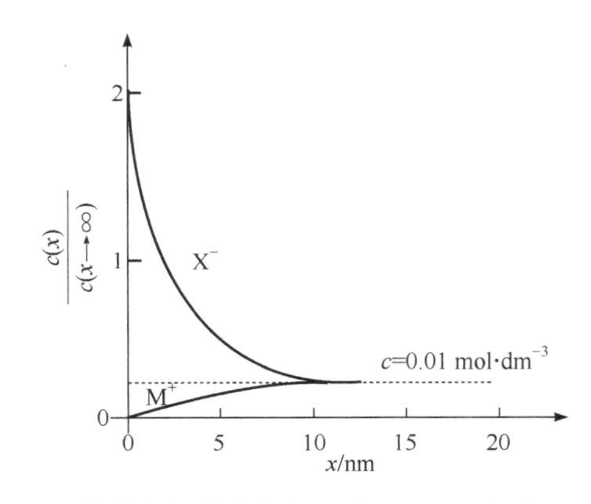

图 10.8 本体电解质浓度为 10^{-2} mol · dm^{-3} 且 $\phi_M-\phi_S=100$ mV 的情况下，阳离子 M^+和阴离子 X^-的浓度分布图，假设水作为溶剂。

本章余下部分将更加详细地考虑这些效应。但是在此之前，我们先更加详细地考察一下电极和溶液之间的界面层结构。

10.3 电极-溶液界面：Gouy-Chapman 理论之上的发展

图 10.4 和图 10.5 所示的界面区域其实并不充分。Gouy-Chapman 理论假设电极只是简单地吸引或排斥溶液中的离子，因此在电极表面会有阴离子或阳离子的堆积，且当电极在任何电势(除了常说的“零电荷电势”处)下带电时，终会导致电荷符号相反的离子耗尽。事实上，这个理论需要改进，首先须认识到被吸引的离子具有一定的尺寸，该尺寸反映了它们的溶剂化程度。其次，在许多情况下，它们可以与电极“特异性地”相互作用，这意味着离子通常在部分或完全去溶剂化后与电极形成化学键合。需要注意的是阴离子更易去水合化，因为它们与水分子的相互作用比阳离子更弱。其三，电极界面的电场足以使具有偶极矩的溶剂分子定向排列，使它们在界面上朝某些优先的方位排列，而不是相对自由地旋转。图 10.9 展示了几种不同的可能情况。在(a)中，阴离子在溶剂化壳层和(仅有的)静电引力作用允许的情况下尽可能地紧贴电极。最接近电极的平面称为“外 Helmholtz 平面”(OHP)。在 OHP 之外的是 Gouy-Chapman 理论中描述的“扩散层”。(b)中为特异性吸附的情况，即部分阴离子去溶剂化后直接化学键合在电极表面。这些去溶剂化阴离子所处的最近平面就是“内 Helmholtz 平面”(IHP)，离电极较远的是 OHP 和扩散层。(c)为强特异性吸附的情况，同时注意 OHP 和 IHP 的位置。在后者中可能存在需要更多的阴离子吸附在电极上以“平衡”电荷的情况，因此 OHP 和扩散层的离子会带上与电极上相同的电荷(“电荷反转”)！通常认为这种效应发生在汞电极以及 KCl 或 KBr 电解质中。事实上，一般认为溴离子能与汞发生强烈的相互作用，即使是在电极携带负电荷的情况下，溴离子也能够特异性地吸附在电极表面！

需要指出的是，图 10.9 忽略了界面区域和本体溶液中的溶剂分子。对于水而言，如图 10.10(a)所示，这些分子可以根据电极电势朝向不同的方位排列。图 10.10(b)展示了界面区域更一般化且更完整的示意图，并标明了金属-水相电解质界面上的各类物种，包括在“一级”

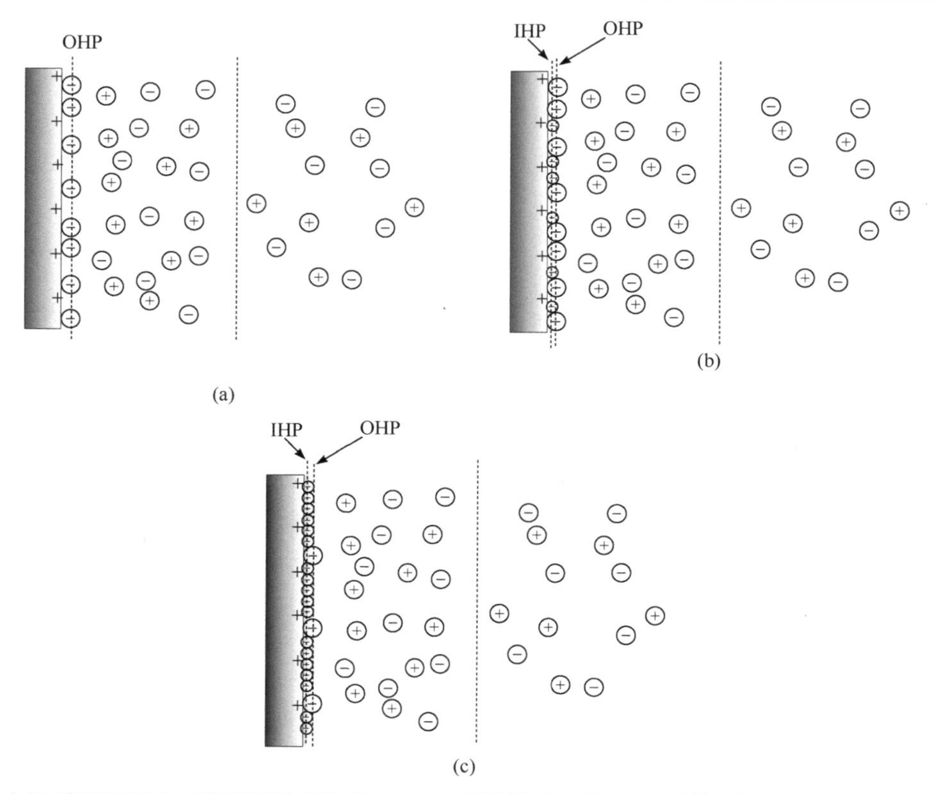

图 10.9 电极-溶液界面上三种不同的行为类型：(a) 非特异性吸附；(b) 弱特异性吸附；(c) 强特异性吸附。注意没有展示出溶剂分子。

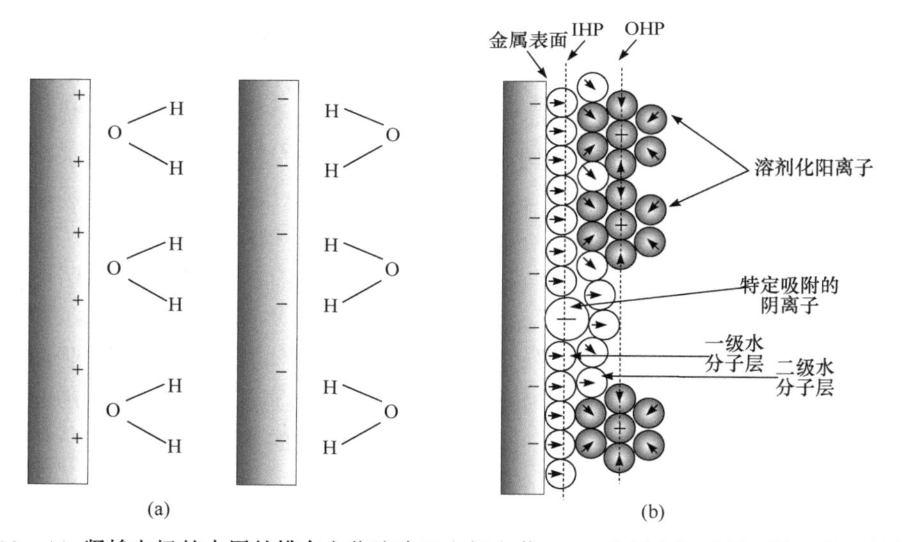

图 10.10 (a) 紧挨电极的水层的排布方位取决于电极电荷；(b) 金属电解质界面的一种可能结构。

和“二级”溶剂层中处在不同方位上的水分子。

最后，注意除了汞这类熔融金属的液体电极以外，金属表面不太可能达到原子级的平整，而是呈现出表面粗糙的特征。并且，多晶金属上可能会出现由于不同的晶面暴露在电极表面的不同位置而发生的分子排列及分布的不均一性。

10.4 双电层对电极动力学的影响：Frumkin 效应

在 10.2 节中我们已经看到：如果溶液没有被“充分支持”，那么就会通过伏安图观察到其对电极动力学的影响。考虑一个不可逆还原反应，$A + e^- \longrightarrow B$，沿用 2.3 节的表示法，在充分支持电解质条件下，有

$$j \propto [A]_0 \exp\left[-\frac{\alpha F}{RT}(\phi_M - \phi_S)\right] \tag{10.17}$$

当溶液处在不够充分支持的电解质条件下时，预计会有两种效应来改变电极动力学。第一，正如 10.2 节中讨论的那样，在与电子转移所需尺度相当的距离处，物质 A 所处的电势对应的驱动力比在相应的充分支持电解质条件下所处的 $\phi_M - \phi_S$ 最大电势差下对应的驱动力小得多。第二，在弱支持电解质条件下，若 A 带电荷(A 不是电中性分子)会导致其浓度$[A]_0$与充分支持电解质条件下的浓度不同，因为支持电解质的浓度不足以对不断靠近的 A 分子完全“屏蔽”掉电极电荷，A 将被电极吸引或排斥。这些影响共同构成了对电极过程的“Frumkin 效应”。如果了解了这种在所研究电极上的吸附行为，就可以尝试根据上述两种物理效应来量化这些行为。Albery 给出了相关表征的见解和说明[5]。

这两种效应可以参考下面的还原反应来说明

$$S_2O_8^{2-}(aq) + 2e^- \longrightarrow 2SO_4^{2-}(aq)$$

Frumkin 等对此进行了大量的研究[6,7]。图 10.11(a)展示了不同浓度 K_2SO_4 下，汞合金旋转圆盘电极上过二硫酸盐(10^{-3} mol · dm^{-3})的还原反应。

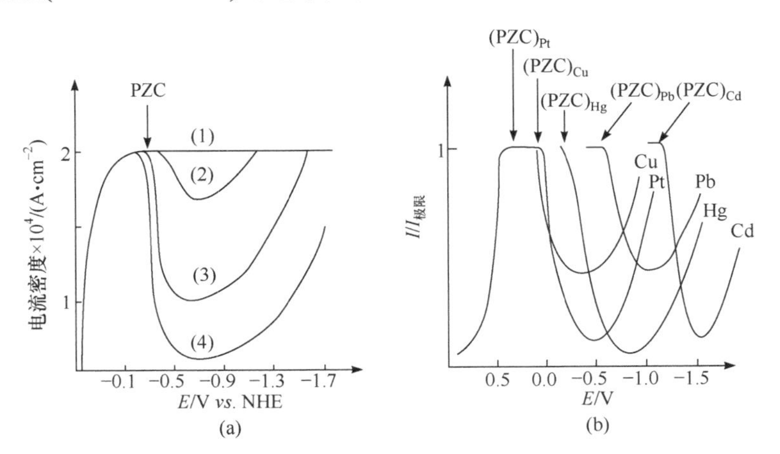

图 10.11 $S_2O_8^{2-}$还原反应的旋转圆盘实验。(a)在汞合金电极上，K_2SO_4 浓度如下：(1) 1 mol · dm^{-3}，(2) 0.1 mol · dm^{-3}，(3) 0.08 mol · dm^{-3}，(4) 0 mol · dm^{-3}；(b) 在所示不同金属上，并存在 10^{-3} mol · dm^{-3} K_2SO_4。

由图可知，在充分支持的条件下(存在 1.0 mol · dm^{-3} K_2SO_4)，且电势负到足够引发还原反应时，出现了稳定的恒定极限电流。但随着浓度逐渐降低，S 形还原波变得越来越扭曲。值得注意的是，变形发生在比零电荷电势(PZC)更负的电势处。图 10.11(b)展示了仅有 10^{-3} mol · dm^{-3} K_2SO_4 作为支持电解质的对照实验数据，这组对照实验使用了不同金属的旋转圆盘电极，从而让电极有了不同的 PZC。值得注意的是，在每种情况下偏离极限电流的初始

电势都对应比 PZC 更负的位置。因此，当电势更负时，电流的首次下降可归因于阴离子 $S_2O_8^{2-}$ 受到了电极的排斥作用。而在更负的电势下，电流的增大反映了随着电极带的负电荷越来越多，扩散层不断被压缩。

图 10.11 展示了电流-电势曲线的复杂性，这就敦促所有的实验者要确保它们在“充分支持”的电解质条件下工作。如果出现令人怀疑的实验结果，可以先尝试在实验中多加一些支持电解质然后观察发生了什么。另一方面，对弱支持条件伏安法的解析有时也很有必要，并且还可能对电极-溶液界面的结构提供重要的见解。我们将在解释一些必要的理论之后再在本章后面的部分回到这个主题。

10.5 A. N. Frumkin

A. N. Frumkin 无疑是 20 世纪最重要的电化学家之一。1895 年 10 月 24 日，他出生在基什尼奥夫(现在的摩尔多瓦，当时是俄罗斯帝国的一部分)，是一个保险代理人的儿子。他在敖德萨上学，并在斯特拉斯堡和伯恩继续接受教育，然后回到敖德萨的知识中心，并于 1915 年在新俄罗斯大学(现为敖德萨大学)的数学和物理学院获得了他的第一个学位。随后，他在 A. N. Sakhanov 教授的指导下工作，于 1919 年发表了他的开创性工作“电毛细现象和电极电势”，这影响并启发了一代又一代电化学家。这一工作首次引入了零电荷电势(PZC)的概念以及利用 Gibbs 方程从电毛细曲线推导出表面过量电荷。Frumkin 的毕业论文的一部分以英语(*Philosophical Magazine*，1920)或德语(*Z. Physikalische Chemie*，1923)发表，但由于 1917 年的俄国革命废除了博士学位，他没有得到这个学位。

(a)

(b)

图 10.12 A. N. Frumkin (a)年轻和(b)年老时。图片受版权保护，来自 http://www.elch.chem.msu.ru。

1920 年，Frumkin 在敖德萨的人民教育研究所工作，1922 年搬到莫斯科的卡尔波夫研究所。卡尔波夫研究所成立于 1918 年，主要致力于工业问题的科学研究。在莫斯科，他继续研究金属-电解质界面，并且开始研究空气-溶液界面，测量两个电解质之间的界面电势。在这个时候，他也发展了以他的名字命名的吸附等温线。

1930 年，Frumkin 搬到莫斯科大学，并于 1933 年在那里建立了电化学系。他担任该系的系主任直到于 1976 年 5 月 27 日逝世。

10.6 通过扩散和电迁移的传输

在第 1 章中，我们介绍了物种 i 的电化学势 $\bar{\mu}_i$

$$\bar{\mu}_i = \mu_i + Z_i F\phi \tag{10.18}$$

式中，Z_i 是物种 i 的电荷，ϕ是它所处的电势。μ_i 描述了 i 的化学势，而量 $Z_iF\phi$ 则表示它的电化学能。两者都以每摩尔能量为单位。

物质都倾向于从高电化学势向低电化学势移动；因此，电化学势梯度是引起该物种位移的驱动力：

$$\text{力} = -\frac{1}{N_A}\frac{\partial\bar{\mu}_i}{\partial x} \tag{10.19}$$

式中，N_A 是 Avogadro 常量。持续施加这种力，且在没有其他外力的作用下，会导致物种加速，从而拥有了一个不断增长的速度。实际上，对于溶液中的离子和分子来说，会存在摩擦力阻碍这种运动。这类摩擦力与正在运动的离子或分子的速度 v 成正比：

$$\text{摩擦力} = -fv \tag{10.20}$$

式中，f 是摩擦系数。这种力的存在阻碍了正在移动的物种加速，从而导致：当由电化学势梯度提供的驱动力等于摩擦力时，物种 i 会达到一个稳定的速度 v_i。在这些条件下，有

$$v_i = -\frac{1}{fN_A}\frac{\partial\bar{\mu}_i}{\partial x} \tag{10.21}$$

将式(10.21)展开

$$\bar{\mu}_i = \mu_i^0 + RT\ln\gamma_i[i] + Z_iF\phi$$

沿用 1.8 节的表示法，其中γ_i是 i 的活度系数。因此

$$v_i = -\frac{1}{fN_A}\left(RT\frac{\partial\ln\gamma_i[i]}{\partial x} + Z_iF\frac{\partial\phi}{\partial x}\right) \tag{10.22}$$

这是 Nernst-Planck 方程的一种形式，对此可以考虑其两种有用的极限情况。首先，假设电势ϕ不变，这就使得式(10.22)右边的最后一项消失。由此可得，i 的通量为 v_i 和$[i]$的乘积：

$$j_i = v_i[i] = -\frac{[i]RT}{f_iN_A}\frac{\partial\ln\gamma_i[i]}{\partial x} \tag{10.23}$$

如果活度系数恒定，如因为溶液中存在过量的“支持电解质”(2.5 节)，那么

$$j_i = -\frac{RT}{f_iN_A}\frac{\partial[i]}{\partial x} \tag{10.24}$$

这就是 Fick 第一扩散定律(3.1 节)，且有

$$D_i = \frac{RT}{f_iN_A} \tag{10.25}$$

由此可见，式(10.19)是 Fick 扩散定律的一种推论。

在第二种极限情况下，假设物种 i 的浓度(严格来说是活度)均一，与 x 无关。在这种情况下

$$v_i = \frac{Z_i F}{f_i N_A} \frac{\partial \phi}{\partial x} \tag{10.26}$$

它表示离子 i 的速度是在电场 $-\frac{\partial \phi}{\partial x}$ 诱导下进行**电迁移**的结果。物理量

$$u_i = \frac{|Z_i| F}{f_i N_A} \tag{10.27}$$

称为离子 i 的迁移率。

摩擦系数 f_i 出现在式(10.26)和式(10.27)中。因此，两式相消得

$$D_i = \frac{RTu_i}{|Z_i| F} \tag{10.28}$$

这称为 Einstein 关系式。重写 Nernst-Planck 方程，可得

$$j_i = -D_i \left(\frac{\partial [i]}{\partial x} + \frac{Z_i F[i] \partial \phi}{RT \partial x} \right) \tag{10.29}$$

此处仍假定活度系数恒定。

10.7 离子迁移率的测量

从前面几章中已知伏安法可以测定扩散系数。Einstein 关系式[式(10.28)]表明，离子迁移率和扩散系数存在定量转换关系，而后者传统上是通过电导率实验测得的。

电导率测量实验中认为本体电解质溶液遵循 Ohm 定律，因此电阻 R_r 由下述方程给出

$$R_r = \frac{\Delta \phi}{I} \tag{10.30}$$

式中，$\Delta\phi$是电势降，I 是流过的电流。对于 Ohm 导体，电阻取决于几何尺寸，因此是一个广延量。对于截面积 A 和长度 L 的均匀溶液，电阻率为

$$\rho = \frac{R_r A}{L} \tag{10.31}$$

电阻率是一个强度量，其单位是 $\Omega \cdot m$。由于该过程中最终关注的是离子的迁移率，即电解质中电流的容易程度而非难度，则有必要引入下面的量

$$K = \frac{1}{\rho} = \frac{L}{R_r A} \tag{10.32}$$

式中，K 是电解质溶液的“电导率”。

在物理化学教科书中，经常讨论 R_r 以及 K 的实验测量(例如 Wheatstone 电桥电路)[8]。对于完全隔开的电极，电导率的测量结果与浓度 c 呈现出准确度很高的线性关系。因此，有必要引入物理量摩尔电导率

$$\Lambda = K / c \tag{10.33}$$

式中，$\Lambda=K/c$，单位是 $\Omega^{-1}\cdot m^2\cdot mol^{-1}$。

准确的电导率测量表明，实际上，Λ 对浓度有微弱的依赖性：

$$\Lambda=\Lambda^0-A\sqrt{c} \tag{10.34}$$

式中，A 是一个很小的常数。物理量 Λ^0 是外推到无限稀释条件下的摩尔电导率。对于任何电解质，Λ^0 是两个互不相关的特性的总和，一个是阳离子的特性，另一个是阴离子的特性：

$$\Lambda^0=\Lambda_+ + \Lambda_- \tag{10.35}$$

Λ_+和Λ_-的值可以在表 1.1(第 1 章)中找到。这意味着离子的运动本质上是相互独立的。

式(10.35)是描述离子独立迁移的 Kohlrausch 定律的一种表达，该定律支撑了本章(和本书)中几乎所有关于传质过程的概念。Einstein 关系式意味着离子的独立扩散：

$$D_i=\frac{RT\Lambda_i N_A}{Z_i F^2} \tag{10.36}$$

但是，需要注意的是，式(10.34)中的 $\sqrt{c}$ 项包含了离子-离子效应。对于伏安法而言，既然意识到电导率也有(较弱的)浓度依赖性，那么 D_i 值的报道应当基于特定的电解质补偿条件。

最后，注意到 Kohlrausch 定律的一个隐藏含义是，阳离子和阴离子在本体电解液中的载电迁移能力是不同的。例如，在 LiCl 水溶液中，锂阳离子和氯阴离子都参与了电流的传输。它们的摩尔电导率为

$$Li^+：\ \Lambda_+=38.7\ \Omega^{-1}\cdot cm^2\cdot mol^{-1}$$

$$Cl^-：\ \Lambda_-=76.3\ \Omega^{-1}\cdot cm^2\cdot mol^{-1}$$

很明显，大部分电流由氯阴离子运载。

此时，有必要引入迁移数 t_+和 t_- 的概念，它们分别描述了阳离子和阴离子所运载电流的比例：

$$t_+=\frac{\Lambda_+}{\Lambda_+ + \Lambda_-}\qquad t_-=\frac{\Lambda_-}{\Lambda_+ + \Lambda_-}$$

对于 LiCl，显然有 $t_+=0.34$，$t_-=0.66$。相比之下，对于 KCl 溶液

$$K^+：\ \Lambda_+=73.5\ \Omega^{-1}\cdot cm^2\cdot mol^{-1}$$

明显看出 $t_+=0.49$ 而 $t_-=0.51$，所以这两个离子运载的电流量几乎相等。

溶液中离子间迁移的不均等性是液接电势的根源，这一部分在 1.6 节中曾有过定性的介绍。下节将对液接电势进行更严谨、更深刻的考察。

10.8 液接电势[9]

在离子物种有不同迁移数的两种电解质溶液的边界处，由于不同的离子以不同的速率扩散而产生电荷分离。如 1.6 节所述，电荷分离在溶液中产生反向电场，从而加快相对慢速离子的迁移，但阻碍了快速移动离子的迁移。

Lingane 将液体接界分为类型 1、类型 2 和类型 3[10]。类型 1 液体接界是指两种电解质溶液之间除了离子浓度不同外，其他都是相同的。类型 2 是含有不同离子但具有相同浓度的两

种溶液之间的接界。类型 3 覆盖所有其他接界。图 10.13 描绘了类型 1 和类型 2。

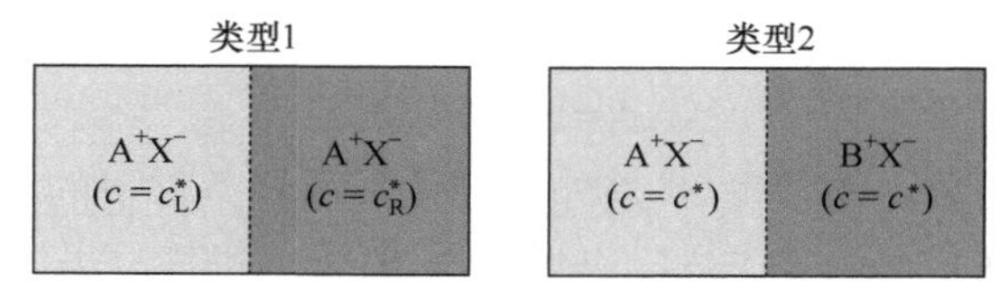

图 10.13　Lingane 的类型 1 和类型 2 液体接界。

液体接界的传统观点如图 10.14 所示，由 Nernst 和 Planck[11-13]发展起来。他们推断：电场将随着时间慢慢产生，直到(若考虑类型 1 的情况)阴、阳离子的本征扩散速率(反映在它们的扩散系数中)的任何差异都恰好与它们的电迁移性吸引或排斥相平衡时，这两种不同离子的通量才相等。一旦建立了稳定状态，就不会在接界上产生进一步的电荷分离，且接界上的电势差保持恒定。

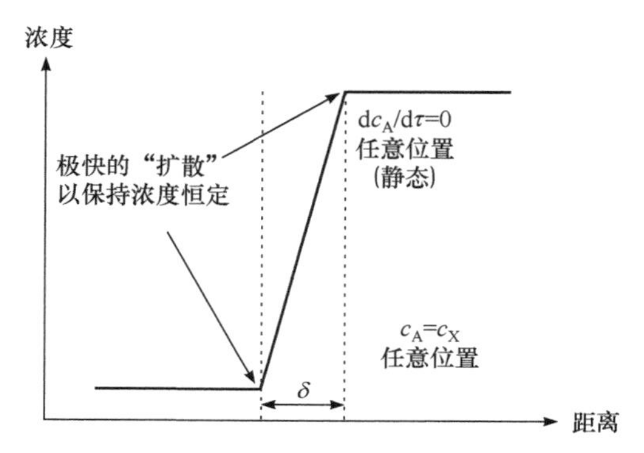

图 10.14　液体接界的传统"静态"观点示意图。经授权，转载自参考文献[9]。版权(2010)归美国化学会所有。

在经典的研究中，这种稳态被认为是限制在具有恒定浓度区域之间有限厚度的边界层中，如图 10.14 所示。在边界层内，浓度分布和电势都以线性趋势变化，溶液呈电中性，且 Nernst-Planck 方程处于稳态。在这些条件下，对于一种一价电解质 A^+X^-，液接电势为

$$\Delta E_{LJP}=(t_A-t_X)\frac{RT}{F}\ln\frac{c_L^*}{c_R^*} \tag{10.37}$$

式中，c_L^* 和 c_R^* 的定义见图 10.13。对于类型 2 的一价电解质 A^+X^-和 B^+X^-，相应电势为

$$\Delta E_{LJP}=\frac{RT}{F}\ln\left(\frac{D_A+D_X}{D_B+D_X}\right) \tag{10.38}$$

为了发展一个液接电势的**动态**理论，假定一个垂直于含二元一价电解质的两种溶液之间的 x 坐标的平面接界(图 10.13)[9]。任何离子 $i=$A、B 或 X 的通量由 Nernst-Planck 方程给出

$$通量=J_i=-D_i\left(\frac{\partial c_i}{\partial x}+\frac{Z_iF}{RT}c_i\frac{\partial \phi}{\partial x}\right) \tag{10.39}$$

式中，c_i是浓度。概括 3.2 节中的论证，并结合质量守恒定律得出

$$\frac{\partial c_i}{\partial t}=-\frac{\partial j_i}{\partial x} \tag{10.40}$$

所以

$$\frac{\partial c_i}{\partial t}=D_i\left[\frac{\partial^2 c_i}{\partial x^2}+\frac{Z_iF}{RT}\frac{\partial}{\partial x}\left(c_i\frac{\partial\phi}{\partial x}\right)\right] \tag{10.41}$$

如 10.2 节所述，此处电势也必定遵从 Poisson 方程：

$$\frac{\partial^2\phi}{\partial x^2}=-\frac{\rho}{\varepsilon_r\varepsilon_0} \tag{10.42}$$

其中

$$\rho=F\sum_i Z_ic_i \tag{10.43}$$

式(10.41)～式(10.43)可以用数值方法求解[9]。使用无量纲变量可以将上述结果变为

$$\Theta=\frac{F}{RT}\phi \tag{10.44}$$

$$\chi=\frac{x}{\kappa^{-1}} \tag{10.45}$$

$$D_i'=D_i/D_X \tag{10.46}$$

且

$$\tau=\frac{D_Xt}{2(\kappa^{-1})^2} \tag{10.47}$$

式中，κ^{-1} 是式(10.11)中定义的 Debye 长度。

数值计算的结果证实了式(10.37)和式(10.38)中的结果分别对应于类型 1 体系和类型 2 体系。然而，他们进一步探究了液接电势在时间和空间上的演变。例如，已经研究了从 1 mmol · dm^{-3} 到 10 mmol · dm^{-3} 浓度不连续的 HCl 水溶液的液体接界形成动力学。图 10.15 展示了(无量纲)液接电势$\Delta\Theta_{LJP}$随(无量纲)时间 $\tau=\dfrac{D_Xt}{2(\kappa^{-1})^2}$ 在对数标度上的函数演变。图 10.15 中还标出了最大电场$\left(-\dfrac{\partial\Theta}{\partial x}\right)_{max}$。注意后者不是 $x=0$ 处对应于接界原始位置的电场，该电场会随着物种本身的扩散而改变。

图 10.15 量纲形式的转化表明了由 H^+ 和 Cl^-的不均等传质产生的电场在 τ～0.5 时达到最大，对应溶液接触后～5 ns 时的电场就变为约 1.3 MV · m^{-1}。在此之前，电势差随着 τ 成比例地增加，而最大电场随着 $\tau^{1/2}$ 成比例地增大。此电势差在长时间后接近式(10.36)预测的极限值，但电场在通过最大值后在 $\tau^{1/2}$ 处开始下降。最大电场与κ^{-1} 成反比。

图 10.16(a)～(e)展示了 H^+和 Cl^-在相对于产生最大电场 τ_{trs} 的不同时间下的浓度分布曲线。图中展示了在对数标度下从 $10^{-2}\tau_{trs}$ 到 $10^2\tau_{trs}$ 时间范围内的浓度分布。

图 10.17 展示了相关电场的演变。显然，最大电场的位置会发生变化，并且与接界的初始位置不同。同时，浓度分布也变得越来越不对称。

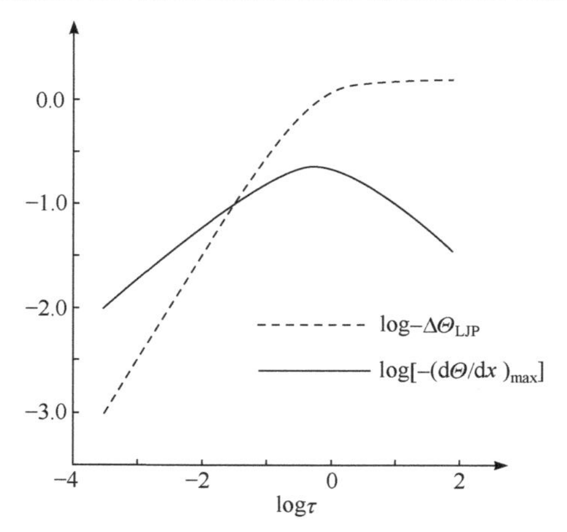

图 10.15 1 mmol · dm^{-3}和 10 mmol · dm^{-3} HCl 的类型 1 液体接界电势的动态演化。经授权，转载自参考文献[9]。版权(2010)归美国化学会所有。

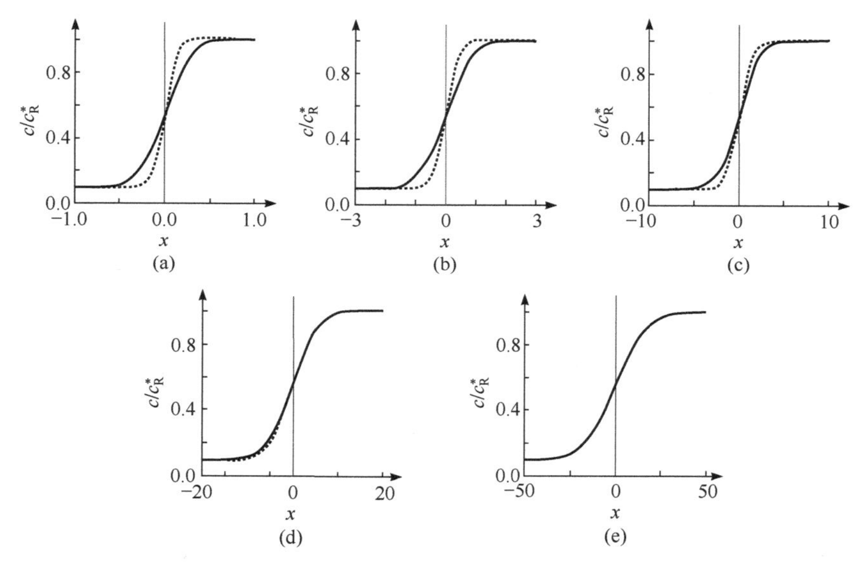

图 10.16 HCl (aq)体系在时间为(a) 0.01τ_{trs}、(b) 0.1τ_{trs}、(c) τ_{trs}、(d) 10τ_{trs}和(e) 100τ_{trs}下的浓度分布曲线。注意随着时间增加到 τ_{trs}，分布图的不对称性都在不断增大。在此时间之后，对称性开始恢复，并明显地恢复到了电中性。事实上，随着接界延伸始终存在一个有限的电荷分离，并维持一个稳定的电势差。等浓度点不断地扩散，远离 $x=0$。经授权，转载自参考文献[9]。版权(2010)归美国化学会所有。

如图 10.17 所示的模拟给出了支撑液体接界概念的动态过程。稳定的液接电势由离子扩散速率不等导致的电荷分离引起。这种电荷分离产生了电场，改变了传输速率，使液体接界开始在整个体系中朝着电中性状态放电。然而，后者只在无限长的时间下才能达到；持续的扩散(由高浓度到低浓度)使接界以与这种放电相等但方向相反的速率延伸，从而最终出现了一个稳定的电势差。对于一般的水相体系，在接界形成后 10～1000 ns 的时间尺度上就会出现稳定的电势。此时，液体接界区域扩展到 10～1000 nm，并以与 $\sqrt{\tau}$ 成正比的速率继续扩展。图 10.18 汇总了这个过程的原理图。

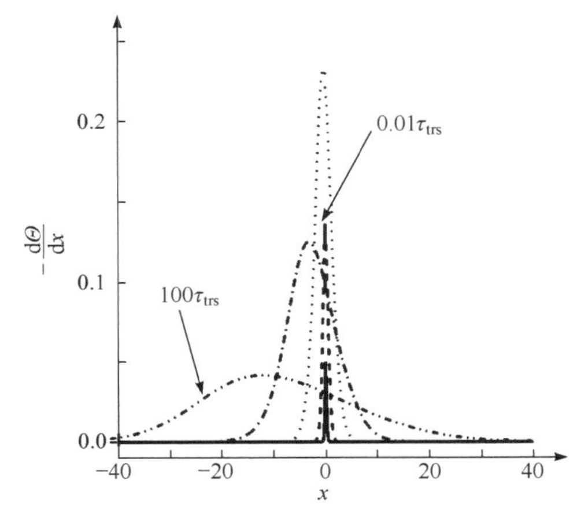

图 10.17 图 10.16 中 HCl (aq)体系的电场演化。经授权，转载自参考文献[9]。版权(2010)归美国化学会所有。

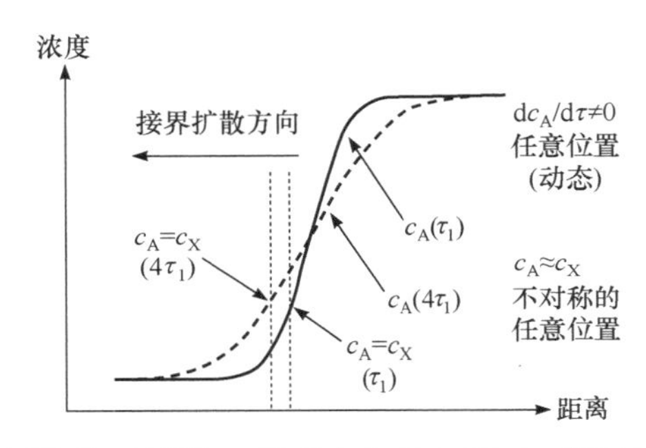

图 10.18 液体接界的动态模型。经授权，转载自参考文献[9]。版权(2010)归美国化学会所有。

10.9 弱支持介质中的计时电流法和循环伏安法

在 3.5 节中可以看到，如果在宏电极上施加一个电势阶跃，使体系从没有电流流动的电势阶跃到相应扩散控制电解的电势，那么对于一个简单的氧化或还原(没有耦合的均相化学)反应，电流会不断减小，且它与时间的平方根成反比(Cottrell 方程)。另一方面，对于微电极，初始下降之后却不会一直到零，而是直到达到一个稳态电流(5.1 节)，这反映了从平面扩散到收敛扩散的转变。这些行为是在假设仅通过扩散进行传输的基础上推导出来的，这意味着溶液中已含有足够的电解质，处于“充分支持”的电解质条件下。

接下来考察部分支持或弱支持电解质条件对计时电流法的影响就比较有意思了[14,15]。图 10.19 展示了使用 300 μm 金半球电极探究二茂铁在乙腈中的氧化反应的三张计时电流图：

$$Cp_2Fe - e^- \longrightarrow Cp_2Fe^+$$

使用不同量的四正丁基高氯酸铵作为支持电解质，在“充分支持”的条件下，测得形式电势为 98 mV(*vs*. Ag/Ag^+)。随后使用支持电解质浓度与二茂铁浓度比分别为 33.3、0.333 和 0.033 的不同支持比(SR)，记录了从开路(无电流)状态阶跃到+500 mV (Ag/Ag^+)电势的计时电流图。

图 10.19(a)显示了高支持比下的预期行为。电流与时间的平方根成反比，在长时间之后，开始出现接近稳态的极限电流。

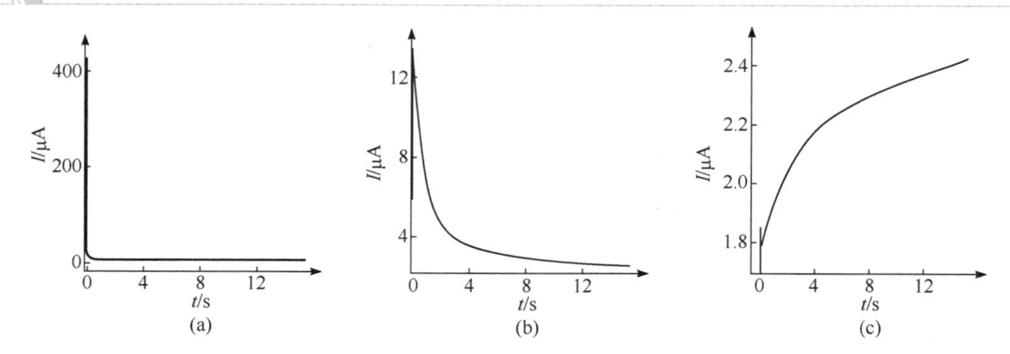

图 10.19 二茂铁(3 mmol · dm^{-3})的氧化反应在不同支持比：(a) SR = 33.3，(b) SR = 0.33，(c) SR = 0.033 的乙腈中从开路电势阶跃到+500 mV *vs*. Ag/Ag^{+}的计时电流图。经授权，转载自参考文献[14]。版权(2009)归美国化学会所有。

然而，在较低支持比下测得的其他瞬态响应表现出了显著的迁移效应，因此较预期的纯扩散行为有所偏离。图 10.20 表明，基于 Nernst-Planck 方程的模型可以定量地描述这一点[14,15]。这种模拟有利于理解这些瞬态电流的行为。尤其从图 10.21 中可以看出电流如何与电极附近各处的驱动力($\phi_M - \phi_S$)相关联。具体来说，曲线(a)展示了 SR = 33.3 时对应的纯扩散行为。对于较低的 SR 值，最初驱动力太小，以至于不能诱导电解，其原因是不能立即生成扩散层。而经过一段时间(SR = 0.33 和 0.033 分别对应约 0.1 s 和 3 s)后，带电物种的迁移导致电极附近 ClO_4^- 过量，而四正丁基铵阳离子几乎耗尽。由此，电子转移的驱动力得以建立起来，并最终达到了类似扩散的瞬态响应。

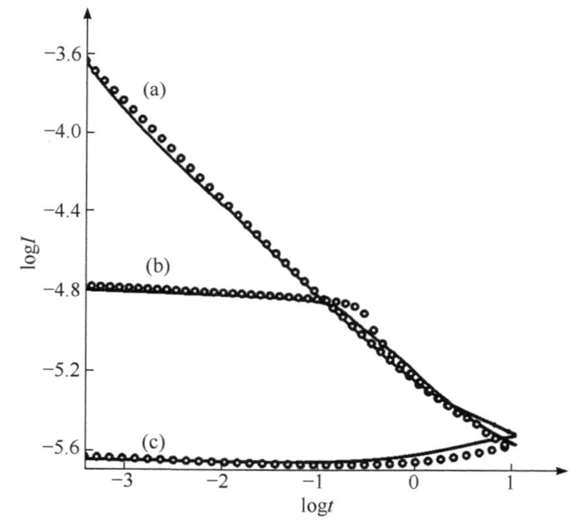

图 10.20 图 10.19 中电势阶跃的模拟(圆圈)和实验(实线)对比：(a) SR = 33.3，(b) SR = 0.33，(c) SR = 0.033。注意这些曲线是以对数-对数标度绘制的。经授权，转载自参考文献[14]。版权(2009)归美国化学会所有。

因此，对于曲线(b) (SR = 0.33)，存在一段短时间(< 0.15)，期间的电流响应受到“Ohm 降”的控制。对于曲线(c) (SR = 0.033)，这段时间更长，因为需要更多时间来积累界面过量的离子或耗尽界面附近溶液中的这些离子。

图 10.22 展示了三种通过电势阶跃瞬态响应考察过的体系的循环伏安响应。“Ohm 降”效应明显且相当重要。与计时电流法中扩散行为的延迟开始类似，对于较低的 SR 值，伏安峰出

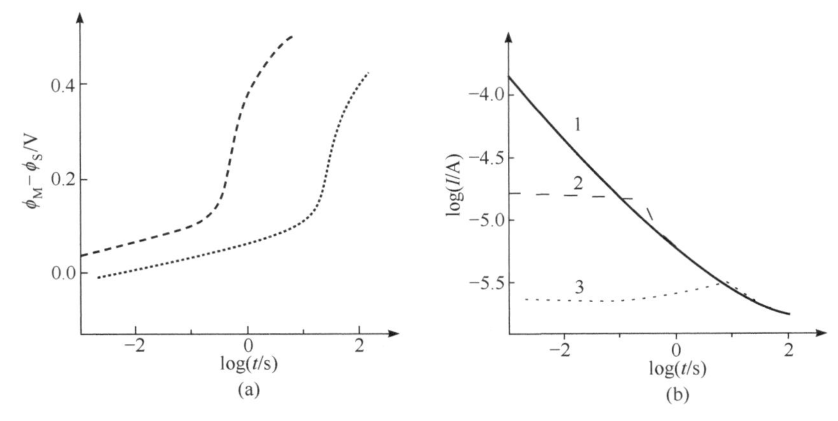

图 10.21 模拟结果展示了电子转移的驱动力($\phi_M-\phi_S$)随时间的变化(a)，以及图 10.19 和图 10.20 中讨论的瞬态电流(SR=33、0.33 和 0.033)随时间的变化(b)。经授权，转载自参考文献[14]。版权(2009)归美国化学会所有。

现在明显更正的电势上，这对应在电极-溶液界面处产生足够驱动力所需的时间增加了。已有模拟研究估算过可逆伏安过程(快速电子动力学)在强支持极限下获得准确伏安数据所需的支持比[16]。最终结论是，对于瞬态循环伏安实验，宏电极体系需要 SR > 100 以避免由 Ohm 降引起的可察觉到的峰展宽。由于微电极产生的电流比宏电极低得多，它们对 Ohm 降也远不如宏电极敏感。

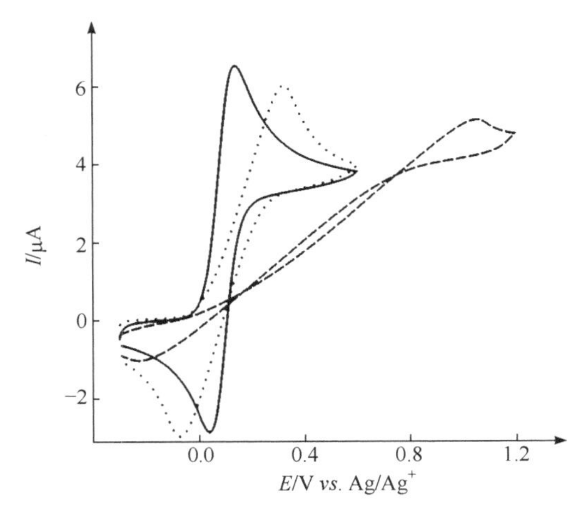

图 10.22 二茂铁在不同支持比：SR = 33.3(实线)，SR = 0.33(短划线)，SR = 0.033(点虚线)的乙腈中氧化的循环伏安图。经授权，转载自参考文献[14]。版权(2009)归美国化学会所有。

参考文献

[1] S. Trasatti, *Pure Appl. Chem.* **58** (1986) 955.
[2] L.-G. Gouy, *Compt. Rend.* **149** (1909) 654.
[3] L.-G. Gouy, *J. Phys.* **9** (1910) 457.
[4] D. L. Chapman, *Phil. Mag.* **25** (1913) 475.
[5] W. J. Albery, *Electrode Kinetics*, Clarendon Press, Oxford, 1975.
[6] A. N. Frumkin, *Z. Phys. Chem.* **164A** (1933) 121.
[7] N. V. Nikolmeua-Federouch, B. N. Rybakou, K. A. Rudyushkiun, *Soviet Electrochemistry* **3** (1967) 967.

[8] P. W. Atkins, *Physical Chemistry*, 3rd edn., Oxford University Press, Oxford, 1986; W. J. Moore, *Physical Chemistry*, 5th edn., Longman, London,1972.
[9] E. J. F. Dickinson, R. G. Compton, *J. Phys. Chem. B*. **114** (2010) 187.
[10] J. J. Lingane, *Electroanalytical Chemistry*, 2nd edn., Wiley, New York, 1958.
[11] W. H. Nernst, Z. *Phys. Chem.* **4** (1889) 165.
[12] M. Planck, *Wied. Ann.* **39** (1890) 161.
[13] M. Planck, *Wied. Ann.* **40** (1890) 561.
[14] J. G. Limon-Petersen, I. Streeter, N. V. Rees, R. G. Compton, *J. Phys. Chem. C* **113** (2009) 333.
[15] I. Streeter, R. G. Compton, *J. Phys. Chem.* **112** (2008) 13716.
[16] E. J. F. Dickinson, J. G. Limon-Petersen, N. V. Rees, R. G. Compton, *J. Phys. Chem. C* **113** (2009) 11157.

11 纳米尺度下的伏安法

在 5.10 节中，我们考虑了“纳米电极”(特征尺寸在纳米范围内的电极)的制备。Arrigan[1]对这类电极的制作方法给出了全面的说明。研究者也通过将预先得到的纳米粒子支撑于电极表面的方法制备得到“纳米电极阵列”[2]。该结构现已被广泛应用于电分析，其中支撑电极的作用是与纳米粒子实现电接触，但至少在所研究的电势下，电解反应只发生在纳米粒子的表面。下文中将首先考虑纳米粒子完全分开(扩散独立)的情况。

11.1 向支撑在电极上的粒子传质

图 11.1 展示了稳固支撑在电极表面的球形或半球形粒子以及用于描述它们的坐标系。假设所用的平面电极是导电的且与粒子形成良好的电接触，但在所研究的电势范围内电极是电解惰性的，因此电子转移仅在粒子表面上发生(动力学可行)。

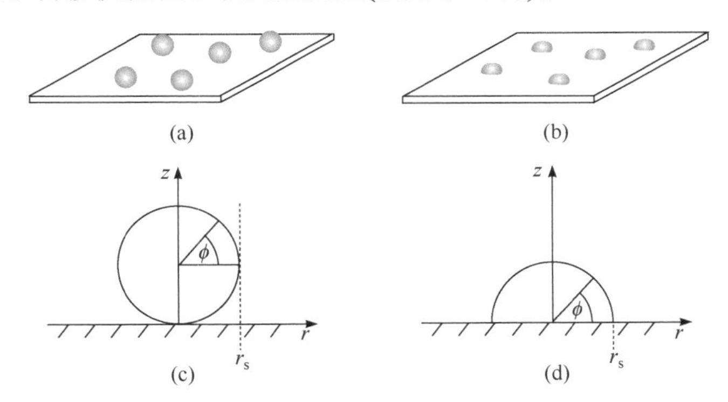

图 11.1 电极上完全分开的粒子：(a) 球形，(b) 半球形，以及相应的位于支撑平面表面上的切面示意图(c)和(d)。经授权，转载自参考文献[3]。版权(2007)归美国化学会所有。

同时假定这些粒子相距足够远，从而在单个粒子表面上的电活性物质扩散相互独立。

对于简单的电极反应

$$\mathrm{A} + n\mathrm{e}^- \rightleftharpoons \mathrm{B}$$

半球形粒子上的扩散限制电流为

$$I = 2\pi nFDr[\mathrm{A}]_{本体} \tag{11.1}$$

式中，r 是半球形粒子的半径，D 是物种 A 的扩散系数。式(11.1)是在仅考虑 Fick 扩散传输的情况下推导得出的(见下文)。而球形粒子的相应结果为[3]

$$I = 8.71nFDr[\mathrm{A}]_{本体} \tag{11.2}$$

对于孤立的球形电极(无基底电极支撑)(见 5.1 节)，当然有

$$I = 4\pi nFDr[\mathrm{A}]_{本体} \tag{11.3}$$

对应于相同半径的半球形电极的值的两倍。注意

$$8.71 < 4\pi$$

这是因为球形纳米粒子下方的支撑电极会阻碍其在无支撑电极情况下经历的全面扩散(见图 11.2)。

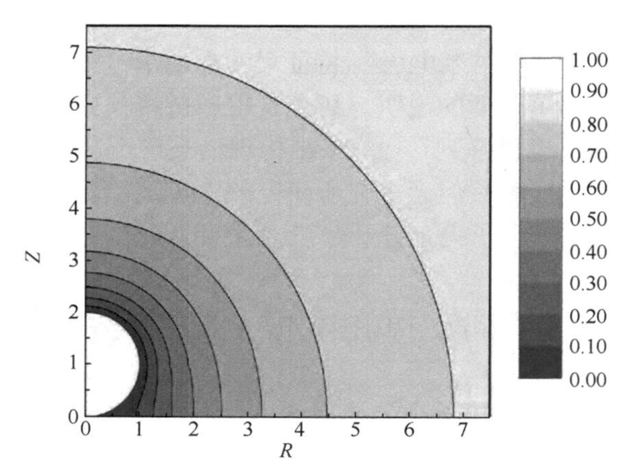

图 11.2 在扩散限制条件下，电活性物质在电极上方球形粒子上的模拟浓度分布图。Z 和 R 是圆柱坐标 z 和 r 相对于球面半径的无量纲距离。经授权，转载自参考文献[3]。版权(2007)归美国化学会所有。

上文中量化的极限电流仅在足够慢的电势扫描速率下才能得到。在更快的扫描速率下，通过类比微盘电极的行为(5.6 节)，预计会出现峰形伏安曲线。这种从稳态的收敛型扩散到瞬态的几乎平面型扩散的转变由无量纲扫描速率所控制

$$\sigma = \frac{F}{RT}\frac{vr^2}{D} \tag{11.4}$$

式中，v 是扫描速率($\mathrm{V \cdot s^{-1}}$)。图 11.3 展示了三种不同的σ值：10^{-3}、1 和 10^3 时的模拟伏安曲线。可见在两种预期极限之间的过渡比较明显。

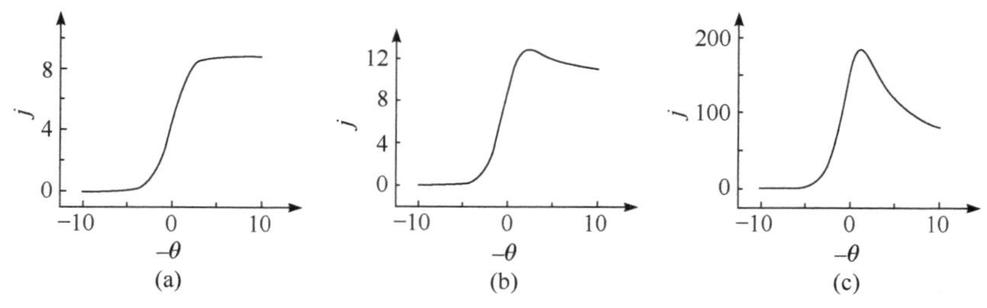

图 11.3 在支撑于平面电极上的球形粒子上发生的可逆电子转移的模拟伏安曲线。扫描速率为(a) $\sigma = 10^{-3}$，(b) $\sigma = 1$，(c) $\sigma = 10^3$。经授权，转载自参考文献[3]。版权(2007)归美国化学会所有。

图 11.4 展示了这两种极限情况下伏安曲线中峰电势处的浓度分布曲线。从收敛型到平面型扩散的变化在图中有所体现。

其他形状的粒子(尤其是扭曲的球形和半球形)上对应的纯 Fick 扩散传质控制电流的表达式已有文献给出[3]。

由以上讨论可知，孤立粒子的半径将对伏安响应产生影响，本质上类似于微盘电极半径对伏安响应的影响(如第 5 章所述)。因此，在纳米粒子伏安实验中应该可以观察到具有尺寸依

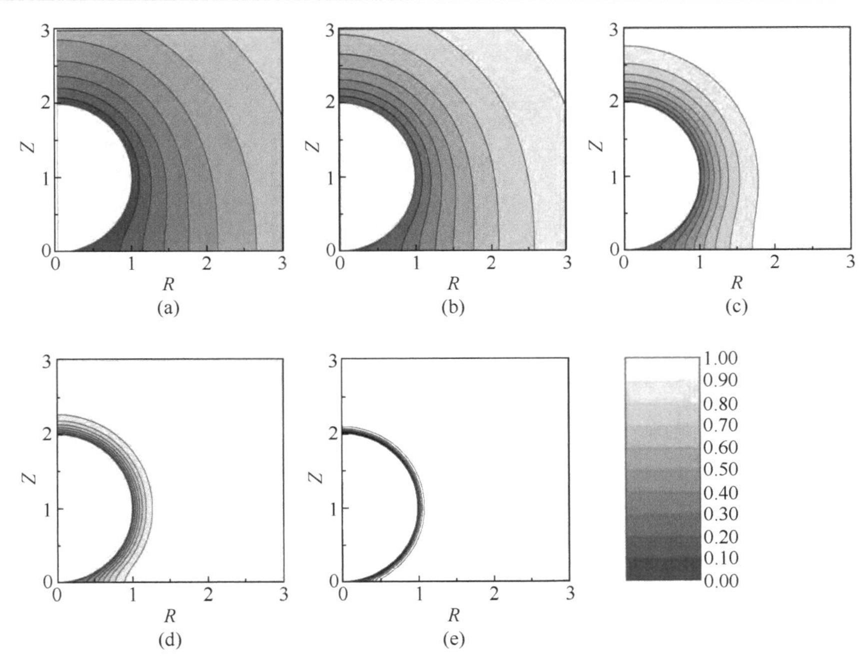

图 11.4 平面上球形粒子的模拟浓度分布：(a) $\sigma=0.1$；(b) $\sigma=1$；(c) $\sigma=10$；(d) $\sigma=100$；(e) $\sigma=1000$；R 和 Z 的定义见图 11.2 的图注。经授权，转载自参考文献[3]。版权(2007)归美国化学会所有。

赖性的扩散效应。

下面以在酸性条件下 Ag 纳米粒子催化过氧化氢还原为例说明粒子尺寸对伏安响应的影响[4]。

$$H_2O_2 + H^+ + e^- \xrightarrow{\text{慢}} \cdot OH(\text{吸附}) + H_2O$$

$$\cdot OH(\text{吸附}) + H^+ + e^- \xrightarrow{\text{快}} H_2O$$

该反应已在宏观银电极以及粒径范围分别为 25～40 nm、55～75 nm 和 80～120 nm 的完全分开的银纳米粒子上进行了研究。在宏电极上可观察到转移系数$\alpha=0.25$。图 11.5 展示了测得的峰电势随纳米粒子半径变化的关系。

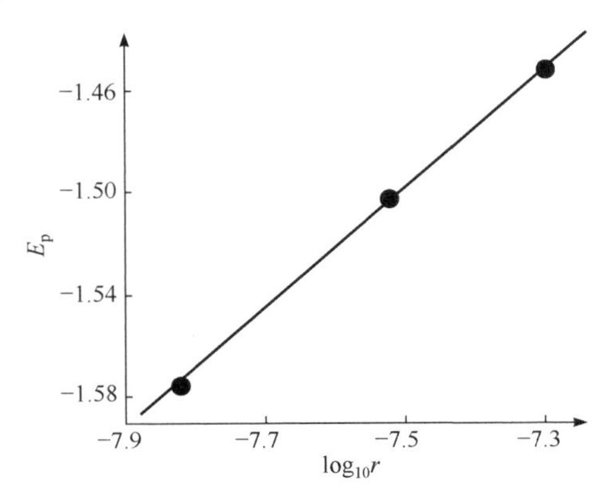

图 11.5 银纳米粒子修饰电极上 H_2O_2 的还原：孤立纳米粒子的 E_p 与 $\log_{10}r_{(avg)}$ 的关系；$\alpha=0.253$。经授权，转载自参考文献[4]。版权(2009)归美国化学会所有。

由上图可知

$$\frac{\partial E_{\mathrm{p}}}{\partial \log_{10} r} = 233\,\mathrm{mV} \tag{11.5}$$

假设纳米粒子表现为孤立半球的行为，则可以预测

$$\frac{\partial E_{\mathrm{p}}}{\partial \ln r} = \frac{RT}{\alpha F};\ \frac{\partial E_{\mathrm{p}}}{\partial \log_{10} r} = \frac{2.3RT}{\alpha F} \tag{11.6}$$

由此得出一个与宏电极数据一致的α值，所以可以证明至少对于这些尺寸的纳米粒子，从宏观尺度到纳米尺度的电极反应机理是不变的。

对于扩散独立的纳米粒子(如银纳米粒子，见下式)的溶出伏安曲线[5]，峰电势的粒径依赖性已被理论预测且被实验观察所证实

$$\mathrm{Ag(np)} - \mathrm{e^-} \longrightarrow \mathrm{Ag^+(aq)}$$

无论对于电化学可逆还是不可逆动力学过程，都可以观察到粒径效应：在固定的扫描速率下，较大粒子的峰电势更正，因为要让更多的金属被氧化，需要扫描到更高电势才能保证完全氧化的发生。

当粒子的覆盖度足以使相邻扩散场重叠时，取决于不同的电势扫描速率，可观察到类似于微电极阵列上的几种扩散类型(见 6.2 节)。图 11.6 展示了相应的四种不同扩散类型[6]。无量纲扫描速率的定义见式(11.4)。

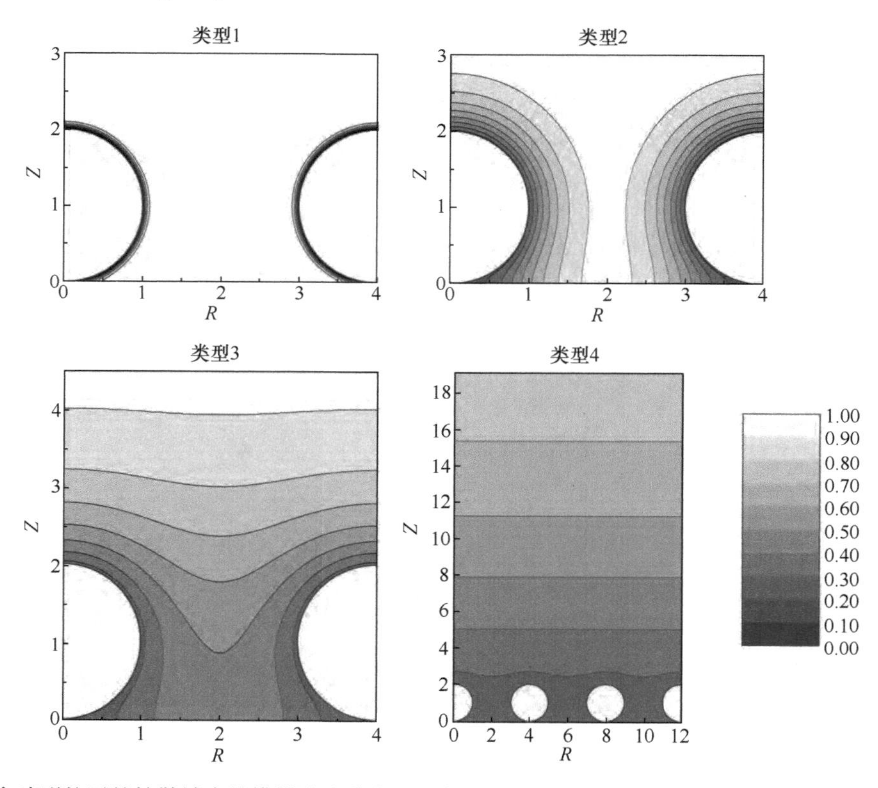

图 11.6 包含球形粒子的扩散域内的模拟浓度分布图。类型 1：$\sigma = 1000$；类型 2：$\sigma = 10$；类型 3：$\sigma = 1$；类型 4：$\sigma = 0.01$；所有类型中 $R_0 = 2$。浓度分布是在线性扫描的峰电势处获得的。经授权，转载自参考文献[6]。版权(2007)归美国化学会所有。

可以看出，如果相邻粒子之间的中心间距是其半径的四倍，当$\sigma = 10^3$时，伏安响应与孤立微电极上近似线性的扩散一样，产生峰形伏安图(类型 1)。如果扫描速率降低至$\sigma = 10$，那么将观察到孤立粒子上近似收敛型的扩散，伏安图就会呈现出具有明确极限电流的近 S 形曲线(类型 2)。当扫描速率进一步降低到 1(类型 3)或 0.01(类型 4)时，会发生扩散重叠，并且在类型 4 的极限下将看到支撑整个粒子阵列的电极上的线性扩散：具有在宏电极上线性扩散的伏安特性，呈现出峰形响应。对于类型 3，伏安曲线介于孤立粒子的 S 形稳态响应和类型 4 的线性扩散行为之间，即与平面扩散相比，反向扫描峰更小，且电流峰之后的电流衰减程度更弱。

当然，类型 1、2、3 和 4 之间的转变取决于粒子之间的平均距离(相对于它们的半径)以及无量纲扫描速率。球形粒子在电极上的覆盖度可定义为

$$\theta = \frac{N\pi r^2}{A} \tag{11.7}$$

式中，N是面积为A的支撑电极上半径为r的粒子数。图 11.7 展示了在$\sigma = 10^{-2}$ 的固定扫描速率下，伏安曲线随θ的变化。可以看出，随着σ的增加，会发生从类型 2 到 3 再到 4 的转变。

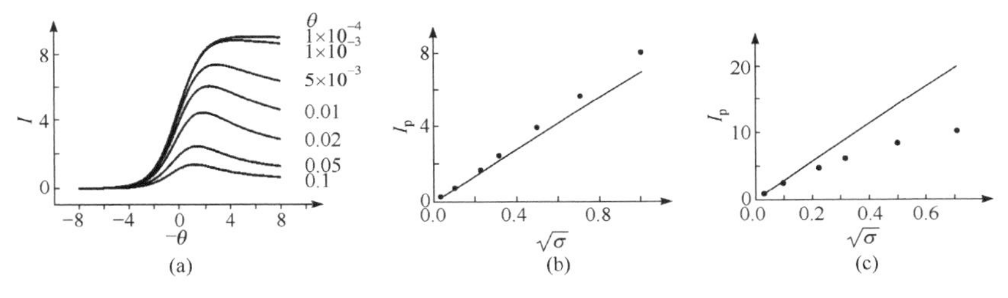

图 11.7 (a) 球形粒子修饰电极上一种可逆电子转移反应的模拟线性扫描伏安曲线。扫描速率$\sigma = 0.01$，θ变化范围为10^{-4}～0.1。(b) $\theta = 0.2$，(c) $\theta = 0.05$。峰电流I_p与扫描速率的平方根$\sigma^{1/2}$的关系图。圆点代表模拟数据，实线为基于平面扩散的 Randles-Sevčik 值。经授权，转载自参考文献[6]。版权(2007)归美国化学会所有。

然而，对于包括电分析在内的许多应用中，纳米粒子在电极上的覆盖度很可能相对较高，因此相应的电化学响应会接近粒子下方支撑电极(假如该电极有电化学活性)的响应。但是，如果使用多层而不是亚单层纳米粒子进行电极修饰，那么孔隙率效应可能改变其伏安响应，如 6.5 节所述。

需要注意的是，从实验的角度出发，采用滴涂方法将纳米粒子修饰至电极表面会导致粒子团聚，从而显著改变预期的伏安响应[7]。

11.2 纳米粒子伏安法：电极尺寸缩小改变传质

上节中给出的方程和结果都是在充分支持且仅有 Fick 扩散的假设下推导得出的。如果该假设正确，这些结论将适用于任何半径为 r 的粒子。结果显示，对于大小为几十纳米或更大的纳米粒子而言，这些假设还可能比较现实。然而，如果纳米粒子尺寸更小，该模型将不再适用。

该模型不再适用的原因是多方面的。首先，使用 Fick 扩散定律中隐含的连续性模型需要两个假设：分子的数量大到足够消除统计学涨落，且相较于分子的尺度，扩散距离应足够大。

因此，当电极和相应的扩散层缩小到 5～10 nm 以下时，就有可能在一定程度上达不到这些假设条件，因此这种连续性的描述就会被单分子事件所取代。Bard 及其同事的开创性研究中报道了限域在两电极之间的单个电活性分子电解电流的测量[8,9]。该实验用到了扫描电化学显微镜(6.7 节)和一个纳米尺度的针尖电极。如图 11.8 所示，该针尖被绝缘层包裹，因此当其逐渐接触到第二个基底电极[如氧化铟锡(ITO)电极]的表面时，其针尖及绝缘部分的几何形状便在针尖下方提供了一个约为 10^{-18} cm^3 的限域空间。如果待研究溶液中电活性物质的浓度约为 10^{-3} mol · dm^{-3}，那么就很可能在此限制区域内平均只有一个分子出现。

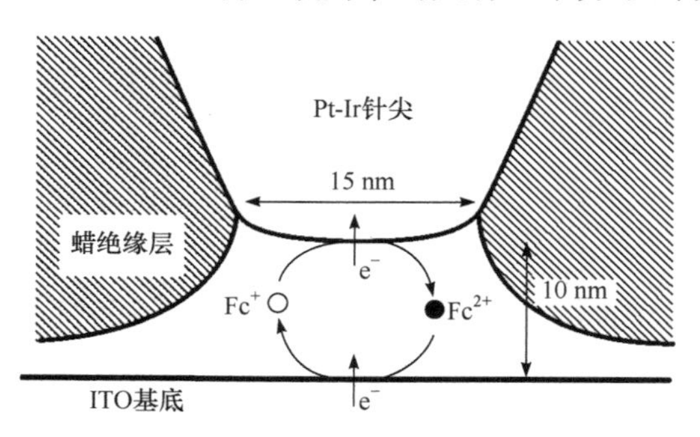

图 11.8 所使用的纳米针尖的几何形状及针尖-基底结构的理想化示意图。经美国科学促进会(AAAS)授权，转载自参考文献[8]。

利用 Einstein 方程可以估算出，在针尖与基底的间距约为 10 nm 的区域内，一个扩散系数为 5×10^{-6} $cm^2\cdot s^{-1}$ 的分子在两电极之间的扩散大约需要 100 ns，对应每秒 10^7 次往返。由于单个电子的电荷为 1.6×10^{-19} C，因此如果分子在每次与针尖碰撞时都发生一次氧化还原反应，则产生的电流就在 10^{-12}A(皮安，pA)范围内。

Bard 在实验中使用了可在针尖上发生单电子氧化反应的水溶性二茂铁物种([(三甲基铵)甲基]二茂铁，Cp_2FeTMA^+，浓度为 2 mmol · dm^{-3})。图 11.9 展示了在针尖电势为+0.55 V *vs.* SCE 和基底电势为−0.3 V *vs.* SCE 时二茂铁物种的扩散控制氧化电流。

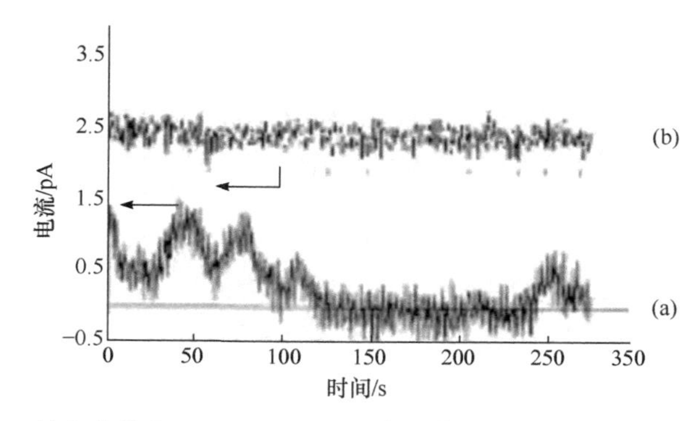

图 11.9 在 0.55 V *vs.* SCE 针尖电势和−0.3 V *vs.* SCE 基底电势下，针尖电流随时间的变化曲线。曲线(a)：在含有 2 mmol · dm^{-3} Cp_2FeTMA^+ 和 2.0 mol · dm^{-3} $NaNO_3$ 的溶液中，针尖-基底间距为～10 nm。曲线(b)：在与曲线(a)相同的溶液中，针尖处于远离基底的位置。经美国科学促进会授权，转载自参考文献[8]。

在零平均电流期间，0.7 pA 和 1.4 pA 的信号峰出现在了背景噪声上。根据作者的原话："我们相信这些电流响应代表了一个或两个 Cp_2FeTMA^+分子被限制在针尖和基底电极之间的 10 nm 间隙中并不断进出针尖区域时的电流响应"[8]。在图 11.9 中，曲线(b)对应针尖远离基底时的情况，并在 300 s 时间尺度内出现了一个始终不变的平均电流。图 11.10 展示了针尖电势在二茂铁可以发生氧化反应时的电势(0.55 V、0.70 V)和不能被氧化的电势(0.00 V、0.15 V)之间转换时所产生的影响。这些归因于单分子氧化的特征电流峰仅在可被氧化的电势下被观察到。

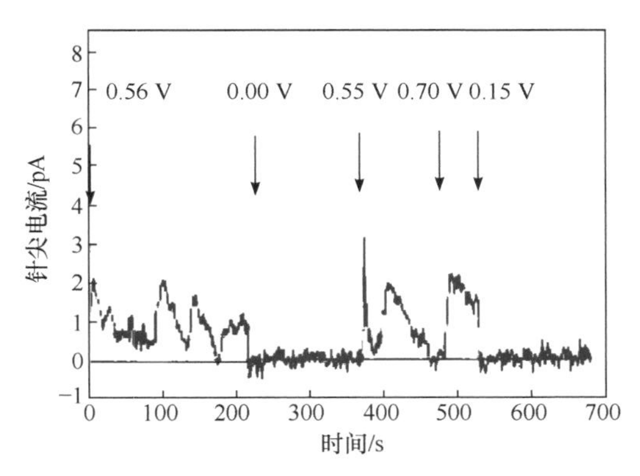

图 11.10　基底电势为−0.3 V(*vs.* SCE)但不同针尖电势(由上方的箭头所示)下针尖电流随时间的变化曲线。通过调整 *d* 将初始针尖电流设置为−1.5 pA。溶液中含有 2 mmol · dm^{-3} Cp_2FeTMA^+和 2.0 mol · dm^{-3} $NaNO_3$。采样速率为每点 1 s。经美国科学促进会授权，转载自参考文献[8]。

最后，该实验展示了从单分子到接近连续行为的转变。图 11.11 展示了在不同针尖-基底间距下测得的电流-电势曲线。曲线 1 基本对应于本体溶液；曲线 3 对应于用来记录图 11.9 和图 11.10 中单分子电化学的针尖-基底几何形状；曲线 2 记录了采用比曲线 3 中的针尖-基底间距长约 15 nm 时的响应曲线。从单分子到多分子的伏安曲线的转变十分明显。

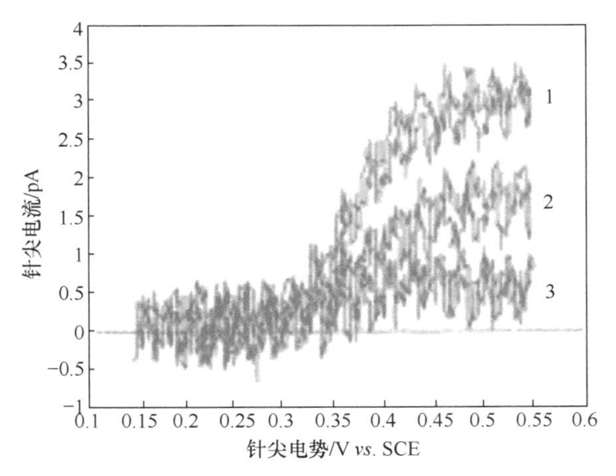

图 11.11　在含有 2 mmol · dm^{-3} Cp_2FeTMA^+ 和 2.0 mol · dm^{-3} $NaNO_3$ 的溶液中，不同针尖-基底间距条件下获得的一系列循环伏安图。基底电势为−0.3 V *vs.* SCE，针尖电势的扫描速率为 10 mV · s^{-1}。经美国科学促进会授权，转载自参考文献[8]。

Amatore 等也阐述了从几个分子到 Fick 连续模型所预测的扩散响应的转变[10,11]。他们合成了由 64 个钌(Ⅱ)双-三联吡啶氧化还原基团封端的具有电活性的第四代 PAMAM 树枝状聚合物，如图 11.12 所示。

他们将约 10^6 个这样的分子吸附到一根超微电极上，并首次研究了其在扫描速率超过

1 MV · s^{-1} 下的循环伏安行为(见 5.9 节)。得到的伏安图如图 11.13 所示。

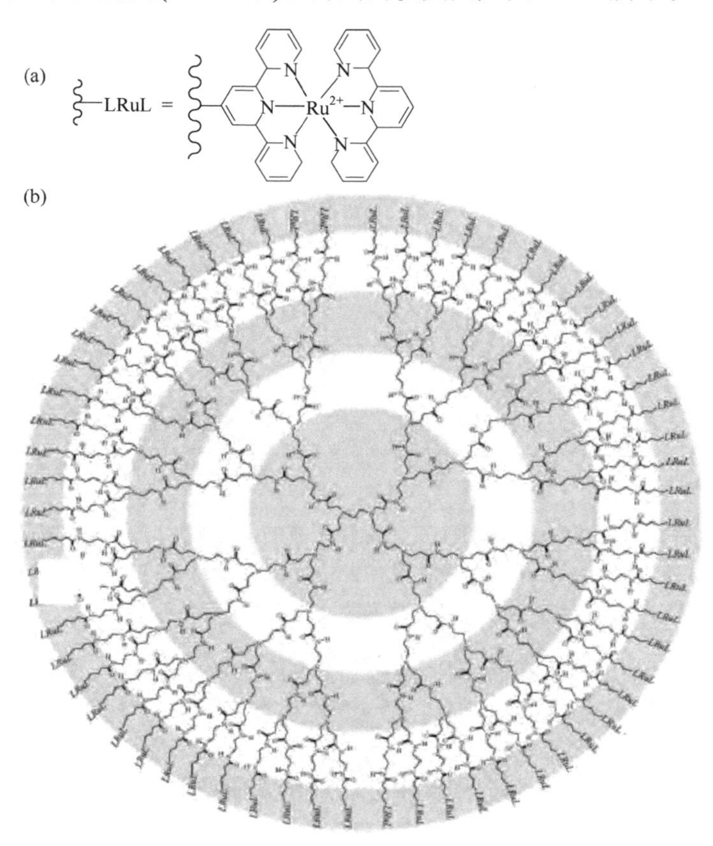

图 11.12 (a) 钌双-三联吡啶基团[Ru(tpy)$_2$](Ru)。(b) 第四代 PAMAM 树枝状聚合物的结构，具有 64 个悬垂的钌双-三联吡啶基团(Dend-Ru$_{64}$)。四个内部的同心阴影区域代表了每个树枝状代；最外层代表了 64 个 Ru 氧化还原中心。经 Wiley 授权，转载自参考文献[10]。

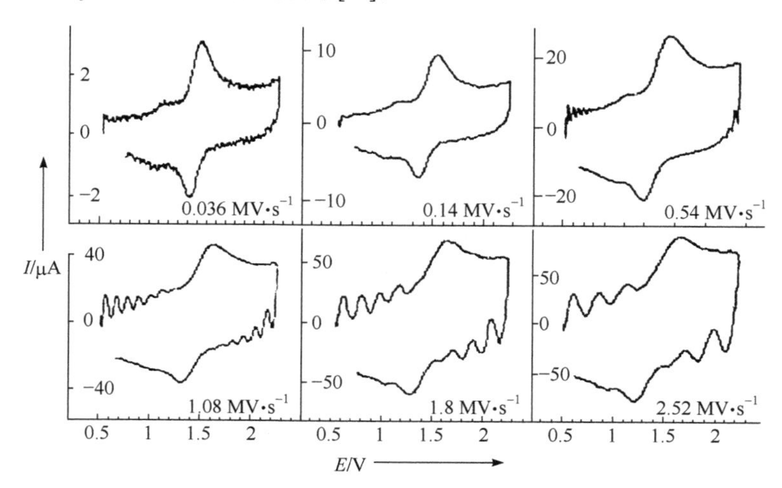

图 11.13 Dend-Ru$_{64}$ 饱和溶液的一系列代表性循环伏安图。每个伏安图的扫描速率示于分图的右下角。此伏安研究在半径为(5.0 ± 0.5)μm 的铂盘电极上，0.6 mol · dm^{-3} NEt_4BF_4/乙腈溶液中于 20 ℃条件下进行。所有电势均相对于铂准参比电极得到。经 Wiley 授权，转载自参考文献[10]。

伏安曲线在低扫描速率下呈现出吸附层的特征，即峰电流 I_p 与电势扫描速率成正比

$$I_p \propto v$$

且正向和反向峰仅存在很小电势差。但在较快的扫描速率下，转而呈现出如下规律对应的扩散机制

$$I_p \propto v^{1/2}$$

且可观察到显著的峰-峰电势差。图 11.14 中，$(I_p \propto v^{1/2})$对 $v^{1/2}$ 的关系曲线说明了这种转变。

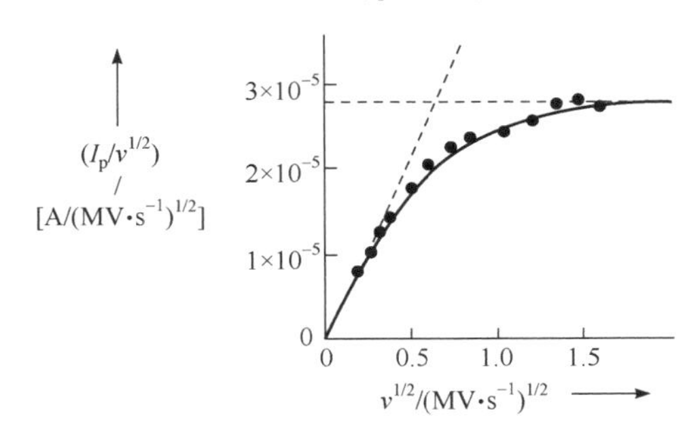

图 11.14　扫描速率归一化后的阳极峰电流强度 $I_p/v^{1/2}$ 与扫描速率 $v^{1/2}$ 的函数变化曲线。点代表实验数据，线代表预测的行为。经 Wiley 授权，转载自参考文献[10]。

这种转变反映了整个树枝状聚合物是否有时间被完全氧化，正如发生在低扫描速率下的情况，或者伏安法的时间尺度是否太短以至于电荷在树枝状聚合物表面进行“扩散”(从一个氧化还原中心跳跃至邻近的另一个氧化还原中心)。后一种情况在较快的扫描速率下发生，并且呈现出“扩散型”伏安曲线。对于电极上的 10^6 个树枝状聚合物，使用 Fick 模型准确地解析这种电荷扩散是绰绰有余的。作者随后考察了吸附在电极表面的不同数量的分子所引起的计时电流响应。对电极表面树枝状聚合物数量为 1～7800，即对应电极尺寸范围为 5.5～510 nm 的不同情况，图 11.15 比较了基于电子转移的随机跳跃(随机模型)与 Fick 极限(统计模型)的理论计算结果。随着树枝状聚合物的数量和电极尺寸的增大，随机结果和统计结果之间的差异大幅减小。

接下来继续思考为什么 Fick 扩散无法准确描述较小纳米粒子或纳米电极上的传输速率。

当电极尺寸减小到 5～10 nm 以下时会发生一个非常重要的变化，就是物质扩散层的尺寸(通常与电极半径在同一数量级)会变得与电极周围双电层中的厚度相当，即使是在大量(支持)电解质存在的情况下。大量电解质的存在保证了宏电极上的双电层尺寸比其物质扩散层小得多(见第 10 章)。这样一来，与电解相关的物理情况就变了。在宏电极上有充分支持电解质存在的条件下，电活性物种传输到电极附近(相当于发生电子转移所需的隧穿距离)完全是通过扩散完成的，但当扩散层与双电层(或 Debye 长度)在相同尺度上时，情况便不再如此。在有充分支持电解质存在的宏电极上，氧化还原物种穿过扩散层传输的过程中，不会被电极引起的电场或电势所驱动；对于扩散中的分子来说，电场或电势对其没有影响，直到分子抵达离电极很近的地方。相反，对于纳米电极，物种的传输既可通过扩散，也可通过迁移(如果物种带电荷)。产物从电极上离开的过程也会受到类似的影响。当然，在任何电极反应中，至少有一种反应物或产物一定带电，因此观察到的伏安结果将必然反映出迁移和扩散同时参与的传质特性。

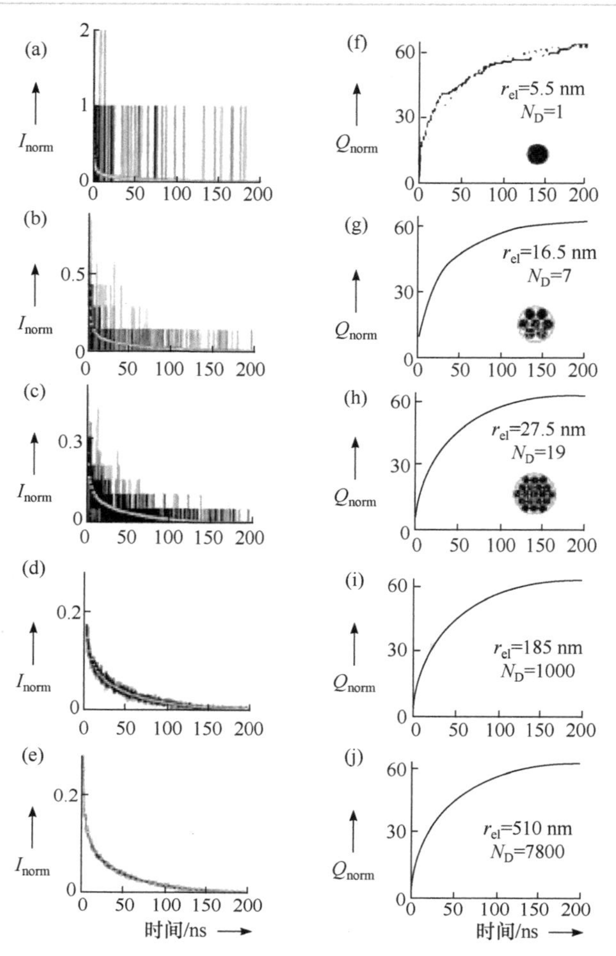

图 11.15 (a)～(e) 垂直细线：不考虑任何仪器可能造成的数据失真，理论预测的电极表面吸附不同数量树枝状聚合物的归一化随机电流(I_{norm})与时间的关系曲线。在每张图中，$I_{norm} = I/N_D$ 表示电流 I 被树枝状聚合物的数量 N_D 归一化后的电流值。选择该纵轴单位使得当 $N_D = 1$ 时，在模拟时间窗口区间内转移一个电子即给出电流 $I_{norm} = 1$，因此 I_{norm} 反映了平均单个分子在一个 0.1 ns 时间窗口内依次转移的电子数。这些计数变化叠加在吸附了无限多树枝状聚合物产生的理论预测的统计电化学归一化电流[空心圆圈；图(a)～(e)中都是同一曲线]之上。(f)～(j)与(a)～(e)相同，但同时考虑了每个树枝状聚合物归一化后的电化学 Faraday 电量($Q_{norm} = ne/N_D$)，其中 ne 是自实验开始转移的实际电子数。$N_D = 1$[(a)、(f)]、7 [(b)、(g)]、19 [(c)、(h)]、1000 [(d)、(i)]、7800 [(e)、(j)]。经 Wiley 授权，转载自参考文献[11]。

另一个影响来自于以下事实，即分子被传输到一个尺寸很小的纳米电极的过程中将受到电极电势的影响。如果它们带电，那么即使没有发生电解，溶液中物种的浓度分布也会与本体溶液不同。换句话说，支持电解质对电极电荷的屏蔽作用保证了在宏电极上溶液中的分子无法“察觉”到电极电荷的存在；而对于纳米尺度电极，这种屏蔽作用消失了，于是带电物种受到的吸引和排斥就可能变得显著。这些“群体效应”会因为电极电势甚至只稍微偏离了零电荷电势(PZC)就造成与本体溶液之间存在显著的浓度差异，因此认识到这一点很重要。

最后，需要注意到对于非常微小的电极或纳米粒子，可能存在量子化充电和 Coulomb 阶梯效应[12-15]。这些效应可以通过以下两个开创性的实验来说明。

Murray 及其同事研究了核质量为 28 kDa、己硫醇保护的金团簇分子的电子转移[12]。在超高真空及 83 K 条件下，利用扫描隧道显微镜(STM)针尖对吸附在涂覆了金的云母基底上的单个团簇进行了研究。图 11.16 展示了单个团簇的电流-电势(I-V)曲线；可以观察到一个“Coulomb 阶梯”伴随着规则地分布在所研究的电势范围内的六个充电步骤。

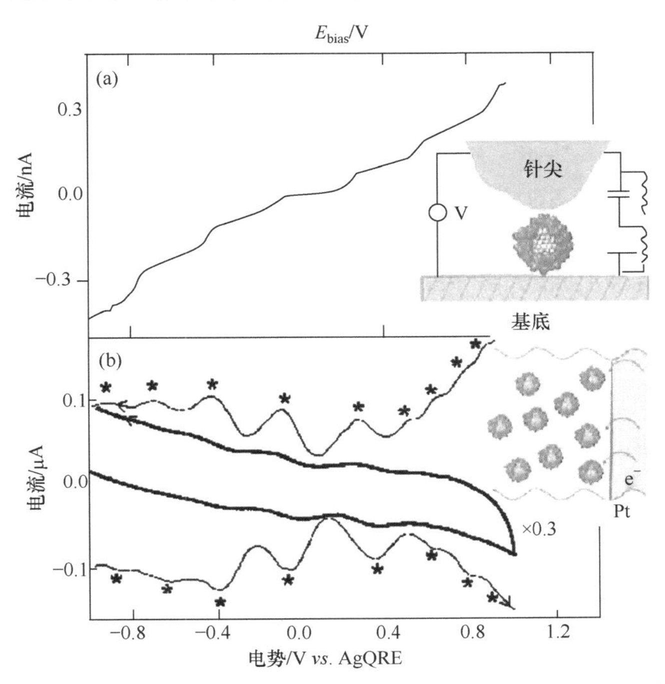

图 11.16 (a) 在 83 K 下利用 STM 金针尖对吸附在涂覆了金的云母基底(插图)上的单个团簇的研究及相应的 Coulomb 阶梯 I-V 曲线；电势是施加于针尖-基底间的偏压；双隧道结的等效电路给出电容 $C_{上}$ = 0.59 aF 和 $C_{下}$ = 0.48 aF。(b) 在 298 K 下，0.1 mmol · dm^{-3} 28 kDa 团簇在含有 2∶1 的甲苯∶乙腈/0.05 NHx_4ClO_4 溶液中在面积为 7.9×10^{-3} cm^2 铂电极上的伏安图(细线为 CV，100 mV · s^{-1}，星号标出了电流峰；粗线为 DPV，20 mV · s^{-1}，25 mV 脉冲，上部和底部分别对应负扫和正扫的曲线)，准参比电极为银线。经授权，转载自参考文献[12]。版权(1997)归美国化学会所有。

注意在 STM 实验中，所记录的针尖和基底之间的电流为隧穿电流(I)，它是在两者之间施加的电势(V)的函数。引用 Murray 等的原话：“阶梯中的每一个‘台阶’都发生在特定的偏压下，在该偏压的能量驱动下，额外的电子才可能驻留在团簇上，并且这种电流对团簇这个‘中间电极’上的电荷非常敏感。”

实验中还比较了溶解在含有 0.05 mol · dm^{-3} 支持电解质的溶剂(甲苯和乙腈)中，浓度为 0.1 mmol · dm^{-3} 的团簇的循环伏安(CV)和微分脉冲伏安(DPV，见 9.2 节)响应，如图 11.16(b)所示。可以看出，CV 上的峰比 DPV 上的峰更加明显，后者中最多可看到 9 个峰，这里 DPV 伏安图定性地反映了图 11.16(a)中的隧穿数据。注意在 DPV 实验中，信号是由大量能够与电极进行电子转移的团簇产生的：因此伏安图表现出一个“集体 Coulomb 阶梯”。

Fan 和 Bard 实现了该领域的第二个开创性实验，他们在纳米尺寸的电极上观察到了“电化学 Coulomb 阶梯”[15]。实验装置如图 11.17 所示，其中 R 和 O 分别对应于(Cp_2Fe)TMA^+和(Cp_2Fe)TMA^{2+}。

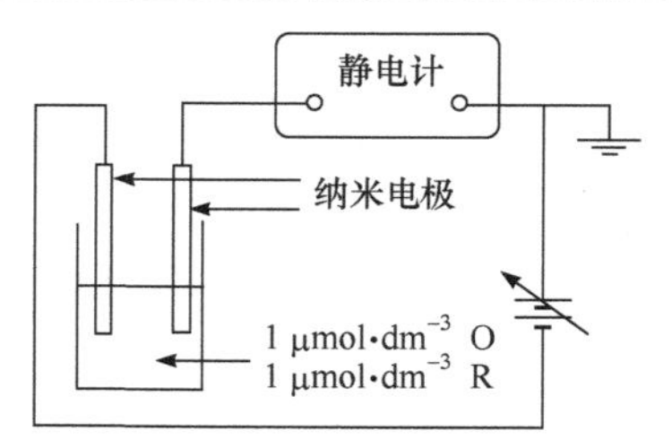

图 11.17　用于电化学 Coulomb 阶梯测量的实验装置。经美国科学促进会授权，转载自文献[15]。

实验数据如图 11.18 所示，其中 Ir-Pt 超微电极的半径约为 2.5 nm 和 3.2 nm，且相距约 2.5 cm，阳离子与 NH_4^+和 SO_4^{2-}的浓度都是 1 $\mu mol \cdot dm^{-3}$，PF_6^- 的浓度为 2 $\mu mol \cdot dm^{-3}$。注意氧化还原分子作为电子供体和受体，还与其他离子一起在两个电极之间传递电荷。图 11.18(a)展示了阶梯形曲线，并突出了以微分形式(dI/dV)呈现的数据，如图 11.18(b)中的曲线所示。峰间距ΔV_{pp}约为 65 mV；根据一种 Coulomb 阶梯的半经典模型可得

$$\Delta V_{pp} = \frac{e}{C}$$

式中，e 是电子电荷，C 是界面电容。图 11.18 中的数据表明 C 的相对值约为 10 $\mu F \cdot cm^{-2}$。

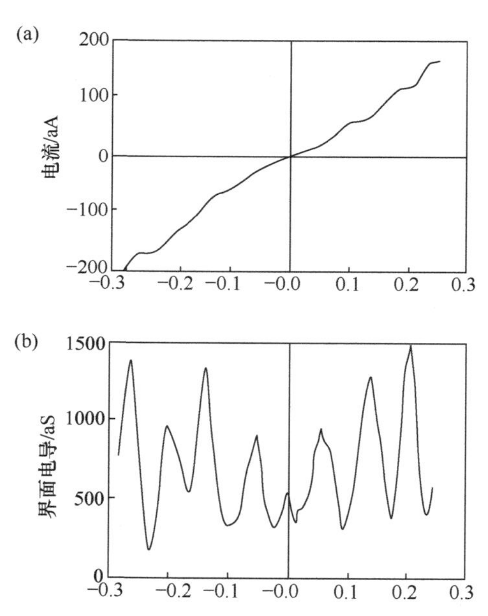

图 11.18　(a) 由一对电极组成的双界面体系的实验 I-V 特征曲线，两个电极的半径为 2.5 nm 和 3.2 nm，浸在含有 1 $\mu mol \cdot dm^{-3}$ $(Cp_2Fe)TMA^+$、1 $\mu mol \cdot dm^{-3}$ $(Cp_2Fe)TMA^{2+}$、1 $\mu mol \cdot dm^{-3}$ NH_4^+ 和 1 $\mu mol \cdot dm^{-3}$ SO_4^{2-} 以及 2 $\mu mol \cdot dm^{-3}$ PF_6^- 的脱气溶液中。(b) 相应的微分电导(dI/dV)-V 曲线。经美国科学促进会授权，转载自参考文献[15]。

11.3　纳米尺度上化学行为的变化

上节主要阐述了在纳米尺度上理解伏安行为存在挑战：扩散和迁移并存，分子尺度上 Fick 扩散定律不再适用，量子效应出现的可能性——在使用纳米电极或纳米粒子阵列时这些因素

都应该考虑到。此外，在纳米尺度上当然也会存在化学性质的改变，寻找有效的催化剂和电催化剂，如燃料电池领域，是推进纳米电化学发展的一个主要驱动力。这种纳米尺度的化学效应可以来自纳米材料相较于其块体状态在电子结构上的改变，也可以来自小粒子相较于块体材料在表面性质上的变化。识别这些化学效应需要理解前两节中描述的物理效应。

金的催化行为也许是说明块体与纳米尺度之间变化的最好示例[16,17]。宏观尺度的金相对不活泼，其化学性质有限。然而，如果以纳米晶的形态存在，如由几百个原子组成的粒子，它就会变成具有极高活性的异相催化剂，例如一些选择性氧化反应，如烯烃的环氧化、醇的氧化以及分子氧生成过氧化氢的过程[16,17]。在电化学研究中，已经证明了金原子团簇[18]可以通过四电子还原反应催化氧气生成水：

$$O_2 + 4H^+ + 4e^- \longrightarrow 2H_2O$$

而对于块体金，其催化路径主要是通过两电子还原反应形成过氧化氢

$$O_2 + 2H^+ + 2e^- \longrightarrow H_2O_2$$

银在纳米尺度和宏观尺度上表现出迥异的电化学行为及催化析氢速率也得到了报道[18-21]

$$H^+ + e^- \longrightarrow 1/2H_2$$

同时，在块体多晶银以及较大的银纳米粒子上可以看到金属(如 Tl、Pb 和 Cd)的欠电势沉积(under potential deposition，UPD)，但在尺寸小于 50 nm 的纳米粒子上则完全看不到了。UPD 是指在比沉积相应的块体金属所需电势不那么负的电势下单层或亚单层金属的形成：

$$Tl^+(aq) + e^- \rightleftharpoons Tl(\text{吸附}) \qquad E_2$$

$$Tl^+(aq) + e^- \rightleftharpoons Tl(\text{块体}) \qquad E_1$$

其中 $E_2 > E_1$。这种差异很可能反映了只有少量原子存在于纳米粒子中而导致的表面形貌的变化，以及金属在尺度缩小时造成的电子结构的差异。

11.4 溶液中纳米粒子的电化学研究："纳米碰撞"

纳米碰撞法[22,23]可以进行纳米粒子电化学的研究。在纳米碰撞的典型实验中，将一根电势受控的微电极浸入含有待测纳米粒子的悬浮液中。纳米粒子通过布朗运动无规则(随机)地与电极发生碰撞，此过程中粒子可能会吸附在微电极表面，或者发生反应，或者催化某个反应。这些电极-粒子的碰撞大概可以分为以下四种类型。

第一种，直接 Faraday 碰撞，涉及纳米粒子与电极之间发生电子传递从而导致纳米粒子被氧化或还原，并在一些情况下粒子会溶解。图 11.19 展示了这一碰撞类型的示意图。以银纳米粒子的氧化反应为例：

$$Ag_N - Ne^- \longrightarrow NAg^+$$

如果粒子被完全氧化，则此次碰撞事件中产生的电量可用来测量纳米粒子中银原子的数量，因此通过对大量碰撞事件的测量可以得出纳米粒子的尺寸分布。已经观察到很多种纳米粒子(银、镍、铜和金)的氧化溶解行为[22,23]；也观察到纳米粒子的还原行为，如靛蓝颗粒的还原会产生水溶性的无色化合物。

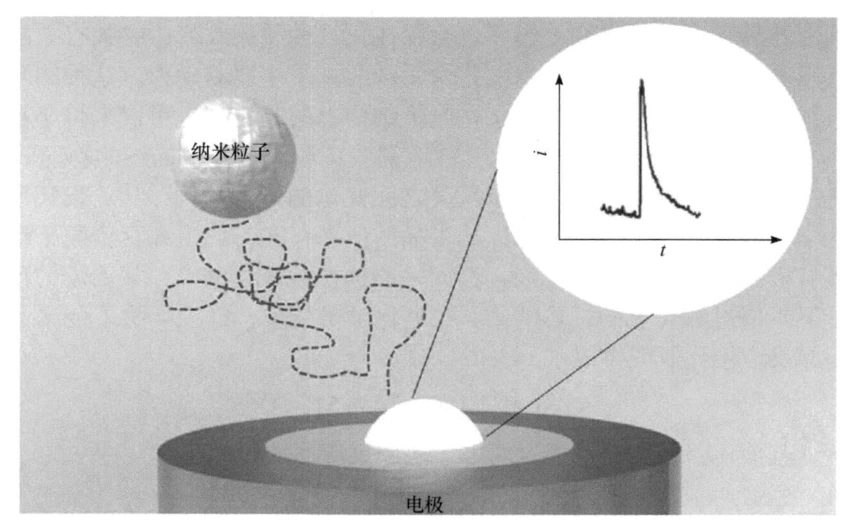

图 11.19 直接 Faraday 碰撞示意图。纳米粒子通过 Brown 运动到达电极，随后因电子转移在电极上溶解。插图是所观察到的“类尖峰状”电流响应。经英国皇家化学学会授权，转载自参考文献[22]。

第二种，电容碰撞，由粒子到达/离开电极时引起的碰撞电极双电层的电荷位移或者纳米粒子碰撞过程中的充电行为导致(见图 11.20)。这种碰撞已被用于测量材料的零电荷电势，如石墨烯纳米片。

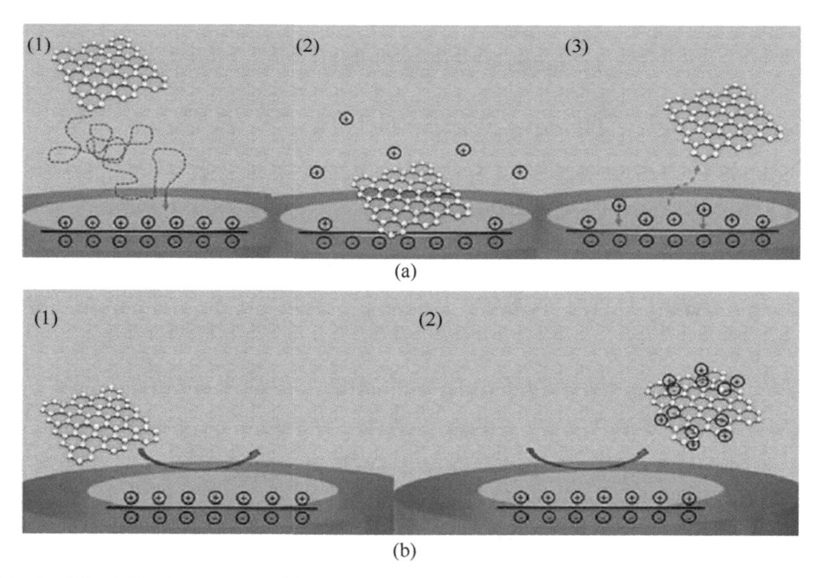

图 11.20 两种电容碰撞示意图。(a) 一开始纳米粒子碰撞电极时导致电极双电层发生扰动，在粒子离开后双电层恢复。(b) 纳米粒子在碰撞时发生充电行为，然后离开电极表面。经英国皇家化学学会授权，转载自参考文献[22]。

第三种，阻塞碰撞，当一个不导电的纳米粒子与电极发生该碰撞时，会导致电极表面积减小，从而降低超微或纳米电极上由传质控制的电流。不过由 11.1 节可推知，纳米电极上这种电流的定量描述非常复杂。阻塞碰撞是由 Lemay 及其同事最先发现的[24]。

最后一种，间接 Faraday 碰撞。纳米粒子在发生碰撞时催化溶液中的电化学活性物种发生氧化或还原反应。通常情况下，这种活性物种在电极表面反应的动力学很慢，但当电极与碰撞上来的纳米粒子(与电极具有不同的化学组成)接触时，电子便可以通过纳米粒子在电极和溶液相物种之间传递(“介导”作用)。相应的例子包括在碰撞到碳微电极上的铂纳米粒子表面发生的肼的氧化或质子的还原。

参 考 文 献

[1] D. W. M. Arrigan, *Analyst* **129** (2004) 1157.

[2] F. W. Campbell, R. G. Compton, *Anal. Bioanal. Chem.* **396** (2010) 241.

[3] I. Streeter, R. G. Compton, *J. Phys. Chem. C* **111** (2007) 18049.

[4] F. W. Campbell, S. R. Belding, R. Baron, L. Xiao, R. G. Compton, *J. Phys. Chem. C* **113** (2009) 9053.

[5] S. E. Ward Jones, F. W. Campbell, R. Baron, L. Xiao, R. G. Compton, *J. Phys. Chem. C* **112** (2008) 17820.

[6] I. Streeter, R. Baron, R. G. Compton, *J. Phys. Chem. C* **111** (2007) 17008.

[7] H. S. Toh, C. Batchelor-McAuley, K. Tschulik, M. Uhlemann, A. Crossley, R. G. Compton, *Nanoscale* **5** (2013) 4884.

[8] F. -R. F. Fan, A. J. Bard, *Science* **267** (1995) 871.

[9] F. -R. F. Fan, A. J. Bard, *J. Am. Chem. Soc.* **118** (1996) 9669.

[10] C. Amatore, Y. Bouret, E. Maisonhaute, J. I. Goldsmith, H. Abruña, *Chem. Phys. Chem.* **2** (2001) 130.

[11] C. Amatore, F. Grün, E. Maisonhaute, *Angew. Chem. Int. Ed.* **42** (2003) 4944.

[12] R. S. Ingram, M. J. Hostetler, R. M. Murray, T. G. Schaaff, J. T. Khoury, R .L. W hetten, T. P. Bigioni, D. K. Guthrie, P. N. First, *J. Am. Chem. Soc.* **119** (1997) 9279.

[13] S. Chen, R. W. Murray, *J. Phys. Chem. B* **103** (1999) 9996.

[14] J. R. Reimer, N. S. Hush, *J. Phys. Chem. B* **105** (2001) 8979.

[15] F. -R. F. Fan, A. J. Bard, *Science* **277** (1997) 1791.

[16] M. D. Hughes, Y. J. Xu, P. Jenkins, P. McMorn, P. Landon, D. I. Enache, A. F. Carley, G. A. Attard, G. J. Hutchings, F. King, E. H. Stitt, P. Johnston, K. Griffin, C. J. Kiely, *Nature* **437** (2005) 1132.

[17] G. J. Hutchings, *Chem. Commun.* **10** (2008) 1148.

[18] C. Jeyabharathi, S. S. Kumar, G. V. N. Kiruthika, K. L. N. Phani, *Angew. Chem. Int. Ed.* **49** (2010) 2925.

[19] F. W. Campbell, S. R. Belding, R. Baron, L. Xiao, R. G. Compton, *J. Phys. Chem. C* **113** (2009) 14852.

[20] F. W. Campbell, Y-G. Zhou, R. G. Compton, *New J. Chem.* **34** (2010) 187.

[21] F. W. Campbell, R. G. Compton, *Int. J. Electroanal. Sci.* **5** (2010) 407.

[22] S. Sokolov, S. Eloul, E. Kätelhön, C. Batchelor-McAuley, R. G. Compton, *Phys. Chem. Chem. Phys.* **19** (2017) 28.

[23] P. H. Robbs, N. V. Rees, *Phys. Chem. Chem. Phys.* **18** (2016) 24812.

[24] B. M. Quinn, P. G. Van't Hoff, S. G. Lemay, *J. Am. Chem. Soc.* **126** (2004) 8360.

附　录

电极过程的模拟

此附录将为如何针对一维扩散问题进行简单的数值模拟提供一定见解。

A.1　Fick 第一和第二定律

静态溶液中的伏安实验一般只考虑扩散作为物种的传质方式。一个物种通过溶液的流量由第 3 章中阐述的 Fick 第一定律[1]以数学的语言描述，具体如下：

Fick 第一定律：

$$j = -D\frac{\partial c}{\partial x} \tag{A.1}$$

式中，j 是流量，D 是扩散系数，c 是物种的浓度，x 是空间坐标。由式(A.1)可以计算出一个稳态体系中的流量转移，这里浓度梯度不随时间变化。然而，电化学体系的本质就在于浓度梯度通常会一直发生变化。Fick 推导出了二阶微分方程形式的第二定律(第 3 章)，用于描述这种随时间 t 发生的浓度变化：

Fick 第二定律：

$$\frac{\partial c}{\partial t} = D\frac{\partial^2 c}{\partial x^2} \tag{A.2}$$

如上所示，这些定律仅描述一维体系。当归纳到三个笛卡儿方向时，第二定律变为

$$\frac{\partial c(t,x,y,z)}{\partial t} = D\left(\frac{\partial^2 c}{\partial x^2} + \frac{\partial^2 c}{\partial y^2} + \frac{\partial^2 c}{\partial z^2}\right) \tag{A.3}$$

A.2　边 界 条 件

一个二阶微分方程的解可能只能通过引入边界条件求得。若用物理的语言来理解，这就代表着需要给电解质浓度[Dirichlet(狄利克雷)边界条件]或它在实验时间和空间上的导数[Neumann(诺伊曼)边界条件，如流量]施加一些限制。

A.3　有限差分方程

传质方程属于偏微分方程。浓度同时是距离 x 和时间 t 的函数。由于我们的伏安实验模型(第 4 章)仅针对空间里的一维，我们可以将这些方程近似成空间和时间上的非连续点。这一过

程称为“离散化”。x 方向上的点赋值为 $j=0,1,2,3,\cdots,NJ$，间隔 Δx，同时时间上的点赋值为 $l=0,1,2,3,\cdots,Nl$，间隔 Δt。因此，任何瞬态点上的浓度可以明确为 l 与 j 的值，我们用表达式 c_j^l 来强调这一点。有限差分方程可以理解 为一种非连续值形式对偏导数的近似。可用于我们的模型的方程包括：

$$\frac{\partial c}{\partial x}=\frac{c_{j+1}^l-c_j^l}{\Delta x}\quad \text{(迎风差分——在 } j+1/2 \text{ 处的浓度梯度)}$$

$$\frac{\partial c}{\partial x}=\frac{c_j^l-c_{j-1}^l}{\Delta x}\quad \text{(逆风差分——在 } j-1/2 \text{ 处的浓度梯度)}$$

以及

$$\frac{\partial c}{\partial x}=\frac{c_{j+1}^l-c_{j-1}^l}{2\Delta x}\quad \text{(中心差分——在 } j \text{ 处的浓度梯度)}$$

迎风差分和逆风差分方程也可以结合起来产生一个二阶导数的近似。

$$\frac{\partial^2 c}{\partial x^2}=\frac{\left(\frac{\partial c}{\partial x}\right)_{j+1/2}-\left(\frac{\partial c}{\partial x}\right)_{j-1/2}}{\Delta x}=\frac{c_{j+1}^l-2c_j^l+c_{j-1}^l}{(\Delta x)^2} \tag{A.4}$$

同时，浓度随时间的导数为

$$\frac{\partial c}{\partial t}=\frac{c_j^l-c_j^{l-1}}{\Delta t}$$

A.4　后向隐式法

后向隐式(BI)法[2, 3]是计算一维或二维空间体系中一组物种浓度有力方法。由于浓度分布是按逐个矢量解出的，所以在一个维度的空间坐标系内只有三个结点可以被张成，因而限制了该方法的广泛应用。不过，它很适合用来产生一维问题的快速解。BI 法可通过传质方程的离散化处理线性方程体系，再经重组后形成一个矩阵方程，进而求解。

为了展示 BI 法的用处，我们模拟施加一个阶跃电势给氧化还原电对

$$A(aq)-e^- \rightleftharpoons B(aq) \tag{A.5}$$

使得当时间 $t>0$ 时在电极表面的物种 A 完全氧化为 B。物种 A 将出现在 x 坐标轴上 x=0 和 $x=\delta$ 之间的位置，其中 δ 是扩散层厚度，其大小满足半无限扩散条件，即

$$[A]_{x=\delta}=[A]_{本体}$$

这个问题在第 3 章中讨论过。物种 A 的传质为

$$\frac{\partial[A]}{\partial t}=D\frac{\partial^2[A]}{\partial x^2}$$

BI 法遵从以下四步：

(1) 转换 MT 方程到有限差分形式：

$$\frac{[A]_j^l-[A]_j^{l-1}}{\Delta t}=D\frac{[A]_{j+1}^l-2[A]_j^l+[A]_{j-1}^l}{(\Delta x)^2}$$

其中 $\Delta x = \dfrac{\delta}{NJ}$ 且 Δt 可被任意指定。

(2) 重排以得出成组的线性方程：

$$[\mathrm{A}]_j^{l-1} = -\lambda[\mathrm{A}]_{j-1}^l + (2\lambda+1)[\mathrm{A}]_j^l - \lambda[\mathrm{A}]_{j+1}^l \qquad (j = 1, 2, 3, 4, \cdots, NJ)$$

其中 $\lambda = \dfrac{D\Delta t}{(\Delta x)^2}$。

(3) 应用边界条件：

适用于当前模拟的边界条件为

(a) $t = 0$; $0 < x < \delta$

$$[\mathrm{A}] = [\mathrm{A}]_{本体}$$

$$[\mathrm{B}] = 0$$

(b) $t > 0$; $x = \delta$

$$[\mathrm{A}] = [\mathrm{A}]_{本体}$$

$$[\mathrm{B}] = 0$$

(c) $t > 0$; $x = 0$ (A 在表面完全氧化)

$$[\mathrm{A}] = 0$$

将扩散层两端处的边界条件引入有限差分方程可得：

$$[\mathrm{A}]_{NJ-1}^{l-1} = -\lambda[\mathrm{A}]_{NJ-2}^l + (2\lambda+1)[\mathrm{A}]_{NJ-1}^l - \lambda[\mathrm{A}]_{NJ}^l$$

但是由于 $[\mathrm{A}]_{NJ}^l = [\mathrm{A}]_{本体}$

$$[\mathrm{A}]_{NJ-1}^{l-1} + \lambda[\mathrm{A}]_{本体} = -\lambda[\mathrm{A}]_{NJ-2}^l + (2\lambda+1)[\mathrm{A}]_{NJ-1}^l$$

在电极表面

$$[\mathrm{A}]_1^{l-1} = -\lambda[\mathrm{A}]_0^l + (2\lambda+1)[\mathrm{A}]_1^l - \lambda[\mathrm{A}]_2^l$$

但是因为

$$[\mathrm{A}]_0^{l-1} = 0$$

$$0 = (2\lambda+1)[\mathrm{A}]_1^l - \lambda[\mathrm{A}]_2^l$$

(4) 重排线性方程组为一个矩阵方程：

$$\begin{bmatrix} 0 \\ [\mathrm{A}]_1^{l-1} \\ \vdots \\ [\mathrm{A}]_{NJ-2}^{l-1} \\ [\mathrm{A}]_{NJ-1}^{l-1} + \lambda[\mathrm{A}]_{本体} \end{bmatrix} = \begin{bmatrix} 2\lambda+1 & -\lambda & 0 & & \\ -\lambda & 2\lambda+1 & -\lambda & 0 & \\ & \ddots & \ddots & \ddots & \\ & 0 & -\lambda & 2\lambda+1 & -\lambda \\ & & 0 & -\lambda & 2\lambda+1 \end{bmatrix} \begin{bmatrix} [\mathrm{A}]_0^l \\ [\mathrm{A}]_1^l \\ \vdots \\ [\mathrm{A}]_{NJ-2}^l \\ [\mathrm{A}]_{NJ-1}^l \end{bmatrix}$$

当[A]的初始值被设为其初始本体值时，这个矩阵方程就得以逐步解出在每个时间结点上的浓度矢量。多次迭代后，此体系将变为稳态，即浓度分布不再随新的迭代发生变化。上述形式的方程可以用 Thomas 算法[4, 5]求解，这种算法是在计算机发明之前由 Laasonen[6]提出的。这就能使我们隐式地解出一个三对角矩阵方程：

$$\{d\} = [T]\{u\}$$

其中 $\{u\}$ 未知，$\{d\}$ 和 $\{u\}$ 是元素 $J-1$ 的矢量，$[T]$是如下形式的三对角矩阵：

$$[T] = \begin{bmatrix} b_1 & c_1 & 0 & & 0 \\ a_2 & b_2 & c_2 & & \\ \vdots & \vdots & \vdots & \vdots & \vdots \\ & & a_{j-2} & b_{j-2} & c_{j-2} \\ 0 & & 0 & a_{j-1} & b_{j-1} \end{bmatrix}$$

在这个传质方程组的解中，$\{d\}$ 代表一组已知浓度 c_j^{l-1}，而 $\{u\}$ 代表未知浓度 c_j^l，后者将被 Thomas 算法中的下一轮算出。每次迭代后，矢量 $\{u\}$ 被设为 $\{d\}$，同时新的矩阵 $\{u\}$ 也被算出。这个过程一直重复到模拟的最终时刻。如此一来，浓度随距离的分布可描述为一个关于时间的函数。

A.5　小　　结

此附录介绍了一些针对溶液中电活性物种的数学模拟背后的基本理论，以及如何用它们去完成相应的计算机模拟。

参 考 文 献

[1] A. Fick, *Poggendorff's Annel Physik*. **94** (1855) 59.

[2] J. L. Anderson, S. Moldoveanu, *J. Electroanal. Chem*. **179** (1984) 109.

[3] R. G. Compton, M. B. G. Pilkington, G. M. Stearn, *J. Chem. Soc. Faraday Trans 1* **84** (1988) 2155.

[4] L. H. Thomas, *Elliptical Problems in Linear Difference Equations Over a Network*, Watson Sci. Comput. Lab. Rept. Columbia University, New York, 1949.

[5] G. H. Bruce, D. W. Peaceman, H. H. Rachford, J. D. Rice, *Trans. Am. Inst. Min. Engrs*. **198** (1953) 79.

[6] P. Laasonen, *Acta Math*. **81** (1949) 30917.

索　引